河南省水资源

河南省水资源编纂委员会 编著

黄河水利出版社

内 容 提 要

《河南省水资源》是根据国家计委、水利部《关于开展全国水资源综合规划编制工作的通知》，由河南省水文水资源局组织开展的河南省第二次水资源调查评价的专项科研成果。本次评价是以可持续发展水利的理念为指导，在明晰水资源概念的基础上，建立由水资源影响因素、水资源状态、水资源变化、水资源可持续利用等多项指标组成的评价指标体系和量化方法，从水资源数量和质量统一的角度进行系统全面的分析、评价。

本书共分 13 章，是一部集资料性、系统性、方法性和实用性很强的水利、水文、水资源科学专著，可供水资源开发利用、国土资源规划、环境保护、水利规划、环境地质等国民经济有关部门及大专院校师生参考应用。

图书在版编目(CIP)数据

河南省水资源 / 河南省水资源编纂委员会编著.—郑州：
黄河水利出版社，2007.8
ISBN 978-7-80734-254-0

Ⅰ.河… Ⅱ.河… Ⅲ.①水资源–资源调查–河南省
②水资源–评价–河南省 Ⅳ.TV211.1

中国版本图书馆 CIP 数据核字(2007)第 127421 号

出 版 社:黄河水利出版社
　　　　　地址:河南省郑州市金水路 11 号　　　邮政编码:450003
发行单位:黄河水利出版社
　　　　　发行部电话: 0371-66026940　　　传真: 0371-66022620
　　　　　E-mail: hhslcbs@126.com
承印单位:河南省瑞光印务股份有限公司
开本: 787 mm × 1 092 mm　　1/16
印张: 18.5　　　　　　　　　　　　　插页: 16
字数: 470 千字　　　　　　　　　　印数: 1—1 500
版次: 2007 年 8 月第 1 版　　　　　印次: 2007 年 8 月第 1 次印刷

书号: ISBN 978-7-80734-254-0 / TV·519　　　　　定价: 100.00 元

《河南省水资源》编纂委员会

主 任 委 员：张海钦

副主任委员：王建武　于合群

编　　委：王宪章　燕国铭　何晓丹　杨大勇

　　　　　陈德新　韩琦荣　李　颖

主　　编：王建武

副 主 编：王宪章　杨大勇

编　　写：岳利军　郭周亭　李玉兰　杨明华　陈善强

　　　　　崔新华　沈兴厚　王景新　肖寿元　赵天力

　　　　　唐　军　张本元　白林龙　包文亭

校　　核：王有振　王靖华

《河南省水资源》项目主要参加人员

席献军	田　华	吴湘婷	肖　航	王志刚	魏　鸿	张红卫
付铭韬	殷世芳	赵　莉	韩　枫	陈　莉	许　凯	蔡慧慧
江海涛	张利亚	李兰珍	王增海	彭新瑞	王鸿燕	林红雨
郭金巨	赵新智	宾予莲	越　飞	翟公敏	梁维富	刘　华
邵全忠	王立军	刘　历	康大宁	孙　霞	张武云	邓新红
李德岭	韩　军	李贺丽	焦二虎	邱小茹	王鸿杰	周相丽
李　鹏	潘风伟	赵彦增	朱文生	蔡长明	彭　博	王　亮
范留明	李娟芳	水江涛	薛建民	程围习	王长普	万贵生
张少伟	赵嵩林	石政华	孙孝波	张进福	何长海	朱玉兰
王善永	赵自建	李向鹏	王少平	绕元根	王苏予	杨瑞娟
郑连科	夏美荣	曹海珍	臧红霞	李渡峰	韦红敏	孔笑峰
张春强	丁绍军	禹万清	韩庚申	姚常慧	王　闯	陈淮颖
袁瑞新	黄振离	靳永强	田海洋	焦迎乐	陈顺胜	张志松
胡凤启	荣晓明					

前　言

　　水是人类生存和经济社会发展的重要物质基础，水资源量的多寡和质地的优劣，直接制约着人类生活水平的提高和经济社会的发展。水资源的数量、质量状况和开发利用程度，以及水资源的科学管理，是关系经济社会可持续发展的百年大计，已经受到国际社会的普遍关注。

　　20 世纪 80 年代，完成了第一次河南省水资源调查评价工作。20 多年来，河南省经济社会发展迅速，伴随经济格局和产业结构调整、人口增加，人类活动和经济发展影响加剧，流域下垫面、生态环境和水环境的变异导致水资源状况变化很大。为适应经济社会发展和水资源状况变化的需要，进一步提高人民生活水平和促进经济可持续发展，摸清在近期条件下全省水资源的真实家底，开展第二次全省水资源调查评价是非常必要的。

　　2002 年 3 月，国家计委、水利部下发《关于开展全国水资源综合规划编制工作的通知》（水规计[2002]83 号），部署开展全国水资源综合规划编制工作。

　　自 2002 年 6 月至 2003 年 5 月间，河南省水文水资源局先后派出上百人次参加了水利部和海河、黄河、淮河、长江流域委多次举办的各种类型培训学习。并于 2003 年 4 月，在郑州举办了由全省 14 个水文水资源勘测局领导和主要技术骨干参加的水资源综合规划培训班，首先明确了本次水资源综合规划的工作任务、组织落实和时间要求。同时详细讲解了《河南省水资源调查评价技术细则》所规定的技术要求，为组织开展河南省水资源调查评价做了充分的准备工作。

　　2003 年 5 月以后，河南省水文水资源局组织机关及各勘测局共 300 余人进行全面的资料搜集、水量调查和补充监测工作。由于"非典"期间人员流动受到限制，参与人员克服各种困难，尽量降低对资料搜集、水量调查和补充监测工作的影响。3 年来，我们开展的调查监测工作有：全面搜集了包括气象局、黄委会掌握的降水量、蒸发量、径流量、泥沙基本观测资料，并对观测资料进行了合理性分析，对缺测资料进行了必要的插补和延长；完成了降水、蒸发观测站，泥沙、径流选用站、地下水观测井、河流水系及大中型水库等基本情况资料搜集和成果表填报工作；完成了降水量、蒸发量、径流量、泥沙基本资料的计算机录入工作，对所有录入数据进行了认真校对、审查，确保采用数据的准确、可靠；全面调查搜集了包括国土、城建、环保等部门掌握的各类工程的历年供水资料，各用水部门历年用水统计资料，城市废污水排放资料，人口、产值、灌溉面积等经济社会发展统计资料，以及各用水部门的用水指标分析研究成果；组织进行了两次地表水水功能区及地下水水质补充监测，完成了有毒有机物和底质监测采送样任务。

在完成上述基本资料的收集、审查和补充野外勘测、监测基础上，自 2003 年初转入各种数据的汇总、分析、评价工作。共计完成了降水量、蒸发量、干旱指数、河流含沙量与输沙模数分析计算，成果图、表编制及流域汇总协调工作；水文站天然径流量还原计算，系列一致性分析修正，成果合理性分析，成果图、表编制及流域汇总协调工作；完成了各流域水系出入境水量分析计算及流域汇总协调工作；各流域分区、行政分区地表水资源量分析计算，成果合理性审查，成果图、表编制及流域汇总协调工作；地下水评价均衡类型区划分，计算区各种水文地质参数分析确定，计算区各类补给量、排泄量、地下水资源量计算，成果图、表编制及流域汇总协调工作；各流域分区、行政分区水资源总量计算分析，成果图、表编制及流域汇总协调工作；地表水水质、地下水水质、水库水质、供水水源地水质评价，水功能区水质达标分析，成果图、表编制及流域汇总协调工作。与此同时，通过大量的计算分析工作，完成了水资源评价指标的初步分析；流域主要控制站和水资源三级区地表水可利用量分析计算与开发利用潜力分析；河南省水资源承载能力分析；河南省水资源演变趋势和水质变化趋势分析；最后完成本次河南省水资源调查评价工作。

本次水资源调查评价工作历时 3 年，评价项目全面，报告成果内容较多，难免存在不当之处，敬请各位读者指正。

作 者

2005 年 12 月

目　录

第一章　河南省概况

第一节　自然地理与社会经济

一、地理位置与行政区划

河南省地处我国中东部，位于北纬 31°23′～36°22′、东经 110°21′～116°39′之间，东部与山东、安徽省相邻，西界陕西、山西省，南连湖北省，北接河北省。省域土地辽阔，地形地貌复杂多样，南北宽约 550 km，东西长约 580 km，总面积约 16.6 万 km²，约占全国总面积的 1.73%。河南省物产资源丰富，素有"中州"、"中原"之称。

河南省划分为 17 个省辖市，110 个县(含 21 个县级市)，48 个市辖区。其中海河流域涉及 5 个省辖市，15 个县(3 个县级市)，16 个市辖区；黄河流域涉及 8 个省辖市，33 个县(8 个县级市)，8 个市辖区；淮河流域涉及 11 个省辖市，61 个县(10 个县级市)，22 个市辖区；长江流域涉及 5 个省辖市，16 个县(1 个县级市)，2 个市辖区。

二、地形地貌

河南省地处我国地势的第二阶梯和第三阶梯的过渡地带，其地形地貌、气候条件、土壤植被都具有明显的过渡性特征。地势自西向东呈阶梯状分布，地形由中山、低山、丘陵过渡到平原，中山海拔在 1 000 m 以上，低山海拔 400～1 000 m，丘陵海拔 200～400 m，平原海拔在 200 m 以下。山地面积占全省面积的 32.4%，丘陵面积占 14.5%，平原面积占 53.1%。

河南省地形起伏较大，地貌类型复杂。山区基本由褶皱山地、断块山地、褶皱断块山地、侵入体山地 4 类组成，系我国地势的第二阶梯前缘，主要有太行山、小秦岭、崤山、熊耳山、伏牛山、桐柏山和大别山等山脉。海拔大部分在 1 000～1 500 m 以上，相对高度在 500～1 000 m 以上，不少山峰海拔超过 2 000 m，山地具有地势高、起伏大、坡度陡、土层薄等特点。外围广泛分布有 200～1 000 m 的低山、丘陵。

河南省中东部为辽阔平原(属黄淮海平原)，属于我国地势第三阶梯的一部分。地势平坦，略向东南倾斜，海拔均在 200 m 以下，其中绝大部分在 40～100 m 之间，接近山麓的山前平原地区，海拔增高到 100～200 m。平原区土地肥沃，是全省农作物的主要播种区。

(一)山地与丘陵

山地与丘陵主要分布在西北部、西部和南部。西北部的山地由太行山南段所构成，太行山大体为东北—西南走向，呈弧状沿晋豫边界延伸，成为山西高原与华北平原的天然分界。海拔 1 000～1 500 m，因受断层影响，山势陡峻，多悬崖峭壁和峡谷。

西部山地属于秦岭山脉，由秦岭东延的崤山、熊耳山、外方山和伏牛山等组成。山势呈五指状分散向东北、东和东南方向伸展，海拔为 1 000～1 500 m，灵宝境内的最高峰老鸦岔脑峰，海拔 2 413.8 m，是河南省的最高点。向东侧逐渐分散、低落，成为海拔 600～1 000 m 的低山丘陵，嵩山主峰耸立其间，山势陡峻，为我国"五岳"名山之一。外方山和伏牛山成为黄河、淮河和长江在河南省境内的分水岭。

豫西山地北部分布有面积较广的黄土覆盖层，形成独特的黄土地貌类型，有黄土丘陵、黄土台塬等形态。位于郑州以西、黄河南侧与洛河之间地带，属于黄土台地丘陵区，海拔 200～800 m，地面沟壑纵横、支离破碎。

豫南山地由桐柏山、大别山构成，两山由西向东绵延于河南省边界，为长江、淮河两大水系的分水岭。桐柏山由低山和丘陵组成，海拔 400～800 m，南部以低山为主，北部为连绵起伏的丘陵，其间分布着大大小小的山间盆地和谷地。大别山海拔 800～1 500 m，山势南高北低，由低山、丘陵过渡到山前倾斜平原。

(二)平原及盆地

河南省平原主要分布在京广铁路以东、大别山以北的广大地区，是由黄河、淮河、卫河冲积而成的堆积平原，按成因分为河流冲积平原、洪积平原、湖积平原、沙丘沙地以及剥蚀平原等多种类型。

全省平原区南北长约 500 km，东西宽 100～260 km，地势平坦，一般海拔 50～100 m，近山麓地带的山前平原 100～200 m。黄河以北为黄河故道和太行山前冲洪积而成的黄卫平原。黄河以南地区，主要是黄河泛滥与淮河及其支流泛滥冲积和湖沼堆积而成的黄淮平原，地势低而平坦，略向东南倾斜，并分布有沙岗、沙丘、沙地和洼地，湖洼地和坡洼地分布较广泛，是河南省的主要低洼易涝地区。接近山前的冲洪积倾斜平原，地势坡度稍大，由于地壳上升和流水侵蚀切割，形成起伏的岗地、坡岗和谷地。

位于西南部的南阳盆地为三面环山向南开口的扇形山间盆地，盆地地势由边缘向中心倾斜，具有明显的环状和阶梯状特征。盆地边缘分布有波状起伏的岗地和岗间洼地，海拔 140～200 m；中南部为冲洪积平原，地势平坦，略向南倾斜，海拔 80～140 m。

三、气候特征

河南省属于亚热带向暖温带过渡地区，大陆性季风气候特征明显。由于受太平洋和印度洋暖湿气流及冬季西伯利亚冷空气影响，春季干旱风沙多，夏季炎热雨水集中，秋季温和日照长，冬季寒冷雨雪少。大陆性季风带来大量印度洋、太平洋水汽，遇北方干冷空气南下，出现冷暖气团交绥，加上伏牛山、太行山对暖湿气流的阻挡抬升作用，往往在河南省上空形成大暴雨。全省多年平均降水量 771.8 mm，60%以上的降水量集中在 6～9 月份。全省多年平均气温在 12～15℃之间，由南向北递减，如信阳为 15℃，安阳为 13.5℃，西部与西北部山地为 12～13℃。全省极端最低气温在−12～−20℃之间，极端最高气温除高山区外，均在 40℃以上。全省多年平均无霜期为 180～240 天；年日照时数 2 000～2 600 小时，沙颍河以南地区和南阳盆地最长，豫西山地和太行山区最短，夏季长，冬季短。全省多年平均水面蒸发量 800～1 100 mm。

四、河流水系

河南省分属长江、淮河、黄河、海河四大流域。全省河流众多，流域面积在 100 km² 以上的河流 493 条，其中流域面积超过 10 000 km² 的 9 条，为黄河、伊洛河、沁河、淮河、沙河、洪河、卫河、白河和丹江；1 000 ~ 10 000 km² 的 52 条。由于地形影响，大部分河流发源于西部、西北部和东南部山区。顺地势向东、东北、东南或向南汇流，形成扇形水系。河流基本分为四种类型：穿越省境的过境河流；发源地在省内的出境河流；发源地在外省流入省内的入境河流；发源地和汇流河道均在省内的境内河流。

淮河是河南省的主要河流，流域面积 86 428 km²，占全省土地面积的 52.2%。淮河发源于桐柏山北麓，呈东西流向。南岸支流浉河、竹竿河、潢河、白露河、史灌河均发源于大别山北麓，呈西南、东北流向，支流源短流急。北岸支流有洪汝河、沙颍河、涡惠河、包浍河、沱河及南四湖水系的黄蔡河和黄河故道等。洪汝河、沙颍河发源于伏牛山、外方山东麓，为西北、东南流向，上游为山区，水流湍急，中下游为平原坡水区，河道平缓；其余诸河均属平原河道。

黄河为河南省过境河流，流域面积 36 164 km²，占全省土地面积的 21.9%。黄河在河南省境内长约 720 km。北岸支流有蟒河、丹河、沁河、金堤河、天然文岩渠等。丹河、沁河支流大部分在山西省，为入境河流；金堤河、天然文岩渠属平原河道，平时主要接纳引黄灌区退水。南岸支流有宏农涧河、伊洛河，分别发源于秦岭山脉的华山和伏牛山，呈西南、东北流向。黄河干流在孟津以西两岸夹山，水流湍急，孟津以东进入平原，水流减缓，泥沙大量淤积，河床逐年升高，高出两岸地面 4 ~ 8 m，形成"地上悬河"。

海河流域在河南省的主要支流有漳河、卫河、马颊河和徒骇河。流域面积 15 336 km²，占全省土地面积的 9.2%。漳河流经林州市北部，为河南省与河北省的边界河流。卫河及其左岸支流峪河、沧河、淇河、安阳河发源于太行山东麓。卫河上游山势陡峻，水流湍急，下游流经平原，水流平缓。马颊河和徒骇河属平原河道。

长江流域的汉江水系在河南省的主要河流有唐河、白河和丹江。流域面积 27 609 km²，占全省土地面积的 16.7%。唐河、白河发源于伏牛山南麓，呈扇形分布，自北向南经南阳盆地汇入汉江。丹江穿越河南省淅川县境西部，为过境河流。

五、地质构造

(一)地层

全省地层发育较齐全，从太古界至新生界第四系地层均有出露。山区广布中生界以前地层和火成岩及少部分新生界地层；平原和山前岗丘地广布新生界地层。目前对地下水的研究主要为赋存于第四系地层中的潜水和承压水，以下仅阐述第四系地层分布情况。

第四系地层广泛分布于平原、山间河谷、盆地和山前丘陵地带。

(1)下更新统：在豫西为河流—湖泊相沉积，厚 43 ~ 71 m；灵宝—郑州黄河两岸有午城黄土，厚 10 ~ 40 m，局部有冰碛层分布。东部平原以黄河下游厚度最大，一般 80 ~ 200 m，拗陷中心厚度大于 200 m，底板埋深东部 300 ~ 400 m，开封一带大于 400 m；豫西南少有出露。主要为冰水、冲积及冲洪积、湖积沉积物。

下段埋藏于 180～320 m 以下，厚度 40～80 m，岩性为棕红、灰绿色厚层黏土、粉质黏土夹砖红或锈黄色粉细砂，内含较多混粒土和混粒砂，砖红或锈黄色的混粒结构。主要为冰水、冲洪积沉积物。

中段埋藏 140～240 m 以下，厚度 40～80 m，岩性为黄棕、棕、棕红色黏土，粉质黏土夹粗、中、细砂层。砂层分选性较好，自西向东颗粒由粗变细，厚度变薄，主要为冲积、湖积沉积物。

上段埋藏在 100～160 m 以下，厚度 50～80 m，岩性上部黄绿，下部灰绿中夹黄棕、浅棕红色粉质黏土、黏土及中、细砂，顶部黄绿色黏土(或粉质黏土)分布稳定且普遍含豆状铁锰质结核富集层，其下为钙质结核。主要为冰水、冲积及河口堆积物。

(2)中更新统：在豫西为河流—湖泊相沉积，厚 10～40 m；灵宝—郑州黄河两岸有离石黄土，厚 10～80 m；豫西南有冲洪积沉积，南召云阳有洞穴沉积。东部平原沙颍河以北主要为黄河冲积物，厚度一般 40～60 m，最厚达 100 多米，岩性为浅棕黄、棕红、褐黄色杂有灰绿色的似黄土状土、粉土、粉质黏土夹厚度不等的中细砂、粉细砂互层，砂层西部颗粒粗、厚度大，东部细而薄。西部以冲积为主，东部一般为冲湖积，普遍含钙质结核和少量铁锰质结核，具有古土壤层和淋溶淀积层。沙颍河以南为冲洪积、冰水沉积物，厚度 20～40 m，岩性为棕红、棕褐色黏土、亚黏土、黏土碎石夹泥质砂砾石透镜体，亚黏土含铁锰结核，具蠕虫状结构。

(3)上更新统：在豫西为河流相沉积，厚 5～10 m；灵宝—郑州黄河两岸有马兰黄土，厚 10～80 m；豫西南为冲洪积沉积，分布在盆地中部，为灰黄色、棕黄色黏土、亚黏土、砂和砂砾石层，顶部有 0.1～1.5 m 灰黑色含蚌壳及腐殖质的亚黏土，总厚 5～45 m；东部平原沙颍河以北主要为黄河冲洪积而成的大冲洪积扇，厚度较大，一般 30～50 m，坳陷中心超过 60 m，岩性组成颗粒较粗，粗粒相前缘达长垣、兰考、太康一带，扇体上部砂层大面积分布，岩性为灰黄、土黄、褐黄等色，以中粗砂、中砂、含砾中粗砂、中细砂、细砂组成，扇体下部为砂层和粉土互层，砂层以中细砂、细砂、粉细砂为主。沙颍河以南为冲积、冲湖积和湖相沉积的灰黄色、浅黄红、蓝灰和黑灰色亚砂土、亚黏土夹砂、砂砾石层，东部厚度比南部、西部大，上蔡达 100 多米。

(4)全新统：为河流冲积相，局部为湖泊沉积和风积，分布于平原和山间盆地，多沿河流呈带状分布，厚度 3～40 m。在黄河冲积平原区较发育，其隆起区厚度较薄，为 10～20 m，其他地区 20～30 m，开封坳陷最厚达 40 m，主要为黄河物质经河水搬运堆积而成。岩性为灰黄、灰黑、黄灰色的粉土、粉质黏土与厚层粉砂、粉细砂、局部中细砂组成，形成具"二元结构"的旋回层。

(二)构造

河南省处于巨型秦岭—昆仑纬向构造体系东段与新华夏系第二沉积带之华北坳陷和第三隆起带之太行隆起的复合、联合部位；西北部与祁吕贺山字形前弧东段汾渭地堑毗邻，东南端与淮阳山字形脊柱相接，上述多个构造体系复合和联合作用，发育了不同构造体系和构造带。

1. 小秦岭—嵩山东西向构造体系

该构造体横亘河南省中部，其主体在卢氏、栾川、鲁山、漯河、周口、郸城以北，北界抵黄河北岸，西与陕西省秦岭东西向构造带相接，东延伸至安徽省、山东省。经历长期多次构造作用，形成东西向的区域褶皱带、冲断带、挤压带和古老隆起带，有潼关—灵宝背斜、嵩山背斜、箕山背斜及东部的通许、太康隆起，呈东西展布，东部隆起影响新生界地层分布、厚度和富水程度。冲断带、挤压带发育压、压扭性断裂，本身起阻水作用，但其两侧或一侧发育垂直或斜交的张性深断裂，往往形成充水富水带。

2. 伏牛大别弧形构造带

位于河南省西南、南部，属于秦岭东西向构造带的南支，西部插入陕西省蟒岭和商县一带，东端止于安徽省卢江，北以潘河—马超营—大营断裂与秦岭—嵩山东西向构造体系分界，南界位于淅川盆地以南。该构造体系由压、压扭性断裂带及挤压带、褶皱带组成，规模巨大，活动时间长，挤压强烈，卢氏、栾川、淅川一带充水断裂带的形成与其有密切关系。

3. 新华夏系

在省内十分发育，分布广，主要在伏牛—大别弧以北地区由走向北北东或北东向的压、压扭性断裂带及中生代隆起带与坳陷带和中生代构造岩浆岩带组成。

豫北地区处于新华夏系第二沉降带、第三隆起带和东西向构造带复合部位，呈联合弧构造，由太行山东缘隆起带、汤阴地堑、浚县凸起和濮阳凹陷组成。在隆拗两侧发育北北东或北东向断裂，主要是高角度正断层，断面平滑，舒缓波状延缓，属于压扭性断裂，构成充水断裂带。

豫西山区卢氏—灵宝一带，由北北东向压、压扭性断裂带和沿断裂带串珠状展布的中生代火成岩组成，规模较小。小秦岭—嵩山东西向范围内，为一系列北东向拗陷带、隆起带以及沿拗陷带、隆起带一侧或两侧发育的压性、压扭性断裂带。对豫西地貌和水文地质条件起着控制作用，表现在山脉、河谷盆地多作北东向延展。

在豫东、豫南、豫西南部分地区，由于区域内松散岩层广布，尤其是豫东区域，新华夏系形迹地表不明显。根据物探资料，在宁陵、夏邑、永城东的断裂和郸城断裂都呈北北东—北东向延展，在断陷带内发育中、新生代沉积，与东西向构造复合控制着开封、周口新生代富水盆地发育。

4. 山字形构造体系

河南省西北部太行山东缘辉县—焦作—济源一线以西，属于晋东南山字形的前弧；在商城、固始以东的南北向构造，属于淮阳山字形的脊柱部分。

(1)晋东南山字形：展布于晋豫交界地带，西起山西省的翼城、绛县，东到河南省鹤壁、辉县一带，省内从王屋、济源、焦作东北一线为其前弧、东翼和东翼反射翼，呈向东南突出的新月形展布，一系列冲断带、褶皱带及断裂带属压扭性构造，构成沿太行山前深断裂充水带，影响着济源、沁阳等新生代盆地及山前冲洪积扇裙的富水程度。

(2)淮阳山字形：在商城、固始以东分布南北向挤压带、断裂带、褶皱带，南北向构造形迹属淮阳山字形脊柱，挤压性强，并具一定规模，新生代湖盆的展布和自流水分布均受其控制。

六、土壤植被

河南省由于自然条件复杂，南北气候条件差异较大，加之受地形、地貌、水文地质等因素影响及人类对土地利用的方式不同，土壤、植被种类繁多。

(一)土壤

全省土壤类型复杂多样，分为黄棕壤、褐土、潮土、风沙土、盐碱土、红黏土、棕壤、水稻土和砂礓黑土等。其分布情况大致是：东北部黄淮海平原主要是潮土、砂礓黑土和风沙土；黄河两岸与黄河故道两侧分布有盐碱土；沙颍河以南的淮北平原是砂礓黑土、黄褐土；在豫西、豫北的浅山丘陵、阶地及豫中平原西部缓岗台地区，主要分布有褐土和红黏土；淮南山地以黄棕壤土为主；豫西南山地分布有黄棕壤土；南阳盆地边缘分布着黄褐土，盆地内主要是砂礓黑土，南部因长期种植水稻，水田土壤经长期熟化形成水稻土。多数土壤的土层较厚，土质疏松，酸碱度适中，耕作性能良好，有潜在肥力，利于农作物生长。

(二)植被

全省植物有160科，700多属，1 700多种，其中乔灌木树种有800多种。伏牛山主脊至淮河干流一线，以南属亚热带常绿、落叶、阔叶林地带，桐柏、大别山区为松栎树植被片；伏牛山南侧低山丘陵为萌生栎林植被片；南阳盆地、丘陵与河谷大多为人工植被带。伏牛山和淮河干流以北，属暖温带落叶、阔叶林地带，黄淮海平原除沙丘、河滩、洼地有少数自然树林带外，大部分为人工栽培植被带；豫西伏牛山和太行山南端，尚有较大面积的天然次生林，崤山、熊耳山、外方山、嵩山和太行山地为落叶栎林；东侧低山丘陵地区为栽培作物带。浅山丘陵及黄土高原区森林少，植被差，水土流失仍比较严重。

七、社会经济

河南省处于亚热带与温带的过渡地区，兼有南北方之长，气候温和，土地肥沃，矿产资源极其丰富，宜于工农业发展。河南省有得天独厚的自然地理条件，以其特殊的战略地位、丰富的农副产品资源、品种繁多的矿藏物产、四通八达的陆路交通、光辉灿烂的历史文化而著称全国。

河南省矿藏资源丰富，现已发现有107种，初步探明储量的有80多种，已开发利用的有61种，有43种矿产储量名列全国前10位。钼、兰石棉、铸型砂岩、天然碱、珍珠岩、兰晶石、红柱石的储量居全国第1位；铝土矿、天然油石、水泥用石灰岩的储量居全国第2位；钨、铯、煤、石油、天然气、镍、金、大理石等储量也位居全国前列。

河南省是农业大省，是中国重要的农副产品产区之一，粮食总产量及小麦、芝麻、黄红麻产量全国第1位；棉花、油料、烟叶产量居全国第2位。林果资源比较丰富，泡桐、苹果、大枣、板栗、弥猴桃、西瓜等有较高声誉。中药材也久负盛名。畜牧业比较发达，大牲畜存栏居全国首位，肉类产量居全国第3位。2000年粮食总产量达4 101.50万t，肉类总产量517万t。

以丰富的农副产品资源和矿产资源为依托，河南省形成了纺织、轻工、食品、医药、烟草、煤炭、石油、电力、冶金、化工、建材、机械、电子等门类较为齐全的工业体系。

河南省是中国重要的能源基地。全省共有煤矿企业 65 个，其中年产量达 1 000 万 t 以上的有平顶山、义马、焦作、鹤壁、郑州煤矿等。全省原煤年产量达 7 665 万 t，居全国第 3 位。河南省是华中电网中的火力发电基地，截至 2000 年底，全省拥有发电装机容量 1 541 万 kW，年发电量 700 亿 kWh。河南省境内已探明有相当数量的石油、天然气储量，建有中原油田和河南油田，2000 年生产原油 562 万 t，天然气 14.95 亿 m³。

河南省位于中国中东部，连南贯北、承东启西，是中国内陆交通运输的重要枢纽。京广、陇海、京九、宁西等铁路干线纵横交错，新开通的从中国江苏连云港至荷兰鹿特丹港的亚欧大陆桥横穿全省。省会郑州位于京广、陇海两大铁路干线的交会处，郑州北站是亚洲最大的货运编组站，是亚欧大陆桥东端最大的客货转运站。

河南省公路交通四通八达。已建成高速公路 505 km，还有 726 km 正在修建中。河南的航空事业已进入新的发展时期，飞航北京、上海、广州、西安等 54 个城市。

河南省是中国重要的通信枢纽，形成了颇具规模的现代化邮电通信格局，通讯条件日趋完备。

2000 年河南省总人口达到 9 488 万人，居全国之首。其中农业人口 7 754 万人，非农业人口 1 734 万人，城市化率约为 18.3%。中华人民共和国成立 50 年来，河南省经济社会面貌发生了深刻的变化。尤其是改革开放 20 多年来，河南经济持续快速发展，经济实力显著增强。1978～2000 年的 20 多年时间里，河南省国内生产总值(GDP)以平均 10% 以上的速度持续增长。2000 年全省国内生产总值(GDP)5 138 亿元，其中第一产业 1 162 亿元，第二产业 2 414 亿元，第三产业 1 562 亿元。人均生产总值 5 444 元，综合经济实力在全国 30 个省、市、自治区中居第 5 位。

第二节　区域水文地质

一、区域水文地质条件

(一)含水层富水性及分布

含水层富水性主要取决于岩性，同时与后期受到构造影响和所处的环境也有关系，一般根据含水层特性和地下水赋存的空间条件，划分为五种类型。松散岩类富水程度按钻孔单位涌水量分级，其他岩类则按泉流量分级，具体见表 1-1。

1. 松散岩类孔隙含水岩组

含水岩组由第四系和第三系组成。地下水主要储存于砂、砂砾石、卵砾石层孔隙中，含水层富水性取决于土壤岩性。岩性以砾石、砂砾石富水性最好，一般属于极强或强富水；各种砂层处于中等到强富水；粉砂、亚砂土属于弱富水；亚黏土、黏土属于极弱富水。

表 1-1 含水岩组及富水程度分类

富水程度指标	类型	钻孔单位涌水量(m³/(h·m))				
	浅层	≥30	30~10	10~5	5~1	≤1
	深层	>5			≤5	
松散岩类孔隙含水岩组	浅层	极强	强	中等	弱	极弱
	深层	富水			弱富水	

富水程度指标	泉 流 量 (m³/h)		
	≥30	30~5	≤5
碎屑岩类孔隙裂隙含水岩组	强	中等	弱
碳酸盐岩类裂隙岩溶含水岩组			
岩浆岩类裂隙含水岩组			
变质岩类裂隙、岩溶含水岩组			

松散岩类孔隙含水岩类主要分布于黄淮海冲积平原、山前倾斜冲洪积平原和灵宝——三门峡河谷、伊洛河谷、南阳盆地。含水层由山前向平原厚度逐渐变大，颗粒由粗变细。根据含水层岩性组合及埋藏条件划分为浅层潜水和中深层承压水含水层组。

浅层潜水含水层组主要分布于黄淮海冲积平原、太行山前倾斜平原和灵宝——三门峡河谷、伊洛河谷、南阳盆地及淮河支流的河谷地带。含水层主要为冲洪积砂、砂砾石、卵砾石，结构松散，分选性好，普遍为二元结构，具有埋深浅、厚度大、分布广泛而稳定、透水性强、补给快、储存条件好、富水性强等特点，该含水层的局部为弱承压水。

中深层承压水含水层组为中更新统冲洪积相砂、砂砾石层和下更新统湖积、冰渍泥质砂、泥质砂砾石层，以及新第三系砂、泥质砂砾石层。由于构造、古地理、气候成因不同，各地沉积厚度和埋藏深度差别很大。黄河平原主要为中下更新统冲洪积、冲积相砂层；淮河平原、南阳盆地、灵宝——三门峡与伊洛河谷主要为中下更新统岩层，自山区向平原含水层埋深递增，岩性颗粒由粗变细。

2. 碎屑岩含水岩组

分为碎屑岩类含水岩组和碎屑岩类夹碳酸盐岩类含水岩组。

(1)碎屑岩类含水岩组：由震旦亚界、志留系到新第三系的砂砾岩、砂岩、砂质泥岩、泥岩组成，构成含水层主要是砂砾岩、砂岩，含水岩组一般属于弱到中等富水。淅川上寺一带处于补给区和构造发育区，具有强富水性；中等富水性岩组分布于安阳以北、济源到渑池一带；弱富水性岩组多分布于济源以西、宜阳、临汝、大别山北麓、淅川以南地带。

(2)碎屑岩类夹碳酸盐岩类含水岩组：由中上石炭系和新第三系的砂岩、砂砾岩夹灰岩或泥灰岩组成。太行山东麓、嵩县、新安、渑池、灵宝——三门峡一带，裂隙岩溶发育，富水性较好。卢氏、淅川一带裂隙岩溶不甚发育，出露面积较少，补给条件较差，富水程度弱。

3. **碳酸盐岩类裂隙岩溶含水岩组**

(1)碳酸盐岩类含水岩组：是诸基岩含水岩组中重要含水岩组，主要由中上寒武系和奥陶系的灰岩、白云岩和泥质灰岩组成，分布于太行山区、嵩箕山区和淅川以南地区。该含水岩组一般沿层面和裂隙发育有溶洞、溶孔和溶缝，构成降水和地表水入渗的良好通道。由于构造裂隙和岩溶发育差异，富水程度极不均一，水量变化悬殊，一般在太行山区和淅川以南地带裂隙和岩溶较发育。

(2)碳酸盐岩类夹碎屑岩类含水岩组：由震旦亚界、寒武系及部分石炭系白云质灰岩、泥质条带灰岩、鲕状灰岩夹砂岩、页岩、砂质页岩组成。虽然含水岩层裂隙岩溶较发育，但层间夹有碎屑岩层，一般富水性中等。在焦作—汝阳—确山一带的寒武系含水岩组，属强富水的含水岩组；在卢氏、灵宝、栾川和淅川一带，裂隙岩溶不甚发育，属中等富水含水岩组。

4. **岩浆岩类裂隙含水岩组**

(1)侵入岩类含水岩组：由各种花岗岩组成，分布范围较广，主要在伏牛山、桐柏山、大别山地区。构造、风化裂隙较为发育，多为风化裂隙水，泉点较多。

(2)喷发岩类含水岩组：由玄武岩、玄武斑岩、安山岩、安山玢岩、火山碎屑岩、橄榄玄武岩、辉石安山岩组成。主要分布在崤山、熊耳山、外方山及大别山地区，岩性复杂，裂隙不发育，个别岩体发育有孔隙，为弱富水岩组。在岩体接触带和构造断裂带，泉流量较大。

5. **变质岩类裂隙、裂隙岩溶含水岩组**

主要由各种片麻岩、片岩、千枚岩、石英岩、白云岩、大理岩及白云质灰岩等组成，分布于伏牛山、桐柏山、太白山，在林县、济源、灵宝、登封一带也有零星分布。裂隙较为发育，风化裂隙深度一般在 15～30 m，分布区泉点较多，泉流量较小，属弱富水含水层；在夹白云质灰岩地层地区，构造裂隙发育，并有裂隙岩溶，泉流量较大。

(二)水文地质特征

1. **山丘区浅层地下水富水性及其分布**

山丘区主要分布在京广铁路以西和淮河以南，由碎屑岩类、碳酸岩类、岩浆岩类和变质岩类组成中、低山，绝大部分区域地表第四系松散堆积层比较薄，局部甚至是基岩裸露，各种构造体系直接出露地表。在长期的侵蚀、溶蚀和风化作用下，形成大小不一的断裂、裂隙和溶隙，为地下水形成、径流和赋存创造了有利条件。在豫北山区、嵩箕山区和淅川以南一带，广泛分布有碳酸盐岩类，在灵宝、卢氏、汝阳—确山一带分布着碳酸盐岩夹碎屑岩类，裂隙岩溶发育，一般在较高地段(侵蚀基面以上)为地下水补给区，地下水比较缺乏，而在较低地区(径流和排泄区)多为富水地段。在豫南、豫西和豫西南山区，主要分布碎屑岩类、岩浆岩类和变质岩类，以风化裂隙水和构造裂隙水为主。富水程度取决于裂隙发育程度，大型构造裂隙尤其在大型张性断裂带，富水性较好。

山前岗区由于其成因不同，富水性差异很大，一般沉积类型比剥蚀类型富水性好。豫北太行山前冲洪积扇裙、嵩箕山前冲洪积扇组成的岗地，多为富水地段；在黄土分布区域的岗地，主要是裂隙水，富水性较差。许昌以南到驻马店一带的山前岗地，含水层主要是含泥质的砂砾石、碎石透镜体、条带黏土裂隙，局部由剥蚀阶地形成的岗地，其富水性也比较差，属于中等富水到弱富水。桐柏、大别山前丘陵垄岗地区，为中更新统冰水、湖积黏土、亚黏土或黏土砾石含水层，属于弱到极弱富水区。南阳盆地周围岗地为中更新统的亚黏土、黏土裂隙含水层，局部为河流冲洪积条带状、透镜状砂、泥质砂砾石含水层，属于弱到极弱富水区。

2. 平原区浅层地下水富水性及其分布

平原区主要分布在京广铁路以东广大地区，以西主要有盆地和河谷平原(南阳盆地、伊洛盆地、灵宝—三门峡盆地和北汝河河谷平原等)。60～80 m 以内主要是第四系松散岩类，蕴藏较丰富的浅层地下水。松散岩类的富水性受其物质成分、颗粒大小等影响。

(1)黄河冲积平原：自孟津以东、颖河以北和卫河以南广大区域，是由黄河历次改道冲积而成的以现黄河为中轴的扇形平原，地表多分布亚砂土、粉细砂，易于降水等各种水体渗入补给，含水层由上更新统和全新统的砂砾石、中粗砂、中细砂、细砂、粉细砂组成，局部有亚黏土裂隙孔隙含水层。含水层自西向东及东北、东南(黄河故道主流带两侧)颗粒逐渐变细，厚度逐渐变薄，由单层变为多层。濮阳—内黄以北、扶沟—通许—杞县东南，含水层明显分支成条带状分布。

极强富水区分布在吉利—温县一带黄河滩区、冲积扇主流带的郑州铁路桥—原武—原阳一带，含水层以中砂、粗砂为主，并含有砂砾石、含砾砂、细砂等，厚度 60～80 m，局部大于 100 m。

强富水区分布于黄河北岸武陟—新乡一带、新乡—封丘以东的黄河主流带和万滩—中牟以东黄河故道带及向下游的主流带，含水层以中砂、中细砂、细砂为主，并含有粗中砂、粉细砂，厚度 40～60 m，最大可达 80 m。

中等富水区分布于现黄河两侧，黄河北呈北东向、黄河南呈南东向展布，为河间泛流项沉积，含水层以细砂、粉细砂为主，次为中细砂、粉细砂，厚度 20～40 m。

弱富水区分布于商丘以南，呈条带状或片状分布，为河间泛流项沉积，含水层以粉砂、粉细砂为主，厚度小于 20 m。

(2)淮河冲洪湖积倾斜平原：分布在漯河东南、确山以东、淮河以北至颖河的广大区域，主要为中上更新统含水层，为冲洪积相的细砂、中细砂，局部含砾石和泥质，属于中到强富水区。在沙河、汝河上游平原和河谷地带，含水层为全新统—中更新统冲、洪积相砂砾石组成，厚度 10～44 m 属于强到极强富水区。随地下水流向，含水层颗粒随之变细，含水层由分选不良的砂砾石，向东南过渡为中细砂、细砂，属于强富水区。在正阳—淮滨一带，含水层由中上更新统的冲湖积相砂、中细砂、泥质砂砾石组成，属于中等富水区。沿淮河两侧，有宽 5～10 km，呈带状分布的全新统冲积相砂、砂砾石含水层，属于中等富水区。

(3)太行山前冲洪积倾斜平原：沿太行山前呈弧形分布，包括安阳冲洪积扇、淇河冲洪积扇、黄水河和上八里冲洪积扇及沁阳—济源冲洪积扇群等。含水层倾向东、东南，颗粒也随之变细，主要为上更新统冲洪积相砂、砂砾石、卵砾石、中粗砂组成，向下游逐渐过渡为含砾石中细砂、中细砂，厚度 20～30 m。受河流作用，含水层具有条带状分布特征，水质也具较为明显的分带性。山脚斜坡地段，为混杂堆积的极弱富水地带，并有基岩零星出露，宽 2.5 ~ 6.0 km，基岩埋藏浅，一般为 27.0 ~ 73.0 m。太行山南麓为中等富水的碎屑岩类夹碳酸盐岩类含水岩组，在河流冲洪积扇上部为极强富水区；在岗地即冲洪积扇的中部，为上更新统和全新统冲洪积相强富水的砂、砂砾石及部分卵砾石含水层；与黄河冲积扇衔接地带，两者呈犬齿交错相接，含水层为细砂、粉细砂，属于中等富水，由于垂直排泄作用强烈，产生局部盐渍化现象。

(4)南阳盆地：中部平原(包括河谷阶地)，含水层由上更新统和全新统冲湖积相中等富水的砂、砂砾石、泥质砂砾石组成，厚度 6 ~ 12 m。沿唐河、白河河谷及较大支流，有呈带状分布的上更新统与全新统的强到极强富水的冲洪积和冲积相的砂、中细砂、砂砾石含水层，厚度 10 ~ 25 m。

(5)伊洛盆地：伊洛河河谷平原地段，含水层由全新统和上更新统冲洪积的砂、砂砾石组成，沿伊洛河两岸，含水层以砂砾石为主，厚度 30 ~ 50 m，属于极强富水区。两岸一二级阶地含水层仍为砂砾石，但厚度变小，为 8 ~ 30 m，属于强富水区。在南岸山前含水层为砂、含泥质砂砾石，属于中等富水区。

(6)灵宝—三门峡盆地：黄河横贯盆地北缘，发育有三级阶地。强富水区主要分布在宏农涧河的河谷及一级阶地，含水层为全新统与上更新统的砂砾石和漂砾，厚 30 ~ 50 m。中等富水区分布于宏农涧河河谷平原及黄河滩区，含水层为全新统的粉细砂，厚 20 ~ 40 m。在山前坡地条带状分布着弱到极弱富水区，含水层分布不均，多是槽带状、透镜状，厚度 6 ~ 20 m。

二、平原区浅层地下水动态类型

平原区地下水动态变化受自然因素和人类活动综合影响。自然影响有降水入渗补给、潜水蒸发、由地形引起的侧向径流补给或排泄、河水位和地下水位的相对变化引起的河道入渗补给或基流排泄等，人类活动影响有开采地下水引起地下水位下降、建闸蓄水对地下水补给、引水灌溉形成的下渗补给等。地下水动态变化类型主要有以下几种。

(一)水文型及气象—水文型

该类型主要分布在黄河两侧的影响带，浅层地下水位变化基本不受开采影响，其动态变化主要受河水、降雨和蒸发因素共同制约。河水侧渗影响程度随着与黄河的距离不同而变化，距河边较近的地段其影响程度大，为水文型；较远的地段其影响程度小，为水文—气象型；远处地段为气象—水文型。地下水埋深一般在 3.0 ~ 3.5 m 以内，地下水位升降与黄河涨落同步，年变幅多在 1.0 ~ 2.5 m 之间，离河越近年变幅越小，而由黄河水位变化所引起的水位变幅增大。该区年最高水位一般出现在 7 ~ 8 月份，与黄河行洪期和较大降水基本一致；最低水位则出现在每年的 5 ~ 6 月份，与黄河水量最枯、降水少、蒸发量大相对应。

在豫南的淮河两岸及其他河水位高于两岸地下水位地区，其动态类型也属于这种类型，因河水位高出两岸地下水，地下水位主要受到河水侧渗补给的影响，但影响距离和程度均比黄河沿岸小。

(二)气象型

该类型分布在驻马店的西平到周口市东南部的项城、沈丘以南地区，地下水位基本是天然状态，受降雨入渗补给，消耗于潜水蒸发与河道基流排泄，地下水开采相对小，对水位动态变化不起主导作用，地下水埋深比较浅，一般在 5 m 以内，年内水位变幅一般在 1.5～3.5 m 之间。区内年最高水位出现在汛期 6～9 月份，与大强度的集中降水期基本一致，最低水位则出现在汛前 5 月下旬～6 月上旬，与蒸发量大、降水量小的月份相对应。

(三)气象—灌溉型

主要分布在引黄灌区和其他引水灌溉的自流灌区，浅层水主要受降水量和灌溉引水量控制。地下水埋深较浅，一般在 4 m 以内，年变幅一般在 2.0～3.0 m 之间，局部尚受开采影响。年内最高水位出现在降雨集中期，与降水量大致相对应(或略滞后)，最低水位则出现在 5～6 月中旬，与蒸发量大、降水量少有关。7～10 月和 2～5 月出现的峰值主要与稻田、麦田引水灌溉有关。无降水、无灌溉时段，浅层水受蒸发和径流影响而缓慢下降。

(四)气象—开采型

这种类型广泛分布在豫北的地下水开发利用程度很高的京广铁路沿线以东，卫辉—滑县沿金堤河以北的平原地区；豫北平原西部的武陟—温县—沁阳—孟州、武陟—修武；郑州、新乡、许昌、商丘等城镇集中开采区，以及地下水开发利用程度较高的豫东平原开封市东南部、商丘市西部、周口市北部和许昌到漯河一带等地的井灌区。地下水埋深较大，一般大于 6 m，豫北地区大多在 10 m 以上，地下水位变化主要受降水入渗补给和人工开采影响，年变幅一般在 4.0～6.0 m 甚至大于 6 m。年内水位动态特征变化为：2～3 月，因人工开采水位开始下降，5～6 月，地下水位下降到最低；进入汛期，地下水停止开采，并得到降水入渗补给，水位开始回升，汛后达到最高，至年底因降水少，农灌开始少量开采，而使水位保持相对稳定或缓慢上升。

(五)径流—气象型

分布范围较小且零散，主要分布山前冲洪积扇的扇前洼地，如太行山南部山前地带济源—修武一带，主要接受降水入渗补给和来自冲洪积扇上部的侧向补给，消耗于潜水蒸发和侧向基流排泄，人工开采很少，地下水埋深小，一般在 3.5 m 以内，年内变幅在 1.5～2.5 m。动态变化过程表现为：进入汛期，由于得到降水入渗补给，地下水位开始上升，最高出现在汛末，然后缓慢下降，一直到来年汛前达到最低。

三、平原区浅层地下水动态影响因素

(一)气象因素

气候丰枯变化主要对补给量、消耗量产生影响而引起地下水动态变化。丰水年降水量多，降水入渗补给量也多，地下水位升幅则大；反之，枯水年降水入渗补给量少，因气候干燥，潜水蒸发量也大，引起地下水位下降。同时气候丰枯变化也导致农业灌溉用水量的差异，在枯水年，井灌区农业灌溉大量开采地下水，将导致地下水位下降；而在引地表水灌溉地区因大量引水灌溉,灌溉水入渗补给量增加,则使地下水位上升。

(二)地形地貌因素

不同地形地貌对地下水的补给、径流、赋存和排泄产生不同的影响。如降水入渗补给与埋深有关,埋深大,补给系数小;一般地下水从山区流向山前岗区,由岗区侧向补给山前倾斜平原区,最后在前缘的交接洼地以泉水出露或以基流形式排入河流。一般地形高的地方是地下水补给区域,地形低洼区是地下水的汇集区域和排泄区域。

(三)地表水体因素

当河道、湖泊、水库、水塘等水面高于地下水位时,地表水体成为地下水的重要补给源。平原地面悬河常年补给两岸地下水;平原湖泊、水塘往往是上游地区地下水的排泄汇集场所,同时也是下游地区地下水的补给源。

(四)人类活动因素

人类活动因素有以下几个方面。

(1)开采地下水:开采地下水也是地下水消耗的一种途径,特别是井灌区,大量开采浅层地下水,引起地下水位下降,长期超量开采将导致地下水位持续下降而形成降落漏斗,豫北平原的东北部、孟州市到武陟一带,目前地下水埋深已达20多米。

(2)引水灌溉:在沿黄两岸地区的引黄灌区及其他引水灌区,由于作物生长需水,大量引水灌溉,因渠系和田面入渗补给水量增加,可能将枯水期处于下降状态改变为上升状态。

(3)建闸蓄水:在河道上建闸蓄水,抬高河水位,造成河水对两岸地下水的补给,改变了地下水动态变化。

(4)疏浚河道:在一些低洼地区,地下水埋深较浅,通过疏浚河道,加大基流排泄量,同样降低了地下水,改变了其动态变化过程。

第三节 水利设施建设

新中国成立后,在各级政府的领导下,经过长期的水利工程建设,河南省初步形成了以防洪、抗旱、除涝、灌溉和城市供水为主的水利工程体系。各种水利工程设施不仅在防洪、除涝、治碱方面发挥了重要作用,而且为全省农业灌溉和城镇居民生活、工业生产、生态环境用水提供了有效的供水水源。

一、蓄水工程

2000年全省已建成水库2 394座,总库容267.61亿 m^3。其中大型水库20座,总库容220.57亿 m^3;中型水库99座,总库容26.89亿 m^3(不含黄河故道上5座,总库容2.10亿 m^3);小型水库2 275座,总库容20.15亿 m^3。大、中型水库控制山丘区总面积的38%。在城区建有各种类型橡胶坝40多座。

淮河流域已建成大型水库13座,总库容82.40亿 m^3,其中淮河支流上有南湾、石山口、五岳、泼河、鲇鱼山5座,洪汝河上有石漫滩、板桥、薄山、宿鸭湖4座,沙颍河上有昭平台、白龟山、孤石滩、白沙4座;中型水库44座,总库容11.23亿 m^3;小型水库 1 350 座，总库容 11.99 亿 m³。

长江流域已建成大型水库有白河鸭河口水库和唐河支流宋家场水库，总库容 14.47 亿 m³；中型水库 21 座，总库容 7.31 亿 m³；小型水库 473 座，总库容 3.53 亿 m³。

黄河流域已建成大型水库有黄河三门峡水库，伊洛河陆浑、故县水库，宏农涧河窄口水库，总库容 126.63 亿 m³；中型水库 18 座，总库容 3.36 亿 m³，小型水库 305 座，总库容 3.69 亿 m³。

海河流域已建成安阳河小南海大型水库，库容 1.07 亿 m³；中型水库 16 座，总库容 4.99 亿 m³；小型水库 147 座，总库容 0.94 亿 m³。

二、引提水工程

全省已建成大中型水闸 1 977 座，引提水工程 21 993 处。固定提灌站 11 883 处，总装机容量 53.93 万 kW，流动站总装机容量 42.67 万 kW，合计有效灌溉面积 43.76 万 hm²。

三、农村机电井

全省已打井 106.87 万眼(其中配套井 96.73 万眼)，总装机容量 711.16 万 kW，总有效灌溉面积 311.07 万 hm²(含井渠复灌面积)。

四、灌区灌溉工程

全省开发万亩(666.7 hm²)以上灌区 238 处，其中 10 万亩以上的 45 处，万亩以下灌区 10 287 处，2000 年全省有效灌溉面积 472.531 万 hm²，旱涝保收田 369.284 万 hm²。当年全省实灌面积 478.559 万 hm²，其中井灌、提灌面积为 381.871 万 hm²。

第四节　水资源分区的划分

根据《全国水资源综合规划工作大纲》和《全国水资源综合规划技术细则》(以下简称《技术细则》)要求，进行流域水资源三、四级分区划分，并依据河南省 1996 年国土资源厅最新国土面积普查成果，采用行政分区套水资源三、四级分区，进行计算分区划分和面积平差量算。

一、流域水资源分区

水资源分区划分原则：

(1)基本上能反映地表水资源条件的地区差别。

(2)尽可能保持流域水系的完整性，大河进行分段，自然地理相同的小河适当合并。

(3)方便进行地表水资源量计算和供需平衡分析。

在全国统一分区的基础上，结合河南省河川径流特点、水文地质条件和水资源开发利用情况，将全省划分为 10 个流域水资源二级分区，20 个水资源三级分区(含 4 个四级区)，水资源三级分区套行政区的亚区 60 个，及 21 个水文地质分区(见附图 1)。在流域水资源分区中，省辖海河流域面积 15 336 km²，划分为 3 个水资源三级区，11 个三级亚区；省辖黄河流域面积 36 164 km²，划分为 7 个水资源三级区，21 个三级亚区；省辖淮河流域面积 86 428 km²，划分为 6 个水资源三级区，20 个三级亚区；省辖长江流域面积 27 609 km²，划分为 4 个水资源三级区，8 个三级亚区。全省水资源分区计算面积 165 537 km²(其中平原面积 84 668 km²，山区面积 80 869 km²)，比第一次评价计算面积 165 130 km² 大 0.25%，比沿用的面积 167 000 km² 小 0.88%(详见表 1-2)。

表 1-2 河南省流域水资源分区面积 (单位：km²)

水资源分区名称			总面积	平原区面积		平原区水面面积
一级分区	二级分区	三级分区		平原区总面积	平原区地下水计算面积	
海河流域	海河南系	漳卫河山区	6 042			
		漳卫河平原	7 589	7 589	6 830	
		二级分区小计	13 631	7 589	6 830	
	徒骇马颊河	徒骇马颊河区	1 705	1 705	1 535	
	流域合计		15 336	9 294	8 365	
黄河流域	龙门—三门峡	龙门—三门峡干流区间	4 207	547	321	190
	三门峡—花园口	三门峡—小浪底干流区间	2 364			
		小浪底—花园口干流区间	3 415	1 397	1 027	256
		伊洛河	15 813	1 437	1 293	
		沁丹河区	1 377	951	856	
		二级分区小计	22 969	3 785	3 176	256
	花园口以下	金堤河天然文岩渠	7 309	7 309	6 578	
		花园口以下干流区间	1 679	1 679	1 138	415
		二级分区小计	8 988	8 988	7 716	415
	流域合计		36 164	13 320	11 213	861
淮河流域	淮河上游	淮河上游王家坝以上南岸	13 205	2 788	2 509	
		淮河上游王家坝以上北岸	15 613	12 555	11 219	89
		二级分区小计	28 818	15 343	13 728	89
	淮河中游	王蚌区间南岸	4 243	1 447	1 302	
		王蚌区间北岸	46 478	31 645	28 480	
		蚌洪区间北岸	5 155	5 155	4 640	
		二级分区小计	55 876	38 248	34 422	
	沂沭泗河	南四湖湖西区	1 734	1 734	1 561	
	流域合计		86 428	55 324	49 712	89
长江流域	汉江区	丹江口以上区	7 238	0		
		丹江口以下区	525	0		
		唐白河区	19 426	6 730	6 057	
		二级分区小计	27 189	6 730	6 057	
	武汉—湖口区间	武汉—湖口区间左岸	420	0		
	流域合计		27 609	6 730	6 057	
河南省			165 537	84 668	75 347	950

二、行政分区

全省划分为 18 个行政分区，黄河以北有 6 个市，黄河以南有 12 个市。海河流域涉及到 5 个市，黄河流域涉及 9 个市，淮河流域涉及 11 个市，长江流域涉及 5 个市(详见表 1-3)。

表 1-3　河南省行政水资源分区面积 (单位：km²)

地市名称	总面积	平原区面积		平原区水面面积
		平原区总面积	地下水计算面积	
安　阳	7 354	4 385	3 947	
鹤　壁	2 137	1 353	1 218	
濮　阳	4 188	4 188	3 687	92
新　乡	8 249	6 689	5 851	188
焦　作	4 001	2 851	2 408	176
济　源	1 894	306	275	
三门峡	9 937	547	321	190
洛　阳	15 230	1 537	1 338	50
郑　州	7 534	1 974	1 695	90
开　封	6 262	6 262	5 568	75
商　丘	10 700	10 700	9 630	
许　昌	4 978	3 118	2 806	
平顶山	7 909	1 981	1 783	
漯　河	2 694	2 694	2 425	
周　口	11 958	11 958	10 762	
驻马店	15 095	10 895	9 726	89
信　阳	18 908	6 626	5 963	
南　阳	26 509	6 604	5 944	
全省合计	165 537	84 668	75 347	950

三、水文地质分区

根据水文地质条件和地貌类型，将河南省共划分为 21 个水文地质分区(见附图 2)。

(1)豫北地区：黄河北黄河冲积平原区、太行山前冲洪积倾斜平原区、沁蟒河冲积倾斜平原区、太行山裂隙岩溶区。

(2)豫东地区：黄河南黄河冲积平原区、沙颍河冲洪积平原区、黄河故道南背河洼地区。

(3)豫南地区：洪汝河低洼平原区、遂平—西平倾斜平原区、桐柏山—大别山裂隙水区、桐柏山—大别山前垄岗河谷平原区。

(4)豫西及豫西南地区：嵩箕山裂隙岩溶区、秦岭东段裂隙水区、栾卢裂隙水区、淅川裂隙水区、新渑侵蚀构造裂隙水区、伊洛河盆地冲洪积孔隙水区、灵宝—三门峡盆地冲湖积孔隙水区、南阳盆地冲洪湖积孔隙水区。

此外，在黄河两岸的黄淮海平原还分布有黄河故道区以及沿黄浸润低洼平原区。全省水文地质分区见表 1-4。

表 1-4　河南省水文地质分区

水文地质分区名称	主要地貌	水文地质简要特征
太行山裂隙岩溶区	中、低山及沟谷	主要含水岩组为灰岩、白云质灰岩，中到强富水；盆地砂层弱富水，有多个大泉出露
太行山前冲洪积倾斜平原区	为冲洪积扇组成的倾斜平原	岩性、富水性呈分带性，地下水动态为径流—开采型
黄河北黄河冲积平原区	地形平坦，向东北微倾	富水性强到中等，并呈分带性，地下水动态有径流—开采型和引灌—蒸发—开采型
沁蟒河冲积倾斜平原区	沁河、蟒河冲积平原，地形起伏大	岩性变化大，富水性强—中等，地下水动态有侧流—开采型和引灌—蒸发、开采型
黄河故道区	片状、条带状积水洼地、湖塘	含水岩组为"二元结构"，弱富水，地下水动态为入渗—开采—径流型
沿黄浸润低洼平原区	背河洼地，低洼平原	黄河水补给充沛，地下水埋深浅。地下水动态有侧流—蒸发型和引灌—蒸发—开采型
黄河故道南背河洼地区	地势低洼，条带状古黄河背河洼地	含水岩组为"二元结构"，弱富水，地下水埋深浅，动态为入渗—开采—径流型
黄河南黄河冲积平原区	地形平坦，向东南微倾	岩性、富水性呈分带性，地下水动态为入渗—蒸发、开采型
沙颍河冲洪积平原区	地形平坦，曲流发育	山前为河湖相冲洪积砂砾含水层，向东南为河、湖相砂层含水层；地下水动态由山前的侧流—开采型变为入渗—蒸发—开采型
洪汝河低洼平原区	地势低洼，地形平坦，曲流发育	含水岩组主要为弱—中等富水冲湖积粉、细砂层，地下水动态为入渗—蒸发型
遂平—西平倾斜平原区	岗地河谷及倾斜平原	含水岩组主要为弱富水黏土裂隙水及中等富水砂、砾石含水层，地下水动态为入渗—蒸发型
桐柏山—大别山裂隙水区	中、低山及沟谷、盆地	含水岩组主要为弱富水的变质岩和岩浆岩组成，局部夹中等富水的片岩、大理岩
桐柏山—大别山前垄岗河谷平原区	垄岗及河谷平原	河谷平原含水岩组主要为中等富水的砂砾、中细砂；垄岗为弱富水的含泥砂砾、中细砂。地下水动态为入渗—蒸发型
嵩箕山裂隙岩溶区	中、低山及沟谷、丘陵	主要为弱富水的砂岩和中等富水的灰岩含水岩组构成，有大泉出露
秦岭东段裂隙水区	中山及低坡、丘陵	主要为弱富水的变质岩，局部夹中等富水的灰岩、大理岩
新淠侵蚀构造裂隙水区	中、低山及丘陵、沟谷	主要为弱富水的砂岩，局部夹中等富水的灰岩
伊洛河盆地冲洪积孔隙水区	黄土丘陵、台塬、河谷盆地	表层土主要为亚砂土。沿伊洛河两侧，下伏有砂、砂砾石含水层，富水性极好
灵宝—三门峡盆地冲湖积孔隙水区	黄土盆地、台塬	表层土主要为黄土，下伏有中等富水的砂、砂砾石含水层
栾卢裂隙水区	中山及丘陵	主要含水岩组为灰岩、白云质灰岩，中到强富水
淅川裂隙水区	中山及沟谷	主要含水岩组为灰岩、白云质灰岩，中到强富水，其余的砂岩、片岩一般属弱富水
南阳盆地冲洪湖积孔隙水区	地势平坦的大型盆地	含水层由河湖相砂、泥质砂砾石组成。沿河两岸，有冲积、洪积相的砂、砂砾石含水层，具微承压性。地下水动态主要为入渗—开采—蒸发型

第二章　水资源概念与评价指标

第一节　水资源概念与转化机理

一、水资源概念

水资源是指以气态、液态、固态的形式赋存在地球表层全部水的统称。水是人类生存和经济社会发展必不可缺少的物质基础，水资源量的多寡和质地的优劣，直接制约着人类生活水平的提高和经济社会的发展。

水作为保证人类社会存在和经济社会发展的重要自然资源，具有下列主要特征：①可以按照社会需求提供或有可能提供的水量；②这个水量有可靠来源，且这个来源可以通过自然界水文循环不断得到更新或补充；③这个水量可以由人工加以控制；④这个水量及其水质能够适应人类用水的要求。

二、水资源形成条件

水资源的形成和转化，不仅受气候、地形地貌、土壤岩性、森林植被、水体与水体之间关系的制约，而且还受人类活动的影响，而大气降水是主要的影响因素。一部分降水形成地表水，一部分形成地下水，一部分蒸散发到空中。地表水和地下水组成的水流系统，形成区域水资源。

山区因坡度大，降落到地表的水在重力的作用下，很容易沿山坡流动汇集到河流里，形成地表水资源。平原区则因地表坡度小，降落到地表上的水不易流动，容易形成地表积水，进而产生持续稳定的下渗，有利于降水对地下水的补给。不同的土壤岩性，有着不同的孔隙率，当降水特性相同时，孔隙率大的，其储水及渗透能力也大，形成地下水资源量就多；反之，孔隙率小的，其储水能力及渗透能力小，则形成地下水资源量就少。

植物根系吸收土壤水分通过枝叶表面的蒸腾作用加速地下水资源的消耗，减少流域的水资源量。在降水过程中，植物还通过吸附、承托、张力等现象储存部分降水量，这部分降水量最终以蒸发而消耗殆尽，减少了水资源的形成。

河南省位于我国地势的第二阶梯和第三阶梯的过渡地带，南北气候变化较大，地形地貌复杂多样，植被、土壤岩性各不相同。使不同区域的水资源形成及量的多寡有显著的差异。西部以山地为主，是河南省众多河流的主要发源地，也是河南省地表水资源的主要产生地，但由于太行山地区、洛阳—三门峡黄土丘陵区、伏牛山的北麓及熊耳山地区、南阳盆地降雨量相对较少，黄河洪积冲积平原区干旱少雨，结果造成同样的山区或平原区面积，其水资源量就比淮河冲积湖积平原区、伏牛山的南麓、桐柏—大别山地区少了许多。

(一)太行山地区

区域范围包括邵原、王屋、西万、焦作、薄壁、黄水、潞王坟、庙口、汤阴、水冶、安丰一线西北的河南省西北部地区。

大气降水是本区水资源的主要形成条件。石灰岩分布广泛，溶洞、溶蚀宽谷、地下河及泉等岩溶地貌形态发育良好，为地表水与地下水交换创造了良好的条件，地表水与地下水的转化频繁复杂。但由于埋藏较深，地下水资源不易直接开发利用。区内盆地较多，主要有林县盆地、原康盆地、临淇盆地及南村盆地等，还有一些山间盆地和宽阔的河流谷地，这些区域地势较为平缓，亚沙土或亚黏土覆盖层较厚，为降水提供了一个良好的入渗条件，地下水资源丰富。

本区林业发展很差，是河南省山地丘陵区森林覆盖率最低的山地，荒山秃岭面积较大，植被对水资源的形成影响较小。

洹河(即安阳河)、淇河及卫河均发源于本区。本区属温凉半干旱地区，十年九旱，总体上水资源缺乏。

(二)三门峡—洛阳黄土丘陵山地区

该区位于豫西山地的北部，包括小秦岭和崤山西段以北地区、崤山东段和济源的南部地区、伊河和洛河的中下游地带，以及嵩山以北地区。

区内黄土分布广泛，黄土覆盖厚度西部为 50～180 m，最大厚度超过 200 m，东部一般为 20～110 m，降水极易入渗。但降水入渗锋面很难到达潜水层面，地下水资源因此而贫乏。地表径流主要以超渗产流为主，全年的地表水资源，基本产生于汛期的强降雨。低缓丘陵地带，植被覆盖率较低，遇强降雨，地表径流侵蚀强烈，水土流失严重。

本区处于温和半干旱区，降水量相对较少，地表水、地下水资源相对贫乏。

(三)熊耳山—伏牛山地区

豫西中部是河南省面积最大的二级山地，范围大致北到小秦岭、崤山和嵩山的北麓，与黄土丘陵区相接，东抵豫东平原的西缘，以地形高程 200 m 为界，南至南阳盆地的北部边缘，西到豫陕边界。

区内山势高峻，山体多为石质岩石组成，有利于地表水形成。在伏牛山中山区，存在少部分岩溶地貌，局部区域有灰岩出露。伏牛山东北部低山丘陵区的一些河段，活动性断裂发育较好，在淅川、内乡西部、西峡南部和邓州西北还广泛分布一些岩溶山区，给地下水的补给及储存创造了良好条件。伊河的潭头、陆浑，沙河的下汤、中汤和上汤等地还有一些温泉出露。

伏牛山南麓处于温暖湿润地区，年降水量相对较大，是河南省水资源相对比较丰富的地区，森林覆盖率高，植被对水资源的产生影响较大，其他地区处于温凉湿润半湿润地区，水资源相对于伏牛山南麓偏少。

伏牛山北麓主要河流有洛河、伊河、汝河、颍河，南麓有老灌河、鸭河等。

(四)南阳盆地区

南阳盆地位于河南省西南部，范围大致包括内乡、陶岔一线以东，赤眉、马山口、皇路店、方城一线以南,羊册、官庄一线西南及马谷田、新集、黑龙镇、湖阳一线西北的广大平原区,总面积约 1.2 万 km²,占全省平原总面积的 11.3%,是河南省第二大平原。地表组成岩性以第四系亚黏土、黏土和亚沙土为主。地形四周高、中间低,地势较平缓,不利于形成地表水资源,但给地下水的补给提供了有利条件。

本区位于我国北亚热带,属温热半湿润地区,东部岗地平原区,降雨集中,多暴雨,地表径流主要以蓄满产流为主,唐河水系两岸的河谷平原呈树枝状散布,土壤岩性主要是粉砂、细砂和中砂,部分河段为砂砾石,地下水补给条件优越。

(五)桐柏—大别山地丘陵区

河南省的南部边缘地区,范围大致包括南阳盆地以东,舞阳、板桥、确山、平昌关一线以西,信阳、光山、双椿铺、武庙集一线以南的广大地区属于桐柏山、大别山区。

本区属温热湿润地区,气温较高。连绵起伏的低山和丘陵,造就了发达的河流水系,淮河干流及上游浉河、竹竿河、潢河、白露河、史河等主要支流均发源于此。区内降水量充沛,地表径流丰富,径流系数较高。

本区水资源的产生条件相对优越,水资源量相对丰富,是全省地表径流量的高值区。

(六)黄河冲积平原区

以黄河大冲积扇、漳河冲积扇、安阳河冲积扇、沁河冲积扇和双泊河冲积扇等组合而成的冲积扇平原,范围大体是沙河以北的省境广大平原区,其中黄河大型冲积扇为平原的主体。

本区水资源主要依靠大气降水,气候类型为半湿润半干旱,属于温和半湿润半干旱地区。降雨稀少,水资源产生环境恶劣。特别是以砂土及亚砂土和粉细砂为主的中牟—睢县沙地、沙丘平原区及延津—内黄微起伏平原区,地表蒸发量大,地表径流极其微弱,几乎没有什么地表水资源。区域水资源的组成主要是地下水,但由于近年地下水严重超采,地下水埋深加大,使地下水补给环境遭到了严重的破坏。因此,这些区域的地下水资源也面临严重危机。

由于黄河干流地势较高,受此影响,本区黄河两岸的背河洼地,地下水常受黄河水侧渗补给。在太行山山前倾斜平原区,山前与平原的接合地带,也常年得到山前地下水侧渗补给,形成稳定的地下水资源。

(七)淮河冲积平原区

沙颍河以南、伏牛山地以东、大别山以北地区,主要是由淮河泛滥冲积和湖积而形成的低缓平原。地势低而平坦,大体向东南微倾,与河水流向一致,地面坡降很小。

该区的主要特点是,有面积相当大的浅平洼地和湖洼地,多分布在河间平原和沿河两岸的平地上,易受洪涝之害。

广泛分布的亚砂土、亚黏土,微向东南方向的倾斜的平缓平原,构成了一个有利于地下水形成的良好条件。区内主要有洪河、汝河、淮河,河流发育、大小支流众多,是河南省河流密度最大的地区。

本区属于温暖湿润半湿润区,全年降水相对丰富,这是水资源产生的最有利条件。

有密集的河网以及宿鸭湖、吴宋湖、茶安湖、蛟停湖、马湖、秦湘湖、倒潮湖、菱角湖等众多的湖泊，大部分降水可以直接形成数量可观的地表水资源。

三、水资源转化机理及影响因素

(一)水资源转化机理

在太阳辐射热作用下，海洋表面水获得能量，克服地心引力作用，逸入大气，并通过大气环流飘逸到陆地上空，在一定条件下凝结，以降水形式降落到地面。降落到地面的水，一部分以地表径流形式汇入江河湖泊，形成地表水资源；另一部分渗入地下的水，部分滞留在包气带中(其中可被植物吸收利用的水称为土壤水)，其余的进入饱水带成为地下水，并可能以地下潜流或泉的形式排入江河，最终也回到海洋。这种发生在海洋和陆地之间的水分循环称为水文大循环或海陆水文循环。

流域内的天然河川径流(地表水资源量)，它主要分两部分，一部分是降雨直接形成的河川径流量，一部分是由流域地下水出露形成的河川基流量。

(二)人类活动对水资源状况的影响

人类活动不断改变地表及地表植被的性质和状态，干扰水气在地表水和大气界面上的转换，形成人类活动对水文循环过程的影响。同时改变了地表水资源和地下水资源的形成条件。人类在生产、生活活动中取水、用水、耗水、排水造成的局部水文循环，成为陆面水文循环中的一个侧支，对陆面水文循环产生影响，进而对地表水资源或地下水资源的形成产生影响。

第二节　水资源评价指标

表征水资源状况的主要指标有影响因素指标、状态指标、变化指标、数量指标、质量指标和可持续利用指标等。

一、水资源影响因素评价指标

水资源影响因素指标主要有气候特征指标和下垫面因素指标。其中气候特征指标主要有以下几种。

(1)大气降水量：指在一定的时段内，从大气降落到地面的降水物在地平面上所积聚的水层厚度，以深度表示，单位采用毫米(mm)。

(2)蒸发能力：是指充分供水条件下的陆面蒸发量，可近似用 E601 型蒸发器观测的水面蒸发量代替，以深度表示，单位采用毫米(mm)。

(3)干旱指数：指陆面蒸发能力与年降水量的比值。

(4)气温：大气的温度，表示大气冷暖程度的量，单位采用摄氏度(℃)。

(5)湿度：大气中水汽含量或潮湿的程度，常用水汽压、相对湿度、饱和差、露点等物理量来表示，相对湿度无量纲，采用百分比(%)表示。

(6)风速：单位时间内空气移动的距离，按风速大小以等级表示。

二、水资源量评价指标

反映水资源形态的主要评价指标有以下几种。

(1)水资源总量：是指评价区域内当地降水形成的地表和地下的产水量。

(2)地表水资源量：指区域内河流、湖泊、冰川等地表水体中，由当地降水形成的可以更新的动态水量，或用天然河川径流量表示。

(3)地下水资源量：是指与大气降水、地表水体有直接补给或排泄关系的动态地下水量，即参与现代水循环而且可以不断更新的地下水量。

(4)河川径流量：径流是由降水产生的，自流域内汇集到河网，并沿河槽下泄到某一断面的水量。

(5)降水入渗补给量：降水入渗补给量是指降水(包括坡面漫流和填洼水)渗入到土壤中，并在重力的作用下渗透补给地下水的水量。

(6)河道渗漏补给量：当河道水位高于河道岸边地下水水位时，河水渗漏补给地下水的水量。

(7)库塘渗漏补给量：水库、湖泊、塘坝等蓄水体的水位高于岸边的地下水水位时，库塘等蓄水体渗漏补给岸边地下水的水量。

(8)渠系渗漏补给量：指渠系水补给地下水的水量。

(9)渠灌田间入渗补给量：指渠灌水进入田间后，入渗补给地下水的水量。

(10)人工回灌补给量：指通过井孔、河渠、坑塘或田面等方式，人为地将地表水灌入地下且补给地下水的水量。

(11)山前侧向补给量：指发生在山丘区与平原区的交界面上，山丘区地下水以地下潜流形式补给平原区浅层地下水的水量。

(12)井灌回归补给量：指井灌水进入田间后，入渗补给地下水的水量。

(13)潜水蒸发量：指潜水在毛细管的作用下，通过包气带岩土向上运动造成的蒸发量。

(14)河道排泄量：指河道内水位低于岸边地下水水位时，通过河道排泄地下水的水量。

(15)侧向流出量：指以地下潜流形式流出评价计算区的水量。

三、状态评价指标

水资源状态评价指标常以时空分布表示，反映水资源时空分布的主要评价指标有以下几种。

(1)年内分配：河流天然径流量在年内的变化过程，称为径流量的年内分配。

(2)年内分配的集中程度：通常用年内连续 4 个月最大降水量或最大径流量来表示。

(3)年际变化的最大值：指一个区域年降水系列或年径流系列数值中的最大值。

(4)年际变化的最小值：指一个区域年降水系列或年径流系列数值中的最小值。

(5)年际变化的平均值：指一个区域年降水系列或年径流系列数值的平均值。

(6)年际变化的变差系数：反映一个区域年径流相对变化程度，变差系数值大表明年径流的年际变化强烈，不利于水资源的利用；反之，年际变化和缓，有利于水资源的利用。

四、变化关系评价指标

反映不同水资源量之间变化关系(转化关系)的主要评价指标有以下几个。

(1)径流系数:用同一时段内的径流深度与降水量之比值表示降水量产生地表径流量的程度,称为径流系数,以小于1的数或百分数计。

(2)产水系数:指多年平均水资源总量与多年平均年降水量之比值,反映评价区域内降水所产生地表水和地下水的能力,以小于1的数或百分数计。

(3)河川基流模数:反映区域地下水向地表水转化的能力,用河川基流量(Q)与区域面积(A)之比表示。

(4)潜水蒸发系数:反映区域地下水自然消耗能力的重要指标,用潜水蒸发量 E 与相应计算时段的水面蒸发量 E_0 的比值表示。

(5)降水入渗补给系数:反映降水量产生地下水的能力,用降水入渗补给量 P_r 与相应降水量 P 的比值表示。

(6)灌溉入渗补给系数:指田间灌溉入渗补给量与进入田间灌水量的比值。

(7)渠系渗漏补给系数:反映渠系过水量的损失强度,用渠系渗漏补给量与渠首引水量的比值表示。

(8)渠系有效利用系数:反映渠系的有效使用率,用灌溉渠系送入田间的水量与渠首引水量的比值表示。

五、数量质量评价指标

(一)数量评价指标

水资源数量常用体积、深度等形式表示,一般采用单位有立方米(m^3)、万立方米(万 m^3)、亿立方米(亿 m^3)、毫米(mm)、立方米每平方公里(m^3/km^2)等。

(1)流量:表示单位时间内通过某断面的水流体积,单位用立方米每秒(m^3/s)表示。

(2)径流量:时段内通过某断面的水体总量,单位用立方米(m^3)表示。

(3)径流深:把某一时段内的径流总量平铺在相应流域面积上的平均水层深度称为径流深,以毫米(mm)计。

(4)径流模数:单位面积上产生的平均径流量称为径流模数,单位以立方米每秒平方公里($m^3/(s \cdot km^2)$)表示。

(5)水资源量:某时段内评价区域所产生的水资源数量,单位用立方米(m^3)、万立方米(万 m^3)、亿立方米(亿 m^3)表示。

(6)水资源模数(产水模数):是指单位面积上的产水量,可用水资源总量与面积的比值来表示,单位用万立方米每平方公里(万 m^3/km^2)表示。

(二)质量评价指标

1. 水物理性质评价指标

(1)含沙量:反映流动水体的挟沙能力,指单位体积浑水中所含干沙的重量,或浑水中干沙重量(容积)与浑水的总重量(总容积)的比值,单位用千克每立方米(kg/m^3)表示。

(2)输沙率：单位时间内通过某过水断面的干沙重量，单位用千克每秒(kg/s)表示。

(3)输沙量：某时段通过某过水断面的干沙总量，单位用千克(kg)或吨(t)表示。

(4)输沙模数：反映流域内地表土壤的侵蚀程度，用区域输沙量与区域面积的比值表示，单位采用千克每平方公里(kg/km^2)。

(5)悬浮物含量：表示水体的洁净透明度，指水体中包含悬浮物质的数量，单位采用毫克每升(mg/L)。

2. 水化学性质评价指标

反映自然水体本底的化学性质，水化学性质评价指标主要根据水体中化学物质含量的多少分类，主要分以下几种。

(1)地下淡水：指矿化度小于 1 g/L 的地下水。

(2)微咸水：指矿化度大于 1 g/L 且小于 3 g/L 的地下水。

(3)半咸水：指矿化度大于 3 g/L 且小于 5 g/L 的地下水。

(4)咸水：指矿化度大于 5 g/L 的地下水。

3. 水体污染评价指标

反映自然水体受外来污染物侵入而遭受污染的程度。水体污染物指对水体质量造成影响的物质和能量。

(1)水体污染评价指标：主要有污染物含量、浓度、水质类别超标倍数等，一般常用单位有毫克每升(mg/L)、克每升(g /L)。

(2)排污量：指某一区域或某断面，在时段内排放出的污水或污染物数量，以立方米(m^3)或吨(t)表示。

六、可持续利用评价指标

决定水的可持续利用评价指标主要因素有水资源评价指标和用水评价指标。

(一)水资源评价指标

(1)水资源承载能力：指在水资源不遭受破坏、可持续开发利用前提下，一个区域水资源可以持续支撑的人口总量或经济发展总量的能力。

(2)水资源开发利用潜力：指在可预见时期内，区域现状与规划工程条件下，在当地水资源最大可利用量范围内，可以进一步提供给生产、生活和生态用水量的潜在能力。

(3)水体纳污能力：反映自然水体在自净作用条件下，可以接纳污染物质的能力。

(4)水资源可利用总量：在确保社会经济可持续发展、水资源可持续利用条件下，为保持生态、生活、生产协调发展，可以一次性提供给生活、生产的最大用水量。

(5)地表水可利用量：指在可预见的时期内，在统筹考虑河道内生态环境和其他用水的基础上，通过经济合理、技术可行的措施，可供河道外生活、生产、生态用水的一次性最大水量(不包括回归水的重复利用)。

(6)地下水可开采量：指在可预见时期内，通过经济合理、技术可行的措施，在不致引起生态环境恶化条件下允许从含水层中获取的最大水量。

(7)可供水量：指在可预见时期内，区域平均产水(地表水、地下水)条件下，通过地表、地下调节供水工程(蓄、引、提等取水工程)可提取具有一定保证率的最大用水量。可供水量主要受区域的产水条件、工程条件和运用调度方式等因素影响。

(8)利用率：反映区域水资源开发利用程度的评价指标，以代表时段内区域供水量与水资源量比值表示。

(9)消耗率：反映区域水资源利用消耗或部门用水消耗程度的重要指标，以代表时段内区域消耗量与用水量比值表示。

(二)用水评价指标

(1)万元产值耗水量：指每万元国内生产总值所消耗的水量。

(2)居民生活用水定额：指居民生活日用水量，常用升每日(L/d)表示。

(3)大牲畜用水定额：指马、牛、驴、骡等牲畜日用水量，用升每日(L/d)表示。

(4)小牲畜用水定额：指猪、羊等牲畜日用水量，常用升每日(L/d)表示。

(5)农业灌溉用水定额：指为满足农作物正常生长而需要灌溉的水量，常用立方米每公顷(m^3/hm^2)表示。

第三章　降水、蒸发与河流泥沙

本章主要评价河南省 1956～2000 年系列降水，1980～2000 年水面蒸发、干旱指数与河流泥沙等内容。

第一节　降水量

一、基本资料

选择观测资料可靠、系列完整、面上分布均匀且能反映地形变化影响的雨量站作为分析的依据站。在降水量变化梯度较大的山区尽可能多选一些站点，降水量变化梯度较小的平原区着重考虑站点的均匀分布。对于第一次评价选用的雨量站，本次尽量选用。

按照《技术细则》要求的系列年限，参考第一次水资源评价代表雨量站选用情况，本次评价全省共选用雨量站 560 个(其中气象站点 26 个)，平均站网密度 296 km²/站(见附图 3)。其中，长系列雨量站 14 个，最长资料系列为 81 年(实测资料年数 63 年)，最短实测系列年数为 32 年。

海河流域选用雨量站 70 个(其中气象站点 5 个)，最长资料系列为 81 年(实测资料年数 63 年)，最短实测系列年数为 36 年。黄河流域选用雨量站 131 个(其中气象站点 7 个)，最长资料系列为 70 年(实测资料年数 69 年)，最短实测系列年数为 34 年。淮河流域选用雨量站 282 个(其中气象站点 13 个)，最长资料系列为 70 年(实测资料年数 65 年)，最短实测系列年数为 35 年。长江流域选用雨量站 77 个(其中气象站点 1 个)，最长资料系列为 70 年(实测资料年数 60 年)，最短实测系列年数为 32 年。

评价统一采用 1956～2000 年(45 年)同步期系列资料，实测资料不足 45 年的进行了插补。插补方法一般采用直接移用邻站资料法、年月降水量相关法和相邻数站均值移用法。插补时注意了参证站气象、下垫面条件与插补站的一致性。河南省各流域降水、蒸发评价选用站情况见表 3-1。

二、水汽来源

空气中水汽含量多少是形成降水的主要条件。河南省地处内陆，大气降水主要借助于夏季季风，把大量的水汽从太平洋、印度洋吹来。由于环流形势的不同，河南省暴雨期间水汽来源主要有三个：

(1)来自印度洋孟加拉湾。当青藏高原热低压强烈发展，以高原为尺度的低空急流围绕高原气旋旋转，西南气流把印度洋、孟加拉湾的水汽输送到省内。

(2)来自南海北部湾。当西太平洋副高中心稳定在我国华中、华南一带，脊线呈南北向时，西缘的低空南风急流将南海北部湾海面的水汽向北输送到省内。

表 3-1　河南省各流域降水、蒸发评价选用站统计

流域名称	水资源三级区	降水站数	蒸发站数
海河	漳卫河山区	40	
	漳卫河平原区	25	
	徒骇马颊河区	5	
	流域合计	70	20
淮河	王蚌区间南岸(史灌河区)	12	
	淮河上游王家坝以上(南岸区)	49	
	淮河上游王家坝以上(北岸区)	61	
	王蚌区间北岸	141	
	蚌洪区间北岸	16	
	南四湖湖西	3	
	流域合计	282	78
黄河	龙门—三门峡区间	21	
	三门峡—小浪底区间	9	
	小浪底—花园口区间	7	
	花园口以下干流区		
	金堤河天然文岩渠	16	
	沁丹河区	5	
	伊洛河区	73	
	流域合计	131	34
长江	丹江口以上区	16	
	丹江口以下区	1	
	武湖区间		
	唐白河区	60	
	流域合计	77	14
河南省合计		560	146

(3)来自东海。当西太平洋副高加强伸入我国大陆时，副高南缘的偏东气流把东海洋面的水汽输送到省内。当副高脊线稳定活动于北纬 30°附近，河南省正处在西太平洋台风侵袭的范围内，产生暴雨的可能性就大。

三、统计参数确定和等值线图绘制

(一)统计参数的分析确定

降水量统计参数包括多年平均降水量、变差系数 C_v 和偏态系数 C_s。单站多年平均降水量采用算术平均值，C_v 值先用矩法计算，适线时未做调整。C_s/C_v 值采用 2.0。频率曲线采用 P-Ⅲ 型线型，对系列中特大、特小值不作处理。

(二)等值线图的绘制

(1)1956～2000 年同步期年降水量等值线图和变差系数 C_v 等值线图的绘制，以具有 45 年观测资料的代表站数据为主要依据，对于站点稀疏区域适当参考辅助站的数据。1980～2000 年同步期年降水量均值等值线图的绘制，采用全部选用站的数据。

(2)多年平均降水量等值线绘制主要考虑代表站的统计数据，但不完全拘泥于个别点据，避免等值线过于曲折或出现过多的局部高、低值中心，以及出现与地形、气候因素不协调的现象。考虑到降水量随地面高程变化的相应关系，山区等值线应与大尺度地形分水岭走向大体一致，避免横穿山岭。

(3)多年平均降水量等值线图的线距：降水量 1 000 mm 以上时，线距为 200 mm；降水量 1 000 mm 以下时，线距为 100 mm。C_v 等值线图的线距为 0.05。

(三)等值线图合理性检查

(1)对等值线走向、位置、梯度和高低值中心等进行综合分析，其总体应符合降水分布的一般规律，与地形、地貌和水汽来源相吻合。

(2)与以往成果对照检查，等值线的量级、走向和高低值中心的分布等应与以往成果大体一致。

(3)与相邻各省边界处等值线衔接检查，保证等值线走向趋势合理，没有突变现象。

河南省 1956～2000 年、1980～2000 年平均年降水量等值线图和 1956～2000 年降水量变差系数 C_v 等值线图分别见附图 4、附图 5 和附图 6。

四、系列代表性分析

水文现象属于一种随机现象，本身还存在着连续丰水、平水、枯水以及丰枯交替等周期性变化规律。系列代表性分析就是通过对所选用资料系列采用多种方法的综合分析，研究该样本系列的统计参数对总体统计规律的代表程度。降水量的代表性直接关系到本次水资源评价成果的质量和精度。

选取全省具有 60 年以上降水系列资料的汲县、南阳、开封、洛阳、平桥 5 个雨量站，分析 1956～2000 年同步期年降水量的偏丰、偏枯程度和年降水量统计参数的稳定性，研究多年系列丰枯周期变化情况，以综合评判 1956～2000 年同步期降水量系列的代表性。

(一)统计参数稳定性分析

统计参数的稳定性分析，是基于长系列统计参数更接近于总体这一基本假定，故以长系列统计参数为标准来检验短系列的代表性。

以长系列末端 2000 年为起点，以年降水量逐年向前计算累积平均值和变差系数 C_v

值(用矩法进行计算),并进行综合比较分析。均值、C_v 等参数均以最长系列的计算值为标准,从过程线上确定参数相对稳定所需的年数。本次分析汲县、南阳、开封、洛阳、平桥等 15 站长系列降水量资料,绘制了年降水量逆时序累积平均过程线和逆时序变差系数 C_v 过程线,见图 3-1 ~ 图 3-10。

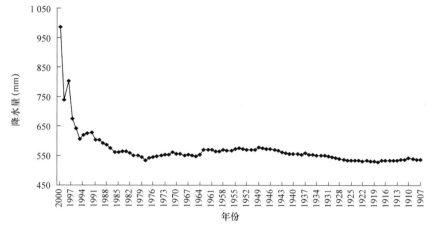

图 3-1　汲县站年降水量逆时序逐年累积平均过程线

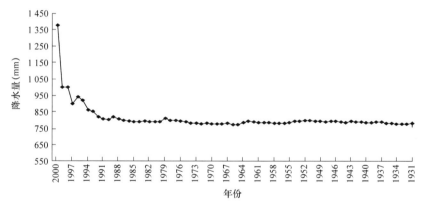

图 3-2　南阳站年降水量逆时序逐年累积平均过程线

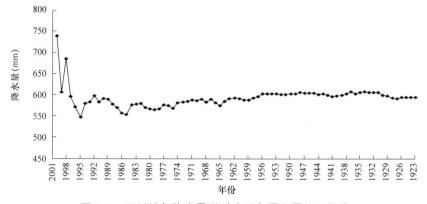

图 3-3　开封站年降水量逆时序逐年累积平均过程线

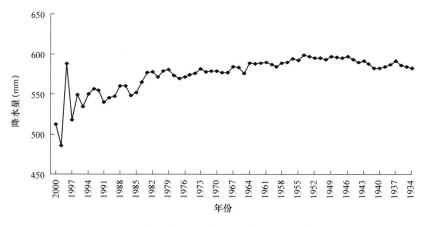

图 3-4　洛阳站年降水量逆时序逐年累积平均过程线

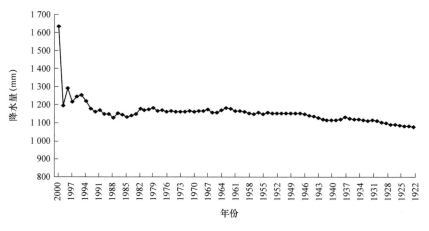

图 3-5　平桥站年降水量逆时序逐年累积平均过程线

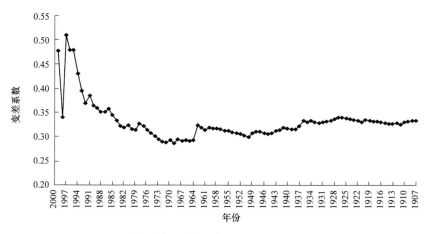

图 3-6　汲县站 C_v 值逆时序逐年累积平均过程线

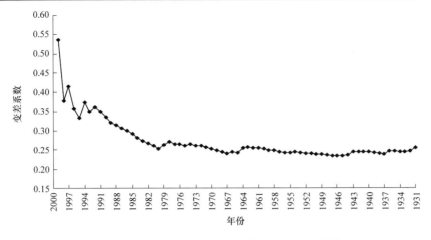

图 3-7 南阳站 C_v 值逆时序逐年累积平均过程线

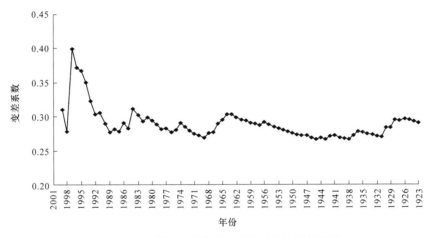

图 3-8 开封站 C_v 值逆时序逐年累积平均过程线

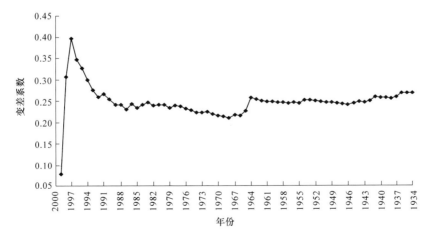

图 3-9 洛阳站 C_v 值逆时序逐年累积平均过程线

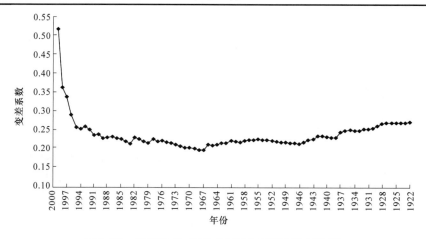

图 3-10　平桥站 C_v 值逆时序逐年累积平均过程线

从图上可看出，降水量均值和 C_v 值逆时序逐年累积平均过程线随年序变化，其变幅愈来愈小，统计参数均值和 C_v 值达到稳定的时间，南阳站约 40 年基本趋于稳定，汲县站约 60 年基本趋于稳定，洛阳站约 50 年基本趋于稳定。

(二)长短系列统计参数对比分析

采用 1956～2000 年、1971～2000 年、1956～1979 年和 1980～2000 年四个样本系列以及长系列的均值和 C_v 值，分析计算不同系列与长系列统计参数的比值，即代表性模数 $K_{\bar{x}} = \overline{X}_n / \overline{X}_N$ 和 $K_{C_v} = C_{vn}/C_{vN}$，式中 $\overline{X}_N$ 和 $\overline{X}_n$ 分别为长短系列降水量平均值，C_{vN} 和 C_{vn} 分别为长短系列的 C_v 值。从长短系列统计参数的比较，评定不同长度系列的代表性，详见表 3-2。

表 3-2　选用站长短系列统计参数误差统计

站名	年数	系列	均值 (mm)	K_x	均值距平 (%)	C_v	K_{C_v}	C_v 值距平 (%)
开封	78	1923～2000	593.5			0.29		
	45	1956～2000	602	1.01	1.44	0.29	1	0.31
	30	1971～2000	587.7	0.99	−0.98	0.28	0.95	−5.46
	24	1956～1979	633.5	1.07	6.73	0.29	0.98	−1.76
	21	1980～2000	566.1	0.95	−4.62	0.29	1.01	1.01
南阳	70	1931～2000	781.7			0.25		
	45	1956～2000	780.4	1	−0.17	0.24	0.95	−4.59
	30	1971～2000	778.3	1	−0.43	0.26	1.01	1.08
	24	1956～1979	771.9	0.99	−1.26	0.24	0.93	−6.68
	21	1980～2000	790.2	1.01	1.08	0.25	1	−0.34

续表 3-2

站名	年数	系列	均值 (mm)	K_x	均值距平 (%)	C_v	K_{C_v}	C_v值距平 (%)
平桥	79	1922～2000	1 077.4			0.27		
	45	1956～2000	1 157.6	1.07	7.45	0.23	0.83	−16.9
	30	1971～2000	1 167.6	1.08	8.37	0.20	0.75	−24.6
	24	1956～1979	1 141.2	1.06	5.93	0.23	0.86	−14.2
	21	1980～2000	1 176.3	1.09	9.18	0.22	0.82	−18.3
汲县	94	1907～2000	535.5	2.6		0.33		
	45	1956～2000	567.2	1.06	5.92	0.31	0.94	−6.1
	30	1971～2000	560.1	1.05	4.58	0.29	0.87	−13.3
	24	1956～1979	583.1	1.09	8.88	0.31	0.94	−5.93
	21	1980～2000	549.1	1.03	2.53	0.32	0.95	−4.99
洛阳	67	1934～2000	582.4			0.27		
	45	1956～2000	594.6	1.02	2.1	0.25	0.91	−8.59
	30	1971～2000	578.6	0.99	−0.65	0.22	0.82	−18.1
	24	1956～1979	608.3	1.04	4.45	0.25	0.94	−6.21
	21	1980～2000	579	0.99	−0.58	0.24	0.90	−10.4

对四个系列平均降水量和 C_v 值的代表性模数进行分析，1956～2000 年系列平均降水量除南阳站接近长系列均值外，其余均系统偏丰，开封站偏大 1.44%，平桥站偏大 7.45%，汲县站偏大 5.92%，洛阳站偏大 2.10%；变差系数除开封站与长系列变差系数比较略偏大外，其余均偏小，其中南阳站偏小 4.59%，平桥站偏小 16.9%，汲县站偏小 6.10%，洛阳站偏小 8.59%。

(三)长短系列不同年型的频次分析

对不同样本系列进行适线，将适线后长系列的频率曲线视为总体分布，按频率小于 12.5%、12.5%～37.5%、37.5%～62.5%、62.5%～87.5%和大于 87.5%的年降水量分别划分为丰水年、偏丰水年、平水年、偏枯水年和枯水年 5 种年型，统计不同系列出现的频次，分析短系列频率曲线经验点据分布的代表性。若 5 种年型出现的频次接近于 12.5%、25%、25%、25%和 12.5%总体的频次分布，则认为短系列资料的代表性较好。

从表 3-3 中可见，5 种年型出现的频次，开封、南阳、汲县和洛阳以 1956～2000 年系列代表性较好，其次为 1956～1979 年和 1971～2000 年系列；平桥站 1956～2000 年和 1971～2000 年两个系列代表性都较好，其次为 1956～1979 年系列；所有站的 1980～2000 年系列代表性最差。

表 3-3　长短系列统计丰、平、枯年型频次分析统计

站名	年数	系列	丰水年		偏丰水年		平水年		偏枯水年		枯水年	
			年数	频次(%)	年数	频次(%)	年数	频次(%)	年数	频次(%)	年数	频次(%)
开封	78	1923~2000	10	12.8	19	24.4	22	28.2	17	21.8	10	12.8
	45	1956~2000	7	15.6	11	24.4	9	20	12	26.7	6	13.3
	30	1971~2000	4	13.3	6	20	8	26.7	9	30	3	10
	24	1956~1979	3	12.5	7	29.2	4	16.7	6	25	4	16.7
	21	1980~2000	3	14.3	5	23.8	4	19	7	33.3	2	9.5
南阳	70	1931~2000	9	12.9	10	14.3	23	32.9	22	31.4	6	8.6
	45	1956~2000	6	13.3	6	13.3	16	35.6	13	28.9	4	8.9
	30	1971~2000	3	10	6	20	9	30	8	26.7	4	13.3
	24	1956~1979	3	12.5	4	16.7	7	29.2	7	29.2	3	12.5
	21	1980~2000	2	9.5	3	14.3	9	42.9	5	23.8	2	9.5
平桥	79	1922~2000	9	11.4	23	29.1	18	22.8	17	21.5	12	15.2
	45	1956~2000	7	15.6	12	26.7	6	13.3	14	31.1	6	13.3
	30	1971~2000	4	13.3	10	33.3	3	10	8	26.7	5	16.7
	24	1956~1979	3	12.5	6	25	7	29.2	5	20.8	3	12.5
	21	1980~2000	4	19	6	28.6	1	4.8	9	42.9	1	4.8
汲县	94	1907~2000	12	12.8	24	25.5	23	24.5	25	26.6	10	10.6
	45	1956~2000	5	11.1	13	28.9	8	17.8	15	33.3	4	8.9
	30	1971~2000	3	10	10	33.3	6	20	7	23.3	4	13.3
	24	1956~1979	2	8.3	6	25	7	29.2	5	20.8	4	16.7
	21	1980~2000	2	9.5	4	19	7	33.3	7	33.3	1	4.8
洛阳	67	1934~2000	10	14.9	12	17.9	23	34.3	13	19.4	9	13.4
	45	1956~2000	6	13.3	7	15.6	17	37.8	10	22.2	5	11.1
	30	1971~2000	5	16.7	5	16.7	10	33.3	6	20	4	13.3
	24	1956~1979	3	12.5	3	12.5	10	41.7	6	25	2	8.3
	21	1980~2000	3	14.3	4	19	7	33.3	4	19	3	14.3

(四)连丰、连枯水年

连丰、连枯分析一般采用如下标准：偏丰水年和丰水年，$P_i>(\bar{P}_N+0.33\sigma)$相应频率 $P<37.5\%$；偏枯水年和枯水年，$P_i<(\bar{P}_N-0.33\sigma)$相应频率 $P>62.5\%$。其中，$\bar{P}_N$ 为多年平均年降水量；P_i 为逐年年降水量；σ 为均方差。

按照上述标准判别偏丰水年和丰水年、偏枯水年和枯水年，选择 2 年或 2 年以上的连续丰水年和连续枯水年，从选用站年降水量连丰、连枯分析成果看，降水量丰、枯持续时间，大多数站连丰年数为 2~4 年，个别站达 7 年之久(汲县站 1971~1977 年)；连枯年数为 2~6 年，个别站达 9 年之久(平桥站 1922~1930 年)。连续枯水的年数明显多于连续丰水的年数。开封站出现连丰年 4 次，最长 3 年，连枯年 6 次，最长达 4 年；南

阳站出现连丰年 4 次，最长 4 年，连枯年 7 次，最长达 3 年；平桥站出现连丰年 5 次，最长 3 年，连枯年 4 次，最长 9 年；汲县站出现连丰年 5 次，最长为 7 年，连枯年 8 次，最长达 7 年；洛阳站出现连丰年 2 次，最长为 3 年，连枯年 6 次，最长达 3 年。

五、地区分布

降水量的大小与水汽的来源、输入量、天气系统的活动情况、地形及地理位置等因素有关，其中地形对降水影响程度最大。全省降水量的地区分布差异，主要由于地形的差异所致。

来自印度洋孟加拉湾、南海北部湾和西太平洋的水汽，受大别山、桐柏山、伏牛山和太行山地形抬升作用，极有利于形成区域性降水；而在广阔的平原及河谷地带，缺少地形对气流的动力抬升作用，则不利于降水。河南省降水的总体特点是：降水量自南部向北部递减，同纬度的山丘区降水大于平原区，山脉的迎风坡降水多于背风坡。

河南省多年平均降水量变幅为 600~1 400 mm，南部山区 1 400 mm，北部平原区 600 mm，700 mm 等值线横穿河南省中部。由于山脉对气流的抬升作用形成了伏牛山东麓的鸡冢一带、大别山区北侧新县的朱冲一带和太行山东麓卫辉市的官山一带 3 个降水量高值区。其中大别山区降水量最高，为 1 400 mm；伏牛山区 1 200 mm，主峰石人山的迎风坡降水量明显高于周边地区；太行山东麓卫辉市的官山一带超过 800 mm，多于山前平原地带。京广铁路以西的黄河河谷地、豫北东部平原及南阳盆地，由于南方来的气流在此产生下沉辐射作用，不利于降水形成，出现 2 个相对低值区。其中，金堤河、徒骇马颊河一带年降水量不足 600 mm，是河南省降水量最少的地区。

降水量等值线呈东西走向，平原地区大体呈东北—西南走向，大别山、伏牛山等山区的主峰周围有着明显的降水高值区闭合等值线。

年降水量 800 mm 等值线，西起卢氏县，经伏牛山北部和叶县向东略偏南方向延伸到漯河市和沈丘县。800 mm 等值线，是湿润带和过渡带的分界线。此线以南属湿润带，降水相对丰沛；以北属于过渡带，即半湿润半干旱带，降水相对偏少。

六、年内分配和年际变化

(一)年内分配

降水量年内分配特点与水汽输送的季节变化有密切关系。其特点表现为汛期集中，季节分配不均匀，最大、最小月相差悬殊等。

汛期(6~9 月)降水集中，多年平均汛期降水量为 350~700 mm，汛期 4 个月降水占全年的 50%~75%。降水集中程度自南往北递增，淮河以南山丘区集中程度最低，为 50%~60%；黄淮之间为 60%~65%；黄河以北地区为 65%~75%。

四季降水量不均匀。夏季 6~8 月降水最多，降水量为 250~600 mm，集中了全年降水量的 45%~70%；降水集中程度自南往北递增，淮河以南山丘区最低，为 45%~50%；黄河以北地区为 50%~70%，是集中程度最高的地区。春季 3~5 月降水量 85~370 mm，占年降水量的 13%~30%，降水集中程度自南向北递减。秋季 9~11 月降水量小于春季、大于冬季,在 100 ~ 250 mm 之间,地区之间降水集中程度差别不大,都在 20%左右。冬季 12 月 ~ 次年 2 月降水最少,淮南山丘区降水量 100 ~ 120 mm,其他地区降水仅为 15 ~ 75 mm,集中程度在 2% ~ 10%之间,自南往北呈递减趋势。

年内各月份之间降水量差异很大,降水最大月与最小月相差悬殊。多年平均以 7 月份降水最多,降水量 110 ~ 260 mm,自北向南逐渐增大。最小月降水多出现在 1 月份或 12 月份,降水量一般为 3 ~ 30 mm。同站最大月降水是最小月的 8 ~ 55 倍,其倍数自南向北递增。河南省主要代表站多年平均降水量年内分配见表 3-4。

各种不同频率典型年降水量的年内分配,总的趋势类似于多年平均情况。由于典型年的选样是选取年内分配最不利的年份,所以其分配的不均匀性比多年平均大。不同频率典型年降水量年内分配的另一特点是,年内分配的不均匀程度与频率大小成反向变化,即频率越小分配越不均匀,其原因是由于丰水年与枯水年主要取决于汛期雨量的多少。

(二)年际变化

季风气候的不稳定性和天气系统的多变性,造成年际之间降水量差别很大。河南省降水的年际变化较为剧烈,具有最大与最小年降水量相差悬殊和年际间丰枯变化频繁等特点。

河南省雨量站的最大与最小年降水量极值比一般为 2 ~ 4,个别站大于 5;极值比最大的站为豫北的南寨雨量站,1963 年降水量为 1 517.6 mm,1965 年降水仅 273.9 mm,年降水极值比达 5.5。同时,极值比还表现出南部小于北部、山区小于平原的特点。

最大与最小年降水量的差值(即极值差),从绝对量上反映降水的年际变化。大多数雨量站的极差在 600 ~ 1 200 mm,极值差最大的站为淮河流域板桥站,1975 年降水 2 255.4 mm,1966 年降水 476.8 mm,相差 1 778.6 mm。河南省主要代表站 1956 ~ 2000 年降水量极值比及极差情况见表 3-5。

年降水量变差系数 C_v 值的大小反映出降水量的多年变化规律,C_v 值越小,降水量年际变化越小;C_v 值越大,降水量年际变化越大。河南省年降水量变差系数 C_v 一般为 0.2 ~ 0.4。C_v 值的变化总趋势为自南往北增大。南部大别山区 C_v 值在 0.2 左右,为全省最小,表明该区降水不仅丰沛,而且较为稳定;豫北的海河流域 C_v 值在 0.35 左右,为全省最高,降水量相对较少,年际变化较大。

七、分区降水量

(一)计算方法

本次评价,以流域三级区套行政区(四级区)作为面平均降水量基本计算单元,面平均降水量计算采用泰森多边形法。水资源三级区、流域区及行政分区的降水量,均由各计算单元的面平均降水量计算成果,采用面积加权法计算合成。

(二)计算成果

河南省 1956 ~ 2000 年平均年降水量 771.1 mm,多年平均降水总量 1 277.23 亿 m³。其中,淮河流域多年平均年降水量 842.0 mm,降水总量 727.72 亿 m³;长江流域多年平

表3-4　河南省主要代表站多年平均降水量年内分配

雨量站	地级行政区	多年平均降水量(mm)	汛期(6～9月)降水量(mm)	汛期(6～9月)占年降水量(%)	3～5月降水量(mm)	3～5月占年降水量(%)	6～8月降水量(mm)	6～8月占年降水量(%)	9～11月降水量(mm)	9～11月占年降水量(%)	12月～次年2月降水量(mm)	12月～次年2月占年降水量(%)	最大月降水量(mm)	最大月占年降水量(%)	最小月降水量(mm)	最小月占年降水量(%)	最大月比最小月
焦作	焦作市	579.7	396.3	68.4	100.3	17.3	333.6	57.5	122.3	21.1	23.4	4	154.4	26.6	6.4	1.1	24.2
林县	安阳市	667.2	504.7	75.6	92	13.8	443.7	66.5	114.1	17.1	17.4	2.6	206.8	31	4.8	0.7	43.1
南寨	安阳市	770.1	587.4	76.3	104.4	13.6	522.9	67.9	122	15.8	20.8	2.7	256	33.2	5.1	0.7	50.7
修武	焦作市	575.2	405.4	70.5	97.7	17	344.2	59.8	115	20	18.4	3.2	151.3	26.3	5.5	1	27.3
汲县	新乡市	567.2	418.7	73.8	89	15.7	361.4	63.7	103.3	18.2	13.6	2.4	169.5	29.9	3.2	0.6	53.5
安阳	安阳市	564.4	414.4	73.4	85.1	15.1	367.3	65.1	96.8	17.2	15.2	2.7	177.7	31.5	4	0.7	44.4
濮阳	濮阳市	581.1	406	69.9	97.4	16.8	348.2	59.9	113.9	19.6	21.6	3.7	165.8	28.5	6.1	1	27.2
濮城	濮阳市	551.9	385.9	69.9	93.2	16.9	325.3	58.9	115.2	20.9	18.2	3.3	143.9	26.1	5	0.9	28.9
朱付村	新乡市	589.1	406.8	69	106.1	18	348.2	59.1	115.6	19.6	19.2	3.3	163.5	27.8	5.8	1	28.4
大宾	新乡市	568	389.3	68.5	102.1	18	323.4	56.9	121	21.3	21.5	3.8	151.2	26.6	6.3	1.1	24
济源	济源市	626.4	418.9	66.9	110.3	17.6	346	55.2	140.9	22.5	29.2	4.7	166.9	26.6	7.6	1.2	21.9
小浪底	洛阳市	629.2	404.3	64.3	122	19.4	324.7	51.6	151.7	24.1	30.7	4.9	159.9	25.4	7.4	1.2	21.5
三门峡	三门峡市	566.7	356.1	62.8	120	21.2	281	49.6	146.6	25.9	19.1	3.4	119.2	21	4.6	0.8	25.7
卢氏	三门峡市	641	397.4	62	137.4	21.4	310	48.4	171.2	26.7	22.4	3.5	133.5	20.8	5.9	0.9	22.8
陆浑	洛阳市	676.7	414.1	61.2	146.6	21.7	339.8	50.2	157.9	23.3	32.3	4.8	152.6	22.5	8.4	1.2	18.3
梨树河	三门峡市	694.3	429.8	61.9	149.1	21.5	331.9	47.8	181.9	26.2	31.4	4.5	138.2	19.9	7.4	1.1	18.8
虢镇	三门峡市	591.2	356.4	60.3	133.6	22.6	273	46.2	161.9	27.4	22.6	3.8	119.3	20.2	5.8	1	20.4
郭陆滩	信阳市	1 065.8	575.5	54	269.6	25.3	485.7	45.6	208.6	19.6	101.9	9.6	213.4	20	24.2	2.3	8.8
大坡岭	信阳市	994	589.5	59.3	231	23.2	493.1	49.6	198.2	19.9	71.6	7.2	182.2	18.3	18.4	1.9	9.9
潢川	信阳市	1 017.3	547.2	53.8	266.2	26.2	465.6	45.8	195.5	19.2	90	8.8	202.9	19.9	20.7	2	9.8
石山口	信阳市	1 127.4	593.1	52.6	304.3	27	499.8	44.3	223.3	19.8	99.9	8.9	197.9	17.6	23	2	8.6
板桥	驻马店市	962.1	618.8	64.3	191.4	19.9	524.1	54.5	193.3	20.1	53.3	5.5	196.7	20.4	14	1.5	14.1

续表 3-4

雨量站	地级行政区	多年平均降水量 (mm)	汛期(6~9月) 降水量 (mm)	占年降水量 (%)	3~5月 降水量 (mm)	占年降水量 (%)	6~8月 降水量 (mm)	占年降水量 (%)	9~11月 降水量 (mm)	占年降水量 (%)	12月~次年2月 降水量 (mm)	占年降水量 (%)	最大月 降水量 (mm)	占年降水量 (%)	最小月 降水量 (mm)	占年降水量 (%)	最大月比最小月
汝南	驻马店市	893.7	534.1	59.8	194.1	21.7	439.5	49.2	196.6	22	63.5	7.1	161.5	18.1	15.3	1.7	10.5
正阳	驻马店市	936	524.6	56.1	231.1	24.7	436.1	46.6	194.3	20.8	74.4	8	165.7	17.7	18.4	2	9
两河口	平顶山市	709.9	456.2	64.3	148.2	20.9	377.3	53.1	157.1	22.1	27.3	3.9	163.3	23	7	1	23.3
汝州	平顶山市	652.7	403.2	61.8	143.6	22	334.5	51.2	142.5	21.8	32.1	4.9	139.5	21.4	8.5	1.3	16.4
宝丰	平顶山市	742.9	455.3	61.3	167.6	22.6	377	50.7	161	21.7	37.3	5	169	22.7	9.8	1.3	17.3
临颍	漯河市	726.6	445.8	61.4	165.8	22.8	372.5	51.3	150.1	20.7	38.2	5.3	160.1	22	10.2	1.4	15.8
淮阳	周口市	747.7	468.5	62.7	155.1	20.7	387.8	51.9	159.4	21.3	45.4	6.1	177.1	23.7	12.4	1.7	14.2
新郑	郑州市	682	441.1	64.7	133.2	19.5	363	53.2	153.2	22.5	32.6	4.8	157	23	9.5	1.4	16.5
睢县	商丘市	697.3	467.2	67	135.9	19.5	396.1	56.8	133.8	19.2	31.5	4.5	187.5	26.9	9.9	1.4	18.9
夏邑	商丘市	760.3	499.4	65.7	146.4	19.3	425.7	56	141.9	18.7	46.3	6.1	193.3	25.4	12.4	1.6	15.6
民权	商丘市	678.4	455.8	67.2	133.4	19.7	384.7	56.7	128.7	19	31.6	4.7	179.9	26.5	9.5	1.4	18.9
荆紫关	南阳市	809.6	489.3	60.4	184	22.7	389	48	196.7	24.3	39.9	4.9	159	19.6	10.5	1.3	15.1
西峡	南阳市	840.6	517.3	61.5	184.8	22	428	50.9	186.6	22.2	41.2	4.9	173.7	20.7	11.2	1.3	15.5
黑烟镇	南阳市	825	545.6	66.1	167.6	20.3	447.5	54.2	185.3	22.5	24.6	3	195.6	23.7	6.8	0.8	28.8
林扒	南阳市	725.6	401.8	55.4	187	25.8	314.6	43.4	177.9	24.5	46.1	6.4	121.3	16.7	13	1.8	9.3
白土岗	南阳市	893.5	601.7	67.3	171	19.1	504.9	56.5	184.9	20.7	32.6	3.7	222.1	24.9	8.4	0.9	26.5
波滩	南阳市	760	440.9	58	184.3	24.2	358	47.1	173.9	22.9	44	5.8	131.6	17.3	12.2	1.6	10.8
唐河	南阳市	866.2	532.6	61.5	188.9	21.8	442	51	183.2	21.1	52.1	6	174.5	20.1	13.3	1.5	13.1
社旗	南阳市	811.7	515.6	63.5	173.7	21.4	430.8	53.1	167	20.6	40.2	5	179.4	22.1	10.5	1.3	17.1
新县	信阳市	1 314.2	680.6	51.8	365.1	27.8	578.2	44	245.8	18.7	125.1	9.5	251	19.1	28.4	2.2	8.8

表 3-5　河南省主要代表站 1956～2000 年系列降水量特征值、极值比与极差

雨量站	最大年		最小年		极值比	极差(mm)
	降水量(mm)	出现年份	降水量(mm)	出现年份		
焦作	901.9	1964	261.5	1981	3.4	640.4
林县	1 078.8	1956	326.4	1997	3.3	752.4
南寨	1 517.6	1963	273.9	1965	5.5	1 243.7
修武	953.9	1964	285.7	1997	3.3	668.2
汲县	1 111.5	1963	285.8	1997	3.9	825.7
安阳	1 159.1	1963	266.6	1965	4.3	892.5
濮阳	965.3	1964	270.7	1965	3.6	694.6
朱付村	1 067.8	2000	271.9	1981	3.9	795.9
大宾	937.1	1964	265.5	1966	3.5	671.6
济源	1 063.0	1964	346.2	1997	3.1	716.8
小浪底	1 053.6	1964	288.1	1997	3.7	765.5
卢氏	1 172.8	1964	414.6	1972	2.8	758.2
陆浑	1 279.6	1982	375.4	1997	3.4	904.2
虢镇	926.0	1964	320.2	1997	2.9	605.8
郭陆滩	1 617.0	1956	604.9	1976	2.7	1 012.1
大坡岭	1 643.5	1956	585.7	1976	2.8	1 057.8
新县	2 164.2	1956	814.4	1988	2.7	1 349.8
石山口	2 089.2	1987	659.5	1978	3.2	1 429.7
南湾	1 689.3	1982	620.7	1966	2.7	1 068.6
板桥	2 255.4	1975	476.8	1966	4.7	1 778.6
汝南	1 549.1	2000	399.8	1966	3.9	1 149.3
正阳	1 558.4	1956	529.4	1961	2.9	1 029.0
两河口	1 182.4	1964	441.4	1966	2.7	741.0
汝州	1 170.7	1964	333.2	1966	3.5	837.5
宝丰	1 282.6	1964	444.6	1966	2.9	838.0
临颍	1 239.6	1984	373.3	1997	3.3	866.3
淮阳	1 293.5	1984	351.4	1997	3.7	942.1
新郑	1 268.5	1967	383.2	1981	3.3	885.3
睢县	1 153.3	2000	299.9	1966	3.8	853.4
夏邑	1 335.2	2000	377.9	1966	3.5	957.3
民权	1 224.8	1957	319.9	1966	3.8	904.9
荆紫关	1 423.7	1958	519.7	1976	2.7	904.0
西峡	1 387.8	1958	498.7	1978	2.8	889.1
黑烟镇	1 502.9	1964	531.9	1997	2.8	971.0
林扒	1 387.7	1964	450.7	1978	3.1	937.0
白土岗	1 559.0	1964	544.8	1972	2.9	1 014.2
汲滩	1 178.7	1964	503.5	1978	2.3	675.2
唐河	1 394.5	1967	465.3	1961	3.0	929.2
社旗	1 199.0	1979	485.0	1961	2.5	714.0

均年降水量 822.3 mm，降水总量 227.03 亿 m³；黄河流域多年平均年降水量 633.1 mm，降水总量 228.95 亿 m³；海河流域多年平均年降水量 609.9 mm，降水总量 93.53 亿 m³。河南省及各流域 1956～2000 年历年降水量过程线见图 3-11～图 3-15。

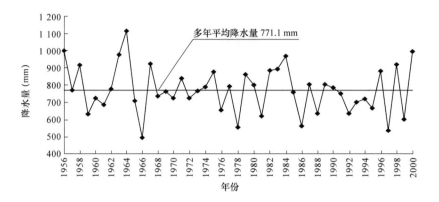

图 3-11　河南省 1956～2000 年平均年降水量过程线

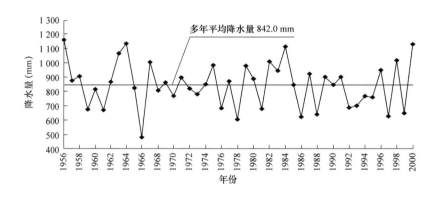

图 3-12　河南省淮河流域 1956～2000 年平均年降水量过程线

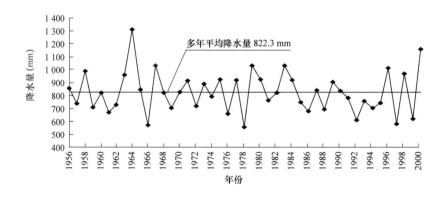

图 3-13　河南省长江流域 1956～2000 年平均年降水量过程线

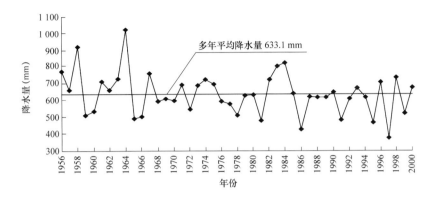

图 3-14　河南省黄河流域 1956～2000 年平均年降水量过程线

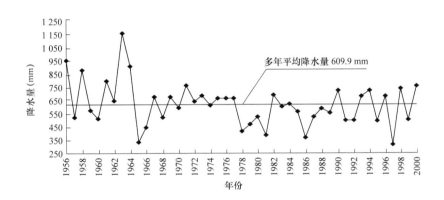

图 3-15　河南省海河流域 1956～2000 年平均年降水量过程线

在河南省所有水资源分区中，长江流域武湖区间区年降水量最大，为 1 271.4 mm；徒骇马颊河区年降水量最小，仅 587.6 mm。淮河以南地区，年降水量超过 1 000 mm，是河南省降水最为丰富的地区；黄淮之间年降水量在 700～1 000 mm 之间，黄河以北，年降水量在 500～700 mm 之间。分区降水量成果符合南部降水量大、北部小，山丘区降水量大、平原区降水量小的一般分布规律。河南省各流域年降水量成果见表 3-6，各行政区年降水量成果见表 3-7。

(三)成果分析

1. 1980～2000 年系列降水量

河南省 1980～2000 年平均年降水量 757.7 mm，降水总量 1 254.70 亿 m³。其中，淮河流域年降水量 836.5 mm，降水总量 722.97 亿 m³；长江流域年降水量 812.6 mm，降水总量 224.35 亿 m³；黄河流域年降水量 611.8 mm，降水总量 221.25 亿 m³；海河流域年降水量 566.2 mm，降水总量 86.83 亿 m³。

表 3-6　河南省各流域年降水量成果

流域	面积 (km²)	统计年限	年数	统计参数			不同频率年降水量(mm)			
				均值	C_v	C_s/C_v	20%	50%	75%	95%
海河流域	15 336	1956~2000	45	609.9	0.29	2	751.6	592.9	483.2	350.9
		1956~1979	24	648.2	0.30	2	803.7	628.9	508.7	364.7
		1971~2000	30	580.0	0.26	2	701.6	567.0	472.5	356.2
		1980~2000	21	566.2	0.26	2	684.9	553.5	461.2	347.7
黄河流域	36 164	1956~2000	45	633.1	0.21	2	741.4	623.8	539.1	431.4
		1956~1979	24	651.8	0.19	3	751.1	640.1	563.1	470.0
		1971~2000	30	616.1	0.20	2	716.7	607.9	529.1	428.4
		1980~2000	21	611.8	0.21	2	716.5	602.8	521.0	416.9
淮河流域	86 428	1956~2000	45	842.0	0.21	2	982.8	830.2	720.1	579.6
		1956~1979	24	847.0	0.21	2	991.9	834.6	721.2	577.1
		1971~2000	30	833.7	0.20	2	971.1	822.4	714.8	577.3
		1980~2000	21	836.5	0.21	2	979.6	824.2	712.3	570.0
长江流域	27 609	1956~2000	45	822.3	0.20	2	956.6	811.4	706.2	571.7
		1956~1979	24	830.8	0.20	2	966.9	819.7	713.2	577.0
		1971~2000	30	815.1	0.20	2	948.2	804.3	700.0	566.7
		1980~2000	21	812.6	0.19	2	938.9	802.8	703.8	576.4
全省	165 537	1956~2000	45	771.1	0.19	2	890.9	761.8	667.9	546.9
		1956~1979	24	782.8	0.20	2	910.6	772.4	672.3	544.3
		1971~2000	30	758.9	0.18	2	870.8	750.7	662.9	549.0
		1980~2000	21	757.7	0.20	2	881.4	747.6	650.7	526.8

表 3-7　河南省各行政区年降水量成果

行政区	计算面积 (km²)	统计年限	年数	统计参数			不同频率年降水量(mm)			
				均值	C_v	C_s/C_v	20%	50%	75%	95%
安阳市	7 354	1956~2000	45	595.2	0.3	2	738	577.4	467.1	334.9
		1956~1979	24	640.9	0.32	2	804.1	619.2	493.3	344.7
		1971~2000	30	561.5	0.28	2	687.8	546.9	449	330.2
		1980~2000	21	543	0.28	2	665.1	528.9	434.2	319.3
鹤壁市	2 137	1956~2000	45	629.2	0.32	2	789.4	607.9	484.3	338.4
		1956~1979	24	673.1	0.34	2	854.3	647.3	508	345.8
		1971~2000	30	598	0.28	2	732.5	582.4	478.2	351.7
		1980~2000	21	579.1	0.3	2	718	561.8	454.4	325.9

续表 3-7

行政区	计算面积 (km²)	统计年限	年数	统计参数			不同频率年降水量(mm)			
				均值	C_v	C_s/C_v	20%	50%	75%	95%
濮阳市	4 188	1956~2000	45	561.7	0.28	2	688	547.1	449.2	330.3
		1956~1979	24	585.4	0.3	2	725.8	567.9	459.4	329.4
		1971~2000	30	537.2	0.26	2	649.9	525.1	437.6	329.9
		1980~2000	21	534.7	0.26	2	646.8	522.7	435.6	328.3
新乡市	8 249	1956~2000	45	611.6	0.26	2	739.9	597.9	498.2	375.6
		1956~1979	24	646.6	0.29	2	796.9	628.6	512.3	372
		1971~2000	30	587.8	0.25	2	706.6	575.6	483.2	368.7
		1980~2000	21	571.6	0.26	2	691.5	558.8	465.6	351
焦作市	4 001	1956~2000	45	590.8	0.25	2	710.2	578.5	485.6	370.6
		1956~1979	24	613.6	0.25	2	737.6	600.9	504.4	384.9
		1971~2000	30	572.9	0.25	2	688.7	561	470.9	359.3
		1980~2000	21	564.8	0.25	2	678.9	553.1	464.3	354.3
三门峡市	9 937	1956~2000	45	675.5	0.22	2.5	795	661.9	569.3	456.4
		1956~1979	24	686.1	0.2	2.5	797	674.7	588.4	481.5
		1971~2000	30	657.6	0.22	2.5	773.9	644.4	554.2	444.3
		1980~2000	21	663.5	0.24	2.5	790.8	647.7	549.2	431.4
洛阳市	15 229	1956~2000	45	674.5	0.22	2.5	793.8	661	568.4	455.7
		1956~1979	24	687	0.2	2.5	798.1	675.6	589.2	482.1
		1971~2000	30	658.9	0.22	2.5	775.4	645.7	555.3	445.2
		1980~2000	21	660.1	0.24	2.5	786.8	644.3	546.4	429.2
郑州市	7 533	1956~2000	45	625.7	0.24	2	747.3	613.7	519	400.8
		1956~1979	24	644.8	0.23	2	765.2	633.5	539.6	421.7
		1971~2000	30	611.7	0.23	2	725.9	600.9	511.9	400.1
		1980~2000	21	603.9	0.25	2	725.9	591.4	496.4	378.8
开封市	6 261	1956~2000	45	658.6	0.25	2	791.7	644.9	541.4	413.1
		1956~1979	24	684.9	0.28	2	838.9	667.1	547.7	402.8
		1971~2000	30	647.2	0.22	2	763	636.8	546.3	432.1
		1980~2000	21	628.7	0.22	2	741.2	618.6	530.7	419.8
商丘市	10 700	1956~2000	45	723.3	0.22	2	852.7	711.7	610.6	482.9
		1956~1979	24	739.5	0.25	2	888.9	724.2	607.9	463.8
		1971~2000	30	705.4	0.18	2	809.4	697.8	616.1	510.3
		1980~2000	21	704.8	0.2	2	819.9	695.4	605.3	490
许昌市	4 979	1956~2000	45	698.9	0.22	2	823.9	687.7	590	466.6
		1956~1979	24	704.6	0.23	2	836.1	692.2	589.6	460.8
		1971~2000	30	693.3	0.2	2	806.5	684.1	595.4	482
		1980~2000	21	692.4	0.22	2	816.3	681.3	584.5	462.3

续表 3-7

行政区	计算面积 (km²)	统计年限	年数	统计参数			不同频率年降水量(mm)			
				均值	C_v	C_s/C_v	20%	50%	75%	95%
平顶山市	7 909	1956~2000	45	818.8	0.22	2	965.3	805.6	691.2	546.7
		1956~1979	24	819.8	0.24	2	979.2	804.1	679.9	525.1
		1971~2000	30	812	0.2	2	944.6	801.2	697.4	564.6
		1980~2000	21	817.7	0.22	2	964	804.5	690.3	545.9
漯河市	2 694	1956~2000	45	772	0.29	2	951.4	750.5	611.6	444.2
		1956~1979	24	770.1	0.29	2	949.1	748.6	610.1	443.1
		1971~2000	30	775.7	0.29	2	956	754.1	614.5	446.3
		1980~2000	21	774.2	0.29	2	954.1	752.6	613.3	445.4
周口市	11 959	1956~2000	45	752.4	0.24	2	898.7	738	624	482
		1956~1979	24	751.7	0.25	2	903.6	736.1	617.9	471.5
		1971~2000	30	744.1	0.23	2	883	731	622.7	486.7
		1980~2000	21	753.3	0.23	2	893.9	740.1	630.4	492.7
驻马店市	15095	1956~2000	45	896.6	0.27	2	1 091.4	874.9	723.7	538.9
		1956~1979	24	907.3	0.26	2	1 097.6	886.9	739.1	557.1
		1971~2000	30	893.2	0.27	2	1 087.3	871.6	720.9	536.8
		1980~2000	21	884.3	0.28	2	1 083.1	861.3	707.2	520.1
信阳市	18 908	1956~2000	45	1 105.4	0.23	2	1 311.7	1 086	925	723
		1956~1979	24	1 093.9	0.25	2	1 314.9	1 071.2	899.2	686.1
		1971~2000	30	1 098.6	0.23	2	1 303.7	1 079.3	919.3	718.5
		1980~2000	21	1 118.5	0.23	2	1 327.3	1 098.8	936	731.5
南阳市	26 509	1956~2000	45	826.4	0.2	2	961.3	815.4	709.7	574.6
		1956~1979	24	835.5	0.22	2	985	822.1	705.3	557.8
		1971~2000	30	820.5	0.2	2	954.5	809.6	704.7	570.5
		1980~2000	21	816.1	0.2	2	949.3	805.2	700.9	567.4
济源市	1 894	1956~2000	45	668.3	0.25	2	803.3	654.4	549.3	419.2
		1956~1979	24	694.1	0.25	2	834.4	679.7	570.6	435.4
		1971~2000	30	651.5	0.23	2	773.1	640	545.2	426.1
		1980~2000	21	638.8	0.25	2	767.9	625.5	525.1	400.7
全省	165 536	1956~2000	45	771.1	0.19	2	890.9	761.8	667.9	546.9
		1956~1979	24	782.8	0.2	2	910.6	772.4	672.3	544.3
		1971~2000	30	758.9	0.18	2	870.8	750.7	662.9	549
		1980~2000	21	757.7	0.2	2	881.4	747.6	650.7	526.8

2. 不同系列年降水量比较

通过 1980～2000 年系列与 1956～1979 年系列的年降水量均值比较，反映出两个系列的降水丰枯变化趋势。1956～1979 年与 1980～2000 年平均年降水量相比，全省平均年降水量由 782.8 mm 减少到 757.7 mm，减少 25.1 mm，减幅 3.2%。

本次评价 1980～2000 年系列与 1956～1979 年系列水资源分区年降水量比较情况见表 3-8、表 3-9。

表 3-8　河南省行政区不同系列降水量成果比较

行政区	面积(km²)	降水量(mm)		1980～2000 年系列比 1956～1979 年系列增加比例
		1956～1979 年系列	1980～2000 年系列	
安阳市	7 354	640.9	543	−0.15
鹤壁市	2 137	673.1	579.1	−0.14
濮阳市	4 188	585.4	534.7	−0.09
新乡市	8 249	646.6	571.6	−0.12
焦作市	4 001	613.6	564.8	−0.08
三门峡市	9 937	686.1	663.5	−0.03
洛阳市	15 230	687	660.1	−0.04
郑州市	7 534	644.8	603.9	−0.06
开封市	6 262	684.9	628.7	−0.08
商丘市	10 700	739.5	704.8	−0.05
许昌市	4 978	704.6	692.4	−0.02
平顶山市	7 910	819.8	817.7	0
漯河市	2 693	770.1	774.2	0.01
周口市	11 958	751.7	753.3	0
驻马店市	15 096	907.3	884.3	−0.03
信阳市	18 908	1 093.9	1 118.5	0.02
南阳市	26 508	835.5	816.1	−0.02
济源市	1 894	694.1	638.8	−0.08
全省	165 537	782.8	757.7	−0.03

表 3-9　河南省流域分区不同系列降水量成果比较

流域	三级区名称	面积(km²)	降水量(mm)		1980～2000 年系列比 1956～1979 年系列增加比例
			1956～1979 年系列	1980～2000 年系列	
海河流域	漳卫河山区	6 042	708	611.2	−0.14
	漳卫河平原区	7 589	614.2	538.8	−0.12
	徒骇马颊河区	1 705	587.6	528.2	−0.10
	流域合计	15 336	648.2	566.2	−0.13

续表 3-9

流域	三级区名称	面积(km²)	降水量(mm)		1980～2000年系列比1956～1979年系列增加比例
			1956～1979年系列	1980～2000年系列	
黄河流域	龙门—三门峡区间	4 207	645.3	610.3	−0.05
	三门峡—小浪底区间	2 364	693.9	662.1	−0.05
	小浪底—花园口区间	3 415	634	578.3	−0.09
	花园口以下干流区	1 679	616.6	554.6	−0.10
	金堤河天然文岩渠	7 309	613.3	542	−0.12
	沁丹河区	1 377	600.5	555.4	−0.08
	伊洛河区	15 813	677	655.3	−0.03
	流域合计	36 164	651.8	611.8	−0.06
淮河流域	王蚌区间南岸	4 243	1 116.4	1 175.5	0.05
	淮河上游王家坝以上南岸	13 205	1 106.7	1 110.6	0
	淮河上游王家坝以上北岸	15 613	920.8	905.4	−0.02
	王蚌区间北岸	46 478	736.5	722.9	−0.02
	蚌洪区间北岸	5 155	783.2	732.3	−0.06
	南四湖湖西	1 734	696.7	654.8	−0.06
	流域合计	86 428	847	836.5	−0.01
长江流域	丹江口以上区	7 238	816.6	800.3	−0.02
	丹江口以下区	525	731.1	719.3	−0.02
	武湖区间	420	1 271.4	1 284.1	0.01
	白河区	12 029	782.8	777.3	−0.01
	唐河区	7 397	904.9	861.8	−0.05
	流域合计	27 609	830.8	812.6	−0.02
河南省		165 537	782.8	757.7	−0.03

不同分区年降水量，根据系列均值、变差系数 C_v，用 P-Ⅲ型曲线适线计算。均值采用算术平均值；C_v 先用矩法计算，经适线后确定。$C_s/C_v = 2$。适线时主要按平、枯水年点据的趋势定线，特大、特小值不作处理。

1956～2000 年同步系列，$P=20\%$、$P=50\%$、$P=75\%$和 $P=95\%$，河南省降水量分别为 890.9 mm、761.8 mm、667.9 mm、546.9 mm。河南省各行政区 1956～2000 年平均年降水量成果见表 3-10。

表 3-10　河南省各行政区 1956～2000 年平均年降水量成果

行政区	面积(km²)	年降水深(mm)	年降水量(亿 m³)	占全省比例(%)
安阳市	7 354	640.9	47.1	3.6
鹤壁市	2 137	673.1	14.4	1.1
濮阳市	4 188	585.4	24.5	1.9
新乡市	8 249	646.6	53.3	4.1
焦作市	4 001	613.6	24.6	1.9
三门峡市	9 937	686.1	68.2	5.3
洛阳市	15 230	687.0	104.6	8.1
郑州市	7 534	644.8	48.6	3.7
开封市	6 262	684.9	42.9	3.3
商丘市	10 700	739.5	79.1	6.1
许昌市	4 978	704.6	35.1	2.7
平顶山市	7 910	819.8	64.8	5.0
漯河市	2 693	770.1	20.7	1.6
周口市	11 958	751.7	89.9	6.9
驻马店市	15 096	907.3	137.0	10.6
信阳市	18 908	1 093.9	206.8	16.0
南阳市	26 508	835.5	221.5	17.1
济源市	1 894	694.1	13.1	1.0
全省	165 537	782.8	1 295.8	100

3. 不同年代年降水量变化趋势

不同年代年降水量均值对比，可以反映不同区域年降水量的年代变化情况。河南省辖的淮河流域，20 世纪 50 年代降水量最丰，60～80 年代基本接近于多年平均情况，70 年代相对偏枯，90 年代最枯；长江流域 60 年代最丰，70 年代偏丰，50、80 年代持平，90 年代最枯；黄河流域 50～60 年代连续偏丰，70 年代偏枯，80 年代持平，90 年代最枯；海河流域 50～60 年代连续偏丰，50 年代最丰，70 年代持平，80～90 年代连续偏枯，80 年代最枯。河南省各流域不同年代降水量成果见表 3-11。

表 3-11　河南省各流域不同年代降水量成果　　　　　(单位：mm)

年代	海河流域	黄河流域	淮河流域	长江流域
1956～1960	677.5	673.3	882.8	820.9
1961～1970	665.8	661.7	846.8	844.8
1971～1980	603.2	624.2	833.0	831.0
1981～1990	555.9	634.9	850.1	821.9
1991～2000	580.9	582.4	817.3	792.3
1956～2000	609.9	633.1	842.0	822.3

(四)与第一次评价成果比较

第一次水资源评价的同步系列为 1956～1979 年，全省四个流域分为 13 个水资源二级区、27 个三级区。为了便于与本次评价比较，把 27 个三级区降水量成果按面积加权法合并为本次评价的 20 个三级区成果。

本次评价的 1956～2000 年系列，全省平均年降水量 771.1 mm，比第一次评价成果 782.8 mm 减少 11.7 mm，减幅 1.5%。

省辖淮河流域年均降水量本次评价 842.0 mm，比第一次评价 847.0 mm 减少 5.0 mm，减幅 0.6%；长江流域本次评价 822.3 mm，比第一次评价 830.8 mm 减少 8.5 mm，减幅 1.0%；黄河流域本次评价 633.1 mm，比第一次评价 651.8 mm 减少 18.7 mm，减幅 2.9%；海河流域本次评价 609.9 mm，比第一次评价 648.2 mm 减少 38.3 mm，减幅 5.9%。

各行政区本次评价与第一次评价结果对比情况与流域三级区相似，本次评价年降水量均有不同程度减少。水资源分区和各行政区年降水量两个系列均值变化情况见表 3-12、表 3-13。

表 3-12　河南省各行政区不同系列降水量成果比较

行政区	面积(km²)	降水量(mm)		1956～2000 年系列比 1956～1979 年系列增加比例
		1956～1979 年系列	1956～2000 年系列	
安阳市	7 354	640.9	595.2	−0.07
鹤壁市	2 137	673.1	629.2	−0.07
濮阳市	4 188	585.4	561.7	−0.04
新乡市	8 249	646.6	611.6	−0.05
焦作市	4 001	613.6	590.8	−0.04
三门峡市	9 937	686.1	675.5	−0.02
洛阳市	15 230	687.0	674.5	−0.02
郑州市	7 534	644.8	625.7	−0.03
开封市	6 262	684.9	658.6	−0.04
商丘市	10 700	739.5	723.3	−0.02
许昌市	4 978	704.6	698.9	−0.01
平顶山市	7 910	819.8	818.8	0
漯河市	2 693	770.1	772.0	0
周口市	11 958	751.7	752.4	0
驻马店市	15 096	907.3	896.6	−0.01
信阳市	18 908	1 093.9	1 105.4	0.01
南阳市	26 508	835.5	826.4	−0.01
济源市	1 894	694.1	668.3	−0.04
全省	165 537	782.8	771.1	−0.01

表 3-13　河南省流域三级区两次降水量评价比较

流域	三级区名称	面积 (km²)	降水量(mm)		1956～2000 年系列比 1956～1979 年系列增加比例
			1956～1979 年系列	1956～2000 年系列	
海河流域	漳卫河山区	6 042	708.0	665.8	−0.06
	漳卫河平原区	7 589	614.2	579.0	−0.06
	徒骇马颊河区	1 705	587.6	560.0	−0.05
	流域合计	15 336	648.2	609.9	−0.06
黄河流域	龙门—三门峡区间	4 207	645.3	628.9	−0.03
	三门峡—小浪底区间	2 364	693.9	679.1	−0.02
	小浪底—花园口区间	3 415	634.0	607.9	−0.04
	花园口以下干流区	1 679	616.6	587.7	−0.05
	金堤河天然文岩渠	7 309	613.3	580.0	−0.05
	沁丹河区	1 377	600.5	579.5	−0.03
	伊洛河区	15 813	677.0	666.9	−0.01
	流域合计	36 164	651.8	633.1	−0.03
淮河流域	王蚌区间南岸	4 243	1 116.4	1 144.0	0.02
	淮河上游王家坝以上南岸	13 205	1 106.7	1 108.5	0
	淮河上游王家坝以上北岸	15 613	920.8	913.6	−0.01
	王蚌区间北岸	46 478	736.5	730.1	−0.01
	蚌洪区间北岸	5 155	783.2	759.4	−0.03
	南四湖湖西	1 734	696.7	677.2	−0.03
	流域合计	86 428	847.0	842.0	−0.01
长江流域	丹江口以上区	7 238	816.6	809.0	−0.01
	丹江口以下区	525	731.1	725.6	−0.01
	武湖区间	420	1 271.4	1 277.3	0
	白河区	12 029	782.8	780.2	0
	唐河区	7 397	904.9	884.8	−0.02
	流域合计	27 609	830.8	822.3	−0.01
河南省		165 537	782.8	771.1	−0.01

(五)降水量变化特征及规律

(1)年降水量随时序变化具有较明显的周期性。

(2)枯水期和丰水期持续时间长,年降水量偏离均值幅度大。

(3)丰水期和枯水期的开始与结束,各站略有出入,而且受地形影响,不同的纬度丰枯差异比较显著,不同流域具有丰枯不同步的特点。

(4)1956～2000 年 45 年系列平均年降水量、丰枯出现频次及分析时段内丰枯期持续时间等特征都与长系列比较接近,因而相对其他统计时段具有较好的代表性。

(5)1956～2000 年 45 年系列较 1956～1979 年多年平均年降水量偏枯,且越向北部,偏枯程度越大。

(6)从总体上看，单站 45 年系列较长系列多年平均年降水量偏丰，且越向南部，偏丰程度越大。

从统计参数稳定性、长短系列统计参数的对比、长短系列的丰平枯发生频次分析结果显示，河南省 1956～2000 年 45 年降水量系列与长系列统计特征值比较接近，表明 1956～2000 年降水量系列代表性较强，基本可以反映全省年降水量分布的一般规律性。

第二节　水面蒸发及干旱指数

一、水面蒸发

(一)蒸发能力

蒸发是水循环中的重要环节之一，它的大小用蒸发能力来表示。蒸发能力是指在充分供水条件下的陆面蒸发量，一般通过水面蒸发量的观测来确定。

(二)选用站及资料情况

1. 选站原则及站网分布

尽量选取资料质量较好、面上分布均匀、蒸发皿型号一致的站点，作为主要站。同一站不同年份使用不同型号蒸发皿时，要统一换算为 E601 型。

本次评价全省共选用蒸发代表站 146 个，其中气象资料站 102 个。E601 型观测站 26 个，E601 与 Φ80 cm 混合观测站 12 个，E601 与 Φ20 cm 混合观测站 5 个，E601、Φ80 cm 和 Φ20 cm 混合观测站 1 个，其余为 Φ20 cm 型观测站。

海河流域选用站 20 个，其中气象资料站 14 个。E601 型观测站 4 个，E601 与 Φ20cm 混合观测站 2 个，Φ20cm 型观测站 14 个。

黄河流域选用站 34 个，其中气象资料站 26 个。E601 型观测站 5 个，Φ80 cm 型观测站 1 个，E601 与 Φ20 cm 混合观测站 1 个，E601、Φ80 cm 和 Φ20 cm 混合观测站 1 个，Φ20 cm 型观测站 26 个。

淮河流域选用站 78 个，其中气象资料站 54 个。E601 型观测站 11 个，E601 与 Φ80 cm 混合观测站 11 个，E601 与 Φ20 cm 混合观测站 2 个，Φ20 cm 型观测站 54 个。

长江流域选用站 14 个，其中气象资料站 8 个。E601 型观测站 6 个，Φ20 cm 型观测站 8 个。

2. 蒸发资料系列

不同类型观测器(皿)的观测值统一转换为 E601 水面蒸发量，采用逐年、逐月换算，然后分析计算 1980～2000 年系列的均值和其他统计参数。

(三)蒸发观测皿使用情况

河南省水面蒸发观测仪器主要有三种：E601 型蒸发器(简称 E601)、80 cm 口径套盆式蒸发器(简称 Φ80 cm)和 20 cm 口径小型蒸发器(简称 Φ20 cm)。E601 与 Φ80 cm 多用于非冰期，而 Φ20 cm 既适用于非冰期，也适用于冰期。20 世纪 80 年代以前，河南省水文系统的蒸发观测器以Φ80 cm蒸发器为主，80年代以后，逐步采用E601型蒸发器观测，但少数站仍采用Φ80 cm蒸发器观测，到90年代后已全部换成E601型蒸发器。气象部门主要应用Φ20 cm蒸发器进行观测，系列较长。豫北地区的水文部门在结冰期一般停止使用Φ80 cm和E601型蒸发器，改用Φ20 cm蒸发器观测。

由于观测器(皿)的口径不同，观测的水面蒸发量也随之不同。本次评价要求不同口径蒸发器的观测值，统一换算成E601型蒸发器的蒸发量。E601与Φ80 cm、Φ20 cm的折算系数，影响因素较多，除口径、仪器材料、观测方法及资料精度等因素外，观测场地的代表性，仪器安装形式，地温、气温、气压、风速和太阳辐射等气象因素也非常重要。所以短时期的比测成果，折算系数较难稳定。特别是安装形式，E601埋入地下，Φ80 cm、Φ20 cm均暴露于空气中，同一条件下的气象因子作用不同，地温、气温对三种仪器的影响差别较大，且气象因子也存在梯度变化，致使Φ80 cm、Φ20 cm与E601的折算系数产生较大梯度的时空变化。

根据海河流域本次Φ20 cm与E601水面蒸发量折算系数综合分析结果，漳卫河山区采用0.64，漳卫河平原区和马颊河区采用0.65。按此分布趋势，并结合第一次评价成果Φ20 cm与E601水面蒸发量综合折算系数0.62，Φ80 cm与E601水面蒸发量综合折算系数采用0.84，本次评价Φ20 cm与E601水面蒸发量综合折算系数，黄河流域花园口以下区采用0.64，淮河流域沙颍河以北平原区采用0.63，其余各区仍采用第一次评价分析系数，即Φ20 cm与E601水面蒸发量综合折算系数为0.62，Φ80 cm与E601水面蒸发量综合折算系数为0.84。

(四)水面蒸发量等值线勾绘

由于水面蒸发观测点较少，而且观测皿型号也不一致，经折算后存在多种误差因素，数值散乱，很难确定等值线的走向趋势。在点绘等值线时，首先根据气象部门Φ20 cm型观测值，参考第一次评价等值线图，确定等值线的走向趋势，并且经过与流域机构和邻省的等值线多次协调后，最后勾绘出E601水面等值线图(见附图7)。

本次评价水面蒸发量等值线图与第一次评价等值线图相比，北部平原区减幅为200~300 mm，南部山区减幅约为100 mm。

二、水面蒸发分布特性

(一)水面蒸发的地区分布

水面蒸发量地区分布的总趋势，与水汽饱和差、相对湿度等气象因素分布相一致，呈现自南往北、自西向东递增的规律，即较干旱的北部与东部的水面蒸发量，大于较湿润的南部与西部的水面蒸发量。

省内南部大别山、桐柏山区蒸发量800 mm左右，是低值区；淮河上游北岸的洪汝河水系蒸发量900 mm左右；沙颍河及以北蒸发量900~1 000 mm；北部太行山区蒸发量1 000 mm左右；沿黄河一带蒸发量超过1 000 mm，是全省的高值区。

1 000 mm蒸发量等值线比较明显地反映了水面蒸发量主要受水汽影响这一特点。此线自陕西潼关进入豫西灵宝，沿黄河南岸向东经洛阳、郑州、开封、兰考出省。

(二)水面蒸发量的年际变化和年内分配

1. 年际变化

水面蒸发量的大小，主要受温度、湿度、风速及太阳辐射等因素影响。为了消除不同型号蒸发器折算系数的影响，选择同一口径蒸发器观测资料进行分析。

选取 26 个(其中海河流域 5 个，黄河流域 6 个，淮河流域 12 个，长江流域 3 个)具有长系列(资料最长系列为 49 年，最短为 30 年)和相同型号蒸发皿(Φ20 cm 蒸发器)的水面蒸发观测资料，分 1956～1979 年和 1980～2000 年两个时段进行对比分析。由表 3-14 可以看出，1956～1979 年水面蒸发普遍较 1980～2000 年均值偏大，即 1980～2000 年水面蒸发量比 1956～1979 年有所减少。

表 3-14　代表站水面蒸发量长、短系列均值比较　　　　　　　　(单位：mm)

站名	1980～2000 年	1956～2000 年	1956～1979 年	1956～2000 年比 1956～1979 年偏大比例(%)	1980～2000 年比 1956～1979 年偏大比例(%)
安阳	1 863.3	1 934.9	1 997.5	−3.1	−6.7
卢氏	1 215.9	1 367.8	1 500.7	−8.9	−19
洛阳	1 494.4	1 705.5	1 890.2	−9.8	−20.9
平舆	1 519	1 596.3	1 663.9	−4.1	−8.7
许昌	1 580	1 657.2	1 724.7	−3.9	−8.4
开封	1 675.4	1 850.2	2 005.2	−7.7	−16.4
南阳	1 320.2	1 428.2	1 522.7	−6.2	−13.3

对海河流域 5 个 Φ20 cm 型长系列蒸发量资料分析，1980～2000 年系列比 19**[❶]～2000 长系列偏少 1%～14%，1980～2000 年系列比 19**～1979 系列偏少 3%～26%。

对黄河流域 6 个长系列蒸发量资料分析，Φ20 cm 型蒸发量 1980～2000 年系列比 19**～2000 长系列偏少 4%～11%，其中，龙门—三门峡干流区间偏少 4.3%，伊洛河区、沁河区、花园口以下区偏少 10%左右；Φ80 cm 型蒸发量偏少 18.2%。Φ20 cm 型蒸发量 1980～2000 年系列比 19**～1979 系列偏少 8%～20%，其中，龙门—三门峡干流区间偏少 8.4%，伊洛河区、沁河区、花园口以下区偏少 17%～20%；Φ80 cm 型蒸发量偏少 31.3%。

对淮河流域 12 个长系列蒸发量资料分析，Φ20 cm 型蒸发量 1980～2000 年系列比 19**～2000 长系列偏少 4%～5%，Φ80 cm 型和 E601 型蒸发量偏少 3%～12%。Φ20 cm 型蒸发量 1980～2000 年系列比 19**～1979 系列偏少 6%～25%，Φ80 cm 型和 E601 型蒸发量偏少 5%～22%。

对长江流域 3 个长系列蒸发量资料分析，Φ20 cm 型蒸发量 1980～2000 年系列比 19**～2000 长系列偏少 9%～10%，E601 型蒸发量偏少 18%。Φ20 cm 型蒸发量 1980～2000 年系列比 19**～1979 系列偏少 18%，E601 型蒸发量偏少 38%。

图 3-16 为安阳、卢氏、洛阳、平舆、许昌、开封、南阳站的 1956～2000 年系列按

---

❶ 因各选用站资料的起始年份不一致，19**代表实际起始年。

5 年滑动平均水面蒸发量过程线比较，可以看出，代表站自 20 世纪 70 年代以来水面蒸发量总体上呈现平缓的下降趋势，虽然各站的水面蒸发量波动幅度不同，但减小趋势是一致的。

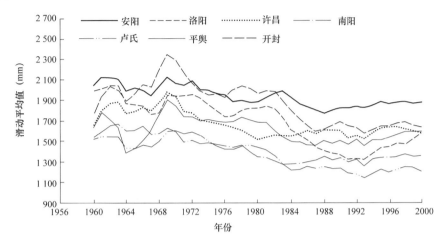

图 3-16　河南省代表站(气象 Φ20 cm)5 年滑动平均过程线

2. 年内分配

年内水面蒸发量受气象因素年内变化的影响，在不同的纬度、不同地形条件下的水面蒸发年内分配也不一致。一般是南方变化小，北方变化大；山区变化小，平原变化大。

水面蒸发量受湿度和温度变化影响，年内最大水面蒸发量主要发生在 5～8 月，北部少数站集中在 4～7 月。最大连续 4 个月的水面蒸发量一般占年总量的 50%左右，在地区分布上比较稳定。河南省多年平均蒸发量月分配见图 3-17。

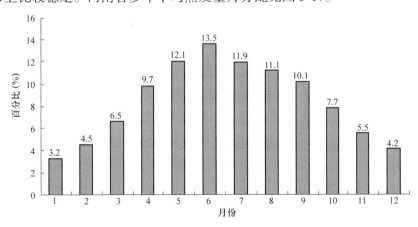

图 3-17　河南省多年平均蒸发量月分配

河南省淮河以南地区最大月蒸发量大部分出现在 7 月份，个别站最大月蒸发量出现在 8 月份，其他地区最大月蒸发量多出现在 6 月份。最大月蒸发量占年总量的百分比一般为 14%左右。最小月蒸发量多出现在 1 月，占年蒸发量的 4%左右。最大与最小月蒸发量的比值为 3.0～6.0，新郑站最大为 10.5，总体趋势呈现西部小于东部、南部小于北部的分布。

一年四季中，夏季(6～8月份)蒸发量最大，约占年总量的36.5%，春季(3～5月份)占28.3%，秋季(9～11月份)占23.3%，冬季(12月～次年2月份)最小，占11.9%。在地区分布上，春冬两季占年总量的百分数自西向东递增，夏季占年总量的百分数变化不大，秋季占年总量的百分数北部略大于南部。河南省水面蒸发季节分配见图3-18。

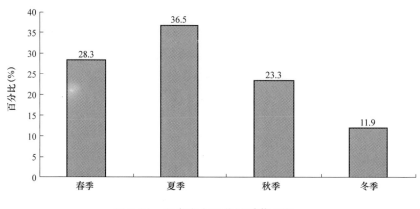

图3-18　河南省水面蒸发季节分配

三、干旱指数

干旱指数是反映地域气候干燥程度的指标，在气候学上一般以年蒸发能力与年降水量之比表示。年蒸发能力与E601蒸发器测得的水面蒸发量存在着线性关系，所以本次多年平均干旱指数采用多年平均E601年水面蒸发量与多年平均年降水量的比值。当干旱指数小于1.0时，降水量大于蒸发能力，表明该地区气候湿润；反之，当干旱指数大于1.0时，蒸发能力超过降水量，表明该地区偏于干旱。干旱指数愈大，干旱程度愈严重。根据干旱指数的大小，可进行气候的干湿分带，其划分标准见表3-15。

表3-15　气候分带划分等级

气候分带	干旱指数
十分湿润	<0.5
湿润	0.5～1.0
半湿润	1.0～3.0
半干旱	3.0～7.0
干旱	>7.0

从多年平均干旱指数等值线图(附图8)可见，河南省干旱指数自南往北、自西往东递增，同纬度山区小于平原；总变幅0.50～2.0。南部大别山区是一个0.5～0.8的低值区；中部沿黄一带为1.5的分布区。1.0干旱指数等值线，西起桐柏山西侧，西北走向，经南

阳市的新野、镇平、南召后，折向东南，进入平顶山市的叶县、舞阳和驻马店市的遂平、汝南、新蔡，等值线中部在淮河以北基本沿洪汝河走向；北部海河流域为 1.6～2.0 分布区。成果见表 3-16。

干旱指数小于 1.0 的湿润区主要分布淮河以南大别山区、沿淮丘陵区，以及西部伏牛山区。南部的大别山区属干旱指数小于 0.5 的十分湿润区。干旱指数在 1.0～2.0 之间的半湿润区分布在黄淮之间的大部分地区。干旱指数大于 2.0 的半湿润区主要分布在黄河以北的海河流域。

表 3-16　河南省代表站干旱指数

序号	所在流域	代表站名称	多年平均降水量(mm)	多年平均蒸发量(mm)	干旱指数
1	海河流域	博爱	555.8	1 020.0	1.84
2	海河流域	焦作	553.8	1 103.0	1.99
3	海河流域	修武	571.8	1 135.4	1.99
4	海河流域	新乡	552.8	988.9	1.79
5	海河流域	辉县	578.7	959.5	1.66
6	海河流域	合河	560.0	883.1	1.58
7	海河流域	淇县	572.1	1 266.4	2.21
8	海河流域	浚县	586.0	1 018.9	1.74
9	海河流域	新村	575.1	1 229.7	2.14
10	海河流域	淇门	553.6	936.4	1.69
11	海河流域	滑县	553.6	899.8	1.63
12	海河流域	鹤壁	612.0	1 143.3	1.87
13	海河流域	汤阴	553.5	939.2	1.7
14	海河流域	林县	609.7	959.5	1.57
15	海河流域	横水	570.4	1 046.8	1.84
16	海河流域	天桥断	541.9	1 093.1	2.02
17	海河流域	安阳	526.8	1 157.6	2.2
18	海河流域	内黄	538.6	949.8	1.76
19	海河流域	清丰	529.3	946.0	1.79
20	海河流域	南乐	498.7	844.1	1.69
21	黄河流域	灵宝	605.3	951.7	1.57
22	黄河流域	灵口	678.5	720.9	1.06
23	黄河流域	窄口	586.3	892.1	1.52
24	黄河流域	三门峡	554.7	1 072.3	1.93
25	黄河流域	孟津	539.2	1 088.5	2.02
26	黄河流域	孟县	579.2	891.8	1.54
27	黄河流域	卢氏	639.8	757.0	1.18
28	黄河流域	渑池	601.8	1 138.2	1.89
29	黄河流域	洛宁	578.5	722.8	1.25

河南省水资源

续表 3-16

序号	所在流域	代表站名称	多年平均降水量(mm)	多年平均蒸发量(mm)	干旱指数
30	黄河流域	宜阳	663.5	998.5	1.5
31	黄河流域	新安	629.8	1 026.5	1.63
32	黄河流域	洛阳	579.0	931.3	1.61
33	黄河流域	栾川	827.0	850.3	1.03
34	黄河流域	陆浑	684.5	707.5	1.03
35	黄河流域	黑石关	577.6	616.3	1.07
36	黄河流域	嵩县	684.5	840.6	1.23
37	黄河流域	伊川	634.5	922	1.45
38	黄河流域	偃师	531.4	905.7	1.7
39	黄河流域	巩义	586.7	1 104.2	1.88
40	黄河流域	长水	642.9	912.6	1.42
41	黄河流域	潭头	689.8	921.9	1.34
42	黄河流域	九龙角	607.9	930.9	1.53
43	黄河流域	沁阳	531.6	982.0	1.85
44	黄河流域	温县	539.6	1 030.2	1.91
45	黄河流域	武陟	518.3	1 025.3	1.98
46	黄河流域	济源	573.4	850.7	1.48
47	黄河流域	延津	527.8	958.1	1.82
48	黄河流域	大车集	535.8	827.7	1.54
49	黄河流域	长垣	705.4	908.2	1.29
50	黄河流域	原阳	527.8	1 036.6	1.96
51	黄河流域	濮阳	551.3	828.1	1.5
52	黄河流域	封丘	565.0	979.0	1.73
53	黄河流域	范县	530.5	978.7	1.84
54	黄河流域	台前	522.0	1 054.7	2.02
55	淮河流域	固始	1 038.0	785.4	0.76
56	淮河流域	蒋家集	1 020.3	793.3	0.78
57	淮河流域	鲇鱼山	1 268.0	672.4	0.53
58	淮河流域	商城	1 266.8	821.2	0.65
59	淮河流域	潢川	1 016.7	809.2	0.8
60	淮河流域	罗山	1 020.9	812.7	0.8
61	淮河流域	南李店	1 128.5	818.9	0.73
62	淮河流域	南湾	1 141.3	784.9	0.69
63	淮河流域	泼河	1 280.3	769.4	0.6
64	淮河流域	新县	1 302.7	864.4	0.66
65	淮河流域	光山	1 113.5	774.2	0.7
66	淮河流域	桐柏	1 147.4	845.2	0.74
67	淮河流域	板桥	940.1	1 005.5	1.07

续表3-16

序号	所在流域	代表站名称	多年平均降水量(mm)	多年平均蒸发量(mm)	干旱指数
68	淮河流域	确山	981.8	816.7	0.83
69	淮河流域	薄山	963.1	956.6	0.99
70	淮河流域	石漫滩	932.5	819.1	0.88
71	淮河流域	上蔡	823.2	938.7	1.14
72	淮河流域	平舆	925.6	925.1	1
73	淮河流域	新蔡	874.6	934.9	1.07
74	淮河流域	遂平	872.3	880.0	1.01
75	淮河流域	驻马店	958.1	892.9	0.93
76	淮河流域	桂庄	886.4	984.5	1.11
77	淮河流域	正阳	929.8	879.9	0.95
78	淮河流域	汝南	937.3	781.9	0.83
79	淮河流域	班台	924.5	865.0	0.94
80	淮河流域	息县	1 004.4	752.8	0.75
81	淮河流域	淮滨	964.0	889.5	0.92
82	淮河流域	登封	588.1	1 100.6	1.87
83	淮河流域	荥阳	588.5	998.4	1.7
84	淮河流域	密县	641.7	991.8	1.55
85	淮河流域	汝阳	666.3	934.6	1.4
86	淮河流域	白沙	698.9	797.9	1.14
87	淮河流域	禹州	619.5	945.3	1.53
88	淮河流域	襄城	740.6	970.7	1.31
89	淮河流域	汝州	660.9	1 003.3	1.52
90	淮河流域	鸡冢(二)	1 100.9	1 017.3	0.92
91	淮河流域	鲁山	814.0	972.3	1.19
92	淮河流域	白龟山	790.6	860.1	1.09
93	淮河流域	叶县	826.8	934.4	1.13
94	淮河流域	宝丰	734.0	1 022.4	1.39
95	淮河流域	孤石滩	940.1	863.4	0.92
96	淮河流域	郏县城关	734.8	968.0	1.32
97	淮河流域	郑州	621.4	1 117.8	1.8
98	淮河流域	中牟	576.7	845.0	1.47
99	淮河流域	新郑	649.3	1 189.1	1.83
100	淮河流域	尉氏	685.7	874.1	1.27
101	淮河流域	化行	694.4	855.7	1.23
102	淮河流域	长葛	665.9	921.9	1.38
103	淮河流域	许昌	706.9	986.9	1.4
104	淮河流域	鄢陵	697.6	994.1	1.43

河南省水资源

续表 3-16

序号	所在流域	代表站名称	多年平均降水量(mm)	多年平均蒸发量(mm)	干旱指数
105	淮河流域	临颍	725.3	828.8	1.14
106	淮河流域	漯河	779.0	963.2	1.24
107	淮河流域	舞阳	854.7	891.6	1.04
108	淮河流域	周口	797.8	826.9	1.04
109	淮河流域	淮阳	758.1	915.1	1.21
110	淮河流域	项城	777.4	936.2	1.2
111	淮河流域	沈丘	907.4	929.8	1.02
112	淮河流域	扶沟	734.9	762.4	1.04
113	淮河流域	郸城	734.1	888.1	1.21
114	淮河流域	西华	787.4	832.4	1.06
115	淮河流域	开封	566.1	1 043.7	1.84
116	淮河流域	通许	636.0	938.2	1.48
117	淮河流域	鹿邑	728.8	923.7	1.27
118	淮河流域	大王庙	660.9	804.9	1.22
119	淮河流域	砖桥闸	734.7	877.2	1.19
120	淮河流域	民权	679.0	973.7	1.43
121	淮河流域	宁陵	666.9	842.2	1.26
122	淮河流域	柘城	752.4	895.0	1.19
123	淮河流域	商丘	667.7	893.9	1.34
124	淮河流域	夏邑	733.1	893.5	1.22
125	淮河流域	永城	773.7	1 004.0	1.3
126	淮河流域	虞城	698.2	895.0	1.28
127	淮河流域	兰考	596.1	1 052.6	1.77
128	长江流域	荆紫关	834.8	950.9	1.14
129	长江流域	淅川	820.2	876.7	1.07
130	长江流域	西峡	825.5	867.1	1.05
131	长江流域	鸭河口	840.1	658.0	0.78
132	长江流域	南阳	944.8	812.6	0.86
133	长江流域	内乡	790.2	838.1	1.06
134	长江流域	镇平	651.3	988.7	1.52
135	长江流域	汲滩	781.6	795.1	1.02
136	长江流域	新野	768.4	875.7	1.14
137	长江流域	半店	720.9	818.9	1.14
138	长江流域	方城	796.4	880.2	1.11
139	长江流域	社旗	811.5	896.1	1.1
140	长江流域	唐河	857.0	793.3	0.93
141	长江流域	泌阳	1 057.4	950.8	0.9

第三节　河流泥沙

河川径流所挟带泥沙数量的多少是反映流域水土流失程度的重要指标，它对河流、湖泊、地表水资源的开发利用及各种水利工程的管理运用、工程寿命等均有很大影响。

一、基本资料

资料的选用以能反映流域天然泥沙特性为原则，一般选择系列较长、受水利工程影响较小、集水面积为 300～5 000 km² 水文站作为选用站。由于泥沙测站少、系列短且受水利工程影响较大，因此在测站少和资料短缺的地区，对于面积小于 300 km²、资料少于 5 年的观测站资料也全部采用。

由于山区兴建了许多水库，平原河道兴建了大量的拦河闸坝和引提水工程，受工程蓄引水影响，实测输沙资料已不能完全反映流域面上天然情况下的水土流失状况。如贾鲁河、惠济河、涡河及豫北地区受引黄沙量的影响，实测资料已经不具代表性。

本次评价全省共选用泥沙站 62 个，资料观测年限最长系列为 45 年，最短只有 5 年。海河流域选用泥沙站 9 个，其中，具有较长连续观测资料的站 7 个，资料最长系列 45 年，最短 24 年。黄河流域选用泥沙站 14 个，其中，具有较长连续观测资料的站 13 个，资料最长系列 45 年，最短 29 年。淮河流域选用泥沙站 28 个，其中，具有较长系列的站 16 个，资料最长系列 45 年，最短只有 5 年。长江流域选用泥沙站 11 个，均具有较长的连续观测资料系列，其中资料最长系列 45 年以上，最短也有 35 年。河南省水文站点分布图见附图 9。

二、河流含沙量分布

河南省河流多年平均(1980～2000 年)含沙量 0.020～28.0 kg/m³。河流含沙量呈自上游向下游逐渐减少的分布规律，这是因为上游一般为山丘区，降雨强度大、山高坡陡、径流速度快、水流挟沙能力强，再加上质地松散、植被覆盖度低、抗蚀性差，故河流含沙量大。下游一般为平原区，雨强小、坡度缓、流速较慢、水流挟沙能力差，加上土壤的黏结力较强，大部分为人工植被，所以河流含沙量小。

省辖长江流域河流多年平均含沙量 0.47～2.7 kg/m³；淮河流域河流多年平均含沙量 0.01～3.44 kg/m³；海河流域河流多年平均含沙量 0.14～5.62 kg/m³；黄河流域河流多年平均含沙量 0.63～28.0 kg/m³。

长江流域丹江上游荆紫关站为 2.70 kg/m³，老灌河下游西峡站 1.02 kg/m³。白河上游白土岗站 0.54 kg/m³，下游新甸铺站 0.47 kg/m³。唐河上游社旗站为 1.18 kg/m³，中游唐河站 1.17 kg/m³，下游郭滩站 1.02 kg/m³。

豫东、豫北平原地区受引黄的影响，成为平原河流的含沙量高值区，一般在 2.0～3.5 kg/m³。南四湖湖西河流含沙量仅为 0.01～0.392 kg/m³。西部伏牛山区和南部桐柏、大别山区的河流含沙量在 0.28～0.53 kg/m³。淮河干流上游大坡岭站为 0.53 kg/m³，下游息县站为 0.39 kg/m³。洪河上游遂平站为 1.62 kg/m³，下游班台站为 0.76 kg/m³。颍河因受引黄影响，含沙量略偏大，上游扶沟站为 3.12 kg/m³，周口站为 1.12 kg/m³。涡河上游大王庙站因受引黄影响含沙量为 2.21 kg/m³。海河流域卫河上游合河站 1.02 kg/m³，中游因受引黄影响汲县站为 1.71 kg/m³，下游淇门站 0.99 kg/m³、元村集站 0.78 kg/m³。

黄河流域黄河干流上游三门峡站 28.0 kg/m³，下游小浪底站 25.0 kg/m³。伊河上游东湾站 1.87 kg/m³，下游龙门镇站 1.12 kg/m³；洛河中游长水站 2.96 kg/m³，下游白马寺站 2.56 kg/m³，支流新安站 3.00 kg/m³；伊洛河黑石关站 1.59 kg/m³。

1980～2000 年多年平均含沙量与 1956～1979 年多年平均含沙量相比，各河流多年平均含沙量都有明显的减少。从各河流含沙量历年变化过程分析，河流含沙量呈递减趋势。颍河周口站、淮河息县站历年含沙量变化过程见图 3-19 和图 3-20。

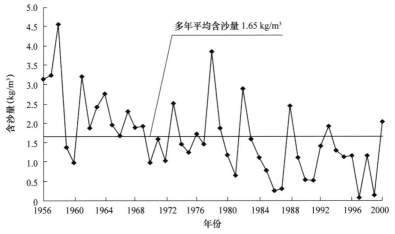

图 3-19　周口站历年含沙量过程线

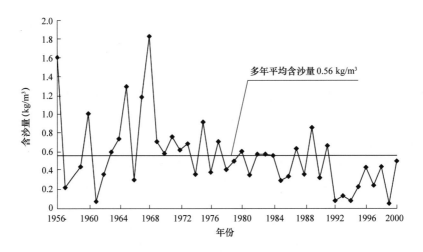

图 3-20　息县站历年含沙量过程线

河南省主要河流控制站泥沙特征值见表3-17。

表3-17　河南省主要河流控制站(1980~2000年)泥沙特征值

河名	站名	集水面积 (km²)	年均含沙量 (kg/m³)	年均输沙量 (万t)	年均输沙模数 (t/km²)
淮河	大坡岭	1 640	0.53	40.6	248
淮河	息县	10 190	0.39	185	182
洪河	班台	11 280	0.76	149	132
史河	蒋家集	5 930	0.29	68.6	116
颍河	周口	25 800	1.12	351	136
涡河	大王庙	1 265	2.21	57.9	458
卫河	元村集	14 286	0.78	61.4	49.9
淇河	新村	2 118	0.46	21.6	43.3
老灌河	西峡	3 418	1.02	74.7	219
白河	新甸铺	10 958	0.47	221	201
唐河	唐河	4 771	1.17	157	329
黄河	三门峡	688 421	28	88 800	1 307
洛河	白马寺	11 891	2.56	492	414
伊洛河	黑石关	18 563	1.59	467	251

三、含沙量多年变化

为了分析河流含沙量变化情况，全省选择13条河流的14个控制站，根据1956~2000年实测资料，对1956~1979年、1980~2000年两个系列进行对比分析。由表3-18可以看出，1980~2000年多年平均含沙量较1956~1979年减小，山区河流的减少幅度小于平原河流。如淮河干流上游大坡岭站含沙量减少幅度19.7%，下游息县站含沙量减少幅度44.3%。河流含沙量变化最为明显的为涡河，上游大王庙含沙量减少幅度59.2%，安徽亳县站含沙量减少幅度达95%以上，主要是由于20世纪80年代以后采取了许多生态治理措施，水土保持工作发挥了一定作用，同时引黄水量减少，并加大了引黄灌区的治沙力度，使引黄灌区退水输沙量大幅度减少。主要河流控制站含沙量长、短系列比较见表3-18。

表3-19显示，1980~2000年各控制站多年平均输沙量比1956~1979年系列也明显减少，与含沙量的变化情况基本相同。

表 3-18　主要河流控制站含沙量长、短系列比较

河流	站名	年均含沙量(kg/m³)			1980～2000年比1956～1979年偏大比例(%)	1956～2000年比1956～1979年偏大比例(%)
		1956～1979年	1980～2000年	1956～2000年		
淮河	大坡岭	0.66	0.53	0.6	−19.7	−9.1
淮河	息县	0.7	0.39	0.56	−44.3	−20
洪河	班台	0.99	0.76	0.88	−23.2	−11.1
史河	蒋家集	0.4	0.29	0.35	−27.5	−12.5
颍河	周口	2.17	1.12	1.7	−48.4	−21.7
涡河	大王庙	5.42	2.21	3.25	−59.2	−40
卫河	元村集	1.42	0.78	1.16	−45.1	−18.3
淇河	新村	0.89	0.46	0.68	−48.3	−23.6
老灌河	西峡	1.34	1.02	1.19	−23.9	−11.2
白河	新甸铺	1.7	0.47	1.12	−72.4	−34.1
唐河	唐河	3.1	1.18	2.2	−61.9	−29
黄河	三门峡	36.1	28	32.4	−22.4	−10.2
洛河	白马寺	7.43	2.56	5.16	−65.5	−30.6
伊洛河	黑石关	5.18	1.59	3.5	−69.3	−32.4

表 3-19　主要河流控制站输沙量长、短系列比较

河流	站名	年均输沙量(万 t)			1980～2000年比1956～1979年偏大比例(%)	1956～2000年比1956～1979年偏大比例(%)
		1956～1979年	1980～2000年	1956～2000年		
淮河	大坡岭	47.6	40.6	44.2	−14.7	−7.1
淮河	息县	340	185	264	−45.6	−22.4
洪河	班台	242	149	195	−38.4	−19.4
史河	蒋家集	78.9	68.6	74.1	−13.1	−6.1
颍河	周口	836	351	610	−58	−27
涡河	大王庙	361	57.9	151.9	−84	−57.9
卫河	元村集	503	61.4	294	−87.8	−41.6
淇河	新村	82.3	21.6	54	−73.8	−34.4
老灌河	西峡	142	74.7	111	−47.4	−21.8
白河	新甸铺	401	221	317	−44.9	−20.9
唐河	唐河	526	157	358	−70.2	−31.9
黄河	三门峡	141 700	88 800	117 700	−37.3	−16.9
洛河	白马寺	1 528	492	1 055	−67.8	−31
伊洛河	黑石关	2 029	427	1 373	−79	−32.3

四、输沙模数计算与分布图

按照《技术细则》要求，计算 1956～2000 年、1956～1979 年和 1980～2000 年系列多年平均含沙量、输沙模数。由于泥沙站少，实测资料系列较短，且泥沙资料不进行插补延长，所以已有的泥沙观测资料全部采用。

对于系列年数较短或不连续的代表站资料，按实际观测年数计算平均值作为相应计算系列的成果。在点绘 1956～2000 年或 1980～2000 年多年平均输沙模数分布图(附图 10)时，作为参考点据。

合河站分卫河、共产主义渠两个断面，由于共产主义渠断面的输沙量为引黄沙量，不反映流域的实际侵蚀能力。故在点绘输沙模数时，只采用合河站卫河断面的输沙模数作为依据。

南李店站迁竹竿铺后，由于两站集水面积变化较大，所以按实际面积分别计算多年平均含沙量、输沙率。

全省输沙模数分布与含沙量分布相似，呈现山区大、平原小的分布规律。黄河流域的伊洛河上游、宏农涧河为全省输沙模数的高值区，多年平均 1 000～1 500 t/km²；其他河流多年平均输沙模数在 500 t/km² 以下。1980～2000 年与 1956～1979 年系列比较，输沙模数呈减少趋势。

第四章　径　流

　　河川径流还原计算是区域水资源量(包括地下水和水资源总量)评价计算的基础工作，河川径流还原计算的精度与可靠性直接影响区域水资源评价成果的质量。按照《技术细则》要求，应采用实测径流资料，并经过还原计算后，能反映近期下垫面变化条件下的天然径流系列，作为本次评价地表水资源量的依据。

第一节　代表站及资料情况

　　河川径流还原计算要求选择区域控制条件好、实测系列长、资料完整齐全、能反映区域产汇流条件的水文站作为分析计算代表站。采用分析计算的资料有：河道实测的基本水文资料，水利工程调控水量(蓄水、引水、分洪)、区域引用耗水量等有关资料。

一、选用代表站

　　根据《水资源调查评价技术细则》要求，河川径流还原计算系列为 1956 ~ 2000 年。为了资料系列和成果的延续一致，本次在选择径流计算代表站时充分考虑第一次评价的选站情况，尽可能保持与第一次评价的一致性。根据河川径流还原计算成果的精度分析，结合水系水文站网布设情况，应尽可能选择控制面积 300 ~ 5 000 km^2 的水文站作为径流计算代表站。同时，兼顾各水资源计算分区内都要有能反映本区域下垫面产汇流特征的选站原则。河南省第一次水资源调查评价共选用 98 个径流计算代表站，由于水文站网调整，本次评价去掉了个别已撤销的水文站；选用代表站测验断面已迁移的，将不同测验断面的径流还原计算成果经系列修正处理后合并使用。同时，少数水资源分区还增补了系列较短的计算代表站，作为分区地表水资源量评价的参考依据。

　　(一)计算代表站

　　按照上述选站原则，本次河川径流还原计算共选用计算代表站 85 个，计算区间约 50 个。代表站平均控制面积为 1 881 km^2，计算代表站总控制面积约 13.08 万 km^2，占全省总面积的 79%。其中，集水面积在 300 ~ 5 000 km^2 有 64 个站，占总数的 75.3%；小于 300 km^2 有 5 个站，大于 5 000 km^2 有 16 个站，占总站数的 24.7%(见表 4-1)。

　　(二)四大流域选站概况

　　海河流域选用计算代表站 9 个，总控制面积约 1.38 万 km^2；集水面积在 300 ~ 5 000 km^2 有 6 个站，大于 5 000 km^2 有 3 个站，计算区间 4 个。黄河流域选用代表站 12 个，总控制面积约 2.44 万 km^2；集水面积在 300 ~ 5 000 km^2 有 9 个站，大于 5 000 km^2 有 3 个站，计算区间 7 个。淮河流域选用代表站 49 个，总控制面积约 7.06 万 km^2；集水面积在 300 ~ 5 000 km^2 有 37 个站，小于 300 km^2 有 4 个站，大于 5 000 km^2 有 8 个站，计算区间 30 个(其中约有 10 个区间成果中，1956 ~ 1979 年系列存在负值或资料系列不够

45 年,本次不采用)。长江流域选用代表站 15 个,总控制面积约 2.20 万 km²;集水面积在 300~5 000 km² 有 12 个站,小于 300 km² 有 1 个站,大于 5 000 km² 有 2 个站,计算区间 9 个。

表 4-1 径流选用代表站情况统计

区域名称	选用代表站数			
	总数	按集水面积分级		
		<300 km²	300~5 000 km²	>5 000 km²
海河流域	9		6	3
黄河流域	12		9	3
淮河流域	49	4	37	8
长江流域	15	1	12	2
河南省	85	5	64	16

二、资料情况

(1)由于少数计算代表站的个别年份实测资料存在问题,有些代表站设立较晚,实测资料系列不足 45 年,对于此类代表站的资料,在第一次水资源评价时已经采用上下游相关法、降水—径流关系法和流域水文模型法进行了系列插补延长,将插补延长成果进行了多种途径的合理性分析,并经过流域汇总协调,故本次直接引用。

本次径流还原计算选用的 85 个代表站中,实测径流资料系列 45 年以上的有 57 个站,占选用站的 67%。其中,海河流域 9 个站,黄河流域 5 个站,淮河流域 31 个站,长江流域 12 个站。资料插补延长不足 5 年的有 18 个站,黄河流域 4 个站,淮河流域 11 个站,长江流域 3 个站。资料插补延长 5~10 年的有 8 个站,黄河流域 3 个站,淮河流域 5 个站。淮河流域还有 2 个站资料插补延长分别为 11 年和 15 年(见表 4-2)。

表 4-2 径流还原计算选用代表站及实测资料系列情况

区域名称	选用代表站及实测资料情况				
	总数	实测资料系列			
		≥45 年	40~45 年	35~40 年	30~35 年
海河流域	9	9	·		
黄河流域	12	5	4	3	
淮河流域	49	31	11	5	2
长江流域	15	12	3		
河南省	85	57	18	8	2

因站网调整,本次选用计算代表站比第一次水资源评价的选用站减少了 14 个,其

中，黄河流域减少 7 个，淮河流域减少 5 个，长江流域减少 2 个。另外，淮河流域增补了 3 个短系列(1980 ~ 2000 年)计算代表站。

(2)由于代表站径流量还原计算涉及水文站控制区内与河川径流有关的工程调控水量和用、耗、退水量，所以，径流量还原计算需要进行大量的流域情况调查和资料收集工作。

调查收集的资料包括水文年鉴、河南省水利统计年鉴、河南省统计年鉴、河南省城市节水统计年鉴、河南省建设系统统计资料汇编、城市用水定额和农业灌溉用水定额分析研究成果、水利工程(大、中型水库和引水控制闸)蓄引水资料、城镇自来水公司供水资料、环保局城市污水排放资料、城市自备井地下水开采资料、煤矿矿井排水资料等。

第二节　计算方法

一、单站天然径流还原方法

(一)单站逐项还原法

单站逐项还原法是在水文站实测径流量的基础上，采用逐项调查或测验方法补充收集流域内受人类活动影响水量的有关资料，然后进行分析还原计算，以求得能代表某一特定下垫面条件下(真实反映流域产汇流水文特性)的天然河川径流量。

单站逐项还原法适用于水系完整、流域界线分明，各种蓄水、引水、退水工程情况清楚，并有完整、可靠的实测水文资料，同时能测得或调查收集到流域内翔实的蓄水、引水、用水资料，且实际观测的控制水量应占流域天然径流量的 50% 以上。计算公式为：

$$W_{天然}=W_{实测}+W_{农灌}+W_{工业}+W_{城镇生活} \pm W_{库蓄} \pm W_{引水} \pm W_{分洪}+W_{库渗}+W_{其他} \qquad (4\text{-}1)$$

式中　　$W_{天然}$——还原后的天然水量；

　　　　$W_{实测}$——流域出口水文站实测水量；

　　　　$W_{农灌}$——流域内农业灌溉用水耗损水量；

　　　　$W_{工业}$——流域内工业用水耗损水量；

　　　　$W_{城镇生活}$——流域内城镇生活用水耗损水量；

　　　　$W_{库蓄}$——计算时段始末流域内水库蓄水变量(增加为正、减少为负)；

　　　　$W_{引水}$——跨流域、水系调水而增加或减少的测站控制的水量(引出为正、引入为负)；

　　　　$W_{分洪}$——河道分洪水量(分出为正、分入为负)；

　　　　$W_{库渗}$——水库渗漏水量(数量一般不大，对下游站来讲仍可回到断面上，可以不计)；

　　　　$W_{其他}$——对于改变计算代表站控制流域内河川径流量有影响的其他水量。

(二)降水径流相关法

降水径流相关法是利用计算流域内降水系列资料和代表站天然径流计算成果(短系列成果)，建立降水径流关系($P \sim R$ 关系或 $P+P_{上}^{2} \sim R$、$P+P_{汛}^{3} \sim R$，$P_{上}$ 为上年降水量，$P_{汛}$ 为汛期降水量)，或者借用邻近河流下垫面条件相似的代表站降水径流关系，计算或插补延长缺资料及无资料流域的天然径流量。

降水径流相关法适用于无实测径流资料(或实测径流资料系列不完整)及缺少调查

水量资料的天然径流量计算或径流系列的插补延长计算。同时，对于受人类活动影响前后流域降雨径流关系有显著差异的区域，可以通过人类活动影响前后流域降雨径流关系的相关资料分析，研究流域受人类活动影响前后下垫面条件的变化对河川径流的影响程度。

(三)水文模型法

对于缺少水文资料、区域水量调查资料或难以用逐项还原法计算的河流或代表站，也可以采用水文模型法进行河川径流量计算。湿润地区(蓄满产流)可采用新安江模型，干旱或半干旱地区(超渗产流)可采用适应性较强的 Tank 模型或其他适用的水文模型。

二、分项水量调查及还原计算

伴随社会经济快速发展，水资源开发利用程度不断提高，受人类社会经济活动影响，区域水资源形成和转化条件也发生了很大变化，水文站实测径流难以真实反映区域下垫面产汇流的水文特性。所以，需要对受人类活动影响的水量进行还原计算，推求流域某一产汇流条件较一致情况下(系列具有一致性)的河川径流量。

分项还原水量的主要项目包括：农业灌溉、城镇工业和生活用水的耗损量(含蒸发消耗和入渗损失)，跨流域引入、引出水量，河道分洪决口水量，水库蓄水变量等。

按照《技术细则》要求，主要计算代表站应进行逐月还原计算，提出历年逐月的天然径流系列；对于其他选用站只进行年还原计算，提出天然年径流系列。

(一)农业灌溉耗损水量($W_{农耗}$)计算

农业灌溉耗损水量是指农林、菜田引水灌溉过程中，因蒸散发和渗漏损失而不能回归河流的水量。农业灌溉耗水量包括：①田间耗水量，不同作物的蒸腾、棵间散发及田间渗漏量等灌溉消耗水量；②灌溉过程中的输水损耗水量(渠首及干、支、农、斗渠输水工程)，含渠道水面蒸发及渠道渗漏水量。

农业灌溉耗损还原水量计算是根据河流水资源开发利用调查资料(收集渠道引水量、退水量、灌溉制度、实灌面积、实灌定额、渠系有效利用系数、灌溉回归系数等资料)，在查清渠道引水口、退水口的位置和灌区分布范围的基础上，依据资料情况采用不同计算方法进行计算。概括为以下几种计算方法。

(1)有灌区年引水总量及灌溉回归系数资料。当灌区内有年引水总量及灌溉回归系数资料时，农灌还原水量为渠首取水量与回归(入河)水量之差：

$$W_{农耗} = (1-\beta)mF \quad 或 \quad W_{农耗} = (1-\beta)W_{总} \tag{4-2}$$

式中　$W_{农耗}$——灌溉耗水量，m^3；

　　　β——灌区回归系数(包括渠系和田间)；

　　　m——灌溉毛定额，m^3/hm^2；

　　　F——实灌面积，hm^2，为引水灌溉面积；

　　　$W_{总}$——渠道引水总量，m^3。

(2)灌区缺乏回归系数资料。当灌区缺乏回归系数资料时，可将净灌溉水量近似作为灌溉耗水还原量，即考虑田间回归水和渠系蒸发损失，两者能抵消一部分。因此，$W_{农耗}$亦称灌溉净用水量。

$$W_{农耗}=nmF \tag{4-3}$$

$$mF = \frac{1}{n}(m_1f_1 + m_2f_2 + \cdots + m_if_i) \tag{4-4}$$

式中 n——灌水次数(应考虑复种指数和复浇指数)，该指标应对丰平枯降雨情况采用不同的灌水次数，它与作物组成有关，而且因降水、蒸发、气温等气象条件而异，综合考虑确定；

m_i——不同灌水季节不同作物的净灌溉定额，$m^3/(hm^2 \cdot 次)$；

f_i——不同灌水季节不同作物的实灌面积，$hm^2/次$；

m——平均灌水净定额，m^3/hm^2；

F——实灌面积，hm^2，为引水灌溉面积。

根据作物组成和时段种植面积比，用间接法：

$$W_{农耗} = M_{净} \cdot A = \sum_1^t K \cdot A \cdot m \cdot n \tag{4-5}$$

式中 $M_{净}$——综合净灌溉定额，m^3/hm^2；

A——年实灌面积，hm^2；

K——时段种植面积比值；

m——灌水定额，$m^3/(hm^2 \cdot 次)$；

n——灌水次数；

t——计算时段。

采用上述方法要考虑丰、平、枯年份的灌溉面积、灌水次数有所不同，应根据灌区调查资料确定。如灌区作物种类较多，且灌溉制度差别较大，则按作物组成比例求出综合灌溉定额。

(3)当引水口在断面以上，退水口也在断面以上时。

$$W_{净} = W_{引} - W_{退} \quad 或 \quad W_{耗} = W_{引} \cdot \alpha_{渠}(1-\beta) = W_{引} \cdot \alpha_{水} \tag{4-6}$$

式中 $W_{净}$、$W_{耗}$——测站断面以上灌溉净用水量、耗水量；

$W_{引}$、$W_{退}$——测站断面以上的引、退水量；

$\alpha_{渠}$、$\alpha_{水}$——渠系水量利用系数、灌区水量利用系数；

β——田间回归系数(0.10 ~ 0.20)。

(4)当引水口在断面上，退水口一部分在断面以上，一部分在断面以下时，还原水量为：

$$\left. \begin{aligned} W_{上还} &= \frac{a_{下}}{A}W_{引} + W_{上农} \\ W_{下还} &= W_{下农} - \frac{a_{下}}{A}W_{引} \end{aligned} \right\} \tag{4-7}$$

式中 $W_{上还}$、$W_{下还}$——断面上下游还原水量；

$W_{上农}$、$W_{下农}$——断面上下游农业耗水量；

$a_{下}$、A——断面下游实灌面积、灌区总实灌面积。

(5)当渠道引水口在测站断面以上，所灌面积在断面以下时，如果有渠首引水资料则

$$W_{还} = W_{引} \tag{4-8}$$

式中 $W_{还}$——断面还原水量；

$W_{引}$——渠首引水量。

(二)城市工业和生活用水耗损量计算

城镇工业用水和生活用水的耗损量包括用户消耗水量和输排水损失量，为取水量与入河废污水量之差。

1. 工业耗损水量($W_{工业}$)计算

工业耗损水量计算是在城市工业供水调查和分行业年取水量、用水重复利用率的典型调查分析的基础上，并根据各行业的产值，计算出万元产值取用水量 $Z_i(\mathrm{m}^3/万元)$ 和相应行业的万元产值耗水率 η_i。对地表水供水工程及供水量进行调查和分析计算。

工业耗水量可根据各行业用水定额乘以该行业耗水率求得。即

$$W_{工业} = \sum_{i=1}^{n} \eta_i \cdot Z_i \quad 或 \quad W_{工业} = \eta_{综合} \cdot Z_{综合} \tag{4-9}$$

式中 Z_i、$Z_{综合}$——各行业用水定额或工业综合用水定额；

η_i、$\eta_{综合}$——各行业耗水率或工业综合耗水率。

2. 城市居民生活耗水量($W_{生活}$)计算

城市居民生活用水采用地表水源供水的城市，其居民生活耗水量计算可采用供水工程的引水统计资料或自来水厂的供水量调查资料。其耗水量可按下式进行计算：

$$W_{生活} = \beta' W_{用水} \tag{4-10}$$

式中 $W_{生活}$——生活耗水量；

β'——生活耗水率；

$W_{用水}$——生活用水量。

农村生活用水面广量小，且多为地下水，对测站径流影响很小，一般可以忽略不计。

(三)水利工程蓄水变量($W_{蓄}$)计算

蓄水变量计算利用水库水位—库容曲线加以核对，不同年代的蓄变量要采用对应年代的水位—库容曲线。

1. 大型水库和闸坝蓄水变量的计算

根据水库实测水位，由水库的水位—库容曲线(反映不同时期淤积变化)查得水库蓄水量，进一步计算水库蓄变量。公式为：

$$W_{库湖蓄} = W_{下月1日} - W_{本月1日} \tag{4-11}$$

式中 $W_{库湖蓄}$——库湖蓄水变量；

$W_{下月1日}$——库湖下月 1 日的蓄水量；

$W_{本月1日}$——库湖本月 1 日的蓄水量。

2. 中小型水库蓄水变量计算

有实测资料时，计算方法同大型水库；无实测资料时，可根据有实测资料的典型中小型水库，建立蓄变指标与时段降水量的关系，然后移用到相似地区。

根据中小型水库的实测资料计算时段蓄变量，统计各时段的蓄变指标 η：

$$\eta = \frac{\Delta V}{V_{兴}} \times 100\% \qquad (4\text{-}12)$$

式中　ΔV——蓄水变量；

　　　$V_{兴}$——兴利库容。

建立典型水库流域的时段面雨量与蓄变指标相关图。以移用地区的面雨量查出蓄变指标，乘以该区总的兴利库容而得蓄变量，以此蓄变量按时段累积，如果蓄变量累积超过兴利库容或小于死库容时，以兴利库容或死库容作控制。

(四)水库闸坝的渗漏损失($W_{渗漏}$)计算

水库闸坝的渗漏损失只对水库或闸坝水文站产生影响，对下游站渗漏水量仍可回到计算断面上，所以可以不计。有实测资料时，可按实测资料进行计算。没有实测资料时，可按月平均蓄水量的百分比计算，一般按水库蓄水量的1%计算。

(五)跨流域(或水系)引水量($W_{引水}$)计算

1. 有实测引水资料时

当闸门或渠首有实测引水资料情况下：实测为引出水量，则引出水量全部作为还原量(作为正值计入天然径流量)；实测为引入水量，若实测引入水量全部作为负值还愿量计入天然径流量时，还应将引入水量的耗损水量(农业、工业、生活和入渗水量)部分作为正值计入天然径流量，耗损水量系数取值应考虑流域地下水埋深变化情况和年降水量的丰枯、降水强度等因素。

2. 有实测引水、退水资料时

实测为引入水量，可以采用扣除全部引入水量并再加上引入水量与退水量差值的计算方法；也可以采用直接扣除退水量的计算方法。

3. 无实测资料时

如果渠首无实测资料时，可按下式计算引出、入水量。

$$W_{引出、入} = F \cdot \frac{M_{净}}{\alpha_{水}} \qquad (4\text{-}13)$$

式中　$W_{引出、入}$——跨流域引出、入水量；

　　　F——灌区实灌面积；

　　　$M_{净}$——灌区综合净灌溉定额；

　　　$\alpha_{水}$——渠系有效利用系数。

若引入水量用于灌溉，其还原量为本流域计算灌溉总水量中扣除灌区回归水量。

(六)河道分洪、决口水量($W_{分洪}$)计算

河道分洪、决口水量可通过上下游站、分洪和决口的流量、分洪区的水位资料、水位容积曲线以及洪水调查资料等，通过水量平衡计算分析进行还原量计算。

(七)涝水蒸发损失量($W_{涝蒸}$)计算

涝水蒸发损失量是指在出现内涝时期水面蒸发量与相应陆地蒸发量的差值。

$$W_{涝蒸} = \left[kE_水 - (P-R)\right]F'_{水面} \tag{4-14}$$

式中　$W_{涝蒸}$——涝水期陆面变成水面蒸发引起的增量；

　　　　k——由蒸发皿观测值推算为大水体的换算系数；

　　　　P、R——涝水区平均雨量及径流深；

　　　　$F'_{水面}$——涝水期时段平均水面面积；

　　　　$E_水$——蒸发皿观测值。

(八)其他还原水量($W_{其他}$)计算

受人类活动影响严重的局部区域，地表径流急剧变化，甚至出现还原计算成果极不合理(或者负值)的问题。为保证计算成果系列的一致，参考第一次水资源评价采用的计算方法和计算代表站流域内的实际情况，采取一些特殊的处理方法，即有个别选用代表站增加了其他还原水量。

除上述单项调查还原水量之外，有些计算代表站可能还涉及某些影响河道天然径流的特殊影响因素，需要根据流域实际情况采用不同的计算方法进行计算。本次河南省水资源调查评价中，考虑近期受人类活动影响对局部径流产生较大改变作用的因素有以下几种。

1. 鱼塘补水量计算

20 世纪 80 年代后期，平原地区鱼塘面积迅速增加，渔业养殖用水、耗水量大，凡利用地表水源养鱼的地区，对于当地河川径流都带来了影响。如像东平原沿黄地区，近年来依托灌区引水大面积发展养鱼业，对灌区引用水量分析计算有很大影响。

鱼塘补水量计算主要根据当地水面蒸发损失和渗漏损失情况进行计算。本次采用定额法计算，调查收集有关补水资料和渔业养殖部门实验分析成果，每公顷鱼塘水面面积年补水定额为 22 500 m³/hm²。

2. 对地下水补给量计算

主要针对某些河段天然径流量出现不平衡或多数年份出现负值等严重不合理的现象。

例如：平原河流修建了多级拦河闸或橡胶坝截蓄地表径流，改变了河川径流自然流态，并加剧了对地下水的补给，导致河道下泄水量明显减少，出现上下游水量不平衡。

傍河开采地下水河段，由于沿河集中打井开采地下水，不仅减少了区域地下水基流的排泄量，同时造成地下水位大幅度下降，进一步加大了地表水对地下水的补给转化水量。

为减少上述因素的影响，本次天然径流量还原计算时，对于海河流域的徒骇马颊河水系南乐站，增加了拦河闸蓄水后对地下水补给计算量和濮清南引黄补源灌区的补源水量计算，按照各级拦河闸的蓄水量和耗水系数计算其还原水量。淮河流域的豫东平原河道拦河闸蓄水对地下水补给还原量计算，是采用商丘水文勘测局 1993、1994 年试验分析成果，建立拦河闸蓄水位与地下水的关系，计算拦河闸蓄水对地下水的补给量。

第一次水资源评价时，黄河伊洛河水系下游河段，长水、新安至白马寺区间和龙门

镇、白马寺至黑石关区间还原水量中已经考虑了地表水对地下水的补给量。本次计算
1980～2000 年系列时，地表水对地下水的补给量是按区域浅层地下水开采量的 50%～
70%计算，并划分为 1990 年以前采用 50%、1991～1995 年采用 60%、1996 年以后采用
70%三个不同计算时段。

　　3. 地下水排泄水量计算

　　城市集中开采使用中深层地下水，其工业和生活废污水大量排入河道；或者流域内
大量采矿，矿坑疏干水大量泄入河流，均可能造成局部河川径流的大幅度增加。对受地
下水排泄水量影响严重的计算河段应计算其地下水排泄水量。

　　当城市工业、生活用水使用中深层地下水，其废污水排放量可以直接引用环保局的
城市排污统计成果；或根据城市工业用水的重复利用率，分别采用工业、生活耗水系数
计算其废污水排放量。矿坑排水量可以采用矿务局矿井排水统计资料，或利用某时段的
采矿量和矿井排水资料建立相关关系，利用采矿量推求矿井排水量。

　　(九)主要控制站还原水量计算

　　主要河流出省控制站还原水量计算，按照自河流上游向下游逐级合成，并依据区域
出入水量平衡的原则进行逐级累加。依照上述分项还原计算方法，先计算河流上游各水
文站点还原水量；然后计算上述各站点至下游站点区间的还原水量；再将上述所有还原
水量合成为下游控制站以上的还原水量。

第三节　河川径流还原计算成果

一、主要河流年径流量

　　河南省的豫南、豫西偏湿润，豫东、豫北偏干旱。全省的河川径流量主要来自大气降
水补给。5 月份，豫南开始进入梅雨季节，而北部的黄河、海河流域一般 7～8 月份才进入
主汛期。南部和西部山区河流在枯水期可以得到地下水排泄的基流补给，基本不断流；平原
河流多为季节性产流河道；东部、北部河流枯水期受引黄退水和城市排污影响较为严重。

　　(一)淮河

　　河南省是淮河的发源地，省境内淮河流域面积约 8.64 万 km^2，占全省面积的 52.2%。
淮河流域在河南省主要支流有淮河、洪汝河、沙颍河、涡河、史河等。其中，淮河水系
发源于桐柏山、大别山区，降水量十分充沛，地表径流非常丰富，淮滨控制站多年平均
(1956～2000 年)径流量 62.42 亿 m^3，径流深 390.0 mm，径流系数 0.36。洪汝河发源于伏
牛山南部，河川径流量相对比较丰富，班台控制站多年平均径流量 27.59 亿 m^3，径流深
244.6 mm，径流系数 0.23。沙颍河水系发源于伏牛山中、北部地区，也是省内淮河的最
大支流，但是沙颍河以北大部分地区地表水资源比较匮乏，周口控制站多年平均径流量
38.03 亿 m^3，径流深 147.4 mm，径流系数 0.19。涡河及东部惠济河、沱浍河等诸河属于
平原季节性河流，年降水量偏少，河川径流量匮乏，涡河玄武控制站多年平均径流量 2.408
亿 m^3，径流深 60.0 mm，径流系数 0.09。

(二)黄河

黄河东西横穿河南省中部地区，省辖黄河流域面积约 3.62 万 km²，占全省面积的 21.9%。省境内黄河流域主要支流有伊洛河、宏农涧河、沁河、金堤河、天然文岩渠等，黄河南岸伊洛河、宏农涧河支流发源于秦岭山脉，年降水量大于黄河北岸支流；伊洛河黑石关控制站多年平均径流量 31.32 亿 m³，径流深 168.7 mm，径流系数 0.26。黄河北岸的支流沁河发源于山西省，武陟控制站以上流域面积 12 880 km²，河南省境集水面积仅 586 km²，多年平均径流量 0.633 亿 m³，径流深 108.0 mm，径流系数 0.18。金堤河、天然文岩渠属黄河下游平原河流，枯水季节大量接纳黄河下游干流引水渠的退水量；天然文岩渠大车集控制站多年平均径流量 1.655 亿 m³，径流深 72.5 mm，径流系数 0.13。

(三)长江

河南省长江流域面积约 2.76 万 km²，占全省面积的 16.7%，其主要河流有：老灌河、白河、唐河等。其中，丹江上游的老灌河发源于秦岭山脉东端，末端直接汇入丹江口水库，属于山区河流，源短流急；老灌河西峡站多年平均径流量 8.467 亿 m³，径流深 247.7 mm，径流系数 0.28。汉江水系的白河、唐河发源于伏牛山南麓的暴雨中心带，河川径流较充沛，白河新甸铺控制站多年平均径流量 24.54 亿 m³，径流深 224.0 mm，径流系数 0.27；唐河郭滩控制站多年平均径流量 16.38 亿 m³，径流深 215.8 mm，径流系数 0.25。

(四)海河

河南省海河流域面积约 1.53 万 km²，占全省面积的 9.2%。主要河流有卫河、徒骇马颊河。卫河发源于太行山脉东麓，是豫北地区最大的一条河流，元村集控制站多年平均径流量 16.32 亿 m³，径流深 114.3 mm，径流系数 0.19。徒骇马颊河是豫北东部平原季节性河流，地表径流非常贫乏，而且常年受濮清南灌区引黄灌溉退水和引黄补源水量影响，南乐控制站多年平均径流量 0.332 亿 m³，径流深仅 28.4 mm，径流系数 0.04。主要控制站 1956～2000 年系列径流特征值成果见表 4-3。

表 4-3　主要控制站 1956～2000 年系列径流特征值成果

控制站名称	集水面积(km²)	资料系列	多年平均			
			降水量(mm)	径流量(万 m³)	径流深(mm)	径流系数
元村	14 286	1956～2000	617.5	163 239	114.3	0.19
南乐	1 166	1956～2000	556.8	3 316	28.4	0.05
黑石关	18 563	1956～2000	663.8	313 154	168.7	0.25
大车集	2 283	1956～2000	538.5	16 549	72.5	0.13
淮滨	16 005	1956～2000	1 069.8	624 183	390.0	0.36
班台	11 280	1956～2000	914.3	275 909	244.6	0.27
周口	25 800	1956～2000	749.5	380 312	147.4	0.20
玄武	4 014	1956～2000	685.3	24 081	60.0	0.09
西峡	3 418	1956～2000	835.0	84 667	247.7	0.30
新甸铺	10 958	1956～2000	833.6	245 440	224.0	0.27
郭滩	7 591	1956～2000	865.6	163 801	215.8	0.25

二、年径流量时空分布特征

河南省地表径流量时空分布具有地区差异显著、年内分配极不均匀、年际变化大等特点。豫南、豫西山区径流量较丰沛，豫北、豫东平原区地表水资源较为匮乏；全年地表径流量主要集中在汛期，据统计，汛期4个月径流量占全年的60%～70%；最大与最小年径流量相差悬殊，最大与最小倍比值普遍为10～30。

(一)年径流量地区分布

1. 径流深高值、低值区分布

河南省地表径流深分布取决于大气降水量、降雨强度和地形坡度变化。全省多年平均地表径流深分布与降水量分布趋势吻合，全省呈现3个高值区：豫南大别山桐柏山高值区、豫西伏牛山高值区，豫北太行山高值区；2个相对低值区：豫西南南阳盆地低值区，豫北东部金堤河、徒骇马颊河低值区。

大别山桐柏山地表径流深300～600 mm，是全省地表产流最丰富地区；其中淮河干流的潢河支流上游、史河的灌河支流上游，径流深超过600 mm，为全省地表产流最大地区。地处淮河流域(沙颍河上游)、长江流域(白河上游)、黄河流域(伊河上游)的伏牛山分水岭一带，地表径流深300～500 mm，其中沙颍河水系的太山庙河径流深超过500 mm。豫北太行山东坡地表径流深100～200 mm，其中淇河上游径流深超过250 mm。

南阳盆地唐河、白河下游地表径流深不足200 mm，为豫西南地表径流的相对低值区。豫北东部平原的金堤河、徒骇马颊河、卫河下游区地表径流深不足50 mm，其中徒骇马颊河水系、卫河下游区径流深不足30 mm(见附图11)。

全省地表径流分布呈现以3个高值区和2个相对低值区向外辐射的变化趋势，并具有自南向北、自西向东递减，山区大于平原，河流上游大于下游的分布规律。自南向北多年平均地表径流深由600 mm下降至30 mm，地表产流最大地区是最小地区的20倍以上。

2. 主要河流径流深分布

海河流域的卫河支流自上游向下游、自山区到平原径流深为250～25 mm，山区的地表产流高值区是平原低值区的10倍。黄河流域的伊洛河水系自上游向下游递减，径流深为300～100 mm，上游地表产流是下游的3倍。淮河流域的洪汝河水系自山区向平原递减，径流深为300～200 mm，山区地表产流是平原的1.5倍；沙颍河水系自上游向下游、自西向东递减，径流深为500～100 mm，上游区是下游区的3倍以上，自南部沙河向北部颍河、贾鲁河递减，径流深为500～70 mm，丰水区是贫水区的7倍。长江流域汉江水系的白河支流自山区向盆地、自北向南递减，径流深为400～200 mm，上游山区是下游盆地的2倍。

3. 主要河流不同系列径流深变化情况

河南省主要河流1956～2000年与1956～1979年系列多年平均径流深比较：海河流域1956～2000年比1956～1979年系列径流深偏小4.9%～26.6%。其中卫河支流减幅最大，太行山高值中心区径流深减少约50 mm，减幅为16.7%。

黄河流域主要河流的丰枯变化比较同步，1956～2000 年比 1956～1979 年系列径流深偏小 7.5%～8.8%。

淮河流域主要河流 1956～2000 年与 1956～1979 年系列径流深比较，淮河干流、史河因降水量偏丰，径流深分别偏多 0.4%和 2.3%。洪汝河以北河流，1956～2000 年比 1956～1979 年系列径流深均有所减小，减幅 1.8%～24.4%，其中沱浍河减少幅度最大，超过 20%。

长江流域主要河流 1956～2000 年与 1956～1979 年系列径流深比较，变化幅度较小，老灌河、白河、唐河 3 条主要支流的径流深均稍有减小，减幅为 3.4%～4.2%。

主要控制站不同系列径流深变化情况详见表 4-4。

表 4-4　主要控制站不同系列径流深对比　　　　　　　(单位：mm)

控制站名称	集水面积 (km²)	多年平均径流深				
		1956～1979 年	1980～2000 年	1956～2000 年	1980～2000 年与 1956～1979 年丰枯比较(%)	1956～2000 年与 1956～1979 年丰枯比较(%)
元村	14 286	146.0	78.0	114.3	−46.6	−21.7
南乐	1 166	31.4	25.1	28.4	−20.0	−9.3
黑石关	18 563	184.6	150.5	168.7	−18.5	−8.6
大车集	2 283	79.5	64.4	72.5	−19.0	−8.9
淮滨	16 005	388.7	391.4	390.0	0.7	0.3
班台	11 280	249.0	239.6	244.6	−3.8	−1.8
周口	25 800	152.6	141.4	147.4	−7.3	−3.4
玄武	4 014	65.2	54.1	60.0	−17.1	−8.0
西峡	3 418	256.6	237.6	247.7	−7.4	−3.4
新甸铺	10 958	232.3	214.5	224.0	−7.7	−3.6
郭滩	7 591	223.8	206.6	215.8	−7.7	−3.6

(二)年径流量年内分配

河南省河川径流主要来自于大气降水补给，受降水量年内分配影响，地表径流呈现汛期集中，季节变化大，最大、最小月径流相差悬殊等特点。与降水量时空分布相比，径流稍滞后于降水，并且普遍比降水量年内分配的集中程度更高。

河南省地表径流量主要集中在汛期(6～9 月)，淮河干流、史河水系连续最大 4 个月径流量多出现在 5～8 月，海河、黄河和淮河流域的涡河、沱河、浍河支流则多出现在 7～10 月。据统计，多年平均汛期 4 个月径流量占全年的 45%～85%，而且呈现年内集中程度平原河流大于山区河流、河流下游大于上游的分布趋势(见表 4-5)。

多年平均最小月径流量普遍发生在 1～2 月，淮河、长江流域发生在 1 月份的居多，海河、黄河流域则多发生在 2 月份。

1. 海河

海河流域各主要支流汛期(6～9 月)径流量占全年的 45.4%～84.5%；多年平均连续最

表 4-5　河南省径流代表站多年平均天然径流量月分配

(单位:万 m³)

河流名称	测站名称	天然径流量												全年	汛期	
		1月	2月	3月	4月	5月	6月	7月	8月	9月	10月	11月	12月		起止月份	天然径流量
淇河	新村	1 760	1 453	1 683	1 979	1 947	2 161	5 921	11 226	4 582	3 765	3 017	2 343	41 837	6~9	23 890
安阳河	安阳	2 135	1 781	1 606	1 317	1 548	1 536	3 078	5 676	3 024	3 054	2 493	2 057	29 305	6~9	13 314
新河	修武	610	573	596	674	619	744	1 701	1 826	1 166	962	810	650	10 932	6~9	5 436
卫河	汲县	2 187	2 174	2 388	2 703	2 750	3 770	9 847	13 648	6 676	4 763	3 713	2 715	57 335	6~9	33 941
峪河	宝泉	354	330	369	431	459	540	1 791	3 676	1 238	799	539	460	10 986	6~9	7 245
卫河	合河	1 976	1 923	2 094	2 383	2 337	3 005	8 008	10 912	5 379	4 288	3 355	2 480	48 140	6~9	27 303
马颊河	南乐	7	12	35	81	122	234	923	1 224	420	154	65	40	3 316	6~9	2 801
卫河	元村	7 849	7 206	6 691	6 230	7 053	8 101	21 419	44 162	19 464	14 116	11 733	9 205	163 229	6~9	93 147
宏农涧河	窄口	902	788	955	976	1 157	1 087	1 500	1 884	1 827	1 798	1 184	1 020	15 077	6~9	6 298
蟒河	济源	455	445	460	491	447	484	1 202	1 517	987	742	607	415	8 728	6~9	4 191
天然文岩渠	大车集	389	380	433	654	731	1 305	3 365	4 247	2 896	1 324	537	265	16 527	6~9	11 813
伊河	陆浑	2 241	1 992	3 632	5 538	6 689	5 131	14 408	17 495	11 204	8 256	4 470	2 819	83 874	6~9	48 238
伊河	龙门	3 364	2 941	4 859	6 485	7 967	6 962	18 476	22 351	13 508	10 807	6 430	4 295	108 446	6~9	61 298
洛河	白马寺	7 660	6 482	8 946	11 264	13 489	10 990	31 434	33 767	28 248	23 016	14 182	9 585	199 063	6~9	104 438
洛河	黑石关	11 862	10 162	14 920	18 895	22 438	19 267	49 828	50 670	42 293	35 446	22 257	15 239	313 278	6~9	162 059
沁河	五山一武	161	160	187	278	266	382	982	1 692	922	568	449	279	6 326	6~9	3 977
淮河	大坡岭	996	1 448	2 756	4 130	5 353	8 638	13 671	13 086	6 085	4 283	2 733	1 265	64 444	6~9	41 480
淮河	息县	6 707	11 754	21 336	29 775	41 323	58 410	95 222	77 688	33 640	26 487	18 006	8 586	428 934	6~9	264 960

续表 4-5

河流名称	测站名称	天然径流量												汛期	
		1月	2月	3月	4月	5月	6月	7月	8月	9月	10月	11月	12月	全年	起止月份	天然径流量
淮河	淮滨	9 648	16 912	31 776	42 445	60 111	82 013	144 646	104 303	54 625	38 037	26 502	13 164	624 183	6~9	385 587
竹竿河	竹竿铺	1 589	3 262	5 507	7 821	11 610	12 452	22 123	12 848	5 615	4 463	3 831	1 849	92 970	6~9	53 038
灌河	鲇鱼山	1 144	2 169	3 856	5 957	7 770	8 459	14 288	8 351	3 389	2 222	2 052	1 074	60 732	6~9	34 487
史河	蒋集(豫境)	2 894	5 441	8 868	12 951	18 295	21 360	49 518	25 396	11 476	9 053	7 732	3 779	176 763	6~9	107 750
洪河	杨庄	546	613	895	1 317	1 768	2 376	5 993	7 144	2 904	2 106	1 223	766	27 650	6~9	18 416
汝河	遂平	769	1 006	1 817	2 569	3 116	6 277	14 116	14 810	6 227	3 893	2 013	832	57 447	6~9	41 430
洪河	新蔡	1 558	1 574	2 492	3 664	4 659	10 148	21 629	21 281	9 288	6 699	4 087	2 341	89 420	6~9	62 346
溱头河	薄山	233	435	803	1 097	1 268	2 156	3 815	4 383	1 722	1 171	746	295	18 121	6~9	12 074
洪河	班台	3 713	4 676	8 835	11 740	15 337	31 576	67 038	67 589	28 360	19 660	11 492	5 893	275 909	6~9	194 563
沙河	昭平台	716	887	1 700	3 110	4 558	4 441	13 239	13 591	6 701	3 783	1 923	892	55 542	6~9	37 972
澧河	孤石滩	157	179	235	514	584	715	2 205	2 150	1 067	661	366	181	9 013	6~9	6 137
北汝河	紫罗山	669	674	1 682	3 418	3 914	2 988	9 832	11 317	6 320	4 350	2 074	963	48 202	6~9	30 457
北汝河	大陈	1 731	1 731	2 905	5 292	6 012	5 765	17 322	20 136	10 899	8 295	4 504	2 706	87 298	6~9	54 122
颍河	黄桥	1 340	1 135	1 368	2 400	3 075	3 681	11 495	11 567	6 071	5 114	2 638	1 831	51 714	6~9	32 813
泉河	沈丘	895	839	1 271	2 079	2 322	4 967	10 525	7 811	5 236	3 597	2 229	1 648	43 418	6~9	28 538
沙河	漯河	5 397	5 073	7 775	13 746	18 106	19 673	57 966	61 292	31 385	22 837	12 647	7 202	263 098	6~9	170 314
颍河	周口	9 189	8 688	11 720	18 833	26 156	26 940	79 949	85 116	46 701	34 438	20 154	12 427	380 312	6~9	238 707
颍河	告成	298	277	304	542	473	548	1 730	1 929	1 195	796	458	378	8 928	6~9	5 402

续表 4-5

河流名称	测站名称	天然径流量													汛期	
		1月	2月	3月	4月	5月	6月	7月	8月	9月	10月	11月	12月	全年	起止月份	天然径流量
贾鲁河	新郑	809	733	775	887	871	979	2 005	1 961	1 546	1 202	994	938	13 701	6~9	6 492
贾鲁河	扶沟	1 626	1 958	2 583	2 625	2 778	2 406	7 852	8 999	6 732	4 188	2 768	2 048	46 564	6~9	25 989
涡河	玄武	301	357	740	1 261	1 858	1 655	4 849	5 299	3 879	2 322	1 116	444	24 081	6~9	15 682
惠济河	砖桥	726	832	823	1 071	1 437	1 491	4 641	4 044	2 693	2 158	1 097	990	22 002	6~9	12 869
浍河	黄口集	183	275	383	482	898	560	3 247	2 629	1 137	806	534	246	11 363	6~9	7 573
沱河	永城	317	514	635	820	941	803	4 152	3 861	1 524	926	755	328	15 577	6~9	10 340
老灌河	西峡	1 373	1 223	2 434	4 881	5 938	5 308	18 670	17 802	12 420	8 708	3 950	1 959	84 666	6~9	54 201
白河	鸭河口	1 539	1 543	2 627	5 377	7 516	8 135	28 363	28 256	12 914	7 647	3 653	2 030	109 600	6~9	77 667
湍河	湍河	442	402	715	1 309	1 555	1 896	7 374	6 738	3 351	2 195	1 102	613	27 692	6~9	19 359
刁河	半店	198	193	213	363	502	686	1 207	1 526	1 093	746	429	235	7 392	6~9	4 512
白河	新甸铺	5 092	4 299	6 230	9 909	13 933	19 010	58 756	58 249	31 168	21 074	10 789	6 931	245 440	6~9	167 183
唐河	社旗	569	468	502	768	963	1 810	6 168	5 078	2 460	1 717	969	666	22 137	6~9	15 516
唐河	郭滩	2 640	2 698	3 725	5 561	9 256	16 560	45 008	40 865	16 572	11 263	6 354	3 299	163 801	6~9	119 005

大 4 个月多出现在 7～10 月，连续最大 4 个月径流量占全年的 50.6%～84.5%；年内集中程度上游山区高于下游平原，一般山区高于岩溶山区。多年平均最大月径流量与最小月径流量的倍比普遍在 3.2～7.7 倍之间，东部平原河流最大月径流量与最小月径流量的倍比则大于 10 倍，徒骇马颊河为全省地表径流最贫乏的平原季节性河流，枯水期河道断流，所以最大月径流量与最小月径流量倍比达 173.9 倍。

2. 黄河

黄河流域各主要支流汛期径流量占全年的 41.8%～71.5%；多年平均连续最大 4 个月 (7～10 月)径流量占全年的 46.5%～71.6%。黄河南岸的伊洛河、宏农涧河连续最大 4 个月径流量占全年的 46.5%～60.1%；北岸山区河流连续最大 4 个月径流量约占全年的 50%，平原河流为 65.8%～71.6%。山区河流多年平均最大月径流量与最小月径流量的倍比为 2.4～8.8 倍，平原河流为 10.5～16.0 倍，最小月径流量发生在 2 月份。

3. 淮河

淮河干流、史河水系汛期径流量占全年的 57.0%～64.4%，多年平均连续最大 4 个月 (5～8 月)径流量占全年的 62.7%～64.8%。最小月径流量多出现在 1 月份，多年平均最大月径流量与最小月径流量的倍比为 13.7～17.1 倍。

洪汝河水系汛期径流量占全年的 66.6%～72.1%，多年平均最小月径流量发生在 1 月份，最大月径流量与最小月径流量的倍比为 13.7～18.2 倍。

沙颍河水系径流量年内分配集中程度及最大月径流量与最小月径流量的倍比均呈现自南向北递减趋势，即沙河支流大于颍河支流，颍河支流大于贾鲁河支流。沙颍河水系汛期径流量占全年的 47.4%～68.4%，沙河中下游、颍河、贾鲁河支流连续最大 4 个月多发生在 7～10 月。沙河多年平均最小月径流量发生在 1 月份，颍河、贾鲁河则多出现在 2 月份，最大月径流量与最小月径流量的倍比为 2.7～19.0 倍。

涡河、沱河、浍河汛期径流量占全年的 58.5%～66.6%，连续最大 4 个月多发生在 7～10 月，占全年的 61.5%～68.8%。多年平均最小月径流量发生在 1 月份，最大月径流量与最小月径流量的倍比为 6.4～17.8 倍。

4. 长江

长江流域的老灌河、白河、唐河汛期径流量占全年的 64.0%～72.7%；最大月径流量与最小月径流量的倍比为 7.9～18.4 倍，多年平均最小月径流量发生在 1～2 月份。其中，老灌河径流量年内分配相对较为均匀，汛期径流量占全年的 61.0%～64.0%；最大月径流量与最小月径流量的倍比为 7.9～15.3 倍。白河汛期径流量占全年的 68.1%～70.9%；最大月径流量与最小月径流量的倍比为 13.7～18.4 倍。唐河径流量年内分配集中程度相对较高，汛期径流量占全年的 70.1%～72.7%；最大月径流量与最小月径流量的倍比为 13.2～17.1 倍。

(三)径流量年际变化

河南省河川径流不仅年内集中，而且年际变化也大，最大与最小年径流量倍比悬殊。1956～2000 年系列的最大与最小年径流量倍比普遍为 10～30 倍，并呈现最大与最小年径流量倍比值北部地区大于南部、平原大于山区的分布趋势。豫南及豫西山区一般在 10

倍左右，而豫东和豫北平原多在 20 倍以上。

河南省河川径流还存在年际丰枯交替变化频繁的特点。在 45 年系列中，前 22 年系列为偏丰水期，后 23 年为连续偏枯水期。据统计分析，20 世纪 50 年代、60 年代和 70 年代中期分别发生了 3 次较大范围的洪水；在 60 年代、80 年代中期和 90 年代末期也出现过 3 次较大范围的特枯水期。

同时，河南省河川径流还具有连丰、连枯的变化特征，在 45 年系列中，1956 ~ 1958 年、1963 ~ 1965 年为连续丰水年组，1986 ~ 1987 年则为连续枯水年组。

1. 最大年与最小年径流量倍比悬殊

海河流域主要河流最大年径流量与最小年径流量倍比值东部平原大于西部山区。西部太行山前卫河水系主要代表站最大年径流量与最小年的倍比普遍为 10 ~ 20 倍；京广铁路以东平原季节性河道，最大与最小年径流量的倍比超过 20 倍，徒骇马颊河水系的最大年径流量是最小年径流量的 76 倍(见表 4-6)。海河流域最大年径流量多发生在 1963 年和 1964 年，最小年径流量则多出现在 1986 年。

表 4-6　河南省主要河流径流代表站年径流量极值比计算

控制站名称	集水面积 (km²)	天然年径流量				最大与最小倍比值	计算 C_v 值
		最大		最小			
		径流量 (万 m³)	出现年份	径流量 (万 m³)	出现年份		
元村	14 286	648 040	1963	47 024	1986	13.8	0.70
南乐	1 166	19 400	1964	254	1986	76.4	1.16
黑石关	18 563	976 504	1964	119 956	1997	8.1	0.56
大车集	2 283	37 500	1964	3 190	1981	11.8	0.64
淮滨	16 005	1 335 703	1956	176 945	1966	7.5	0.48
班台	11 280	818 360	1975	26 770	1966	30.6	0.77
周口	25 800	1 197 830	1964	89 790	1966	13.3	0.60
玄武	4 014	84 800	1957	5 150	1966	16.5	0.76
西峡	3 418	296 461	1964	24 287	1999	12.2	0.60
新甸铺	10 958	877 369	1964	70 875	1966	12.4	0.58
郭滩	7 591	385 139	1975	32 989	1999	11.7	0.60

黄河流域最大年径流量与最小年径流量倍比值呈现北岸支流大于南岸支流、平原大于山区的分布趋势。花园口以上的山区各河流主要代表站最大与最小年径流量倍比为 10 倍左右；花园口以下平原河流最大与最小年径流量倍比值均大于山区河流，金堤河支流的最大年径流量与最小年径流量的倍比达 246 倍。黄河流域最大年径流量多发生在 1964 年；最小年径流量北岸支流多出现在 1981 年，南岸伊河支流出现在 1986 年，而洛河多出现在 1997 年。

淮河流域最大年径流量与最小年径流量倍比值分布趋势为南部河流小于北部河流，

山区河流小于平原河流。淮河干流水系主要代表站最大与最小年径流量的倍比为 10 倍左右；洪汝河水系主要代表站最大与最小年径流量的倍比普遍为 20 ~ 40 倍；沙颍河水系主要代表站最大与最小年径流量的倍比则普遍为 15 ~ 30 倍，西部山区支流多在 20 倍以下，东部平原支流多在 20 倍以上；涡河及以东平原河流最大与最小年径流量的倍比多在 30 倍以上。淮河干流水系最大年径流量发生在 1956 年，洪汝河水系发生在 1975 年，沙颍河水系及以北河流则发生在 1964 年；淮河流域最小年径流量多出现在 1966 年。

长江流域主要河流最大年径流量与最小年径流量倍比普遍为 10 ~ 20 倍。白河支流最大年径流量发生在 1964 年，最小年径流量分别出现在 1966 年和 1999 年；唐河支流最大年径流量则发生在 1975 年，最小年径流量出现在 1999 年。

2. 年际丰枯变化频繁

河南省年径流丰枯变化地区间差异很大，经常出现南涝北旱或者北涝南旱的极端情况。

1956 ~ 2000 年 45 年系列中，海河流域出现丰水年份约 10 年，其中 1956、1963 年为特大洪水年；出现偏枯水年约 10 年，其中 1981、1986 年为特枯水年。从 1952 ~ 2000 年的 49 年间，全流域 1955 ~ 1956 年、1963 ~ 1964 年，卫河水系 1975 ~ 1977 年，徒骇马颊河水系 1984 ~ 1985 年、1989 ~ 1990 年为连续偏丰水年组。全流域 1965 ~ 1969 年、1979 ~ 1981 年，卫河水系 1991 ~ 1993 年、1997 ~ 2000 年，徒骇马颊河水系 1995 ~ 1997 年为连续偏枯水年组。

黄河流域出现丰水年份约 11 年，其中 1958、1964 年为特大洪水年；出现偏枯水年约 13 年，其中 1981、1986、1997 年为特枯水年。在 45 年系列中，全流域 1956 ~ 1958 年、1963 ~ 1965 年，南岸支流 1982 ~ 1985 年，北岸支流 1982 ~ 1984 年为连续偏丰水年组；全流域 1959 ~ 1960 年、1986 ~ 1987 年、1977 ~ 1979 年，南岸支流 1991 ~ 1995 年，为连续偏枯水年组。

淮河流域地域跨度大，年径流丰枯变化不同步，且变化比较频繁。在 45 年系列中出现丰水年为 8 ~ 13 年，洪汝河以南河流出现丰水年为 13 年，沙颍河以北河流出现丰水年为 8 ~ 10 年，其中 1956、1964、1975、1987 年为特大洪水年；出现偏枯水年为 10 ~ 13 年，其中 1966、1978、1999 年为特枯水年。在 45 年系列中，全流域 1963 ~ 1965 年，淮河干流 1968 ~ 1970 年，洪汝河 1982 ~ 1984 年，沙颍河 1956 ~ 1958 年、1982 ~ 1984 年，涡河以东平原河流 1984 ~ 1985 年为连续偏丰水年组；淮河干流 1961 ~ 1962 年，洪汝河 1992 ~ 1995 年，沙颍河 1959 ~ 1960 年、1970 ~ 1972 年、1992 ~ 1994 年，涡河以东平原河流 1972 ~ 1974 年为连续偏枯水年组。

长江流域出现丰水年约 13 年，其中 1964、1975、2000 年为特大洪水年；出现偏枯水年为 11 ~ 16 年，其中 1966、1994、1999 年为特枯水年。在 45 年系列中，1963 ~ 1965 年、白河支流 1982 ~ 1985 年为连续偏丰水年组；1959 ~ 1961 年、1992 ~ 1994 年为连续偏枯水年组。

3. 年径流量 C_v 值分布

河川径流的 C_v 值同样反映出年径流量最大、最小值偏离均值的程度，即 C_v 值越大，径流量最大、最小值偏离均值的幅度也越大，反之亦然。全省河川径流 C_v 值分布同样呈现北部地区大于南部、平原大于山区的分布趋势。C_v 值分布为：豫南及豫西山区一般在 0.5~0.7 之间，而豫东和豫北平原在 0.7~1.10 之间。

海河流域的岩溶山区径流 C_v 值较小，接近 0.50，其他区域在 0.65~1.10 之间。黄河流域的花园口以上山区 C_v 值在 0.55~0.65 之间；花园口以下平原在 0.65~1.0 之间。淮河流域的淮河干流水系 C_v 值为 0.50 左右；洪汝河水系在 0.70~0.80 之间；沙颍河水系上游山区在 0.50~0.70 之间，中下游平原区在 0.60~1.0 之间；涡河及东部诸河在 0.75~1.0 之间。长江流域的径流 C_v 值在 0.55~0.70 之间。

第四节　成果合理性分析及系列一致性修正

代表站天然径流还原耗损水量主要包括农业灌溉耗损量、工业用水和城镇生活用水耗损量等。代表站天然径流还原计算成果的合理性审查，可以从不同途径、不同环节，采取不同方法，如单项还原水量平衡分析，定额、系数区域分布趋势分析，径流量计算成果分布规律及降水—径流、上下游相关分析等方面进行系统的分析审查。

一、单项还原水量分析

单项还原水量成果合理性分析，主要为用水还原项的用水指标分析，区域分布规律分析，取水、用水、耗水、退水平衡分析，时序变化趋势分析等。还原水量与计算代表站以上工业、农业等社会经济发展状况密切相关，与降水的丰枯有一定的联系。

(一)农业灌溉耗损量合理性分析

代表站(或区间)农业灌溉还原水量系列合理性分析主要有以下三方面：①农业灌溉耗损量占天然年径流的百分数应与农业发展情况相吻合，应体现灌溉用水量随灌溉面积的增加，总体呈上升变化趋势。②农业灌溉耗损量时序变化，与干旱指数、降水量的时序变化具有一定的相关性。应与降水量系列的丰枯变化对比，分析灌溉用水量的大小与年降水量丰枯是否协调。灌溉用水量不仅与年降水量丰枯有关，还与降水量的年内分配有关。③地表径流较丰沛地区，降水量与灌溉用水量一般应为负相关关系(见图4-1)；地表径流匮乏的干旱地区(完全利用当地地表径流灌溉的区域)，受区域地表产流条件制约，灌溉用水量最大值可能出现在平水年或偏丰年份，降水量与灌溉用水量则可能为正相关关系。同时应特别注意枯水年份灌溉用水量要与河道来水量协调，与工程蓄水量、供水量基本吻合。

主要控制站农业灌溉耗损量不同年代变化趋势见图4-2。从图4-2可看出，从20世纪60年代到70年代农业耗水量呈递增趋势，进入80年代则有所减少，与全省农业发展情况基本相符；另一方面，逐年农业灌溉耗损量与流域的降水时序变化具有一定的相关性，丰水年、平水年降水比较大，农业灌溉耗损量相对较小，枯水年农业灌溉耗损量相应较大，特枯水年受来水不足影响，农业灌溉耗损量又相对较小。

河南省1956~2000年多年平均农业灌溉还原耗损量占天然径流量的比例一般在20%以

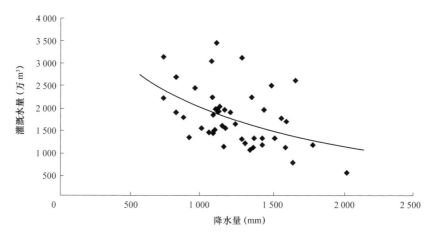

图 4-1　南湾站农业灌溉还原水量与降水量相关分析

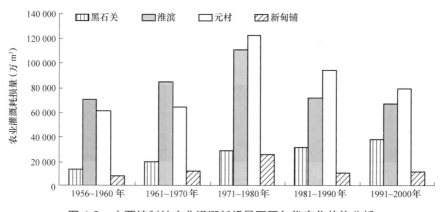

图 4-2　主要控制站农业灌溉耗损量不同年代变化趋势分析

内，南部农业耗水量所占比例小于北部地区，西部山丘区小于东部平原区。豫北平原区因引黄灌溉，所以计算代表站的农业灌溉还原耗损量占天然径流量的比例较大，达到50%以上。河南省主要计算代表站农业耗损量所占比例情况见表4-7。

1980～2000年多年平均农业灌溉耗损量占天然径流量比例与1956～1979年系列比较，总体呈现稍有增加的变化趋势。其中，长江流域和淮河流域的洪汝河以南地区增加幅度不明显；沙颖河上游山区增加幅度在5%以内，中下游平原区增加幅度为5%～10%；涡河及东部河流为引黄灌区，所以增加幅度为10%～20%。黄河流域的花园口以上南岸山区增加幅度在5%以内，北岸增加幅度为5%～10%；花园口以下平原属于引黄灌区，其增加幅度最大，超过60%。海河流域的引黄灌溉地区增加幅度在20%以上，非引黄灌区增加幅度为5%～10%。全省农业灌溉用水量的变化与区域灌溉面积的增减情况和种植结构的调整变化基本吻合。

(二)工业、城市生活耗损量合理性分析

当流域内有地表水工程向城市供水时，应对城市工业、城市生活用水量的合理性进

表 4-7 河南省农业灌溉还原耗损量分析

河名	站名	天然径流量 (万 m³)	农业灌溉耗水量	
			万 m³	占天然径流比(%)
淇河	新村	41 837	10 173	24.3
卫河	汲县	57 335	35 458	61.8
卫河	元村	163 239	85 491	52.4
马颊河	南乐	3 316	1 161	35.0
宏农河	窄口	15 472	109	0.7
蟒河	济源	8 376	5 912	70.6
天然文岩渠	大车集	16 549	25 707	155.3
伊河	龙门	105 114	9 580	9.1
洛河	白马寺	192 805	12 251	6.4
洛河	黑石关	313 154	26 881	8.6
淮河	大坡岭	64 446	3 285	5.1
淮河	淮滨	622 179	72 279	11.6
灌河	鲇鱼山	63 052	1 765	2.8
史河	蒋集	176 763	21 352	12.1
洪河	杨庄	27 650	605	2.2
汝河	遂平	57 447	1 656	2.9
溱头河	薄山	18 121	108	0.6
洪河	班台	275 909	11 707	4.2
沙河	昭平台	55 542	1 026	1.8
北汝河	大陈	87 298	9 967	11.4
颍河	黄桥	60 707	11 491	18.9
贾鲁河	新郑	13 701	1 638	12.0
泉河	沈丘	43 418	1 924	4.4
沙河	漯河	263 098	24 258	9.2
颍河	周口	380 312	62 118	16.3
涡河	玄武	24 081	4 846	20.1
浍河	黄口集	11 363	1 583	13.9
沱河	永城	15 551	3 030	19.5
老灌河	西峡	84 667	692	0.8
白河	鸭河口	109 600	1 787	1.6
白河	新甸铺	245 440	13 524	5.5
唐河	社旗	22 137	931	4.2
唐河	郭滩	163 801	7 896	4.8

行认真审查分析。①首先查明地表水源与地下水源的供水量比例，逐年统计地表水供水量；②工业、城市生活用水量变化随社会经济发展和城市人口增加呈递增趋势，地表水供水量的变化趋势分析应结合流域产水情况和工程蓄供水能力；③工业、城市生活还原水量的变化幅度应基本保持稳定，不能出现忽大忽小的锯齿状分布(见图4-3)。

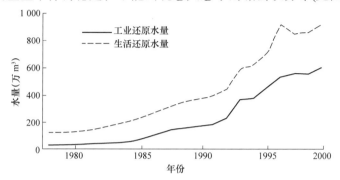

图 4-3　潢川站工业、生活还原水量合理性分析

(三)工程引水量平衡分析

区域或河流上下游引水水量综合平衡分析应注重以下两方面：①跨流域调水及河流水系之间、河流上下游的引出水量与引入水量应协调平衡。在区域工程、站网分布图上标出调水区、受水区和引水工程位置，并逐年、逐月统计引出、引入水量，逐一进行对比分析，调水区的引出水量与受水区引入水量要对应一致。当受水区还原量为引入水量时，还应还原计算其引入水量的耗损水量；当受水区仅还原计算断面退入水量时，可由退入水量反推渠首引水量，并进一步与引水量资料比较。②工程供水量与区域用水量应协调平衡。采用定额法计算区域用水量或采用区域的用水量调查资料时，不仅要分析用水定额的合理性，而且其区域用水量应与工程供水量相吻合。

二、系数、定额分析

(一)耗、退水系数分析

本次定义的耗水系数与第一次评价有所区别，第一次评价的耗水系数是指用水过程中的净消耗量(农业灌溉时作物和陆面蒸散发、工业生产过程中蒸发量和被产品带走水量、生活用水消耗量和蒸发量)占总用水量(取水量)的比值；反之为退水系数。本次采用的耗损系数表示用水损失量占取水总量的比值，其用水损失量包括用水过程中的消耗量和其他损失量(地下水入渗量)；退水量为通过明渠或地下径流实际排入河道的水量。

1. 系数的区域分布情况分析

在流域内、水系之间或河流的上下游之间所采用的农业灌溉及工业、城市生活用水的耗水系数应保持协调，不能有大的矛盾。一般情况下，河流下游或平原区的耗损系数大于上游或山丘区，退水系数反之。

本次只对 1980～2000 年系列进行还原计算，1956～1979 年系列仍采用第一次评价还原计算成果。引水灌区的农业灌溉还原水量计算采用工程供水资料(或渠首引水资料)，多年平均耗损系数采用 0.33 ~ 0.70。其中，海河流域多年平均为 0.50 ~ 0.70，山区河流为 0.50 左右，平原河流为 0.70 左右；黄河流域多年平均为 0.50 ~ 0.65，南岸山区河流一般为 0.50 左右，伊洛河下游河谷平原及北岸平原河流采用 0.65 左右；淮河流域多年平均为 0.45 ~ 0.70，淮河干流水系采用 0.45，洪汝河一般采用定额法或引退水差值法计算，沙颍河及以北河流为 0.60 ~ 0.70(上游山区为 0.60，下游平原为 0.70)；长江流域多年平均为 0.33 ~ 0.60，山区河流沿用第一次评价分析值为 0.33，平原河流则有所增大，为 0.33 ~ 0.60。

与第一次评价还原计算成果相比较，有一部分水利工程增加了向城镇工业和生活的供水量。凡是流域内有工业和城市生活利用地表水源时，均应该还原其消耗水量，本次城镇工业耗水系数采用 0.20 ~ 0.30，生活耗水系数全部采用 0.20。

2. 耗损系数的系列变化趋势分析

农业灌溉耗损系数的采用值应随区域水资源开发利用程度提高(地下水埋深增大)而增大，即当地下水埋深较大，地下水水位低于河底高程时，灌溉用水量不可能再以基流形式排入河道，即不再产生灌溉退水量(当不存在明渠退水时)，所以平原区灌溉耗损系数最大可取 1.0。

农业灌溉耗损系数可视年降水量的丰枯有所变化，丰水年的农业灌溉耗损系数可适当调小，枯水年可适当增大。另外，随着工业用水重复利用率的提高，耗损系数也逐渐增大。

第一次评价的多年平均农业灌溉耗水系数一般采用 0.30 ~ 0.50。本次还原计算时，考虑到人类社会活动对流域产流条件变化的影响作用也不断加大，所以多年平均农业灌溉耗损系数采用 0.45 ~ 0.70，地下水埋深较大的平原区农业灌溉耗损系数取 1.0。同时，考虑不同丰枯年地下水埋深差异较大，所以不同的丰枯年农业灌溉耗损系数取值也有所不同。

(二)用水定额分析

(1)区域内、河流上下游所采用的农业灌溉、工业、城市生活净用水定额应基本保持协调一致，不能出现大的矛盾。同类作物采用相同的灌水方式时，其农业灌溉净定额应基本一致；工业同一行业，工业用水定额可以依据生产规模和工艺水平的不同有所差异。当采用渠道引用水量资料或水利年鉴刊布的用水量成果时，应通过实灌面积、产值、人口等指标反推其用水定额，分析其用水资料的合理性，如存在明显不合理情况，应适当修正和调整其还原水量。

本次农业灌溉综合净定额取值为：水稻田灌溉综合净定额，沙颍河以南采用 3 750 ~ 6 000 m³/hm²，沙颍河以北地区多采用 6 000 ~ 8 250 m³/hm²。丰水年，综合灌溉净定额一般采用 3 750 m³/hm²，平水年采用 4 500 ~ 6 000 m³/hm²，枯水年 6 000 ~ 8 250 m³/hm²。

旱作物灌溉综合净定额，沙颍河以南采用 2 250 ~ 3 750 m³/亩，沙颍河以北地区多采用 2 700 ~ 5 250 m³/hm²。丰水年，综合灌溉净定额一般采用 2 250 ~ 2 700 m³/hm²，平水年采用 3 000 ~ 3 750 m³/hm²，枯水年采用 3 900 ~ 5250 m³/hm²。

(2)用水定额系列变化趋势分析。①分析农业灌溉用水定额与年降水量的丰枯是否相吻合，一般情况下，丰水年农业灌溉用水定额应小于偏枯年份。②工业、生活用水量采用定额法计算时,万元产值取水定额为 150 ~ 50 m³;城市生活用水定额取 100 ~ 165 L/d。工业用水定额应随生产技术、工艺水平的提高呈递减趋势, 从 1980 年的 150 m³/万元产值逐步降至 50 m³/万元产值;城市生活用水定额应随生活水平的提高呈递增趋势,由 1980 年的 100 L/d 逐步增至 165 L/d。

三、还原计算成果综合分析

(一)年降水径流相关分析

降水—径流关系分析是检查天然年径流合理性的重要手段,点绘逐站(区间)年降水—径流相关关系如图 4-4 所示。对单站年降水—径流关系线、点线配合程度及有无系统偏离现象进行全面检查,以保证径流成果的合理性。

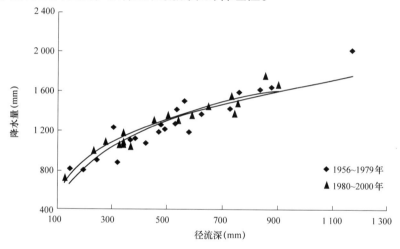

图 4-4 南湾站年降水—径流关系

(1)一般情况下,影响降水—径流相关线点据偏离的主要因素有:降水量的年内分配、还原水量计算精度。降水集中在短时间内的年份径流量偏大, 降水较均匀时年径流偏小是相对合理的, 否则要分项检查还原水量是否客观合理。若因还原水量计算精度而导致的点据偏离时,应查明原因后进行修正处理。

(2)审查分析天然径流还原成果(上游单站或下游区间)的年内分配应与降水量的年内分配协调一致性,不能出现大的矛盾。对于流域形状系数较大的地区,当暴雨集中在月末时,且暴雨中心出现在流域上游,往往会发生径流滞后于降水的时空分配形态。

(二)区域分布规律分析

根据径流深分布具有山区大于平原、河流上游大于下游、南部大于北部、西部大于东部的区域分布规律,按水系自上而下,分别将年降水量、径流量、径流深和径流系数列表对照,视其自上游至下游的变化趋势,是否符合降水量和下垫面条件的实际变化情况。本次以河流水系为独立单元,从上游至下游各站、区间依次比较降水量、径流深、径流系数,以及点绘降水径流关系,对不符合区域分布规律的数据加以核实并进行修正。

对年径流深计算成果进行逐年分布趋势分析(或者通过绘制逐年径流深等值线图),

如发现异常情况,再通过径流深等值线与降水量等值线对比,分析高、低值区分布是否对应,降水量的年内分配是否较集中,即分析有无可能出现影响径流深异常分布的降水因素。

　　山区径流系数大于平原区、河流上游径流系数大于下游的区域分布特性比径流深更明显。还可以通过逐年、逐站列表的方法,对比分析径流系数的区域分布或河流上下游变化情况是否符合上述规律性(见图 4-5)。

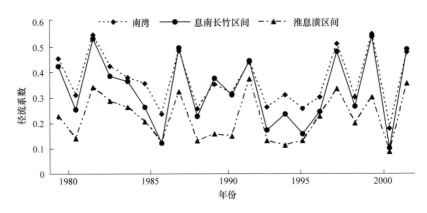

图 4-5　淮河干流径流系数对比分析

　　从各计算代表站或计算区间的检查结果看,大部分站点或区间降水量、径流深和径流系数三者之间变化趋势,以及上下游、相邻区域之间分布趋势都比较协调,基本符合下垫面变化条件。

(三)控制站合成水量分析

　　(1)重点审查水系之间、河流上下游的引出、引入水量是否平衡一致。尤其同一河流出现上引下用水量时,应特别审查还原水量的平衡协调,上游工程引出水量与下游分河段的用耗水量、退水量协调一致。

　　(2)分析控制站分项还原水量合成值的合理性。按照上述审查分析思路和方法,逐一分析控制站分项还原水量的合理性,分析控制站天然径流量计算成果与降水量的关系点据的分布情况,以及天然径流量月分配与面降水量月分配是否协调。

　　(3)上游站、区间成果与下游控制站水量平衡分析。利用下游控制站、上游站的天然径流量计算成果,反算区间天然径流量,再与原计算的区间天然径流量比较,检查控制站水量合成过程中是否出现错误。

　　地表径流还原计算成果合理性审查,可以通过多途径,从不同侧面采用不同方法,进行垂向的和横向的综合审查分析。通过对主要控制代表站还原水量占天然径流量的百分比分析,也可以检验上游计算代表站天然径流还原计算成果的精度及合理性。河南省主要河流控制代表站还原水量占天然径流量一般在 20%以内(见表 4-8),总体来说,还原计算成果精度较高。但是,局部区域因跨流域或跨水系调水,还原水量占天然径流量的20% ~ 30%,个别平原小面积河流的外调水量大于当地产流量,所以还原水量占天然径流量的百分比超过 100%。

表 4-8 河南省主要控制站总还原水量分析

河名	站名	实测水量 (万 m³)	天然径流 (万 m³)	还原水量	
				万 m³	占天然径流比(%)
卫河	元村	172 043	163 239	−8 804	−5.4
马颊河	南乐	4 277	3 316	−962	−29.0
天然文岩渠	大车集	42 228	16 549	−25 679	−155.2
洛河	黑石关	267 207	313 154	45 947	14.7
淮河	淮滨	536 639	622 179	85 540	13.7
洪河	班台	252 178	275 909	23 731	8.6
颍河	周口	316 245	380 312	64 067	16.8
涡河	玄武	16 769	24 081	7 313	30.4
惠济河	砖桥	39 289	24 081	−15 207	−63.1
浍河	黄口集	9 245	11 363	2 118	18.6
沱河	永城	10 932	15 551	4 619	29.7
白河	新甸铺	202 020	245 440	43 420	17.7
唐河	郭滩	167 809	163 801	−4 008	−2.4

四、径流系列一致性修正

影响地表径流演变的因素大致包括降水的变化、用水量的变化和下垫面条件的变化。除降水因素影响外，人类活动影响主要有农业用水、工业用水、水利工程、城市化、植树造林的影响等。上述因素的影响可能导致地表径流量的增加或减少。

由于人类活动改变了流域下垫面条件，导致入渗、径流、蒸发等水平衡要素发生一定的变化，从而造成径流的减少(或增加)。下垫面变化对产流的影响非常复杂，在分项还原计算时难以定量计算。在干旱和半干旱地区，一些区域的地表径流因下垫面变化而衰减的现象已经非常明显，只有充分考虑这一影响因素，才能保证径流还原计算成果的精度。因此，《技术细则》要求对选用站的年降水—径流关系进行系列对比分析，检查1956～2000 年天然年径流系列的一致性。若发现在同量级降水条件下，1980 年以后点据比 1980 年以前点据发生明显的系统偏离，则表明下垫面变化对径流影响较大，应对1956～1979 年天然年径流系列进行一致性分析修正。

(一)一致性修正的目的与要求

在人类活动对河川径流的影响中，对于受人类活动直接影响(水利工程和用水影响)较大的水文测站进行资料的还原计算，而下垫面条件变化对径流的间接影响则是一个渐变的过程，且影响因素非常复杂，难以逐年作出定量计算。

进入 20 世纪 80 年代以后，社会经济高速发展，人类活动对下垫面条件的影响不断加剧，北方半干旱和干旱地区地表水资源量呈减少趋势，即在同量级降水情况下，80、

90 年代的产流量明显小于 50、60 年代产流量。也就是说，在人类活动影响逐渐加大的情况下，流域的产汇流机制发生了变化，应用数理统计法分析计算较长系列的地表水资源量，难以符合系列的一致性要求，同时计算成果也不能反映近期下垫面条件下的产流量。

(二)一致性修正方法

在单站还原计算的基础上，点绘水文站面平均雨量与天然径流相关图如图 4-6 所示。

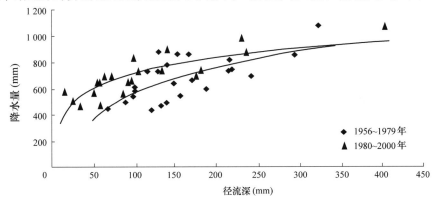

图 4-6　白沙站修正前降水—径流关系

1. 修正方法

(1)在单站还原计算的基础上，通过点群中心绘制其降水—径流相关图，如果 80、90 年代的点据明显偏离于 50、60 年代的点据，则说明下垫面条件变化对径流影响较大，需要对年径流系列进行修正。

(2)将 45 年系列划分为 1956～1979 年和 1980～2000 年两个年段，分别通过点群中心绘制其年降水—径流关系曲线，白沙站年降水—径流关系曲线见图 4-6。从图中可以看出，在同量级降水条件下，50、60 年代大多数点据位于右边，80、90 年代大多数点据位于左边，表明 80 年代以来，该流域产流条件发生了变化。

(3)选定一个年降水值，从图中两根曲线上可查出两个年径流深值(R_1 和 R_2)，用下列公式计算年径流衰减率和修正系数：

$$\alpha = \frac{R_1 - R_2}{R_1} \times 100\% \qquad (4\text{-}15)$$

$$\beta = R_2/R_1 \qquad (4\text{-}16)$$

式中　α——年径流衰减率；

　　　β——年径流修正系数；

　　　R_1——50～70 年代下垫面条件的产流深；

　　　R_2——80～90 年代下垫面条件的产流深。

根据不同年降水量的 α 值和 β 值，可以绘制 $P \sim \beta$ 关系曲线，作为修正 1956～1979 年天然年径流系列的依据。

(4)根据需要修正年份的降水量，从 $P \sim \beta$ 关系曲线上查得修正系数，乘以该年修正前的天然年径流量，求得修正后的天然年径流量。

修正后的天然年径流量与 1980～2000 年还原计算成果共同组成具有一致性较好的 45 年天然年径流量系列。

2. 修正年份的确定

人类活动对流域下垫面的影响，是一个极其复杂且渐变的过程，依据其形式不同、程度不同，降水径流关系发生明显变化的年份也不同，因此在修正前，首先点绘各水文站 1956～2000 年面平均降水量与天然年径流量双累积曲线，以其曲线拐点作为该站下垫面发生变化的起始年份，分别建立前后期两系列降水径流关系。这样划分的结果，一方面符合实际情况，另一方面可提高模型精度。

3. 降水径流相关关系的确定

对于 20 世纪 50、60 年代天然径流的修正幅度，依赖于前后两段降水径流关系的线型及离合程度。在确定降水径流关系线时，一方面要考虑线型与点据的配合程度，另一方面要考虑修正前后两条线上下离合程度的一般规律，即在小水年时，人类活动对径流的影响相对较大，修正幅度也较大；大水或中水年，人类活动对径流的影响相对减小，两条线逐渐靠近，甚至趋于一致。

(三)一致性修正成果

通过点绘逐站(区间)年降水—径流相关图，分析 1956～1979 年系列和 1980～2000 年系列的径流量是否出现明显的系统偏离，再确定是否需要进行系列一致性修正。根据河南省选用代表站的年降水—径流相关图分析，山区站和南部地区的选用代表站受人类活动影响程度相对较小，不存在系统偏离问题。豫东、豫北平原区，地表水开发利用主要为引黄水量，区域受引黄影响严重，年降水—径流关系点据较散乱，看不出明显的系统偏离。

淮河流域颍河支流的告成、白沙、化行、黄桥站的年降水—径流相关图显示出两个不同时段系列天然径流量出现了明显的系统偏离，故本次对上述四站的天然径流系列进行了系列一致性修正。白沙站修正后降水—径流关系见图 4-7。

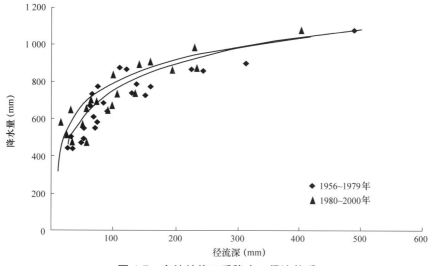

图 4-7　白沙站修正后降水—径流关系

第五节　径流深分布图

一、等值线图绘制

(一)绘制径流深等值线图的基本原则、方法

(1)选用站网控制性较好、资料精度较高的地区，以点据数值作为基本依据，结合自然地理情况勾绘等值线；径流资料短缺或无资料的地区，主要根据降水量等值线图并参考第一次水资源评价成果，大体确定等值线的分布和走向。

(2)等值线的分布应考虑下垫面条件的差异，等值线走向应参考地形等高线的走向。

(3)本次采用 1∶100 万地图作为工作底图，主要考虑较大范围的线条分布，局部的小山包、小河谷、小盆地等微地形地貌对等值线走向的影响予以忽略。

(4)先确定几条主线的分布走向，然后勾绘其他线条。等值线跨越大山脉时，等值线有适当的迂回，避免横穿主山体；等值线跨越大河流时，避免斜交。马鞍形等值线区，应注意等值线的分布及等值线线值的合理性。

(二)绘制径流深等值线图的依据

根据《技术细则》要求，勾绘多年平均径流深等值线时，主要依据各选用代表站(或区间)流域单元重心的多年平均径流深计算值，同时参考同期降水量等值线的走势和第一次评价 1956～1979 年径流深等值线，并且与地形等高线基本吻合，尽量避免出现等值线横穿主山脉、与降水量等值线垂直相交的不合理情况。

本次将具有 45 年以上实测系列水文资料的代表站作为绘制等值线的主要依据点，40～45 年实测系列作为一般点据，实测系列小于 40 年的作为参考点据。同时，将集水面积 300～5 000 km² 的代表站作为主要点据，将集水面积小于 300 km² 或大于 5 000 km² 的代表站，以及区间资料作为参考点据。

(三)等值线图绘制要求

1. 流域重心确定

将选用测站和区间的径流深多年均值点绘于集水区域的径流分布的重心处(一般位于流域形心处的偏上游位置)，其确定方法如下：

(1)集水面积内自然地理条件基本一致、高程变化不大时，点据位置定于集水面积的形心处。

(2)集水面积内高程变化较大、径流深分布不均匀时，借助降水量等值线图选定点据位置。

(3)区间点据一般点绘于区间面积的形心处，当区间面积内降水分布明显不均匀时，参考降水分布情况适当改变区间点据位置。

(4)各选用测站的集水面积有重叠时，下游站则计算扣除了上游站集水面积后的区间面积的径流深，点绘在区间面积的重心处。

本次评价先在地形图上勾绘出水文站的集水面积界线。当雨量变化均匀、自然地理条件比较一致时，流域的形心即作为产流重心；否则，再将其稍向产流大的一侧移动适

当距离作为产流重心。

2. 年径流深等值线线距

径流深大于 300 mm，线距为 100 mm；径流深为 100～300 mm，线距为 50 mm；径流深小于 100 mm，线距为 25 mm。

河南省 1956～2000 年平均径流深等值线图见附图 11。

二、等值线图合理性分析

等值线图的合理性，主要从以下几方面进行分析。

(1)年径流深等值线与自然地理特征对照检查，使等值线走向、高低值中心的位置与地形等自然地理特性基本吻合。

(2)年径流深等值线与降水量等值线比较。与同期的年降水量等值线图进行叠加比较，等值线走向保持大体一致，高值区和低值区的位置应基本对应，两种等值线交角一般小于 45°，梯度变化较为一致。基本不出现一条径流深等值线横穿两条以上降水量等值线的情况。

(3)1956～2000 年与 1956～1979 年径流深等值线比较。两张径流深等值线图基本保持一致，高值区和低值区的位置基本对应，沙颍河以北及东部平原区 1956～2000 年系列均值略有减少，同量级的等值线微微南移，其他区域基本保持不变。

(4)径流深等值线量算水量与控制站计算水量对比。选择流域干流、独立支流的主要控制站，通过等值线图上量算的多年平均径流量与各主要控制站计算的年径流量进行比较，相对误差控制在 ±5% 范围之内。对相对误差超过 ±5% 的区域，分别进行等值线和主要控制站水量的合理性分析，然后对等值线进行修正，保证基本符合误差要求。

第六节　径流还原计算与第一次评价不同点

本次径流还原计算与第一次评价有如下几个不同点：

(1)与第一次评价还原计算的思路不同，本次提出了系列一致性修正处理的要求和方法，要求将原 1956～1979 年系列修正到近期下垫面条件下的径流系列；在径流还原计算中去掉了水库蒸发还原量；由第一次评价的还原用水消耗量变为还原用水耗损量。

(2)广泛采用计算机技术，进行计算、分析、制图等，所以计算精度高、效率高、图表质量好。

(3)成果合理性分析和审查工作采取多渠道(方法多、环节多)、多层次(省汇总审查、流域汇总审查、全国汇总审查)等措施。

(4)本次调查评价工作时间短、任务重(内容多、工作量大)、要求高，与第一次评价投入人员多、历时长的情况比较，达到了投入少、效率高的结果。

(5)本次要求逐年、逐月进行还原计算，而第一次评价则按时段计算；本次要求水量单位为万 m³(第一次评价则为亿 m³)，小区域水量精度较高，但导致两次计算成果不易衔接。

第五章　地表水资源量

地表水资源量是指河流、湖泊、冰川等地表水体中由当地降水形成的、可以逐年更新的动态水量，用河川天然径流量表示。

第一节　计算方法

一、基本计算方法

(1)对于有径流站控制的，当径流站控制区降水量与未控区降水量相差不大时，根据径流测站分析计算成果，按面积比折算为该分区的年径流量系列；当径流站控制区降水量与未控区降水量相差较大时，按面积比和降水量的权重折算分区年径流量系列。

$$W_{分区} = \sum_1^i W_{控} + W_{区间} \tag{5-1}$$

式中　$W_{分区}$、$W_{控}$、$W_{区间}$——分区、控制站、未控制区间(控制站以下至省界或河口)的水量。

$W_{区间}$ 计算因条件不同其计算方法有所差异，分区水量计算可分为以下几种形式：

①控制站水量系列的面积比缩放法。当分区内河流径流站(一个或几个)能控制该分区绝大部分集水面积，且测站上下游降水、产流等条件相近时，根据控制站天然年径流量除以控制站集水面积，求得控制站以上的年径流深，并借用于下游未控区间，计算区间年径流量。则

$$W_{区间} = \frac{\sum_1^i W_{控}}{\sum_1^i F_{控}} \cdot F_{区间} \tag{5-2}$$

按式(5-1)和式(5-2)，可导出分区水量计算公式为：

$$W_{分区} = \sum_1^i W_{控} \cdot \frac{F_{分区}}{\sum_1^i F_{控}} = R_{控} \cdot F_{分区} \tag{5-3}$$

式中　$F_{分区}$、$F_{控}$——分区和控制站的面积；

$R_{控}$——控制站的径流深。

②控制站降水总量比缩放法。当分区控制站上下游降水量差异较大而产流条件相似时，借用控制站(或控制站以上精度较高的某一区间)天然径流系数乘以控制站以下区间的年降水量，求得区间年径流深。

$$W_{区间} = \alpha_{控} \cdot P_{区间} \cdot F_{区间} \tag{5-4}$$

按式(5-1)和式(5-4)，可导出分区水量计算公式为：

$$W_{分区} = W_{控} \cdot \frac{P_{分区} \cdot F_{分区}}{P_{控} \cdot F_{控}} = \alpha_{控} \cdot P_{分区} \cdot F_{分区} \tag{5-5}$$

式中 $P_{分区}$、$P_{控}$——分区和控制站的面雨量；

$\alpha_{控}$——控制站年径流系数。

③移用径流特征值法。当区间与邻近流域的水文气候及自然地理条件相似时，直接移用邻近站的年径流深(或年径流系数)或降雨径流关系，根据区间降水量、区间面积推求区间的年径流系列，然后与控制站水量相加求得全区水量。

④等值线法。在采用以上几种方法有困难时，区间水量采用 1956～2000 年年径流深等值线图量算水量，年径流系列则选用参证站的年径流系列按均值比进行缩放。

$$W_{区间} = W_{参} \cdot \frac{\overline{W}_{区间}}{\overline{W}_{参}} \tag{5-6}$$

$$W_{分区} = W_{控} + W_{区间} \tag{5-7}$$

式中 $\overline{W}_{区间}$——由 1980～2000 年年径流深等值线图量算的区间径流量；

$\overline{W}_{参}$——参证站 1980～2000 年年平均径流量。

(2)水资源分区内没有径流站控制(或径流站控制面积很小)时，一般利用水文模型或借用自然地理特征相似地区测站的降水—径流关系，由降水系列推求年径流量系列。

(3)逐年绘制年径流深等值线图，从图上量算水资源分区年径流量系列。

当分区内水文资料短缺时，分区水量采用 1956～2000 年年径流深等值线图量算，年径流系列选用邻近径流特性相似流域的径流站年径流系列，再根据均值比进行缩放。按下式计算：

$$W_{分区} = W_{参} \cdot \frac{\overline{W}_{分区}}{\overline{W}_{参}} \tag{5-8}$$

式中 $\overline{W}_{分区}$——分区年径流均值，用 1980～2000 年年径流深等值线图量算求得；

$\overline{W}_{参}$——某一参证站 1980～2000 年平均天然年径流量；

$W_{分区}$、$W_{参}$——某一年的分区水量和参证站的年径流量。

(4)流域水文模型法。在平原水网区，河流纵横交错、水利工程较多，流域进出水量转换频繁，无控制性较好的代表站。本次评价以现状(1980～2000 年)下垫面为基础，将下垫面分水面、水田、旱地、城镇建设用地四种类型，分别建立产流模型，以日为计算时段进行地表水资源量的计算，对城镇建设用地、水域、水田产流模型中的计算参数以试验资料成果或以经验值代替，对旱地产流模型根据区域内典型区实测资料率定降水径流关系，对模型进行检验，优选确定参数值后计算旱地产流量。在计算四种下垫面产流量的基础上，通过面积加权计算各地级行政区和三级区的地表水资源量。

二、本次采用的几种计算方法

河南省各流域水资源三级分区套行政区的地表水资源量采用面积比缩放和降水量

加权的面积比缩放方法计算，各水资源三级分区的地表水资源量采用各水系主要控制站或主要代表站年径流量成果为依据进行缩放。然后由各行政区内的代表站(或区间)年径流量成果缩放各行政区(三级分区套行政区计算单元)的地表水资源量，再与水资源三级分区的地表水资源计算成果比较，并进行水量加权的修正，以保证二者吻合。

由于本次水资源综合评价对水资源分区进行重新划分和调整(有些区域重新划分，有的分区进行合并或拆分)，分区面积变动较大，使本次地表水资源量计算的基础(与第一次评价分区比较)发生了很大的变化，导致两个系列计算成果(原 1956～1979 年系列与 1980～2000 年系列)不具有一致性，失去了可比性，所以第一次评价的 1956～1979 年系列成果已经无法直接采用。

本次地表水资源量计算时，为保持与 1956～1979 年系列计算的成果协调一致，以便于对照检查分析，计算过程中我们采取了以下处理办法：①本次计算尽可能采用第一次评价的水资源三级分区计算单元，然后再合并求得新水资源三级分区的地表水资源计算成果；②水资源三级分区的地表水资源量计算，在选择控制站或代表站时尽可能与第一次评价一致，如果因原代表站撤销或迁移等原因，必须更换计算代表站时，进行不同计算代表站之间的水量修正(即两站同步系列平均径流深比值 $R_{原}/R_{新}$ 修正)，以减少计算误差。

水资源三级分区地表水资源计算分别采用以下公式。

(1)当控制站或代表站的面积与计算分区面积比较接近时(一般小于 15%)，直接采用面积比缩放计算，计算公式见式(5-3)。

(2)当控制站或代表站的面积与计算分区面积差别较大时(一般大于 15%)，或者当计算分区内无计算代表站时，采用水文比拟方法计算(借用邻近地区的计算成果)，则采用降水量加权的面积比缩放，即

$$W_{分区} = \sum W_{控} \cdot \frac{P_{分区} \cdot F_{分区}}{P_{控} \cdot \sum F_{控}} = \alpha_{控} \cdot P_{分区} \cdot F_{分区} \tag{5-9}$$

三、分区计算代表站选用

水资源三级分区地表水资源量计算代表站选用情况如下。

(一)海河流域分区

漳卫河山区选用宝泉、新村、安阳站与汲县、新村—淇门区间系列径流量成果，采用面积比缩放。

漳卫河平原区选用修武站与合河—汲县区间及淇门、安阳—元村集区间系列径流量成果，采用面积比缩放。

徒骇马颊河区选用南乐站系列径流量成果，采用面积比缩放。

(二)黄河流域分区

龙门—三门峡干流区选用窄口、新安站系列径流量成果，采用降水量加权的面积比缩放。

三门峡—小浪底干流区选用新安、济源站(八里胡同修正)系列径流量成果，采用降

水量加权的面积比缩放。

小浪底—花园口干流区选用济源站(八里胡同修正)与龙门、白马寺—黑石关区间与五龙口、山路平—武陟区间的系列径流量成果，采用面积比缩放。

伊洛河区选用黑石关站系列径流量成果，采用面积比缩放。

沁丹河区选用五龙口、山路平—武陟区间的系列径流量成果，采用降水量加权的面积比缩放。

金堤河天然文岩渠区选用大车集站与濮阳—范县区间系列径流量成果，采用降水量加权的面积比缩放。

花园口以下干流区选用大车集站系列径流量成果，采用降水量加权的面积比缩放。

(三)淮河流域分区

王家坝—蚌埠区间南岸区选用蒋家集站系列径流量成果(豫境水量)，采用降水量加权的面积比缩放。

淮河上游王家坝以上南岸区选用息县、潢川站系列径流量成果，采用面积比缩放。

淮河上游王家坝以上北岸区选用班台站与息县、潢川—淮滨区间的系列径流量成果，采用面积比缩放。

王家坝—蚌埠区间北岸区选用槐店、沈丘、周堂桥、玄武、砖桥站系列径流量成果，采用面积比缩放。

蚌埠—洪泽湖区间北岸区选用永城、黄口集站系列径流量成果，采用降水量加权的面积比缩放。

南四湖湖西区选用大王庙站系列径流量成果，采用降水量加权的面积比缩放。

(四)长江流域分区

丹江口以上区选用西峡站系列径流量成果，采用面积比缩放。

丹江口以下区选用半店站系列径流量成果，采用面积比缩放。

白河区选用新甸铺站系列径流量成果，采用面积比缩放。

唐河区选用郭滩站系列径流量成果，采用面积比缩放。

武汉—湖口区间左岸区选用泼河水库站系列径流量成果，采用面积比缩放。

第二节　地表水资源量及分布

一、地表水资源量

河南省1956~2000年平均地表水资源量303.99亿 m³,折合径流深183.6 mm。其中，省辖海河流域地表水资源量相对最贫乏，多年平均为16.350亿 m³,折合径流深106.6 mm；黄河流域多年平均为44.970亿 m³, 折合径流深124.4 mm；淮河流域多年平均为178.29亿 m³,折合径流深206.3 mm；长江流域地表水资源量相对最丰富，多年平均为64.380亿 m³, 折合径流深233.2 mm(见表5-1)。

表 5-1　河南省流域分区地表水资源量成果

流域	三级区	面积 (km²)	均值		C_v	不同频率地表水资源量(万 m³)			
			万 m³	mm	矩法	20%	50%	75%	95%
海河流域	漳卫河山区	6 042	109 749	181.6	0.60	155 213	93 948	61 478	35 297
	漳卫河平原区	7 589	48 898	64.4	0.80	72 738	36 894	21 033	11 786
	徒骇马颊河区	1 705	4 848	28.4	1.00	7 803	3 360	1 395	249
	合计	15 336	163 495	106.6	0.60	231 224	139 956	91 584	52 582
黄河流域	龙门—三门峡间	4 207	58 372	138.7	0.50	79 558	52 453	36 911	22 636
	三门峡—小浪底区间	2 364	29 405	124.4	0.48	39 744	26 650	19 029	11 860
	小浪底—花园口区间	3 415	37 197	108.9	0.48	50 276	33 712	24 072	15 002
	伊洛河区	15 813	252 639	159.8	0.50	344 333	227 019	159 756	97 972
	沁丹河	1 377	14 450	104.9	0.60	20 801	12 758	8 076	3 672
	金堤河天然文岩渠	7 309	45 344	62.0	0.68	67 259	38 579	22 682	8 862
	花园口以下干流	1 679	12 296	73.2	0.58	17 557	10 948	7 055	3 325
	合计	36 164	449 704	124.4	0.48	607 829	407 575	291 021	181 373
淮河流域	王蚌区间南岸	4 243	204 619	482.3	0.50	282 121	187 843	129 693	69 893
	王家坝以上南岸	13 205	575 452	435.8	0.52	800 697	524 499	356 064	185 773
	王家坝以上北岸	15 613	388 636	248.9	0.72	584 306	323 934	183 226	65 965
	王蚌区间北岸	46 478	561 757	120.9	0.58	802 125	500 176	322 337	151 891
	涡东诸河区	5 155	41 646	80.8	0.70	62 200	35 077	20 231	7 592
	南四湖湖西区	1 734	10 789	62.2	0.70	16 114	9 087	5 241	1 967
	合计	86 428	1 782 899	206.3	0.52	2 480 766	1 625 032	1 103 180	575 572
长江流域	丹江口以上区	7 238	179 291	247.7	0.62	255 199	151 820	97 929	55 695
	丹江口以下区	525	9 131	173.9	0.74	13 816	7 529	4 175	1 441
	唐白河区	19 426	428 924	220.8	0.64	614 272	359 141	228 367	128 831
	武湖区间	420	26 456	629.9	0.50	36 477	24 287	16 769	9 037
	合计	27 609	643 803	233.2	0.60	910 504	551 110	360 636	207 056

　　全省 18 个行政市中，地处京广线以西和淮河流域沙河以南的行政市，地表径流深均超过 100 mm，豫东、豫北平原均小于 100 mm。其中，信阳市地表水资源量最丰富，多年平均 81.687 亿 m³，折合径流深 432.0 mm；其次，南阳、驻马店、平顶山、洛阳、三门峡市，地表水资源量分别为 61.689 亿 m³、36.279 亿 m³、15.657 亿 m³、25.995 亿 m³ 和 16.415 亿 m³，折合径流深均超过 160 mm。而北部的濮阳市地表水资源量相对最贫乏，多年平均 1.861 亿 m³，折合径流深仅 44.4 mm。另外，还有开封、商丘、许昌、新乡市，地表水资源量分别为 4.044 亿 m³、7.705 亿 m³、4.190 亿 m³、7.521 亿 m³，折合径流深均不足 100 mm(见表 5-2)。

表 5-2 河南省行政分区地表水资源量成果

地市级行政区	面积	均值		C_v	不同频率地表水资源量(万 m³)			
	km²	万 m³	mm	矩法	20%	50%	75%	95%
安阳	7 354	83 316	113.3	0.60	117 830	71 320	46 671	26 796
鹤壁	2 137	21 853	102.3	0.80	32 507	16 488	9 400	5 267
濮阳	4 188	18 614	44.4	0.80	28 668	14 829	7 735	2 335
新乡	8 249	75 212	91.2	0.60	108 270	66 405	42 038	19 115
焦作	4 001	41 534	103.8	0.56	57 933	36 293	24 448	14 364
三门峡	9 937	164 147	165.2	0.50	223 723	147 501	103 798	63 655
洛阳	15 230	259 950	170.7	0.48	351 354	235 598	168 224	104 842
郑州	7 534	76 781	101.9	0.60	106 410	63 815	43 470	29 816
开封	6 262	40 439	64.6	0.60	58 213	35 704	22 602	10 277
商丘	10 700	77 053	72	0.80	114 620	58 138	33 144	18 572
许昌	4 978	41 903	84.2	0.78	64 172	33 779	17 989	5 685
平顶山	7 909	156 567	198	0.66	230 594	134 514	80 591	32 744
漯河	2 694	33 385	123.9	0.76	50 827	27 224	14 796	4 889
周口	11 958	127 116	106.3	0.80	189 091	95 911	54 678	30 639
驻马店	15 095	362 793	240.3	0.74	548 948	299 149	165 891	57 241
信阳	18 908	816 865	432	0.50	1 126 262	749 893	517 752	279 021
南阳	26 509	616 892	232.7	0.58	866 591	533 633	354 272	205 604
济源	1 894	25 481	134.5	0.52	35 009	22 693	15 738	9 505
全省	165 537	3 039 901	183.6	0.50	4 191 297	2 790 671	1 926 774	1 038 357

二、地表水资源时空分布特点

(一)区域分布

河南省地表水资源量呈现南部多于北部、西部山区多于东部平原的区域分布特点。豫南大别山区地表水资源最丰富,其中,王家坝以上南岸区多年平均地表水资源量 57.545 亿 m³,折合径流深 435.8 mm;王家坝—蚌埠南岸区间,地表水资源 20.462 亿 m³,折合径流深 482.3 mm;武汉—湖口区间地表水资源 2.646 亿 m³,折合径流深 629.9 mm。豫北东部徒骇马颊河平原最贫乏,地表水资源量仅为 0.485 亿 m³,折合径流深 28.4 mm。地表水资源最丰富的豫南山区径流深是地表水资源最缺水的豫北平原的 15～22 倍。

海河流域漳卫河山区多年平均地表水资源量 10.975 亿 m³,占省辖海河流域的 67.1%,折合径流深 181.6 mm。徒骇马颊河区地表径流深仅为 28.4 mm,漳卫河山区地表径流深是徒骇马颊河区的 6.4 倍。

黄河流域伊洛河区多年平均地表水资源量为 25.264 亿 m³,占省辖黄河流域的 56.2%,折合径流深 159.8 mm。花园口以下干流区间地表水资源量最少,为 1.230 亿 m³,折合径流深 73.2 mm;金堤河天然文岩渠区地表径流深最小,为 62.0 mm,伊洛河区地表径流深是金堤河天然文岩渠区的 2.5 倍。

淮河流域王家坝以上南岸区地表水资源量最丰富，多年平均 57.545 亿 m³，占省辖淮河流域的 32.3%，折合径流深 435.8 mm；王家坝—蚌埠南岸区间地表径流深最大，为482.3 mm。南四湖湖西区地表水资源量最少，为 1.079 亿 m³，折合径流深 62.2 mm，王家坝—蚌埠南岸区间的地表径流深是南四湖湖西区的 7.8 倍。

长江流域唐白河区多年平均地表水资源量 42.892 亿 m³，占省辖长江流域的 66.6%，折合径流深 220.8 mm；武汉—湖口区间地表径流深最大，为 629.9 mm。丹江口以下区地表水资源量最少，为 0.913 亿 m³，折合径流深 173.9 mm，武汉—湖口区间地表径流深是丹江口以下区的 3.6 倍。

河南省自南向北，按河流水系可划分为，地表水资源富水区(年径流深大于 250 mm)、过渡区(年径流深 100～250 mm)和贫水区(年径流深小于 100 mm)。

淮河流域的洪汝河及南部河流(王家坝以上区)的地表径流较充沛，属于地表水资源相对的富水区。沙颍河水系及京广铁路线以西的广大山丘地带地表径流深 100～200 mm，为过渡区。沙颍河以北及京广铁路线以东的平原地区地表径流深小于 100 mm，为贫水区。

(二)年内分配

河南省地表水资源量主要产生在汛期，连续最大 4 个月出现时间稍滞后于降水量。全省多年平均连续最大 4 个月地表水资源量占全年的 62.5%，发生在 6～9 月；多年平均月最大值出现在 7 月份，月最小值出现在 1 月份，月最大是月最小地表水资源量的 9.5 倍。

1. 淮河流域

淮河流域多年平均连续最大 4 个月发生在 6～9 月，4 个月产生的地表水资源量占全年的 63.6%；多年平均月最大值出现在 7 月份，月最小值出现在 1 月份，月最大与月最小的倍比为 12.9 倍。

淮河流域各分区多年平均连续最大 4 个月发生时间自南向北逐渐推迟，淮河干流南岸的王家坝以上区和王家坝—蚌埠区间南岸出现在 5～8 月，王家坝以上北岸和王家坝—蚌埠区间北岸的上游山区出现在 6～9 月，其他分区则出现在 7～10 月；4 个月产生的地表水资源量占全年的 60%～70%。各分区多年平均月最大值多出现在 7 月份，月最小值多出现在 1 月份，月最大与月最小的倍比为 9～18 倍。

2. 长江流域

长江流域多年平均连续最大 4 个月发生在 7～10 月，4 个月产生的地表水资源量占全年的 67.7%；多年平均月最大值出现在 7 月份，月最小值出现在 2 月份，月最大与月最小的倍比为 13.7 倍。

长江流域各分区多年平均连续最大 4 个月发生时间自东向西逐渐推迟，长江干流武汉—湖口区间出现在 5～8 月，唐河区出现在 6～9 月，白河区及西部地区出现在 7～10月；4 个月产生的地表水资源量占全年的 55%～72%。多年平均月最大值出现在 7～8 月份，月最小值出现在年初 1～2 月和年末 12 月份，月最大与月最小的倍比为 8～15 倍。

3. 黄河流域

黄河流域多年平均连续最大 4 个月发生在 7～10 月，4 个月产生的地表水资源量占全年的 57.2%；多年平均月最大值出现在 8 月份，月最小值出现在 2 月份，月最大与月最小的倍比为 5.1 倍。

黄河流域各分区多年平均连续最大 4 个月均出现在 7～10 月，4 个月产生的地表水资源量占全年的 50%～78%。多年平均月最大值多出现在 8 月份，月最小值出现在年初 1～2 月和年末 12 月份，月最大与月最小的倍比为 3～24 倍，自西部山区向东部平原其倍比值逐渐增加。

4. 海河流域

海河流域多年平均连续最大 4 个月发生在 7～10 月，4 个月产生的地表水资源量占全年的 59.7%；多年平均月最大值出现在 8 月份，月最小值出现在 2 月份，月最大与月最小的倍比为 6.2 倍。

海河流域各分区多年平均连续最大 4 个月均出现在 7～10 月，4 个月产生的地表水资源量占全年的 50%～64%。各分区多年平均月最大值出现在 8 月份，月最小值出现在 2 月份，月最大与月最小的倍比为 3～8 倍。

三、地表水资源系列分析

(一)不同系列比较

全省 1956～2000 年平均地表水资源量 303.99 亿 m³，比 1956～1979 年 318.1 亿 m³ 偏少 4.5%(见图 5-1、表 5-3)。1980～2000 年系列比 1956～1979 年系列偏少 9.5%，北部地区减幅大于南部地区，其中，省辖海河流域地表水资源量减幅最大，为 43.9%，淮河流域地表水资源量减幅仅 4.5%。

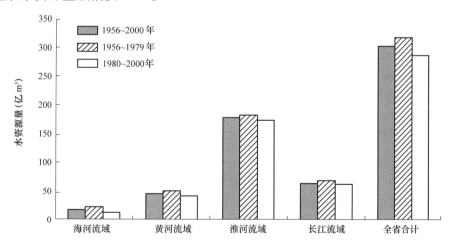

图 5-1　河南省流域分区地表水资源量比较

1. 海河流域

省辖海河流域 1956～2000 年系列比 1956～1979 年系列地表水资源量偏少 20.5%。

1980～2000 年系列比 1956～1979 年系列偏少 43.9%,其中,漳卫河山区偏少 45.5%,漳卫河平原区偏少 42.5%,徒骇马颊河区偏少 20.0%。

表 5-3　河南省流域分区不同系列地表水资源量对照

流域	三级区	分区面积(km²)	地表水资源量(万 m³)				
			1956～2000年系列均值	1956～1979年系列均值	1980～2000年系列均值	1956～2000 年与 1956～1979年系列比较(%)	1980～2000 年与 1956～1979年系列比较(%)
海河流域	漳卫河山区	6 042	109 749	139 298	75 978	−21.2	−45.5
	漳卫河平原区	7 589	48 898	60 979	35 090	−19.8	−42.5
	徒骇马颊河区	1 705	4 848	5 347	4 279	−9.3	−20.0
	合计	15 336	163 495	205 624	115 347	−20.5	−43.9
黄河流域	龙门—三门峡区间	4 207	58 372	61 471	54 831	−5.0	−10.8
	三门峡—小浪底区间	2 364	29 405	32 440	25 938	−9.4	−20.0
	小浪底—花园口区间	3 415	37 197	41 472	32 313	−10.3	−22.1
	伊洛河区	15 813	252 639	275 067	227 006	−8.2	−17.5
	沁丹河	1 377	14 450	15 958	12 726	−9.4	−20.3
	金堤河天然文岩渠	7 309	45 344	49 462	40 638	−8.3	−17.8
	花园口以下干流	1 679	12 296	13 429	11 001	−8.4	−18.1
	合计	36 164	449 704	489 299	404 453	−8.1	−17.3
淮河流域	王蚌区间南岸	4 243	204 619	205 794	203 276	−0.6	−1.2
	王家坝以上南岸	13 205	575 452	571 588	579 869	0.7	1.4
	王家坝以上北岸	15 613	388 636	394 445	381 996	−1.5	−3.2
	王蚌区间北岸	46 478	561 757	587 870	531 914	−4.4	−9.5
	涡东诸河区	5 155	41 646	49 259	32 946	−15.5	−33.1
	南四湖湖西区	1 734	10 789	11 778	9 658	−8.4	−18.0
	合计	86 428	1 782 899	1 820 734	1 739 659	−2.1	−4.5
长江流域	丹江口以上区	7 238	179 291	185 696	171 971	−3.4	−7.4
	丹江口以下区	525	9 131	9 265	8 979	−1.4	−3.1
	唐白河区	19 426	428 924	444 766	410 818	−3.6	−7.6
	武湖区间	420	26 456	26 114	26 847	1.3	2.8
	合计	27 609	643 803	665 841	618 615	−3.3	−7.1
全省		165 537	3 039 901	3 181 498	2 878 074	−4.5	−9.5

2. 黄河流域

省辖黄河流域 1956～2000 年系列比 1956～1979 年系列地表水资源量偏少 8.1%。1980～2000 年系列比 1956～1979 年系列偏少 17.3%,其中,龙门—三门峡干流区间偏少 10.8%,三门峡—小浪底干流区间偏少 20.0%,小浪底—花园口干流区间偏少 22.1%,伊洛河区偏少 17.5%,沁河区偏少 20.3%,金堤河天然文岩渠区偏少 17.8%,花园口以下干流区间偏少 18.1%。

3. 淮河流域

省辖淮河流域 1956～2000 年系列比 1956～1979 年系列地表水资源量偏少 2.1%。1980～2000 年系列比 1956～1979 年系列偏少 4.5%，其中，王家坝—蚌埠区间南岸偏少 1.2%，王家坝以上南岸偏多 1.4%；王家坝以上北岸偏少 3.2%，王家坝—蚌埠区间北岸偏少 9.5%，涡东诸河区偏少 33.1%，南四湖湖西区偏少 18.0%。

4. 长江流域

省辖长江流域 1956～2000 年系列比 1956～1979 年系列地表水资源量偏少 3.3%。1980～2000 年系列比 1956～1979 年系列偏少 7.1%，其中，丹江口以上偏少 7.4%，丹江口以下偏少 3.1%，唐白河区偏少 7.6%，武汉—湖口区间偏多 2.8%。

(二)年代变化

从年代变化分析来看，20 世纪 50 年代全省地表水资源量相对最丰，90 年代相对最枯。50 年代比 1956～2000 年多年平均偏多 14.9%，60 年代比多年平均偏多 11.5%，70 年代比多年平均偏少 6.3%，80 年代比多年平均偏多 3.6%，90 年代比多年平均偏少 16.2%(见表 5-4、图 5-2)。

表 5-4　河南省流域分区不同年代地表水资源量统计　　　　　(单位：万 m³)

年代	海河流域	黄河流域	淮河流域	长江流域	河南省
1956～1960	231 695	591 202	2 028 112	642 599	3 493 608
1961～1970	220 352	533 550	1 911 591	724 081	3 389 574
1971～1980	164 092	382 391	1 662 388	638 571	2 847 442
1981～1990	113 469	491 679	1 880 736	663 733	3 149 617
1991～2000	121 967	320 447	1 554 276	549 427	2 546 117
1956～1979	205 624	489 299	1 820 735	665 842	3 181 498
1956～2000	163 495	449 704	1 782 899	643 803	3 039 901

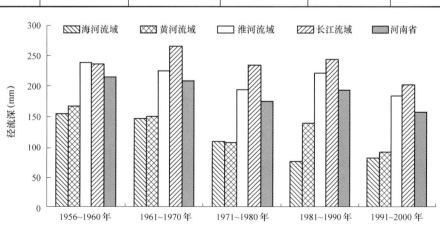

图 5-2　河南省流域分区地表水资源量不同年代变化对比

海河流域 20 世纪 50 年代地表水资源量比 1956～2000 年多年平均偏多 41.7%，60 年代偏多 34.8%，70 年代接近多年平均，80 年代偏少 30.6%，90 年代偏少 25.4%。黄河流域 20 世纪 50 年代比 1956～2000 年多年平均偏多 31.5%，60 年代偏多 18.6%，70 年代偏少 15.9%，80 年代偏多 9.3%，90 年代偏少 28.7%。淮河流域 20 世纪 50 年代比 1956～2000 年多年平均偏多 13.8%，60 年代偏多 7.2%，70 年代偏少 6.8%，80 年代偏多 5.5%，90 年代偏少 12.8%。长江流域 20 世纪 50 年代和 70 年代接近 1956～2000 年多年平均，60 年代偏多 12.5%，80 年代偏多 3.1%，90 年代偏少 14.7%。

(三)年际变化

1. 极值分析

河南省处于南方湿润区与北方干旱区的过渡带，既有南方湿润区的特征，同时北方干旱区的特点也非常显著。地表水资源量年际变化大，丰枯非常悬殊。据 1956～2000 年系列计算分析，1964 年全省地表水资源量最多，为 737.7 亿 m^3，而 1966 年最少，仅为 102.9 亿 m^3，丰枯倍比为 7.2 倍。

河南省地表水资源量的年际丰枯倍比值呈现北部干旱地区大于南部湿润地区、东部平原地区大于西部山区的分布规律。南部和西部山区的丰枯倍比均小于 10 倍，地处大别山的长江流域武汉—湖口区间的丰枯倍比值最小，为 6.4 倍。东部、北部平原区的丰枯倍比值普遍超过 20 倍，海河流域徒骇马颊河平原区最大，达 969.5 倍(见表 5-5)。

表 5-5　河南省流域分区地表水资源量极值分析

流域	三级区	分区面积 (km²)	地表水资源量(万 m^3)					
			1956～2000 年系列均值	最大		最小		最大与最小倍比值
				水量	出现年份	水量	出现年份	
海河流域	漳卫河山区	6 042	109 749	393 888	1963	35 656	1986	11.0
	漳卫河平原区	7 589	48 898	236 473	1963	11 638	1986	20.3
	徒骇马颊河区	1 705	4 848	31 248	1964	32	1966	969.5
	合计	15 336	163 495	655 485	1963	47 666	1986	13.8
黄河流域	龙门—三门峡区间	4 207	58 372	178 984	1964	22 083	1995	8.1
	三门峡—小浪底区间	2 364	29 405	84 396	1964	11 383	1997	7.4
	小浪底—花园口区间	3 415	37 197	107 443	1964	13 360	1981	8.0
	伊洛河区	15 813	252 639	789 585	1964	98 726	1999	8.0
	沁丹河	1 377	14 450	53 721	1964	3 049	1981	17.6
	金堤河天然文岩渠	7 309	45 344	181 851	1963	6 349	1997	28.6
	花园口以下干流	1 679	12 296	26 788	1964	2 702	1997	9.9
	合计	36 164	449 704	1 319 355	1964	166 064	1997	7.9
淮河流域	王蚌区间南岸	4 243	204 619	510 735	1956	53 940	1978	9.5
	王家坝以上南岸	13 205	575 452	1 257 129	1956	166 681	1966	7.5
	王家坝以上北岸	15 613	388 636	1 025 452	1975	51 463	1966	19.9
	王蚌区间北岸	46 478	561 757	1 657 713	1964	119 218	1966	13.9
	涡东诸河区	5 155	41 646	255 881	1963	7 585	1966	33.7
	南四湖湖西区	1 734	10 789	40 012	1964	1 220	1966	32.8
	合计	86 428	1 782 899	4 054 508	1956	408 167	1966	9.9

续表 5-5

流域	三级区	分区面积(km²)	地表水资源量(万 m³)					
			1956～2000 年系列均值	最大		最小		最大与最小倍比值
				水量	出现年份	水量	出现年份	
长江流域	丹江口以上区	7 238	179 291	627 790	1964	51 430	1999	12.2
	丹江口以下区	525	9 131	31 853	1964	823	1999	38.7
	唐白河区	19 426	424 113	1 269 995	1964	112 572	1999	11.3
	武湖区间	420	26 456	51 198	1956	7 963	1966	6.4
	合计	27 609	643 803	1 961 225	1964	178 355	1999	11.0
全省		165 537	3 039 901	7 376 759	1964	1 028 888	1966	7.2

全省 18 个行政市中，信阳市地表水资源量的丰枯倍比值最小，为 7.6 倍，另外，还有洛阳、三门峡、济源市的丰枯倍比值也小于 10 倍。濮阳市最大，丰枯倍比值达到 48.9 倍，丰枯倍比值超过 20 倍的还有商丘、许昌、漯河、驻马店市(见表 5-6)。

表 5-6　河南省行政分区地表水资源量极值分析

行政区	面积(km²)	地表水资源量(万 m³)					
		1956～2000 年系列均值	最大		最小		最大与最小倍比值
			水量	出现年份	水量	出现年份	
安阳	7 354	83 316	347 146	1963	26 242	1986	13.2
鹤壁	2 137	21 853	111 891	1963	6 130	1986	18.3
濮阳	4 188	18 614	93 232	1963	1 906	1966	48.9
新乡	8 249	75 212	262 019	1963	16 025	1986	16.4
焦作	4 001	41 534	126 519	1964	11 164	1997	11.3
三门峡	9 937	164 147	501 335	1964	53 876	1997	9.3
洛阳	15 230	259 950	800 990	1964	99 936	1999	8.0
郑州	7 534	76 781	289 784	1964	28 990	1966	10.0
开封	6 262	40 439	150 646	1964	7 669	1966	19.6
商丘	10 700	77 053	368 569	1963	15 771	1966	23.4
许昌	4 978	41 903	181 441	1964	6 447	1966	28.1
平顶山	7 909	156 567	433 821	1964	22 416	1966	19.4
漯河	2 694	33 385	111 652	1964	3 932	1978	28.4
周口	11 958	127 116	414 238	1984	23 858	1966	17.4
驻马店	15 095	362 793	998 384	1956	48 428	1966	20.6
信阳	18 908	816 865	1 821 063	1956	239 333	1966	7.6
南阳	26 509	616 892	1 863 663	1964	174 411	1999	10.7
济源	1 894	25 481	75 308	1964	8 350	1991	9.0
全省	165 537	3 039 901	7 376 759	1964	1 028 888	1966	7.2

2. 丰枯同步性分析

河南省跨越四大流域，地区间气候差异明显。南部的淮河流域干流水系、长江流域，一般5月份开始进入梅雨季节，而北部的黄河、海河流域一般7、8月份才进入主汛期。因此，全省各流域、各地市的地表水资源量丰枯不同步，常常发生南涝北旱或北涝南旱的情况。如1991年洪汝河以南的豫南地区发生较大洪水，当年地表水资源量比多年平均偏多60%以上，而沙颍河以北地区为枯水年，当年地表水资源量比多年平均减少50%以上，致使河南省中北部的山区人畜饮水和城市供水发生严重危机。1975年洪汝河发生特大洪水，豫南和豫西山区普遍出现较大洪水，地表水资源量比多年平均普遍增加30%以上，但是，豫东、豫北平原却出现了严重旱灾，当年地表水资源量比多年平均减少60%～70%以上。

表5-5、表5-6也反映了区域地表水资源量丰枯不同步的特点。在1956～2000年系列中，黄河以北地区地表水资源量最大值发生在1963年，黄河以南多出现在1964年，洪汝河以南则分别发生在1956、1975年。从表中可以看出，区域地表水资源量最小值的发生年份更不一致。

从不同年代地表水资源量的丰枯对比也反映出它的不同步性。20世纪50年代为全省地表水资源量的最丰时期，其中，海河、黄河、淮河流域均属于1956～2000年系列中的最丰水段，但长江流域却接近常年。80年代，黄河、淮河、长江流域的地表水资源量均丰于常年，然而，海河流域却比常年偏少了30%。

第三节　成果合理性分析

一、水资源三级区降水—径流关系分析

通过绘制各水资源三级分区降水量—地表水资源量相关图，可以进一步分析各区地表水资源量的系列计算精度。本次绘制了全省各水资源三级分区及四级分区的降水量—地表水资源量相关图，总体而言，各个分区的降水量—地表水资源量相关性都比较好，点群带状分布较为集中。只有从海河流域漳卫河平原区降水量—地表水资源量相关图中，可以看出1956～1979年系列与1980～2000年系列发生系统偏离现象。

根据《技术细则》要求，我们对漳卫河平原区套行政区的降水量—地表水资源量相关图逐一进行分析，并对漳卫河平原区的焦作、鹤壁、新乡的1956～1979年系列的地表水资源量进行系列一致性修正。修正前后的降水量—地表水资源量关系见图5-3～图5-8。

二、分区地表水资源量与径流深等值线量算水量对比

通过径流深等值线图量算的多年平均地表水资源量与水资源三级区计算的地表水资源量进行比较，误差应控制在±5%范围之内。当误差超过±5%时，分别进行等值线和分区水量的合理性分析，查明原因，并进一步修正等值线或调整分区计算水量，然后再进行误差比较，经反复调整修改，多数水资源三级区计算水量与等值线图上量算水量

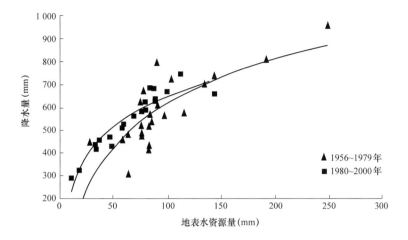

图 5-3　焦作修正前降水量—地表水资源量关系

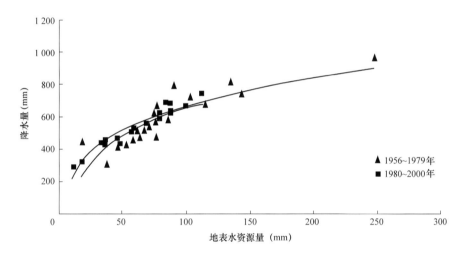

图 5-4　焦作修正后降水量—地表水资源量关系

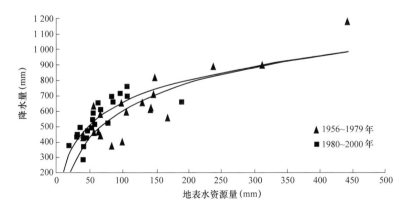

图 5-5　新乡修正前降水量—地表水资源量关系

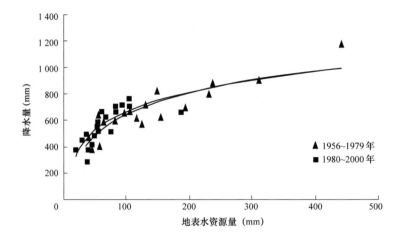

图 5-6　新乡修正后降水量—地表水资源量关系

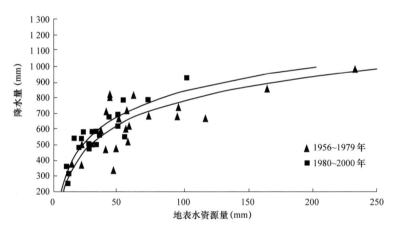

图 5-7　鹤壁修正前降水量—地表水资源量关系

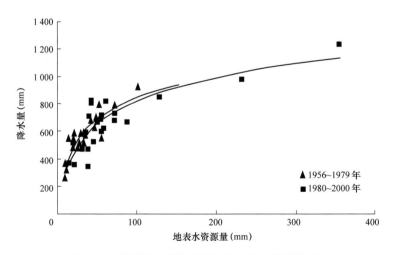

图 5-8　鹤壁修正后降水量—地表水资源量关系

符合要求。但是,为照顾和减小个别三级区 1956～1979 年系列两次计算水量的差异,致使存在个别水资源三级区等值线图量算水量与计算水量的相对误差超过 ±5%。

经过调整修改后,1956～2000 年多年平均径流深等值线图量算的全省水量为 309.05 亿 m³,计算水量为 303.99 亿 m³,相对误差–1.64%。其中,淮河流域量算水量为 182.62 亿 m³,计算水量为 178.29 亿 m³,相对误差–2.37%;黄河流域量算水量为 44.96 亿 m³,计算水量为 44.97 亿 m³,相对误差 0.01%;海河流域量算水量为 16.85 亿 m³,计算水量为 16.35 亿 m³,相对误差–2.97%;长江流域量算水量为 64.62 亿 m³,计算水量为 64.38 亿 m³,相对误差–0.37%(见表 5-7)。

表 5-7 河南省地表水资源计算水量与等值线量算水量对比

流域	三级区	面积 (km²)	多年平均径流深				相对误差 (%)
			等值线量算值		本次计算值		
			mm	万 m³	mm	万 m³	
海河流域	漳卫河山区	6 042	184.1	111 225	181.6	109 749	−1.33
	漳卫河平原区	7 589	69.0	52 385	64.4	48 898	−6.66
	徒骇马颊河区	1 705	28.7	4 891	28.4	4 848	−0.87
	合计	15 336	109.9	168 501	106.6	163 495	−2.97
黄河流域	龙门—三门峡区间	4 207	141.1	59 344	138.8	58 372	−1.64
	三门峡—小浪底区间	2 364	120.8	28 561	124.4	29 405	2.96
	小浪底—花园口区间	3 415	107.7	36 775	108.9	37 197	1.15
	伊洛河区	15 813	161.5	255 422	159.8	252 639	−1.09
	沁丹河	1 377	100.9	13 888	104.9	14 450	4.05
	金堤河天然文岩渠	7 309	60.1	43 933	62.0	45 344	3.21
	花园口以下干流	1 679	70.0	11 753	73.2	12 296	4.62
	合计	36 164	124.3	449 676	124.4	449 704	0.01
淮河流域	王蚌区间南岸	4 243	480.1	203 724	482.3	204 619	0.44
	王家坝以上南岸	13 205	437.4	577 622	435.8	575 452	−0.38
	王家坝以上北岸	15 613	252.9	394 847	248.9	388 636	−1.57
	王蚌区间北岸	46 478	129.0	599 678	120.9	561 757	−6.32
	涡东诸河区	5 155	78.1	40 246	80.8	41 646	3.48
	南四湖湖西区	1 734	58.0	10 057	62.2	10 789	7.27
	合计	86 428	211.3	1 826 174	206.3	1 782 899	−2.37
长江流域	丹江口以上区	7 238	237.5	171 915	247.7	179 291	4.29
	丹江口以下区	525	175.0	9 188	173.9	9 131	−0.61
	唐白河区	19 426	226.0	439 045	218.3	424 113	−3.40
	武湖区间	420	620.0	26 040	629.9	26 456	1.60
	合计	27 609	234.0	646 188	233.2	643 803	−0.37
全省		165 537	186.7	3 090 538	183.6	3 039 901	−1.64

误差超过 ± 5%的三级区有：海河流域漳卫河平原区量算水量为 5.24 亿 m³，计算水量为 4.89 亿 m³，相对误差 6.66%。淮河流域王家坝—蚌埠区间北岸区量算水量为 59.97 亿 m³，计算水量为 56.18 亿 m³(为减小与第一次评价成果的差别而进行了修正，修正前的水量为 586 837 万 m³)，相对误差–6.32%；南四湖湖西区量算水量为 1.006 亿 m³，计算水量为 1.079 亿 m³，相对误差 7.27%。

三、水资源三级分区计算水量与第一次评价成果对比

由于本次水资源综合评价采用新的水资源分区，有些分区属于重新划分，有些分区是由原分区进行合并或拆分调整，使新水资源三级分区面积与原分区相比变动较大，导致本次地表水资源量计算的基础(与原分区比较)发生了变化。两个系列计算成果(原 1956～1979 年系列与 1980～2000 年系列)不具有一致性，失去了可比性。

经过 20 世纪 80 年代水文站网调整，有些区域计算代表站变化较大(撤销或迁移，使个别水资源三级分区已经不可能再采用第一次评价的计算代表站)，本次需改用别的方法计算 1980 年以后的系列成果，也是导致一些分区两次计算成果不一致的重要原因。所以，第一次评价的 1956～1979 年系列成果已经无法直接作为本次比较基准。

为保证本次计算成果与第一次评价 1956～1979 年系列的一致性和可比性。在计算水资源三级分区地表水资源量时，采用多种计算方法并多次调整计算代表站，进行不同计算结果的对比选择。同时，为了便于不同系列成果的对比分析，本次采用相同的计算分区、相同的计算方法和相同的代表站分别计算 1956～1979 年系列与 1956～2000 年系列成果。

(一)前后两次计算的 1956～1979 年系列成果对比

在计算水资源三级分区地表水资源量过程中，注重 1956～1979 年系列两次计算成果的对比。如发现本次计算系列均值与原成果差异较大时，及时检查分析原因，并通过改变计算方法、调整计算代表站等多种途径使其尽可能保持一致。尽管如此，由于水资源分区的重新划分和调整后面积变动较大，以及水文站网调整导致分区选用计算代表站的不同，致使两次计算成果仍存在一定差异。

第一次评价河南省 1956～1979 年多年平均地表水资源量 312.78 亿 m³，本次计算为 318.15 亿 m³，比第一次评价计算值大 5.372 亿 m³，相对误差 1.72%(见表 5-8、图 5-9)。

表 5-8　河南省流域 1956～1979 年系列两次计算成果对比

流域名称	1956～1979 年系列					
	第一次评价计算值		本次评价计算值		相对误差(%)	
	分区面积(km²)	水量(万 m³)	分区面积(km²)	水量(万 m³)	面积	水量
海河流域	15 300	199 422	15 336	205 624	0.24	3.11
黄河流域	36 030	474 023	36 164	489 299	0.37	3.22
淮河流域	86 090	1 784 847	86 428	1 820 735	0.39	2.01
长江流域	27 710	669 488	27 609	665 842	–0.36	–0.54
全省	165 130	3 127 780	165 537	3 181 500	0.25	1.72

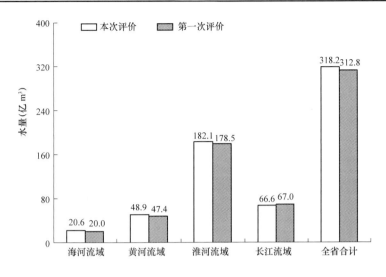

图 5-9　1956～1979 年系列地表水资源量对比

其中，淮河流域原计算值为 178.48 亿 m³，本次计算值为 182.07 亿 m³，大 3.589 亿 m³，相对误差 2.01%；黄河流域原计算值为 47.40 亿 m³，本次计算值为 48.93 亿 m³，大 1.528 亿 m³，相对误差 3.22%；海河流域原计算值为 19.94 亿 m³，本次计算值为 20.56 亿 m³，大 0.620 万 m³，相对误差 3.11%；长江流域原计算值为 66.95 亿 m³，本次计算值为 66.58 亿 m³，小 0.365 亿 m³，相对误差–0.54%。

(二)计算误差分析

第一次水资源评价河南省采用计算面积为 165 130 km²(海河、黄河、淮河、长江四大流域平衡面积)，本次全省采用计算面积为 165 537 km²(1995 年国土普查面积)，二者差 406 km²，相对误差 0.25%。其中，海河、黄河、淮河流域分别大了 36、134、337 km²，长江流域小了 101 km²(见表 5-9)。除此差别外，对两次计算水量差异较大的水资源三级分区成果进行对比分析如下。

1. 淮河流域分区地表水资源计算量分析

从表 5-9 看出，1956～1979 年系列的两次计算成果中，淮河流域相差了 35 888 万 m³，相对误差 2.01%。主要误差在：王家坝以上南岸区为 13 213 万 m³，王家坝—蚌埠区间北岸区为 17 362 万 m³，王家坝—蚌埠区间南岸区为 4 782 万 m³。

王家坝—蚌埠区间南岸区本次成果比第一次评价计算水量大 4 782 万 m³，相对误差 2.38%。其中，计算面积增加所产生的相对误差为 1.02%。本次选用蒋家集站(豫境内该站控制面积 3 755 km²，径流深为 494.4 mm)作为控制代表站，采用降水量加权的面积比缩放水量为 205 794 万 m³，折合径流深为 485.0 mm。第一次评价采用鲇鱼山—蒋家集站区间水量的面积比缩放，所以，计算水量可能偏小。经对比分析，认为本次以豫境蒋家集作为计算代表站，采用降水量加权的面积比缩放成果较为合理。

王家坝以上南岸区两次计算水量差 13 213 万 m³，相对误差 2.37%。其中，计算面积增加所产生的相对误差为 2.29%，由此可见，二者的差别完全由于分区面积增加所致。

表 5-9　河南省水资源分区 1956～1979 年系列两次计算成果对比

流域名称	三级区名称	面积			折合径流深			地表水资源量		
		一次评价(km²)	本次评价(km²)	相对误差(%)	一次评价(mm)	本次评价(mm)	相对误差(%)	一次评价(万 m³)	本次评价(万 m³)	相对误差(%)
海河流域	漳卫河山区	6 182	6 042	−2.26	227.7	230.6	1.26	140 755	139 298	−1.04
	漳卫河平原区	7 353	7 589	3.21	72.6	80.4	10.62	53 413	60 979	14.17
	徒骇马颊河区	1 765	1 705	−3.4	29.8	31.4	5.35	5 254	5 347	1.77
	流域合计	15 300	15 336	0.24	130.3	134.1	2.87	199 422	205 624	3.11
黄河流域	龙门—三门峡区间	4 154	4 207	1.28	137	146.1	6.65	56 913	61 471	8.01
	三门峡—小浪底区间	5 806	2 364	−0.47	121.5	127.9	5.3	70 521	32 440	4.81
	小浪底—花园口区间		3 415						41 472	
	伊洛河区	15 771	15 813	0.27	171.7	173.9	1.29	270 833	275 067	1.56
	沁丹河	1 228	1 377	12.13	115.5	115.9	0.35	14 181	15 958	12.53
	金堤河天然文岩渠	7 423	7 309	−0.92	67.9	70	3.08	61 575	49 462	2.14
	花园口以下干流	1 648	1 679						13 429	
	流域合计	36 030	36 164	0.37	131.6	135.3	2.84	474 023	489 299	3.22
淮河流域	王蚌区间南岸	4 200	4 243	1.02	478.6	485	1.34	201 013	205 794	2.38
	王家坝以上南岸	12 910	13 205	2.29	432.5	432.9	0.08	558 375	571 588	2.37
	王家坝以上北岸	15 999	15 613	−2.41	245.7	252.6	2.82	393 108	394 445	0.34
	王蚌区间北岸	46 111	46 477	0.79	123.7	126.5	2.23	570 508	587 870	3.04
	蚌洪区间北岸	5 020	5 155	2.69	102	95.6	−6.35	51 222	49 259	−3.83
	南四湖湖西	1 850	1 734	−6.27	57.4	67.9	18.31	10 621	11 778	10.89
	流域合计	86 090	86 427	0.39	207.3	210.7	1.61	1 784 847	1 820 735	2.01
长江流域	丹江口以上区	7 270	7 238	−0.44	246.7	256.6	4.01	179 321	185 696	3.56
	丹江口以下区	20 100	525	−0.74	235.2	227.6	−3.24	472 738	454 031	−3.96
	白河区		12 029							
	唐河区		7 397							
	武湖区间	340	420	23.53	512.6	621.8	21.29	17 429	26 114	49.83
	流域合计	27 710	27 609	−0.36	241.6	241.2	−0.18	669 488	665 842	−0.54
河南省		165 130	165 536	0.25	189.4	192.2	1.47	3 127 780	3 181 500	1.72

王家坝—蚌埠区间北岸区包括原沙颍河山区、沙颍河平原区、涡河区和谷润河区，两次计算水量差 17 362 万 m³，相对误差 3.04%。其中，计算分区面积增加所产生的相对误差为 0.79%。本次为便于与原成果对照分析，王家坝—蚌埠区间北岸区初始计算水量时仍按沙颍河山区、平原区、涡河区分块计算，再合并为三级区水量。计算水量为 599 410 万 m³(1956～1979 年系列，径流深 129.0 mm)，比原计算水量 570 508 万 m³(径流深为 123.7 mm)大 28 902 万 m³。为了尽可能保持两次计算水量的一致，汇总上报成果已经将计算水

量做了适当调整，修正为 587 870 万 m^3(径流深为 126.5 mm)，但仍大于第一次评价的计算水量。为了检查其合理性，本次还选用了界首、沈丘、周堂桥、玄武、砖桥等控制代表站径流量成果，分别进行面积比缩放、面雨量加权面积比缩放和控制站径流量加未控区水量等几种计算结果综合对比分析。上述 5 个控制代表站的总控制面积为 40 595 km^2，占分区面积的 87%以上，控制水量为 526 443 万 m^3，径流深为 129.7 mm。若按第一次评价 46 111 km^2 的计算面积，采用面积比缩放法计算水量为 597 976 万 m^3；采用面雨量加权面积比缩放法计算水量 590 600 万 m^3(径流深为 128.1 mm)；采用控制站径流量加未控区水量法计算水量为 577 680 万 m^3(径流深为 125.3 mm)，由此表明第一次评价的分区计算水量合并值 570 508 万 m^3 可能偏小。对第一次评价计算水量分析发现，沙颖河山区水量计算当时采用了偏中游的马湾、何口、颖桥作为山区代表站，由于上述计算代表站均位于平原区，将导致山区计算水量偏小。若按本次评价 46 477 km^2 新面积计算，面雨量加权的面积比缩放分区水量为 595 288 万 m^3，控制站径流量加未控区水量法计算水量为 581 080 万 m^3。由此可见，经修正后的分区水量 587 870 万 m^3 比第一次评价计算水量更趋合理。尽管本次计算水量比第一次评价成果有所增大，但是比等值线量算水量还小 37 921 万 m^3(1956～2000 年系列)，相对误差达 6.32%。

南四湖湖西区两次计算水量差 1 157 万 m^3，相对误差 10.89%。其中，主要原因是第一次评价借用徐村铺代表站(当时属豫东平原区径流最小，为 57.4 mm，现已撤销)，本次借用大王庙站径流量成果(径流深为 67.9 mm)，所以两次计算水量误差较大。

2. 黄河流域分区地表水资源计算量分析

黄河流域两次计算水量差 15 276 万 m^3，相对误差 3.22%。其中，沁河区两次计算水量差 1 777 万 m^3，相对误差 12.53%，完全是由于计算面积增加所致。龙门—三门峡干流区两次计算水量差 4 558 万 m^3，相对误差 8.01%。第一次评价选用虢镇站(径流深为 137.0 mm)，现已撤销，本次选用窄口、新安计算代表站(径流深分别为 175.0 mm、148.3 mm)，采用面雨量加权的面积比缩放水量为 61 471 万 m^3，径流深为 146.1 mm。可以看出两次计算水量的不同，除计算面积增加因素影响外，主要受选用不同计算代表站径流深差别较大的影响。

三门峡—小浪底干流区和小浪底—花园口干流区是由原来的三门峡—花园口干流区拆分的两个分区。三门峡—花园口干流区间两次计算水量差 38 081 万 m^3，相对误差 4.81%。第一次评价时，南岸选用新安(径流深 148.3 mm)，北岸选用八里胡同为计算代表站(径流深 167.6 mm，现已撤销)，小浪底—花园口干流区采用等值线量算水量，分区计算水量为 70 521 万 m^3，径流深为 121.5 mm。本次三门峡—小浪底干流区选用新安、济源为计算代表站(径流深 192.2 mm，经八里胡同水量修正)，采用降水量加权的面积比缩放水量为 32 440 万 m^3，径流深为 137.2 mm；小浪底—花园口干流区选用济源站(经八里胡同水量修正)，龙门镇、白马寺—黑石关区间和五龙口、山路平—武陟区间径流量成果，采用面积比缩放水量为 41 472 万 m^3，径流深为 121.4 mm。经合成后本次三门峡—花园口干流区计算水量为 73 911 万 m^3，径流深为 127.9 mm，可见两次计算水量的差别完全由于选用计算代表站不同所致。

3. 海河流域分区地表水资源计算量分析

海河流域两次计算水量差 6 202 万 m³，相对误差 3.11%，两次计算水量主要差在漳卫河平原区。漳卫河平原区两次计算水量差 7 566 万 m³，相对误差 14.17%，其中，计算面积增加的误差为 3.21%。除此影响因素外，经分析认为第一次评价计算水量可能偏小，因为区内平原站(或区间)多数含有山区集水面积，其径流深都比较大。如：合河—汲县区间为 93.1 mm，修武、宝泉—合河区间为 169.7 mm，汲县、新村—淇门区间为 219.8 mm；即使下游平原区的淇门、安阳—元村集区间，径流深也有 66.4 mm，若选用上述计算代表站，难以得出径流深为 72.7 mm 的结果。本次选用修武站，修武、宝泉—合河区间，合河—汲县区间，淇门、安阳—元村集区间及南乐站径流量成果，采用面积比缩放计算径流深为 87.3 mm。

为减小与第一次评价计算水量的差别，流域成果汇总时我们曾经多次修正计算成果，尽量调小漳卫河平原区计算水量。最后将本区以外的南乐站(径流深仅 29.9 mm)作为计算代表站，以最大可能减小与第一次评价的计算误差。但是，这种调整结果导致计算水量与等值线量算水量误差过大，上述计算水量比等值线量算水量的偏小幅度已超过 6%。

4. 长江流域分区地表水资源计算量分析

长江流域两次计算水量差 3 646 万 m³，相对误差 –0.54%。本次水资源分区虽然仍划分五个分区，但是与第一次评价分区大不相同，本次分区按河流水系划分为：丹江口以上区、丹江口以下区、白河区、唐河区、武汉—湖口区间左岸区。第一次评价分区是按照地形高程划分为：丹江山区、唐白河山区、唐白河丘陵、南阳盆地和长江中游区(武汉—湖口区间左岸区)。所以无法进行水资源三级区计算水量的对比分析，故只对二级区计算水量比较说明。

丹江口以上区(丹江山区)两次计算水量差 6 376 万 m³，相对误差 3.56%。第一次评价选用半店站(径流深 176.5 mm，属于下游平原站)、西坪站(径流深 241.9 mm，现已撤销)、西峡站(径流深 256.6 mm)的径流量缩放，本次选用西峡站成果，采用面积比缩放计算。两次计算水量的误差完全是由于选用计算代表站不同所致。

唐白河水系及丹江口以下区，即第一次评价的唐白河山区、唐白河丘陵、南阳盆地区，两次计算水量差 18 706 万 m³，相对误差 –3.96%。本次分别选用郭滩、新甸铺、半店控制站径流量成果，采用面积比进行缩放计算。两次计算水量的误差除受选用计算代表站不同因素影响外，两种不同的流域分区划分必然导致计算水量的差异。应该说，本次采用的分区更有利于水量计算，同时也会减少计算水量的误差。

武汉—湖口区间左岸区(长江中游区)两次计算水量差 8 685 万 m³，相对误差 49.83%，其中，计算面积增加的误差为 23.53%。该分区沿大别山脊一带零散分布有 3~4 块，且相隔较远，不便于水量计算。该地区年降水量非常充沛，而且产流条件好，属于河南省径流深最大的地区。第一次评价选用南湾水库站径流量缩放，计算水量为 17 429 万 m³，径流深为 512.6 mm；本次选用泼河水库站(径流深为 621.8 mm)采用面积比进行缩放计算。由于选择计算代表站不同，是造成两次计算水量差异的重要因素。

通过上述综合对比分析显示，影响本次计算水量与第一次评价成果差异的主要因素有：

(1)水资源分区重新划分(对原分区合并、拆分或调整)以及新分区面积增减变化，与第一次评价分区差别很大，导致原计算成果不能直接引用。

(2)选用计算代表站不同，由于区域站网调整，有些分区已没有代表站可继续沿用，不同的代表站存在径流深差异。

(3)通过重新计算和综合比较分析，第一次评价时个别分区的计算水量可能误差较大，导致与等值线量算水量不协调。

(4)计算方法有所不同，本次计算时根据控制代表站情况，选用了不同的计算方法，而第一次评价时多采用面积比缩放的计算方法。

第六章　地表水水质评价

第一节　水化学特征分析

一、评价基本要求

(一)评价范围

本次评价要求在第一次水资源评价相关成果及其他有关工作成果的基础上进行必要的补充、分析。按流域和水资源三级区进行水化学特征分析。

(二)评价项目

评价项目有：矿化度、总硬度、钾、钠、钙、镁、重碳酸盐、碳酸盐、氯化物、硫酸盐。

(三)评价方法

按照表 6-1，根据水质站矿化度、总硬度含量对省辖四流域及水资源三级区进行评价，从而确定矿化度、总硬度的级别和类型。

表 6-1　地表水矿化度与总硬度评价

级别	矿化度(mg/L)	总硬度(mg/L)	评价类型	
一	<50	<25	极低矿化度	极软水
	50~100	25~55		
二	100~200	55~100	低矿化度	软水
	200~300	100~150		
三	300~500	150~300	中等矿化度	适度硬水
四	500~1 000	300~450	较高矿化度	硬水
五	>1 000	>450	高矿化度	极硬水

采用阿列金分类法划分水化学类型，即按水体中阴阳离子的优势成分和离子间的比例关系来确定水化学类型。首先按优势阴离子将天然水划分为三类：重碳酸盐类（$HCO_3^- + CO_3^{2-}$）、硫酸盐类和氯化物类，它们的矿化度依次增加，水质变差。然后，在每一类中又按优势阳离子分为钙组、镁组和钠组(钾加钠)三个组。在每个组内再按阴阳离子间的比例关系分为四个型。

Ⅰ型：$HCO_3^- > Ca^{2+} + Mg^{2+}$；

Ⅱ型：$HCO_3^- < Ca^{2+} + Mg^{2+} < HCO_3^- + SO_4^{2-}$；

Ⅲ型：$HCO_3^- + SO_4^{2-} < Ca^{2+} + Mg^{2+}$ 或 $Cl^- > Na^+$；

Ⅳ型：$HCO_3^- = 0$。

二、选用监测数据代表性分析

水化学特征分析评价范围涉及省辖四流域的 19 个水资源三级区：海河流域漳卫河平原区、漳卫河山区和徒骇马颊河区；黄河流域龙门—三门峡干流区、三门峡—小浪底干流区、小浪底—花园口干流区、伊洛河区、沁丹河区、金堤河和天然文岩渠区；淮河流域王家坝以上北岸区、王家坝以上南岸区、王蚌区间北岸区、王蚌区间南岸区、蚌洪区间北岸区和南四湖湖西区；长江流域丹江口以上区、丹江口以下区和唐白河区(全省共有水资源三级区 20 个，由于河南省境内武汉—湖口区间左岸区面积较小，未对其进行评价)。

水化学特征分析所选用站点有的是源头站，有的是非源头站，所选水质站未受或基本未受到人为活动影响。采用 20 世纪 50 ~ 80 年代初期之间多年平均值进行水化学特征分析，对缺少资料的区域采用 2003 年的补充监测资料，其结果具有较好的代表性。

河南省地表水水质监测站点分布图见附图 12。

三、水化学特征分析

(一)矿化度

矿化度是水中所含无机矿物成分的总量，它是确定天然水质优劣的一个重要指标，水质随着其含量的升高而下降。省辖四流域矿化度分布状况见表 6-2、附图 13。

表 6-2　河南省辖四流域矿化度分布面积统计

流域	各级矿化度分布面积占本流域评价面积的百分比(%)				
	一级	二级		三级	四级
	50 ~ 100 mg/L	100 ~ 200 mg/L	200 ~ 300 mg/L	300 ~ 500 mg/L	500 ~ 1 000 mg/L
海河				28.9	71.1
黄河				73.0	27.0
淮河	10.7	18.9	26.8	18.4	25.2
长江		3.6	96.4		

省辖海河流域评价面积 15 336 km²，矿化度为三级(即含量在 300 ~ 500 mg/L，矿化度中等)的占 28.9%；大部分为四级(即含量在 500 ~ 1 000 mg/L，矿化度较高)。

省辖黄河流域评价面积 36 164 km²，矿化度大部分为三级，占评价面积的 73%；其余为四级，占 27%。

省辖淮河流域评价面积 86 427 km²，矿化度为三级和优于三级的面积占 74.8%，说明本区域天然水质较好。本省淮河流域南部山区部分区域矿化度含量较低，在 100 mg/L以下，为一级。主要原因除与山区自然条件有关外，还和区域地质条件相关，其土壤大部分为棕壤、黄棕壤和褐土，可溶质少。随着山区向平原地区的过渡，矿化度含量逐渐升高。

省辖长江流域天然水质最好,评价面积 27 189 km²,矿化度均为二级,属低矿化度水,其中含量在 100 ~ 200 mg/L 之间的占 3.6%,200 ~ 300 mg/L 的占 96.4%。

(二)总硬度

天然水硬度的大小主要取决于钙离子、镁离子的含量,本次评价的总硬度是指地表水中此两种离子的总量。省辖四流域总硬度分布状况见表 6-3、附图 14。

表 6-3　河南省辖四流域总硬度分布面积统计

流域	各级总硬度分布面积占本流域评价面积的百分比(%)			
	一级	二级		三级	四级
	25 ~ 55 mg/L	55 ~ 100 mg/L	100 ~ 150 mg/L	150 ~ 300 mg/L	300 ~ 450 mg/L
海河				100	
黄河				100	
淮河		30.4	24.1	45.5	
长江		2.3	43.4	54.3	

省辖海河、黄河流域总硬度含量均在 150 ~ 300 mg/L 之间,为三级适度硬水;淮河流域总硬度为二级、三级的面积分别占本流域评价面积的 54.5%、45.5%,为软水和适度硬水;长江流域总硬度为二级和三级,其面积分别占本流域评价面积的 45.7%、54.3%,为软水和适度硬水。

(三)水化学类型

省辖四流域水化学类型分布状况见表 6-4、附图 15。

表 6-4　河南省辖四流域水化学类型分布面积统计

流域	水化学类型分布面积占本流域评价面积的百分比(%)				
	C^{Ca}_{I}	C^{Ca}_{II}	C^{Ca}_{III}	C^{Na}_{I}	C^{Na}_{II}
海河		45.0			55.0
黄河		77.1			22.9
淮河	37.9	36.8		2.5	22.8
长江	71.5	16.4	12.1		

省辖四流域都是重碳酸盐类水,其中海河流域有 45%的区域为 C^{Ca}_{II} 型,55%为 C^{Na}_{II} 型;黄河流域 C^{Ca}_{II} 型占 77.1%,C^{Na}_{II} 型占 22.9%;淮河流域南部山区为 C^{Ca}_{I} 型,水质好,矿化度低、硬度小;由南向北水化学类型由 C^{Ca}_{I} 型转化成 C^{Ca}_{II} 型、C^{Na}_{II} 型;长江流域区

有 71.5%为 C^{Ca}_I 型，16.4%为 C^{Ca}_{II} 型，12.1%为 C^{Ca}_{III} 型。

四、水化学特征变化分析

从全省四流域统计结果可以看出，矿化度分布情况大致是山区、山前平原区较低，平原地区由南向北、由西向东逐渐增高；其总的分布规律是南部小，北部大；山区小，平原大。山区矿化度低于平原区，主要原因是山区降水量多，气温低，蒸发小，地表水外排条件好；而平原区河流流动缓慢，河水蒸发大并且较长时间与土壤接触，土壤中的盐分溶入水中。随着山区向平原地区的过渡，矿化度含量逐渐升高。

河水总硬度一般随着矿化度的升高而增加，其地区分布规律基本与矿化度相同，即南部小，北部大；山区小，平原大。

水化学类型分布与矿化度有一定关系，随着矿化度的增加，水的化学组分也相应变化，水化学类型就由重碳酸盐钙组变化成重碳酸盐钠组，水型也由Ⅰ型过渡到Ⅱ型或Ⅲ型。

第二节　现状水质评价

一、评价基本要求

(一)评价基准年

地表水水质现状评价的基准年为 2000 年。2000 年无资料的于 2003 年进行了补测，以此作为现状年成果进行评价。

(二)评价项目

根据《技术细则》的要求，结合河南省实际情况，确定评价项目 17 项：溶解氧、高锰酸盐指数、化学需氧量、氨氮、挥发酚、砷、pH 值、五日生化需氧量、氟化物、氰化物、汞、铜、铅、锌、镉、六价铬、总磷。地表水饮用水源地增评氯化物、硫酸盐、硝酸盐氮和铁等 4 项。

(三)评价代表值

选用汛期、非汛期、全年均值作为评价代表值。

(四)评价标准

执行《地表水环境质量标准》(GB3838—2002)。

(五)评价方法

采用单指标评价法(最差的项目赋全权，又称一票否决法)，即首先对某河段各单项指标某水情期的平均值进行评价，作为各项目的类别；在单项评价的基础上进行综合评价，即挑选单项评价中类别最差者，作为河段的综合评价结果。

以Ⅲ类地表水标准值作为水质是否超标的判定值(Ⅰ类、Ⅱ类、Ⅲ类水质定义为达标，Ⅳ类、Ⅴ类、劣Ⅴ类水质定义为超标)，当出现不同类别的评价标准值相同的情况时，按最优类别确定水质类别。

(六)评价结果的表示

$$超标率 = \frac{超标次数}{监测次数} \times 100\%$$

$$超标倍数 = \frac{水情期代表值 - Ⅲ类标准值}{Ⅲ类标准值}$$

现状水质类别分布图着色：Ⅰ类蓝色，Ⅱ类绿色，Ⅲ类黄色，Ⅳ类粉红色，Ⅴ类深红色，劣Ⅴ类黑色。

(七)评价范围与评价测站基本情况

评价范围为全省进行了水功能区划分的所有河流、水库,布设河流站和水库站共531个,其中18个补测采样时无水,实际评价513个。范围涉及海河、黄河、淮河、长江四大流域,17个地级行政区和1个单列市。

(1)河流:全省共调查评价大小河流133条,布设水质监测断面482个。按流域统计,海河流域54个,黄河流域125个,淮河流域265个,长江流域38个。

(2)水库:全省共评价大中型水库31个,水库评价站点详见表6-5。

表6-5 水库评价站点一览表

流域	水库个数	水 库 名 称
海河	7	群英、宝泉、石门、塔岗、汤河、小南海、彰武
黄河	5	坞罗、窄口、陆浑、故县、青天河
淮河	18	南湾、鲇鱼山、石漫滩、板桥、宿鸭湖、白沙、丁店、楚楼、河王、白龟山、昭平台、李楼、佛耳岗、石山口、五岳、泼河、薄山、孤石滩
长江	1	鸭河口

此次评价所布设监测断面均为经过审核调整后的水功能区水质代表断面,具有分布范围广、代表性强的特点,评价成果能够较全面地反映河南省水质状况。

二、现状水质评价

按照评价基本要求对全省513个测站进行单项水质和综合水质评价。

(一)单项水质评价

反映河南省水质状况的主要项目有6项,其评价结果如下:

(1)溶解氧:全年、汛期和非汛期三个水情期评价河段475~502个,评价河长分别为12 457、11 937、12 317 km,河长超标率分别为33.1%、28.7%、31%。

(2)高锰酸盐指数:三个水情期评价河段486~492个,评价河长12 205~12 333 km,河长超标率分别为45.1%、39.4%和44.2%。

(3)化学需氧量:三个水情期评价河段463~485个,评价河长11 165~11 695 km,河长超标率分别为62.3%、54.8%和64.4%。

(4)氨氮:三个水情期评价河段506~513个,评价河长12 584~12 712 km,河长超标率分别为45.3%、35.3%和45.7%。

(5)挥发酚：三个水情期评价河段497～510个，评价河长12 410～12 693 km，河长超标率分别为22%、16.4%和23.6%。

(6)砷：三个水情期评价河段496～503个，评价河长12 112～12 248 km，河长达标率都在92%以上。

评价结果显示，6个单项评价项目污染程度由重到轻依次是化学需氧量、高锰酸盐指数、氨氮、溶解氧、挥发酚、砷。

河南省及省辖四流域单项水质评价结果详见表6-6～表6-10。

(二)综合水质评价

在单项评价的基础上进行综合评价，并分别按流域和行政分区进行统计分析。全年、汛期、非汛期综合评价水质状况详见表6-11和附图16～附图18。

表6-6　河南省单项水质状况统计

评价项目	时段	评价站数	评价河长(km)	I类		II类		III类		IV类		V类		劣V类	
				站数	占评价河长(%)	站数	占评价河长(%)	站数	占评价河长(%)	站数	占评价河长(%)	站数	占评价河长(%)	站数	占评价河长(%)
溶解氧	全年	502	12 457	139	34.3	103	24.0	48	8.7	73	14.2	28	4.1	111	14.8
	汛期	475	11 937	83	18.7	150	38.2	61	14.4	57	9.3	26	3.6	98	15.8
	非汛期	495	12 317	150	36.6	93	23.5	46	8.9	57	8.7	14	2.1	135	20.2
高锰酸盐指数	全年	492	12 333	56	16.7	120	26.4	65	11.8	60	13.8	40	7.6	151	23.7
	汛期	489	12 224	60	18.4	130	26.5	80	15.7	60	12.4	47	8.6	112	18.5
	非汛期	486	12 205	73	20.6	106	22.6	63	12.5	57	12.7	43	7.8	144	23.7
COD	全年	485	11 696	125	29.4			43	8.4	57	16.1	33	7.6	227	38.6
	汛期	463	11 165	155	37.7	1	0.1	35	7.5	68	15.9	36	9.8	168	29.1
	非汛期	475	11 458	116	27.4			32	8.2	69	17.3	29	7.7	229	39.4
氨氮	全年	513	12 712	89	21.9	104	22.7	45	10.1	31	8.4	10	0.9	234	36.0
	汛期	506	12 584	116	25.9	105	25.6	55	13.2	20	3.7	16	2.2	194	29.5
	非汛期	506	12 584	109	26.4	84	18.5	45	9.4	26	7.5	12	3.1	230	35.0
挥发酚	全年	510	12 693	282	62.0			90	15.9	36	5.6	72	11.6	30	4.9
	汛期	507	12 560	334	72.5			67	11.1	34	4.5	55	8.7	17	3.2
	非汛期	497	12 410	278	60.4			78	16.0	44	7.7	64	10.2	33	5.7
砷	全年	503	12 248	463	92.2			3	0.3	25	5.5	3	0.3	9	1.7
	汛期	498	12 144	463	93.2			3	0.3	22	5.0	3	0.3	7	1.1
	非汛期	496	12 112	455	92.0			1	0.1	23	4.0	2	0.3	15	3.5

注： 溶解氧、高锰酸盐指数超标率全年大于非汛期，原因在于汛期监测的河段非汛期未监测，并且其中有的河段水质劣于III类。

表 6-7　省辖海河流域单项水质状况统计

评价项目	时段	评价站数	评价河长(km)	I类 站数	I类 占评价河长(%)	II类 站数	II类 占评价河长(%)	III类 站数	III类 占评价河长(%)	IV类 站数	IV类 占评价河长(%)	V类 站数	V类 占评价河长(%)	劣V类 站数	劣V类 占评价河长(%)
溶解氧	全年	59	1 339	11	18.0	8	20.6	3	5.7	6	10.9	6	5.3	25	39.5
	汛期	57	1 286	9	12.7	8	20.1	5	9.6	2	0.9	6	9.3	27	47.3
	非汛期	57	1 322	11	24.0	11	25.3	1	0.9	3	4.9	3	3.2	28	41.7
高锰酸盐指数	全年	54	1 239	5	11.3	8	18.3	4	4.5	9	23.7	1	1.3	27	41.0
	汛期	52	1 159	6	14.6	5	14.1	6	5.7	9	22.5	1	0.3	25	42.9
	非汛期	54	1 239	6	12.7	7	16.9	3	2.7	10	25.4	2	1.9	26	40.4
COD	全年	59	1 309	9	21.7			3	4.2	3	8.5	3	2.3	41	63.3
	汛期	58	1 273	13	31.2			2	2.1	1	1.1	1	0.5	41	65.1
	非汛期	57	1 255	7	19.3			4	6.9	1	3.0	1	1.1	44	69.7
氨氮	全年	61	1 384	4	6.2	15	28.6	2	0.7	2	5.3			38	59.2
	汛期	60	1 348	12	25.2	7	10.4	2	0.9	1	2.8			38	60.8
	非汛期	61	1 384	5	7.4	14	27.1	2	2.0	3	5.6			37	58.0
挥发酚	全年	61	1 384	10	24.0			19	32.0	1	0.8	15	23.5	16	19.7
	汛期	60	1 348	16	35.5			9	11.4	7	12.7	17	25.1	11	15.2
	非汛期	61	1 384	14	27.5			10	18.0	9	16.2	10	12.4	18	25.9
砷	全年	56	1 221	56	100										
	汛期	55	1 185	54	99.7					1	0.3				
	非汛期	56	1 221	56	100										

表 6-8　省辖黄河流域单项水质状况统计

评价项目	时段	评价站数	评价河长(km)	I类 站数	I类 占评价河长(%)	II类 站数	II类 占评价河长(%)	III类 站数	III类 占评价河长(%)	IV类 站数	IV类 占评价河长(%)	V类 站数	V类 占评价河长(%)	劣V类 站数	劣V类 占评价河长(%)
溶解氧	全年	130	3 310	62	60.3	26	15.0	7	4.1	12	9.7	8	4.5	15	6.5
	汛期	129	3 281	49	45.4	41	30.9	8	6.6	14	10.3	1	0.5	16	6.3
	非汛期	127	3 205	65	60.9	22	17.5	8	3.1	6	2.2			26	16.3
高锰酸盐指数	全年	126	3 175	34	32.1	24	21.4	24	17.7	15	13.1	9	5.2	20	10.5
	汛期	125	3 146	34	32.1	32	27.1	21	17.2	15	12.1	6	3.0	17	8.6
	非汛期	123	3 070	33	30.3	24	22.7	23	20.4	13	9.4	8	5.5	22	11.6
COD	全年	120	3 072	45	37.9			10	5.3	17	21.1	11	7.5	37	28.2
	汛期	119	3 042	50	41.8			9	5.1	15	16.3	12	12.8	33	24.0
	非汛期	117	2 966	37	31.5			8	6.7	24	24.1	7	7.3	41	30.3
氨氮	全年	130	3 310	38	30.7	27	23.2	13	14.4	6	6.7	1	0.2	45	24.9
	汛期	129	3 281	47	38.6	25	24.1	12	13.4	3	1.2	4	2.3	38	20.4
	非汛期	127	3 205	33	26.5	28	23.3	13	9.3	8	13.4	4	4.2	41	23.2
挥发酚	全年	130	3 310	84	75.0			17	10.7	5	1.8	16	8.4	8	4.0
	汛期	129	3 281	86	78.6			17	9.2	2	2.1	14	7.6	4	2.4
	非汛期	126	3 189	84	76.0			13	9.8	10	3.4	13	7.8	6	3.1
砷	全年	130	3 310	116	93.9			3	1.3	3	0.9	3	1.2	5	2.7
	汛期	129	3 281	119	94.5			3	1.3	1	0.5	3	1.3	3	2.4
	非汛期	127	3 205	115	94.7			1	0.6	3	1.1	2	1.0	6	2.7

表 6-9　省辖淮河流域单项水质状况统计

评价项目	时段	评价站数	评价河长(km)	I类 站数	I类 占评价河长(%)	II类 站数	II类 占评价河长(%)	III类 站数	III类 占评价河长(%)	IV类 站数	IV类 占评价河长(%)	V类 站数	V类 占评价河长(%)	劣V类 站数	劣V类 占评价河长(%)
溶解氧	全年	274	6 275	57	25.7	55	23.2	30	10.2	50	19.9	14	4.6	68	16.4
	汛期	250	5 837	17	6.3	81	38.8	44	20.8	37	12.0	19	5.0	52	17.0
	非汛期	272	6 257	66	29.4	43	18.9	32	12.9	45	14.5	11	3.4	75	20.9
高锰酸盐指数	全年	273	6 386	10	6.1	75	29.7	33	9.5	33	13.7	28	10.7	94	30.4
	汛期	273	6 386	13	8.0	79	27.3	44	16.3	33	12.4	37	13.9	67	22.1
	非汛期	270	6 363	23	11.5	67	25.1	31	9.2	32	14.8	32	10.9	85	28.5
COD	全年	277	6 279	62	24.0			26	8.4	33	17.5	16	7.7	140	42.4
	汛期	257	5 813	82	34.2	1	0.2	19	7.2	47	21.2	20	10.6	88	26.6
	非汛期	275	6 261	64	25.4			14	5.1	39	17.9	21	10.4	137	41.2
氨氮	全年	283	6 486	31	12.8	55	23.4	26	9.7	19	10.1	7	1.3	145	42.7
	汛期	278	6 423	35	12.0	69	33.1	36	14.7	16	6.0	12	3.0	110	31.2
	非汛期	279	6 463	57	24.6	34	14.3	24	10.2	13	5.6	8	4.0	143	41.3
挥发酚	全年	280	6 467	157	58.1			51	17.5	29	9.8	40	12.7	3	1.9
	汛期	279	6 399	197	72.4			41	14.7	18	5.1	22	7.2	1	0.6
	非汛期	272	6 308	150	53.8			52	20.6	23	9.6	41	13.5	6	2.4
砷	全年	278	6 185	252	87.9			22	10.3					4	1.8
	汛期	275	6 146	251	89.6			20	9.5					4	0.9
	非汛期	274	6 154	245	87.1			20	7.3					9	5.6

表 6-10　省辖长江流域单项水质状况统计

评价项目	时段	评价站数	评价河长(km)	I类 站数	I类 占评价河长(%)	II类 站数	II类 占评价河长(%)	III类 站数	III类 占评价河长(%)	IV类 站数	IV类 占评价河长(%)	V类 站数	V类 占评价河长(%)	劣V类 站数	劣V类 占评价河长(%)
溶解氧	全年	39	1 533	9	27.1	14	49.4	8	14.8	5	3.4			3	5.2
	汛期	39	1 533	8	13.6	20	66.4	4	10.6	4	4.1			3	5.2
	非汛期	39	1 533	8	26.3	17	53.4	5	11.4	3	1.6			6	7.3
高锰酸盐指数	全年	39	1 533	7	33.4	13	29.1	4	15.3	3	7.4	2	5.1	10	9.7
	汛期	39	1 533	7	36.0	14	31.3	9	18.1	3	5.5	3	3.9	5	5.2
	非汛期	39	1 533	11	45.2	8	17.1	6	18.4	2	0.6	1	4.1	11	14.6
COD	全年	29	1 037	9	46.0			4	22.5	4	2.6	3	13.8	9	15.1
	汛期	29	1 037	10	53.0			5	22.2	5	3.4	3	7.9	6	13.5
	非汛期	26	977	8	38.1			6	34.8	5	10.7			7	16.3
氨氮	全年	39	1 533	16	55.5	7	13.2	4	10.8	4	7.8	2	1.6	6	11.1
	汛期	39	1 533	22	57.6	4	11.0	5	17.0					8	14.4
	非汛期	39	1 533	14	51.3	8	18.3	6	12.7	2	5.3			9	12.4
挥发酚	全年	39	1 533	31	84.8			3	5.9	1	0.2	1	2.9	3	6.2
	汛期	39	1 533	35	91.9					1	0.2	2	3.0	1	4.9
	非汛期	38	1 530	30	84.7			3	8.0	2	1.0			3	6.2
砷	全年	39	1 533	39	100										
	汛期	39	1 533	39	100										
	非汛期	39	1 533	39	100										

表6-11 河南省辖四流域水质综合评价结果统计

流域	时段	评价站数	评价河长(km)	Ⅰ类		Ⅱ类		Ⅲ类		Ⅳ类		Ⅴ类		劣Ⅴ类	
				站数	占评价河长(%)	站数	占评价河长(%)	站数	占评价河长(%)	站数	占评价河长(%)	站数	占评价河长(%)	站数	占评价河长(%)
海河	全年	61	1 384			5	14.9	6	8.7	3	8.0	4	5.5	43	62.9
	汛期	60	1 348			6	15.1	6	9.9	4	10.0	1	0.4	43	64.5
	非汛期	61	1 384	2	2.6	3	11.0	4	7.5	3	5.3	2	4.3	47	69.3
黄河	全年	130	3 310	17	14.9	17	16.9	17	9.5	14	19.0	9	4.7	56	35.1
	汛期	129	3 281	18	15.5	19	16.8	18	12.7	13	14.5	10	10.0	51	30.5
	非汛期	127	3 205	13	11.1	17	17.8	13	8.9	16	17.4	8	7.9	60	36.9
淮河	全年	283	6 486	2	1.0	37	17.6	35	9.1	29	15.3	9	4.8	171	52.1
	汛期	283	6 486	1	1.0	44	20.4	41	15.5	44	14.2	17	6.5	136	42.4
	非汛期	280	6 463	5	1.5	27	12.1	34	12.5	30	14.0	11	6.7	173	53.3
长江	全年	39	1 533	1	5.2	15	52.0	5	15.5	2	0.3	3	9.4	13	17.6
	汛期	39	1 533	1	5.2	14	49.6	8	22.7	5	2.3	2	5.0	9	15.2
	非汛期	39	1 533	2	4.8	12	45.0	8	23.0	3	5.4			14	21.8

1. 流域分区评价结果

1)海河流域

评价河段61个，评价河长1 384 km，全年Ⅰ～Ⅲ类河长仅占23.6%，超标河长高达76.4%。汛期、非汛期超标河长分别占75.0%、78.9%，二者劣Ⅴ类河长分别占64.5%、69.3%。评价结果表明，全省四流域中海河流域水污染最严重；汛期水质稍好于非汛期，原因是汛期河流径流量大，稀释自净能力增强。

省辖海河流域现状年水质评价结果见图6-1。

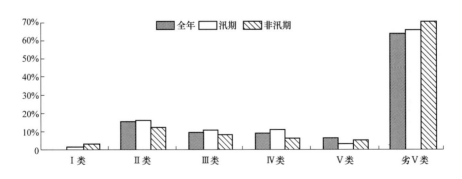

图6-1 省辖海河流域现状年水质状况

2)黄河流域

评价河段 127~130 个，评价河长 3 205~3 310 km。全年Ⅰ~Ⅲ类河长占 41.3%，超标河长占 58.7%；汛期、非汛期超标河长分别占 55%、62.3%。黄河流域水质不容乐观，三个水情期超标河长都在 55%以上。

省辖黄河流域现状年水质评价结果见图 6-2。

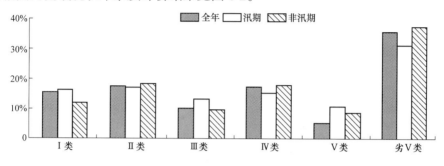

图 6-2　省辖黄河流域现状年水质状况

3)淮河流域

评价河段 280~283 个，评价河长 6 463~6 486 km，全年Ⅰ~Ⅲ类河长仅占 27.7%，超标河长高达 72.3%。其中水质为劣Ⅴ类的占 52.1%。汛期、非汛期超标河长分别占 63.1%、74%，二者劣Ⅴ类河长分别占 42.4%、53.3%。

评价结果表明，淮河流域水污染较严重。汛期水质明显好于非汛期，主要是因为本区域汛期降水占全年降水量的 60%~70%，汛期河流径流量大，提高了环境容量，增强了稀释自净能力。

省辖淮河流域现状水质评价结果见图 6-3。

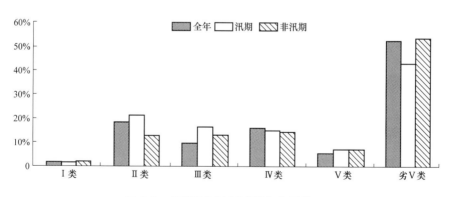

图 6-3　省辖淮河流域现状年水质状况

4)长江流域

评价河段 39 个，评价河长 1 533 km，全年Ⅰ~Ⅲ类河长占 72.7%，超标河长占 27.3%；汛期、非汛期超标河长分别占 22.5%、27.2%。评价结果表明，长江流域水污染较轻，汛期水质好于非汛期。

省辖长江流域现状年水质综合评价结果见图6-4。

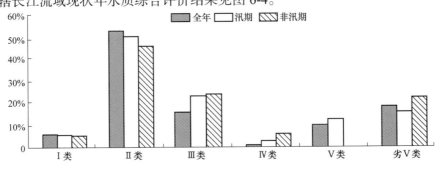

图6-4 省辖长江流域现状年水质状况图

2. 行政分区评价结果

河南省全年、汛期、非汛期评价河段507～513个，评价河长12 584～12 712 km，涉及全省18个市。

18个市以全年水质劣于Ⅲ类标准河长所占百分比相比较，水质状况最好的是南阳市，其次是洛阳市、信阳市、三门峡市、平顶山市，以上地级行政区水质超标河长均低于40%。水污染严重的是开封市、濮阳市、周口市、漯河市、新乡市、商丘市，超标河长都在90%以上，其中开封市和濮阳市超标河长达100%。评价结果见表6-12、图6-5。

(三)干流及重要支流水质评价

1. 海河流域

卫河是省辖海河流域较大的河流，水质污染严重，从上游新乡合河至省界全长230 km，水质均为劣Ⅴ类，不能满足多种供水功能区的要求。

表6-12 河南省地级行政区水质综合评价结果统计

地市级行政区	时段	评价站数	评价河长(km)	Ⅰ类		Ⅱ类		Ⅲ类		Ⅳ类		Ⅴ类		劣Ⅴ类	
				站数	占评价河长(%)	站数	占评价河长(%)	站数	占评价河长(%)	站数	占评价河长(%)	站数	占评价河长(%)	站数	占评价河长(%)
安阳市	全年	23	601			4	26.3	2	6.3	3	19.8	2	4.5	12	43.1
	汛期	23	601			4	26.0	3	8.3	4	22.6			12	43.1
	非汛期	21	530			2	19.6	3	16.4	1	0.9			15	63.0
鹤壁市	全年	9	281	1	17.1	1	6.0	1	8.9	1	12.8			5	55.2
	汛期	8	245	1	6.9	1	19.6	1	10.2					5	63.3
	非汛期	9	281	1	17.1	1	6.0					1	12.8	6	64.1
濮阳市	全年	12	520							2	40.7			10	59.3
	汛期	12	520							2	40.7			10	59.3
	非汛期	12	520							2	40.7			10	59.3

续表 6-12

地市级行政区	时段	评价站数	评价河长(km)	I类		II类		III类		IV类		V类		劣V类	
				站数	占评价河长(%)	站数	占评价河长(%)	站数	占评价河长(%)	站数	占评价河长(%)	站数	占评价河长(%)	站数	占评价河长(%)
新乡市	全年	33	724					2	5.5	1	5.3	2	4.0	28	85.2
	汛期	33	724			1	4.1	1	1.4	3	9.3	3	18.4	25	66.8
	非汛期	33	724	1	1.4					2	9.4	2	13.0	28	76.2
焦作市	全年	26	502	1	5.4	1	7.8	2	8.3	1	3.2	5	19.5	16	55.9
	汛期	26	502	1	5.4	2	10.9	2	8.3	2	3.7	4	25.9	15	45.8
	非汛期	26	502	1	5.1			2	13.1	1	3.2	2	14.5	20	64.1
济源市	全年	10	218					2	21.5	2	49.7	2	16.3	4	12.5
	汛期	10	218	1	25.9			2	21.5			3	40.1	4	12.5
	非汛期	9	183							2	34.9	2	19.4	5	45.7
三门峡市	全年	31	804	8	31.0	5	20.5	6	15.6	2	3.4			10	29.5
	汛期	31	804	8	29.1	4	12.0	7	24.6	2	2.1			11	32.2
	非汛期	31	804	7	26.9	6	22.5	4	10.6	3	7.8	3	9.5	8	22.7
信阳市	全年	41	1 347			13	46.3	16	21.4	7	23.4	2	3.6	3	5.3
	汛期	41	1 347			12	50.2	17	31.0	10	14.7			2	4.0
	非汛期	41	1 347	1	0.7	11	33.0	14	28.2	9	22.7	2	9.6	4	5.8
驻马店市	全年	45	1 113			3	14.1	2	2.2	8	30.9	2	1.6	30	51.1
	汛期	45	1 113			3	10.3	4	20.0	12	23.7	6	9.7	20	36.3
	非汛期	45	1 113			3	12.4	4	10.6	4	16.2	2	6.1	32	54.6
郑州市	全年	34	637	1	0.6			7	19.5	4	8.2	1	8.5	21	63.2
	汛期	33	608			3	9.2	6	13.0	1	2.3	3	16.2	20	59.3
	非汛期	34	637	1	0.6	1	2.2	2	7.5	5	11.3	3	12.1	22	66.3
许昌市	全年	24	310			1	1.5	3	11.3	5	23.1	1	1.8	14	62.4
	汛期	24	310			2	8.2	5	14.5	7	33.2	1	8.1	9	36.1
	非汛期	24	310	1	1.5	1	1.2	1	2.4	5	26.5			16	68.4
周口市	全年	40	1 153					1	1.7			1	7.8	38	90.5
	汛期	40	1 153					1	1.7			4	13.9	35	84.3
	非汛期	40	1 153			1	1.7			1	6.4			38	91.8
漯河市	全年	20	326			1	1.4	1	1.5	2	32.7			16	64.4
	汛期	20	326			4	46.9	3	10.6	2	10.9	1	2.5	10	29.2
	非汛期	19	321			1	1.4			1	23.9			17	74.7
平顶山市	全年	29	571			11	47.5	5	15.5	2	9.7			11	27.3
	汛期	29	571			13	51.7	3	12.5	8	24.8			5	11.0
	非汛期	29	571	1	2.2	6	22.1	7	31.3	4	17.1			11	27.3

续表6-12

地市级行政区	时段	评价站数	评价河长(km)	Ⅰ类 站数	Ⅰ类 占评价河长(%)	Ⅱ类 站数	Ⅱ类 占评价河长(%)	Ⅲ类 站数	Ⅲ类 占评价河长(%)	Ⅳ类 站数	Ⅳ类 占评价河长(%)	Ⅴ类 站数	Ⅴ类 占评价河长(%)	劣Ⅴ类 站数	劣Ⅴ类 占评价河长(%)
洛阳市	全年	44	1 034	9	27.2	14	37.0	5	6.4	3	7.8	5	11.1	8	10.5
	汛期	44	1 034	9	24.7	14	37.4	7	14.1	3	4.2	6	13.7	5	5.8
	非汛期	44	1 034	7	19.6	14	40.3	6	10.1	5	7.5	4	10.5	8	11.9
开封市	全年	19	425							1	22.2			18	77.8
	汛期	19	425							1	22.2	3	25.0	15	52.7
	非汛期	18	413							1	22.9	1	2.9	16	74.2
商丘市	全年	34	804					1	6.2	2	8.5	2	11.9	29	73.4
	汛期	34	804					2	9.4	4	20.4	1	1.0	27	69.2
	非汛期	33	798					1	6.3	2	4.0	3	18.5	27	71.2
南阳市	全年	46	1 651	1	4.8	20	54.5	7	15.3	2	0.3	3	8.7	13	16.4
	汛期	46	1 651	1	4.8	20	50.3		24.0	5	2.1	2	4.6	9	14.1
	非汛期	46	1 651	2	4.5	12	41.8	14	27.8	4	5.8			14	20.2
全省(含重复部分)	全年	520	13 021	20	4.9	74	21.1	63	9.7	48	13.3	29	6.1	286	44.8
	汛期	518	12 956	20	5.0	83	22.3	73	14.7	66	12.1	37	8.4	239	37.5
	非汛期	514	12 892	22	4.3	59	17.0	59	12.4	52	12.5	25	6.7	297	47.1
全省(扣除重复部分)	全年	513	12 712	20	5.0	74	21.2	63	9.9	48	13.7	25	5.4	283	44.7
	汛期	511	12 647	20	5.2	83	22.5	73	15.0	66	12.4	30	6.5	239	38.4
	非汛期	507	12 584	22	4.4	59	17.4	59	12.3	52	12.8	21	6.0	294	47.1

注：黄河干流按14个水质站统计，控制河长687 km。

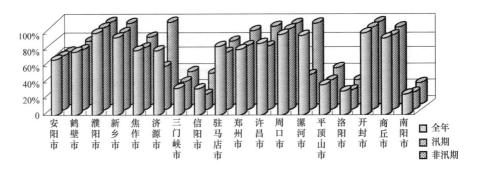

图6-5　河南省行政分区污染河长百分比

卫河的重要支流安阳河，评价河长145 km，上游45 km水质较好，符合饮用水源地、渔业、工业、农业用水区水质要求；中游和下游遭受不同程度的污染，或仅符合农业用水区水质要求，或失去供水功能。

2. 黄河流域

黄河干流评价河长 687 km，水质都不符合地表水Ⅲ类标准，即不能满足饮用水源地、渔业用水区水质要求。三门峡和郑州段水质污染严重，基本失去供水功能；洛阳、济源、焦作段为Ⅴ类，仅符合农业用水区水质要求；开封和濮阳段为Ⅳ类，可满足工业、农业用水区水质要求。

洛河评价河长 356 km，上游、中游水质好，符合饮用水源地、渔业、工业、农业用水区水质要求；洛阳市以下至入黄口的 92 km 水质污染严重，基本失去供水功能。

伊河评价河长 265 km，除栾川下游 6 km 水质受到污染外，其他河段水质良好，能满足多种用水区水质要求。

沁河上游水质好；中游水质差，仅符合工业或农业用水区水质要求；下游水质污染严重，基本失去供水功能。

金堤河评价河长 195 km，水质污染严重，基本失去供水功能。

3. 淮河流域

淮河干流评价河长 392 km，息县以上 227 km 水质较好，能满足多种用水区水质要求；息县段有 13 km 水质污染严重，失去供水功能；淮滨段仅能满足工业、农业用水区水质要求。

洪河水质污染严重，基本失去供水功能。

汝河除上游 42 km 水质良好外，其余各河段不同程度地受到污染，遂平段仅能满足农业用水区水质要求，汝南段失去供水功能，流经几十公里后，至新蔡段水质好转，符合工业、农业用水区水质要求。

颍河评价河长 275 km，源头及白沙水库水质较好，登封、禹州、襄城段符合工业、农业用水区水质要求，其余各河段基本失去供水功能。

沙河评价河长 350 km，汛期水质较好，符合饮用水源地、渔业、工业、农业用水区水质要求；非汛期从源头到平顶山，以及周口上游段的 20 km 水质好，其余河段水质污染严重，基本失去供水功能。

贾鲁河评价河长 234 km，除西流湖基本符合多种供水功能水质要求外，其他各河段均受到严重污染，基本失去供水功能。

惠济河、涡河评价河长分别为 170 km、296 km，水质污染严重，基本失去供水功能。

4. 长江流域

白河评价河长 146 km，上游 43 km 水质良好；流经南阳市接纳大量污废水后，各河段水质或为Ⅴ类，或为劣于Ⅴ类，仅能用于农灌，或基本失去供水功能。

唐河评价河长 185 km，源头水质良好，流经社旗县河流受到严重污染，各河段基本失去供水功能。

淇河、老灌河是丹江水库的支流，淇河评价河长 147 km，水质良好；老灌河西峡段水质污染严重，下游入丹江水库处水质良好。

(四)河流污染状况

根据对测站及河长的水质评价，把同一河流上所有断面水质类别均为劣Ⅴ类的河流作为污染严重河流，水质类别超标河长占河流全长50%以上的作为污染较严重河流进行统计，结果表明，在全省评价的133条河流中，污染严重的有38条，污染较严重的为20条，分别占评价河流总数的28.6%、15%(详见表6-13)。主要污染项目是化学需氧量、高锰酸盐指数和氨氮。

表6-13 河南省河流污染状况统计

流域	评价河流数量	污染严重河流	污染较严重河流
海河	23	大狮涝河、东孟姜女河、共产主义渠、洪水河、马颊河、思德河、卫河、西孟姜女河、新河、潴龙河、徒骇河、百泉河等12条(占52.1%)	安阳河、大沙河2条(占8.7%)
黄河	39	金堤河、蟒改河、蟒河、天然文岩渠、文岩渠、新蟒河等6条(占15.4%)	黄河、黄庄河、涧河、柳青河、洛河、沁河等6条(占15.4%)
淮河	61	包河、大浪沟、东风渠、东沙河、谷河、黑茨河、黑泥河、红澍河、洪河、惠济河、蒋河、康沟河、老涡河、练江河、清水河、清异河、慎水河、铁底河、通惠渠、涡河等20条(占32.8%)	大沙河、汾泉河、滚河、灰河、贾鲁河、沙河、潕河、双泊河、索须河、沱河、文化河等11条(占18%)
长江	10		白河1条
合计	133	38(占28.6%)	20(占15%)

三、水库现状水质及营养状态评价

对全省31个水库(其中大型17个、中型14个)进行现状(2000年)水质评价及营养状态评价。评价结果见表6-14。

表6-14 水库水质类别及营养程度评价结果统计

时段	评价水库个数	I类个数(%)	II类个数(%)	III类个数(%)	IV类个数(%)	V类个数(%)	劣V类个数(%)	中营养个数	富营养个数
全年	31	9.7	41.9	16.1	12.9	6.5	12.9	24	7
汛期	31	6.5	45.2	29.0	6.5		12.9	22	9
非汛期	31	12.9	38.7	9.7	6.5	12.9	19.4	25	6

时段	评价库容(亿 m³)	I类库容(%)	II类库容(%)	III类库容(%)	IV类库容(%)	V类库容(%)	劣V类库容(%)	中营养库容(亿 m³)	富营养库容(亿 m³)
全年	31.543 9	15.8	70.3	1.7	4.2	1.4	6.6	28.980 1	2.563 8
汛期	33.868 4	12.6	66.3	11.9	1.4		7.8	28.942 1	4.926 3
非汛期	30.159 4	4.6	80.9	1.6	0.7	5.3	6.9	27.916 2	2.243 2

(一)水库现状水质评价

水库水质现状评价项目、方法、标准与河流评价一致，总磷、总氮仅作为水库营养状态评价项目，未参与水质类别评价。

(1)全年期：评价库容31.54亿m^3，其中Ⅰ~Ⅲ类水质占87.8%；劣Ⅴ类占6.6%。水库水质总体较好，有87.8%符合地表水饮用水源地水质要求。

(2)汛期：评价库容33.87亿m^3，其中Ⅰ~Ⅲ类水质占90.8%；劣Ⅴ类占7.8%。汛期水质稍优于全年。

(3)非汛期：评价库容30.16亿m^3，其中Ⅰ~Ⅲ类水质占87.1%；劣Ⅴ类占6.9%。非汛期水质略劣于汛期。

三个水情期水库库容达标率见图6-6~图6-8。

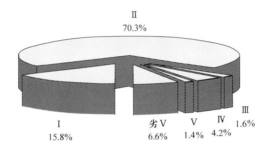

图6-6 河南省水库水质状况(全年)

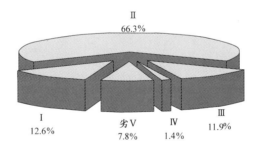

图6-7 河南省水库水质状况(汛期)

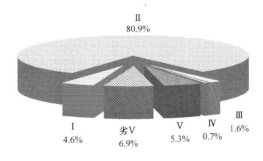

图6-8 河南省水库水质状况(非汛期)

(二)水库营养状态评价

1. 营养状态评价标准

采用《湖泊(水库)营养状态评价标准》,详见表6-15。

表6-15　湖库营养状态评价标准

营养状态	指数	总磷(mg/L)	总氮(mg/L)	叶绿素(α)(mg/L)	高锰酸盐指数(mg/L)	透明度(m)
贫营养	10	0.001	0.02	0.000 5	0.15	10
	20	0.004	0.05	0.001	0.4	5.0
中营养	30	0.01	0.1	0.002	1.0	3.0
	40	0.025	0.3	0.004	2.0	1.5
	50	0.05	0.5	0.010	4.0	1.0
富营养	60	0.1	1.0	0.026	8.0	0.5
	70	0.2	2.0	0.064	10	0.4
	80	0.6	6.0	0.16	25	0.3
	90	0.9	9.0	0.4	40	0.2
	100	1.3	16.0	1.0	60	0.12

2. 评价项目

水库营养状态评价项目为总磷、总氮、高锰酸盐指数。由于监测条件的限制,所评价的水库均无叶绿素和透明度两项。

3. 评价方法

首先查评价标准表将项目浓度值转换为评分值(即指数),监测值处于表列值两者中间者采用相邻点内插;然后把几个评价项目的评分值取平均值;最后用求得的平均值再查表得到营养状态等级。营养状态等级判别方法:当 0≤指数≤20,定为贫营养;20<指数≤50,定为中营养;50<指数≤100,定为富营养。

4. 评价结果

(1)全年期:评价为富营养状态的水库7个,分别是宿鸭湖、河王、佛尔岗、坞罗、青天河、汤河和彰武水库;中营养状态的水库24个,分别是南湾、鲇鱼山、石漫滩、板桥、白沙、丁店、楚楼、白龟山、昭平台、李湾、石山口、五岳、泼河、薄山、孤石滩、窄口、陆浑、故县、群英、宝泉、石门、塔岗、小南海和鸭河口水库。

(2)汛期:评价为富营养状态的水库9个,分别是宿鸭湖、河王、佛尔岗、石山口、薄山、坞罗、青天河、汤河和彰武水库;中营养状态的水库22个,分别是南湾、鲇鱼山、石漫滩、板桥、白沙、丁店、楚楼、白龟山、昭平台、李湾、五岳、泼河、孤石滩、窄口、陆浑、故县、群英、宝泉、石门、塔岗、小南海和鸭河口水库。

(3)非汛期:评价为富营养状态的水库6个,分别是宿鸭湖、河王、佛尔岗、坞罗、汤河和彰武水库;中营养状态的水库25个,分别是南湾、鲇鱼山、石漫滩、板桥、白沙、丁店、楚楼、白龟山、昭平台、李湾、石山口、五岳、泼河、薄山、孤石滩、窄口、陆浑、故县、青天河、群英、宝泉、石门、塔岗、小南海和鸭河口水库。

(三)污染严重水库

从整体上看，31 个水库中宿鸭湖、河王、佛尔岗水库污染严重，全年、汛期、非汛期全部为劣 V 类水质，且都是富营养状态。主要污染项目是氨氮、化学需氧量，化学需氧量超标倍数基本在 3 倍左右，佛尔岗水库水质最差，汛期氨氮超标 21.8 倍，非汛期超标 109 倍。

四、成果合理性分析

现状水质单项和综合评价结果基本都符合河南省地表水水质实际情况。溶解氧、高锰酸盐指数的河长超标率，出现了全年大于非汛期的情况，原因在于汛期监测的河段非汛期未监测，并且其中有些河段水质劣于 III 类。

水库现状水质类别评价结果基本符合实际情况。水库营养状态评价因受资料的限制，仅有总磷、总氮和高锰酸盐指数或总磷、高锰酸盐指数参评，其评价结果有一定偏差，但基本上反映了水库水质的实际情况。水库营养状况一般与接纳径流量的大小及蓄水量的多少具有相关关系，来水量越大，蓄水量越多，营养程度就越低。但是取样时，受当时降雨量年内变化分配的影响，适逢汛期不一定来水量最大或蓄水量最多，因此可出现汛期营养程度高于非汛期的情况。如果采样恰在汛期暴雨之后，地表水水质受到面污染源的影响，水库营养程度也可出现汛期高于非汛期的情况。同时，有些水库受到人为污染，如宿鸭湖水库常年接纳驻马店市和遂平县的污废水，佛耳岗水库大量采用网箱养鱼，剩余饵料和鱼类排泄物等都会造成水库水质的污染，加重水库的营养程度。

第三节　水功能区水质达标分析

一、水功能区基本情况

根据水利部水资源[2000]58 号文《关于在全国开展水资源保护规划编制工作的通知》及河南省水利厅豫水政字[2000]12 号文《关于在全省开展水资源保护规划编制工作的通知》精神和河南省实际情况，经过大量工作，最终全省共划定一级水功能区 214 个，区划河长 12 493 km；二级水功能区 422 个，区划河长 8 813 km。一级水功能区包括保护区、保留区、开发利用区和缓冲区，区划河长分别为 1 794 km、1 890 km、8 171 km、638 km；二级水功能区包括饮用水源区、渔业用水区、工业用水区、景观娱乐用水区、农业用水区、过渡区、排污控制区，区划河长分别为 1 090 km、406 km、191 km、264 km、4 645 km、828 km、1 390 km。扣除一级水功能区和二级水功能区的重复部分，全省共划定水功能区 525 个(水功能区划分情况见附图 19)，区划总河长 13 135 km。2002 年 9 月，《河南省水功能区划报告》通过了水利部水资源司委托淮河流域水资源保护局组织的四流域汇审验收，于 2004 年 6 月经河南省政府豫政文[2004]136 号文批准实施。

二、水功能区水质达标分析范围

全省共评价水功能区水质监测断面 507 个，评价河长 12 747 km，评价断面个数和评价河长都达到区划范围的 97%。水功能区分析评价范围广，涉及全省四大流域和 18 个市，评价成果具有区域代表性，能够全面反映河南省水功能区水质状况。

三、评价项目、评价标准、评价方法

(1)评价项目：与河流、水库现状水质评价项目相同。

(2)评价标准：用水功能区 2010 年水质目标类别作为功能区水质评价标准。

(3)评价方法：用水功能区的水质目标类别进行水功能区达标分析，即水功能区水质好于或达到该区的水质目标类别为达标，否则为不达标。

四、水功能区水质达标分析结果

(一)水功能区水质达标状况

河南省及省辖四流域水功能区水质达标状况见表 6-16、图 6-9、图 6-10。评价结果表明，全省评价的 507 个水功能区中，全年有 167 个达标，达标率为 32.9%；评价河长

表 6-16　河南省及省辖四流域水功能区达标状况统计

区域	时段	水功能区个数	达标个数 (%)	河流		水库			
				评价河长 (km)	达标河长 (%)	评价个数	达标个数 (%)	评价库容 (亿 m³)	达标库容 (%)
全省	全年	507	32.9	12 747	38.0	31	71.0	31.543 9	90.7
	汛期	505	37.8	12 682	43.8	31	80.6	33.868 4	89.9
	非汛期	501	28.5	12 619	33.9	31	61.3	30.159 4	90.3
海河流域	全年	61	18.0	1 384	26.1	7	28.6	1.060 2	19.3
	汛期	60	18.3	1 348	24.5	7	57.1	1.281 5	38.3
	非汛期	61	14.8	1 384	21.1	7	28.6	0.865 5	29.2
黄河流域	全年	124	48.4	3 345	45.9	5	100	8.646 9	100
	汛期	123	50.4	3 316	48.4	5	100	9.168 9	100
	非汛期	121	41.3	3 240	42.3	5	80.0	8.387 0	99.8
淮河流域	全年	283	26.9	6 486	29.4	18	77.8	16.555 1	87.4
	汛期	283	34.3	6 486	39.2	18	83.3	17.679 9	85.1
	非汛期	280	23.2	6 463	27.2	18	66.7	16.081 5	85.8
长江流域	全年	39	51.3	1 533	68.0	1	100	5.281 7	100
	汛期	39	53.8	1 533	70.2	1	100	5.738 1	100
	非汛期	39	48.7	1 533	56.1	1	100	4.825 4	100

12 747 km,达标河长 4 846 km,占评价河长的 38%;汛期和非汛期分别有 37.8%和 28.5%的功能区达标,达标河长分别占评价河长的 43.8%和 33.9%。全省评价 31 个水库,全年、汛期、非汛期评价库容分别为 31.54 亿 m³、33.87 亿 m³、30.16 亿 m³,三个水情期达标库容均接近或超过 90%。

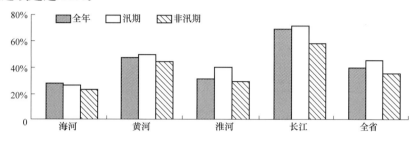

图 6-9　河南省水功能区达标状况(河长)

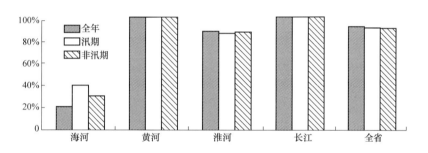

图 6-10　河南省水功能区达标状况(库容)

全省水功能区水质总体状况显示:河流水质汛期优于非汛期,前者达标河长高出后者 10 个百分点;水库水质汛期和非汛期没有明显的差别。水功能区主要污染项目是:化学需氧量、高锰酸盐指数和氨氮。

省辖四流域水质污染由重至轻依次为:海河、淮河、黄河、长江。海河流域水质污染最为严重,非汛期达标河长仅占评价河长的 21.1%,汛期达标率也只有 24.5%;海河流域水库水质也较差,达标库容汛期、非汛期分别仅占评价库容的 38.3%、29.2%。淮河流域河流达标状况同样不容乐观,汛期和非汛期达标河长分别占评价河长的 39.2%和27.2%;而水库达标库容在 85%以上,水库水质优于河流水质。黄河流域汛期和非汛期河长达标率分别为 48.4%和 42.3%。长江流域水功能区达标率相对较高,汛期和非汛期河长达标率分别为 70.2%和 56.1%。黄河、长江两流域库容达标率都很高,前者汛期为100%,非汛期为 99.8%;后者汛期和非汛期都是 100%。

(二)行政分区水功能区水质达标状况

全省评价 17 个地级行政区和 1 个单列市(济源市),各市评价水功能区在 9~46 个之间,评价河长 281~1 651 km。18 个市中,水功能区水质达标状况最差的是开封市和濮阳市,开封市评价 19 个水功能区,评价河长 389 km,濮阳市评价水功能区 12 个,评价河长 543 km,两市水功能区水质均不达标;其次是周口市、漯河市、新乡市、商丘市,达标率都在 10% 以下。水功能区水质达标状况较好的是南阳市，其次是洛阳市、信阳市、三门峡市、平顶山市，达标率在 60% ~ 70% 之间。

地级行政区水功能区水质达标状况见表 6-17、图 6-11、图 6-12。

表 6-17　河南省行政分区水功能区达标状况统计

序号	地级行政区	时段	水功能区个数	达标个数(%)	河流		水库			
					评价河长(km)	达标河长(%)	评价个数	达标个数(%)	评价库容(亿 m³)	达标库容(%)
1	安阳市	全年	23	39.1	601	54.4	2	0	0.368 1	0
		汛期	23	39.1	601	52.2	2	50.0	0.493 0	47.3
		非汛期	21	23.8	530	36.0	2	0	0.243 2	0
2	鹤壁市	全年	9	33.3	281	32.0	1	100	0.118 9	100
		汛期	8	25.0	245	17.1	1	100	0.149	100
		非汛期	9	22.2	281	23.1	1	0	0.088 8	0
3	濮阳市	全年	12	0	543	0				
		汛期	12	0	543	0				
		非汛期	12	0	543	0				
4	新乡市	全年	33	6.1	816	2.6	3	0	0.488	0
		汛期	33	12.1	816	11.9	3	33.3	0.545 3	2.6
		非汛期	33	6.1	816	9.8	3	33.3	0.457 4	38.7
5	焦作市	全年	24	29.2	456	31.4	2	100	0.199 2	100
		汛期	24	33.3	456	32.5	2	100	0.199 2	100
		非汛期	24	16.7	456	23.6	2	100	0.199 1	100
6	济源市	全年	9	11.1	314	3.8				
		汛期	9	22.2	314	21.9				
		非汛期	8	12.5	279	4.3				
7	三门峡市	全年	29	72.4	869	67.2	1	100	0.559 3	100
		汛期	29	65.5	869	60.8	1	100	0.583 4	100
		非汛期	29	65.5	869	60.8	1	100	0.547 3	100
8	信阳市	全年	42	71.4	1 347	67.7	5	100	6.791	100
		汛期	42	81.0	1 347	85.6	5	100	6.705	100
		非汛期	42	66.7	1 347	62.3	5	100	6.878	100
9	驻马店市	全年	45	17.8	1 113	25.7	3	66.7	4.526	57.0
		汛期	45	22.2	1 113	31.1	3	66.7	5.386	53.1
		非汛期	45	22.2	1 113	32.9	3	66.7	4.170	57.1
10	郑州市	全年	34	26.5	730	20.3	6	66.7	0.748 7	89.3
		汛期	33	27.3	700	19.3	6	83.3	0.678 5	90.7
		非汛期	34	14.7	730	10.4	6	33.3	0.765 3	83.1

续表 6-17

序号	地级行政区	时段	水功能区个数	达标个数(%)	河流(km)		水库(亿 m³)			
					评价河长	达标河长(%)	评价个数	达标个数(%)	评价库容	达标库容(%)
11	许昌市	全年	24	12.5	310	11.5	1	0	0.068 4	0
		汛期	24	29.2	310	30.6	1	0	0.048 3	0
		非汛期	24	12.5	310	11.5	1	0	0.078 4	0
12	周口市	全年	40	2.5	1 153	1.7				
		汛期	40	2.5	1 153	1.7				
		非汛期	40	2.5	1 153	1.7				
13	漯河市	全年	20	5.0	326	1.4				
		汛期	20	25.0	326	53.2				
		非汛期	19	5.3	321	1.4				
14	平顶山市	全年	29	51.7	571	59.9	4	100	4.436 0	100
		汛期	29	65.5	571	68.9	4	100	4.874 1	100
		非汛期	29	37.9	571	48.6	4	75.0	4.202 8	92.8
15	洛阳市	全年	42	71.4	1 135	68.0	2	100	7.958 6	100
		汛期	42	73.8	1 135	70.1	2	100	8.468 5	100
		非汛期	42	66.7	1 135	64.4	2	100	7.703 7	100
16	开封市	全年	19	0	389	0				
		汛期	19	0	389	0				
		非汛期	18	0	377	0				
17	商丘市	全年	34	5.9	804	9.2				
		汛期	34	14.7	804	16.0				
		非汛期	33	6.1	798	9.3				
18	南阳市	全年	46	58.7	1 651	70.3	1	100	5.281 7	100
		汛期	46	60.9	1 651	72.3	1	100	5.738 1	100
		非汛期	46	47.8	1 651	56.0	1	100	4.825 4	100
	全省(包括重复部分)	全年	514	32.9	13 406	36.8	31	71.0	31.544 0	90.7
		汛期	512	37.7	13 341	42.2	31	80.6	33.868 4	89.9
		非汛期	508	28.3	13 277	32.6	31	61.3	30.159 4	90.3
	全省(扣除重复部分)	全年	507	33.1	12 747	38.3	31	71.0	31.544 0	90.7
		汛期	505	38.0	12 682	44.0	31	80.6	33.868 4	89.9
		非汛期	501	28.5	12 619	33.9	31	61.3	30.159 4	90.3

注：各地级行政区之间重复统计水功能区个数为 7 个，其中驻马店市与信阳市重复 1 个，控制河长 53 km；三门峡、洛阳、济源、焦作、新乡等 5 市之间重复 6 个，重复长度为 130.8×2+78×3+110=605.6(km)。各市之间，达标水功能区个数重复统计 1 个，河长 53 km。

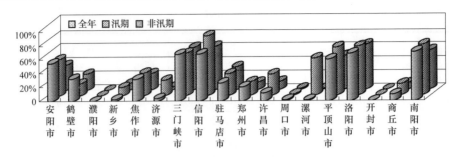

图 6-11　地级行政区水功能区达标状况(河长)

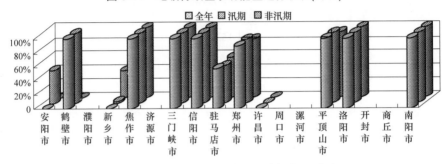

图 6-12　地级行政区水功能区达标状况(库容)

(三)各类水功能区水质达标状况

按照水功能区的最高功能进行水质达标状况的统计分析,分析结果见表 6-18、图 6-21 和图 6-22。

表 6-18　河南省各类水功能区达标状况统计

水功能区名称	时段	水功能区个数	达标个数(%)	河流		水库			
				评价河长(km)	达标河长(%)	评价个数	达标个数(%)	评价库容(亿 m³)	达标库容(%)
保护区	全年	39	82.1	1 720	86.7	12	83.3	18.758 3	88.9
	汛期	39	87.2	1 720	92.0	12	91.7	20.478 9	87.7
	非汛期	39	64.1	1 720	70.6	12	75.0	17.741 8	88.0
保留区	全年	33	60.6	1 890	56.2	1	100	0.460 0	100
	汛期	33	69.7	1 890	69.7	1	100	0.389 0	100
	非汛期	32	59.4	1 855	53.6	1	100	0.498 0	100
缓冲区	全年	29	27.6	638	23.7				
	汛期	29	27.6	638	27.3				
	非汛期	29	24.1	638	23.0				
饮用水源区	全年	40	50.0	1 090	31.7	11	63.6	7.080 8	89.8
	汛期	39	48.7	1 061	29.3	11	72.7	7.908 8	90.0
	非汛期	40	47.5	1 090	29.4	11	54.5	6.620 3	91.9

续表 6-18

水功能区名称	时段	水功能区个数	达标个数(%)	河流		水库			
				评价河长(km)	达标河长(%)	评价个数	达标个数(%)	评价库容(亿 m³)	达标库容(%)
工业用水区	全年	8	50.0	191	34.7	1	100	0.559 3	100
	汛期	8	62.5	191	37.8	1	100	0.583 4	100
	非汛期	8	50.0	191	28.6	1	100	0.547 3	100
农业用水区	全年	139	26.6	4 431	24.6				
	汛期	139	30.2	4 431	29.1				
	非汛期	137	22.6	4 360	22.9				
渔业用水区	全年	12	25.0	406	30.6	3	33.3	3.913 5	98.1
	汛期	11	54.5	370	55.6	3	66.7	3.754 5	98.7
	非汛期	12	33.3	406	44.1	3	33.3	3.992 9	97.9
景观娱乐用水区	全年	30	10.0	264	7.5	1	100	0.580 7	100
	汛期	30	26.7	264	22.2	1	100	0.541 5	100
	非汛期	30	6.7	264	5.2	1	100	0.600 3	100
过渡区	全年	61	23.0	828	26.0				
	汛期	61	24.6	828	27.8				
	非汛期	61	18.0	828	20.2				
排污控制区	全年	116	23.3	1 290	24.3	2	50.0	0.190 9	62.3
	汛期	116	27.6	1 290	26.2	2	50.0	0.212 0	70.3
	非汛期	113	18.6	1 267	15.1	2	0	0.158 8	0

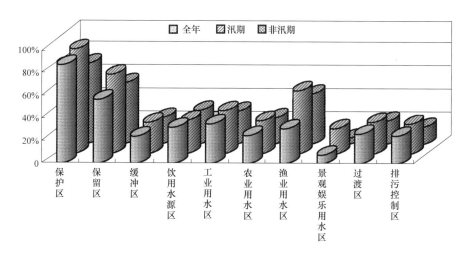

图 6-13　河南省各类水功能区水质达标状况(河长)

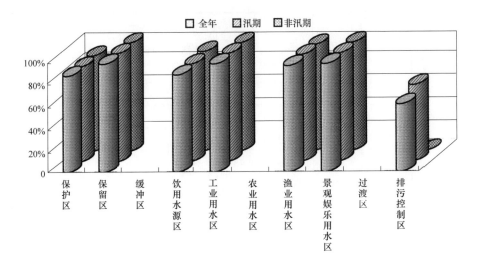

图 6-14　河南省各类水功能区水质达标状况(库容)

各类水功能区达标评价结果分述如下。

1. 保护区

对 39 个保护区进行评价分析，评价河长 1 720 km，评价库容 17.74 亿～20.48 亿 m³。大多数保护区内水资源开发利用程度低，水质良好，评价河长达标率在 70.6%～92%，评价库容达标率近 90%；汝河宿鸭湖水库湿地自然保护区属省级自然保护区，由于水库上游水资源开发利用程度较高，各支流汇入大量污水，致使现状(2000 年)水质很差，汛期和非汛期水质均为劣Ⅴ类，不符合各种供水水源地水质标准。商丘废黄河故道湿地国家级鸟类自然保护区汛期水质为Ⅳ类，非汛期为Ⅴ类，仅符合工业用水区和农灌用水区水质标准。

2. 保留区

对 33 个保留区进行评价分析，评价河长 1 890 km。全年、汛期、非汛期达标功能区个数分别占保留区评价总数的 60.6%、69.7%、59.4%；达标河长分别占评价河长的 56.2%、69.7%、53.6%。保留区内水资源开发利用程度也不高，大部分功能区水质良好。但是，有些保留区由于受到上游城镇排污的影响，水质污染严重，如铁底河杞县保留区、唐河方城社旗保留区、老灌河淅川保留区、赵河保留区。

3. 缓冲区

评价分析了 29 个缓冲区，评价河长 638 km。缓冲区为省与省之间的水功能区衔接区域，一般水质较差，评价结果表明，全年和汛期达标功能区个数仅占缓冲区评价总数的 27.6%，非汛期更低，只有 24.1%；三个水情期河长达标率分别为 23.7%、27.3%、23%。缓冲区中水质为劣Ⅴ类的占 50%以上。有些缓冲区水资源开发利用程度较低，受人为活动影响小，水质良好，如洛河陕豫缓冲区、好阳河灵宝缓冲区、竹竿河鄂豫缓冲区、史河皖豫缓冲区、丹江陕豫缓冲区。

4. 饮用水源区

对 40 个饮用水源区进行评价分析，评价河长 1 090 km，全年、汛期、非汛期达标功能区个数占饮用水源区评价总数的 50%、48.7%、47.5%；河长达标率分别为 31.7%、29.3%、29.4%；评价水库 11 个，评价库容 6.62 亿～7.91 亿 m^3，三个水情期达标库容均占评价库容的 90% 左右。饮用水源区对水质的要求较高，这次评价该类功能区只有 70% 符合地表水饮用水源地水质标准。其中有些功能区由于城镇排污的影响，水质较差，不符合或基本不符合多种供水功能的要求，它们是黄河三门峡饮用工业用水区、黄河小浪底饮用工业用水区、黄河郑州新乡饮用工业用水区、洪河西平饮用水源区、汝河汝南饮用水源区、大沙河民权饮用水源区、湍河邓州饮用水源区。

5. 工业用水区

对 8 个工业用水区进行评价分析，评价河长 191 km。除安阳河蒋村工业用水区水质为劣 V 类以外，涧河洛阳工业用水区、颍河登封工业用水区、唐河唐河县工业用水区等 7 个功能区水质均符合工业用水区水质标准。

6. 农业用水区

全省分析评价了 139 个农业用水区，评价河长 4 431 km，评价结果显示该类水功能区达标状况相对较差，全年、汛期、非汛期功能区个数达标率分别为 26.6%、30.2%、22.6%；达标河长分别占评价河长的 24.6%、29.1%、22.9%。农业用水区达标评价结果较差的原因，一方面取决于该类功能区水质状况，另一方面与功能区的水质目标制定得偏高有关。如果按照农业用水区应达到的 V 类水标准进行评价，三个水情期个数达标率分别为 36.7%、43.9%、32.1%；河长达标率分别为 36.5%、44.6%、32.9%，均提高了十至十几个百分点，但是评价结果仍然不容乐观。

7. 渔业用水区

对 12 个渔业用水区进行评价分析，全年评价河长 406 km，达标河长占评价河长的 30.6%；汛期采样时有一功能区无水，评价河长 370 km，达标率为 55.6%；非汛期河长达标率为 44.1%。三个水情期评价库容 3.75 亿～3.99 亿 m^3，达标率高达 98%。水质污染严重的渔业用水区有：黄河三门峡运城渔业农业用水区、练江河驻马店渔业用水区、双泊河长葛佛耳岗水库渔业用水区。位于洛河上游的卢氏洛宁渔业用水区水质良好。

8. 景观娱乐用水区

景观娱乐用水区一般位于城镇河段，由于不少城市还处于规划之中，因此现状年该类水功能区仍然接纳污废水，水质状况很差，劣 V 类的占 65%。全省对 30 个景观娱乐用水区进行达标评价分析，评价河长 264 km，达标率仅 7.5%。汛期、非汛期达标功能区个数仅占景观娱乐用水区评价总数的 26.7%、6.7%；河长达标率分别为 22.2%、5.2%。水质较好的只有史河固始景观娱乐用水区、颍河白沙水库景观娱乐用水区。

9. 过渡区

对全省 61 个过渡区进行评价分析，评价河长 828 km，全年、汛期、非汛期达标功能区个数分别占过渡区评价总数的 23%、24.6%、18%；河长达标率分别为 26%、27.8%、20.2%。过渡区一般位于排污控制区的下游，水质差，有三分之二水质为劣 V 类，其中污染严重的有蟒河济源过渡区、新蟒河温县过渡区、文岩渠原阳过渡区、金堤河滑县过渡区、白河南阳市上范营过渡区、白河新野过渡区；仅有18%水质较好，它们是洛河卢氏过渡区、洛河洛宁过渡区、洛河宜阳过渡区、伊河栾川过渡区、伊河伊川过渡区、潢河光山过渡区、北汝河汝阳汝州过渡区。

10. 排污控制区

排污控制区接纳城镇污废水，水质污染严重。对全省116个排污控制区进行评价分析，评价河长1 290 km，全年、汛期、非汛期达标功能区个数分别占排污控制区评价个数的23.3%、27.6%、18.6%；河长达标率分别为24.3%、26.2%、15.1%。所评价的排污控制区中，有58%水质为劣Ⅴ类。位于汤河鹤壁安阳排污控制区的汤河水库以及位于索须河荥阳排污控制区的河王水库，三个水情期评价库容在0.16亿~0.21亿 m³，非汛期水质都不达标，全年和汛期库容达标率分别为62.3%、70.3%。

综上所述，各类水功能区中，保护区和保留区水质较好，其次是工业用水区、饮用水源区、渔业用水区，其他水功能区水质较差，达标率在30%以下。污染严重的水功能区主要分布在城市及经济较发达地区；主要超标项目是化学需氧量、高锰酸盐指数和氨氮。汛期水质达标状况好于非汛期，水库水质达标百分比明显高于河流，除了排污控制区中的库容达标率相对较低以外，其他水功能区库容达标率都在88%以上。

五、成果合理性分析

水功能区水质达标分析结果显示：全省水功能区水质达标率总体状况偏低，分析其原因，除与功能区本身水质污染有关外，还和功能区的水质目标有关。由于流域水资源保护的需要，河南省水功能区水质目标类别的确定，一般高于该功能区的规划功能所对应的类别，譬如农业用水区，其水质类别符合Ⅴ类标准即可，而实际上在区划时其水质目标有的定成Ⅴ类，有的定成Ⅳ类或Ⅲ类，同一类型的功能区水质目标类别并不相同。

在用统一规定方法进行功能区水质达标分析的同时，如果把饮用水源区和渔业、工业、农业、景观娱乐用水区等5类水功能区用其对应的水质类别标准值进行达标分析评价，结果显示，除渔业用水区外，其余几类功能区达标率都有不同程度的提高，增加了几个至十几个百分点。农业用水区提高得最多，达到10~16个百分点。

第四节　地表水供水水源地水质评价

一、饮用水源地基本情况

河南省共监测评价饮用水源地17个。其中3个是水源地保护区，14个是开发利用区中的饮用水源区。涉及海河流域3个，黄河流域6个，淮河流域6个，长江流域2个。

(1)淇河鹤壁饮用水源区：自林州市河头公路桥至新村水文站，河长48 km。该区流经林州、鹤壁两市的合涧、桂林、土圈、上峪、庞村等乡镇。合涧镇以上有弓上水库，土圈以上正在兴建盘石头水库。现状水质较好，为Ⅲ类，供鹤壁市生活饮用。规划水质目标Ⅱ类。

(2)安阳河安阳彰武水库饮用水源区：自彰武水库入口至彰武水库大坝，河长5 km。彰武水库总库容7 900万 m^3，除防洪、灌溉功能外，也是安阳市主要城市生活和工业用水水源，现状水质Ⅲ类，规划目标Ⅱ类。

(3)人民胜利渠新乡饮用水源区：自秦厂渠首闸至田庄，河长38 km。渠首引黄水源水质较好，主要功能是供生活饮用和农业用水。规划水质目标Ⅲ类。

(4)黄河三门峡饮用工业用水区：自何家滩至三门峡大坝，河长 33.6 km。有三门峡市第三水厂、平陆部官扬水工程(农灌用水)取水。该段兼有景观娱乐功能，为三门峡市提供休闲场所。2000年水质为劣Ⅴ类，规划目标Ⅲ类。

(5)黄河小浪底饮用工业用水区：自三门峡大坝至小浪底大坝，河长131 km，现有取水口2个，主要用于生活和农田灌溉。在建的取水口有2个，一个是槐扒提水工程，供义马市、渑池县生活饮用和工业用水；一个是中条山有色金属公司水源迁建工程，供该公司生活饮用和工业用水。同时规划的还有洛阳市吉利区、新安县生活和工农业用水。2000年水质为劣Ⅴ类，规划目标Ⅲ类。

(6)黄河郑州新乡饮用工业用水区：自孤柏嘴至中牟狼城岗，河长110 km。由于两岸城乡当地水资源不足，因此对黄河水资源的依赖性较强。据调查，共有21个取水口，取水用于城市生活、工业生产和农业灌溉。城市生活用水主要是郑州、新乡两市；工业用水除郑州、新乡两市外，还有中国长城铝业公司。2000年水质为劣Ⅴ类，规划目标Ⅲ类。

(7)黄河开封饮用工业用水区：自狼城岗至东坝头，河长58.2 km。该段共有10个取水口，取水主要用于开封市城市生活和工业用水。2003年水质类别为Ⅳ类，规划目标Ⅲ类。

(8)黄河濮阳饮用工业用水区：从东坝头至大王庄，河长135 km。该段共有36个取水口，取水用于生活、工业生产和农田灌溉。2000年水质类别为Ⅳ类，规划目标Ⅲ类。

(9)陆浑水库洛阳饮用水源区：自伊河入库至大坝，河长 10.5 km。陆浑水库主要提供农灌用水，兼有鱼类养殖功能，同时作为洛阳市的备用生活饮用水源。现状水质和规划水质均为Ⅱ类。

(10)浉河信阳水源地保护区：自信阳韭菜坡至南湾水库大坝，河长76.5 km。南湾水库为大型水库，总库容16.3亿 m^3，流域面积1 100 km^2；区内南湾国家森林公园，面积28.1 km^2。南湾水库以上基本未开发利用，水库上游有鸡公山国家级自然保护区，面积为2 917 hm^2。该保护区水质良好，为Ⅱ类，是信阳市主要饮用水供水水源地。规划目标Ⅱ类。

(11)汝河泌阳水源地保护区：起始断面泌阳县五峰山河源，终止断面板桥水库大坝，河长42 km。板桥水库总库容6.75亿 m^3，流域面积768 km^2。水库上游基本未经开发，水质现状良好，为Ⅱ类，该保护区是驻马店市的主要饮用水供水水源地。规划目标Ⅱ类。

(12)滚河石漫滩水库舞钢饮用水源区：自舞钢市老虎扒至石漫滩水库大坝，面积8.6 km^2。石漫滩水库总库容1.21亿 m^3，水质良好，为Ⅱ类，是舞钢市生活饮用水源地，同时也供给工业用水。规划目标Ⅲ类。

(13)沙河白龟山水库平顶山饮用水源区：自沙河入库至大坝，河长 15 km。白龟山水库总库容 7.31 亿 m^3，为平顶山市生活饮用水源，兼有工业、农业用水功能，并已开辟为旅游区，水质现状良好，为Ⅱ类。规划目标Ⅲ类。

(14)沙河周口饮用水源区：自邓城公路桥至周口，河长 20 km。该段为周口市饮用水和工业用水水源地，闸上有 3 个抽水站。现状水质和规划水质目标均为Ⅲ类。

(15)北汝河许昌饮用水源区：自茨沟乡武湾至大陈水文站，河长 5.5 km。大陈闸调节库容较小，除部分农灌用水外，主要用于向许昌市供给生活用水。现状水质汛期为Ⅱ类，非汛期化学需氧量超标，水质为劣Ⅴ类；规划水质目标Ⅲ类。

(16)白河南阳饮用工业用水区：自独山至解放广场，河长 12.5 km，沿岸取水有一水厂、二水厂、宛城水厂、跃进三渠，此外有部分工业用水。现状水质良好，为Ⅱ类，规划目标Ⅲ类。

(17)丹江口水库保护区：丹江口水库位于长江流域丹江汇入汉江处，总库容 330 亿 m^3，为南水北调水源地，南阳市陶岔为取水口。现状水质和规划水质都是Ⅱ类。

二、饮用水源地供水状况

此次调查评价的饮用水源地除个别目前未供水外，均为全年供水水源地，日供水量在 0.78 万～25.21 万 t 之间，供水人口 6.58 万～200 万人以上。安阳河安阳彰武水库饮用水源区目前主要供给工业用水，没有作为饮用水源；陆浑水库洛阳饮用水源区目前未作为饮用水源；丹江口水库保护区为南水北调的源头水，目前尚未供水。饮用水源地供水状况详见表 6-19。

表 6-19　饮用水源地供水状况统计

序号	水源地名称	供水量 (万 t/d)	供水人口 (万人)	序号	水源地名称	供水量 (万 t/d)	供水人口 (万人)
1	淇河鹤壁饮用水源区	5	21	10	浉河信阳水源地保护区	14	30
2	安阳河安阳彰武水库饮用水源区	目前供工业用水		11	汝河泌阳水源地保护区	8.96	19.6
3	人民胜利渠新乡饮用水源区	4	60	12	滚河石漫滩水库舞钢饮用水源区	0.78	9.52
4	黄河三门峡饮用工业用水区	1.66	19.17	13	沙河白龟山水库平顶山饮用水源区	7.12	64.95
5	黄河小浪底饮用工业用水区	6.05		14	沙河周口饮用水源区	3.7	20
6	黄河郑州新乡饮用工业用水区	25.21	198.5 (郑州)	15	北汝河许昌饮用水源区	5	25
7	黄河开封饮用工业用水区	8.36	51.5	16	白河南阳饮用水工业用水区	10	60
8	黄河濮阳饮用工业用水区	4.11	15	17	丹江口水库保护区	尚未供水	
9	陆浑水库洛阳饮用水源区	饮用水备用水源					

三、饮用水源地水质状况

(一)饮用水源地监测项目
饮用水源地监测项目同河流评价项目。

(二)饮用水源地水质现状
评价结果显示：溶解氧、挥发酚、砷、硫酸盐、氯化物、硝酸盐氮的达标率均为100%，高锰酸盐指数达标率为88.9%，氨氮达标率为77.8%。

评价的17个饮用水源地中，有6个不符合地表水饮用水源地水质标准。黄河干流5个饮用水源地水质都不合格，其中三门峡饮用工业用水区、小浪底饮用工业用水区和郑州新乡饮用工业用水区污染尤为严重，水质为劣Ⅴ类；开封饮用工业用水区和濮阳饮用工业用水区由于化学需氧量略超标而不符合地表水饮用水源地标准。淮河流域北汝河许昌饮用水源区非汛期化学需氧量超标。

四、饮用水源地主要问题分析

在所评价的17个饮用水源地中，水质不合格的6个，占35.3%。分析其原因，主要是水域接纳城镇污废水、水质污染支流的汇入以及上游来水的影响造成的。

黄河三门峡饮用工业用水区共有7个排污口，常年接纳大量污废水。现状水质为劣Ⅴ类，主要污染项目是化学需氧量。

黄河小浪底饮用工业用水区主要受上游来水影响，水质为劣Ⅴ类，主要污染项目是化学需氧量。

黄河郑州新乡饮用工业用水区，现状水质为劣Ⅴ类，主要污染项目是化学需氧量和氨氮。该功能区没有直接接纳污废水，受老蟒河、新蟒河、沁河以及上游功能区来水影响。其上游是黄河焦作饮用农业用水区，接纳孟津县化肥厂、中石化洛阳分公司、金山化工厂等企业污废水。

黄河开封饮用工业用水区没有直接入黄排污口，也没有支流汇入，水质主要受上游来水影响。现状水质Ⅳ类，主要污染项目是化学需氧量。

黄河濮阳饮用工业用水区无直接入黄排污口，只有天然文岩渠污水在渠村闸上游汇入。现状水质Ⅳ类，主要污染项目是化学需氧量。

北汝河许昌饮用水源区非汛期水质不符合饮用水源地水质标准，是由于化学需氧量超标造成的。汛期化学需氧量符合Ⅰ类水质标准，所评价的其他各项目汛期和非汛期在Ⅰ～Ⅲ类之间，均能满足饮用水源地水质要求。该功能区没有入河排污口。今后应加大饮用水源地的监测力度，提高监测频率，适时掌握供水水质状况。

第五节 对策与措施

20世纪80年代以来，经济发展迅速，资源浪费严重，环境污染日趋加重。河南省作为一个人口大省，在经济发展的同时也造成了水资源的严重污染。从本次水资源调查评价结果来看，全年、汛期、非汛期三个水情期分别有 63.8%、57.3%、65.8%的评价河长水质不符合饮用、渔业、工业、农业等多种供水功能的要求，水功能区达标状况不容乐观。针对河南省的水污染状况，提出如下对策与措施。

一、加大宣传力度，使水资源保护工作家喻户晓

水资源质量的优劣直接关系到社会经济的可持续发展、人居环境的改善以及人民生活用水的安全，影响到人民群众的身心健康。水资源保护不仅是政府和主管部门的大事，更要依靠全社会各行各业，全民动员。要通过媒体大力宣传，做到家喻户晓，人人参与，使我们的社会养成爱护环境的良好风尚。

二、加强法制管理，控制水质污染

水行政主管部门和环境保护部门要根据《中华人民共和国水法》、《中华人民共和国环境保护法》、《中华人民共和国水污染防治法》等法律，对水资源质量进行保护，使水资源保护管理工作步入法制轨道。要进一步建立健全本地区有针对性的保护法规，依法保护水资源。水行政主管部门应对水资源利用与保护实施有效的监控，重点对水功能区污染物总量控制、城市水源地保护、取水行为以及入河排污口进行执法监察。

三、建立流域机构统一指导的行政区域水务一体化管理体制

水的流域特性和人类自然社会对水的依赖需求，决定了水资源开发、利用、保护和管理必须强调统一，要在流域机构统一指导下，实行流域和行政区域相结合的分级管理体制。省、市、县三级人民政府均应设立水资源管理机构，实行水务一体化管理。

四、有效控制入河污染物排放总量

针对水功能区划的要求，影响水体功能的排污城镇要按规划的期限削减排污量，达到总量控制的要求，同时加大城市污水处理能力，贯彻"污染者负担"的原则，使排污与治理相协调。

对农村污水的无序排放，着重抓好乡镇企业治理，有害污水不得任意排入河道，否则应按国家规定的关、停、并、转处理；对集中养殖的禽畜应实行生物治理措施，化害为利；同时大力宣传科学合理使用农药、化肥，尽量使污染降低至最低限度。

五、以水功能区管理为重点

河南省地域辽阔，人口密集，水资源开发利用程度较高，经济、技术条件相对滞后，水污染严重，尤其是一些重点污染河段，水质已不能满足最低供水功能要求，对河道生态及用水安全造成很大影响。《河南省水功能区划报告》于2004年6月经河南省政府批准实施，应以水功能区管理为重点，以污染物入河总量控制为关键，强化对水功能区内入河排污口和支流口的监控，推行污染物入河许可制度，落实各排污口的削减任务，以保证规划目标的实现。

六、加强生活饮用水源区的保护

应严格控制向生活饮用水源区的排污行为，进一步调整、关闭、迁移一些污染严重、影响水源地水质的厂矿企业和入河排污口，各地水行政主管部门应制定出所辖区域水源地的保护措施，以确保生活饮用水的安全。

七、大力开展节约用水

节水是水资源保护的重要环节。河南省农业用水占水资源开发利用量的 85%以上，农业节水和控污潜力很大。应逐步调整农业种植结构，实行节水灌溉，提高灌溉用水有效利用系数。工业节水从调整产业结构、设备更新和提高用水重复利用率等方面，加强内部管理，增加废水处理和回用设施，改善生产工艺和生产设备，减少高耗水产业。城镇生活用水，随着城市化步伐的加快，用水量逐年增加，在大中城市应推广节水器具，大力开展节水宣传，提高人民群众节约用水的自觉性。

八、强化水资源保护监督体系

强化监督是实现水资源保护的重要手段。要提高监督管理的职能与措施，落实水资源保护经费，加强省、市、县三级水资源保护监督管理体系的建设，提高监测监控水平，正确和有效行使国家赋予的水资源保护职能。重点加强水功能区的监督，及时监控入河污染物的排放情况；要加强对水源地的保护监督，防止水污染事故的发生；加快水资源保护监测和管理现代化、信息化的建设进程，重点加强省及各市水环境监测中心、重点水域水质自动监测、应急监测以及水质预警、预报和水环境信息系统的建设，使监督体系全面、快速、及时、有效。

第七章　出境、入境水量与跨流域调水

第一节　出入省境水量

本次评价的出入省境水量,是指实际发生的进、出省境地表径流总量,包括省与省之间进出水量和从省境外的引入水量(引漳、引沁、引江和从梅山水库引入水量)。

一、出入境面积的确定

各河流出入境面积是由河流控制站面积,加上控制站以下或减去控制站以上在本省的面积而得。对过境河流的出境面积等于入境面积加上省境内区间面积;没有控制站的小河流,入境、出境面积均为河源至省界之间的面积。全省出境、入境面积差应为本省水资源量计算采用面积。

二、出入省境水量计算方法

跨省际河流出入境水量计算,主要是选取省界附近的水文站,根据实测径流资料计算入境水量、出境水量及流入省际界河水量。

计算方法为:选取某河流省界附近控制站,以省境内河流的流域面积和控制站集水面积为依据,采用面积比拟法缩放控制站的实测水量,求得河流的出入境水量。当控制站集水面积与河流的流域面积比较接近(小于 10%),或降水、流域下垫面条件基本一致时,采用面积比直接缩放。计算公式为:

$$W_{(出、入)}=\sum W_{i(出、入)} \cdot \frac{F_{(出、入)}}{\sum F_{i(出、入)}} \tag{7-1}$$

如果控制站集水面积与河流的流域面积差别较大(大于 10%),或区域降水量变化梯度较大时,则采用降水量加权的面积比缩放。计算公式为:

$$W_{(出、入)}=\sum W_{i(出、入)} \cdot \frac{F_{(出、入)} \cdot P}{\sum F_{i(出、入)} \cdot P_i} \tag{7-2}$$

对于没有控制站的省际河流或地区,采用水文比拟法,可借用邻近河流控制站(或代表站)的实测降水径流关系或天然径流量扣除区域消耗、拦蓄等水量后,作为计算的出入境水量。

本次评价,流域水系或水资源三级区是计算全省出入境水量的计算单元。全省出入境水量由各河流或三级区出入境水量累加而成。即

$$W=\sum W_{出、入} \tag{7-3}$$

式中 W——省区或流域计算出入境水量；

$\Sigma W_{出、入}$——省区或流域计算各条河流出境或入境水量之和。

三、出入省境河流及代表站的选用情况

淮河流域入境河流主要有游河、浉河、竹竿河和史河，入境水量代表站选用大坡岭、竹竿铺、南湾水库、梅山水库、红石嘴水文站；出境河流主要有淮河、史河、洪汝河、颍河、汾泉河、黑河、涡河、沱河、浍河、包河、杨河等，出境水量代表站选用淮滨、蒋集、班台、槐店、沈丘、周堂桥、玄武、砖桥、黄口、永城水文站。

海河流域入境河流主要有卫河，入境水量代表站选用宝泉水库、新村水文站等；出境河流主要有卫河、马颊河，出境水量代表站选用元村集、南乐水文站。

长江流域入境河流主要有丹江，入境水量代表站选用荆紫关水文站；出境河流主要有丹江、唐河、白河等，出境水量代表站选用荆紫关、西峡、西坪、新甸铺、郭滩、竹竿铺水文站。

黄河流域入境河流有黄河、蟒河、洛河、沁河、丹河，入境水量代表站选用三门峡、济源、灵口、山路平、五龙口水文站；出境河流主要有黄河、金堤河，出境水量代表站选用夹河滩、范县(二)、大车集水文站。

四、进出境水量、入省界河水量及进出省境水量变化分析

进出境水量反映了上游省区的来水特征，及本省天然径流在蒸发、消耗和工程拦蓄后的下泄情况。

(一)多年平均进出境水量、入省界河水量

1956～2000 年系列，河南省多年平均进境水量 413.64 亿 m^3；多年平均出境水量 630.22 亿 m^3(见表 7-1)，多年平均流入界河水量 6.79 亿 m^3。

表 7-1　河南省各流域 1956～2000 年系列出入境水量特征值　　　(单位：万 m^3)

流域	类别	平均径流量	最大		最小	
			径流量	出现年份	径流量	出现年份
淮河	入境	127 606	352 654	1956	33 958	1966
	出境	1 572 769	4 061 193	1956	280 059	1966
海河	入境	37 542	85 254	1976	9 061	1999
	出境	189 897	612 194	1963	35 356	1992
长江	入境	155 678	485 012	1964	45 586	1999
	出境	727 258	2 342 638	1964	225 694	1999
黄河	入境	3 799 604	7 433 399	1964	1 503 348	1997
	出境	3 812 266	8 707 840	1964	1 230 121	1997

(1)省辖海河流域多年平均进境水量 3.75 亿 m³，占全省多年平均进境水量的 0.9%；多年平均出境水量 18.99 亿 m³，占全省多年平均出境水量的 3.0%；多年平均流入省际界河的水量 1.10 亿 m³。

(2)黄河流域多年平均进境水量 379.96 亿 m³，占全省多年平均进境水量的 92.2%；多年平均出境水量 381.23 亿 m³，占全省多年平均出境水量的 60.5%。多年平均流入省际界河水量 5.69 亿 m³。

(3)淮河流域多年平均进境水量 12.76 亿 m³，占全省多年平均进境水量的 3.1%；多年平均出境水量 157.28 亿 m³，占全省多年平均出境水量的 25.0%。

南四湖湖西区有少量径流进入山东境内，因数量较小且没有实测资料，故未计算其出境水量。

(4)长江流域多年平均进境水量 15.57 亿 m³，占全省多年平均进境水量的 3.8%；多年平均出境水量 72.73 亿 m³，占全省多年平均出境水量的 11.5%。

四流域出境水量占全省出境水量的比例见图 7-1。

四流域入境水量占全省入境水量的比例见图 7-2。

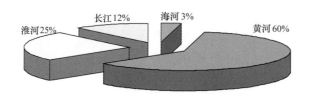

图 7-1　河南省辖流域出境情况

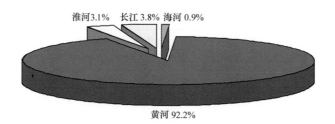

图 7-2　河南省辖流域入境情况

(二)进出省境水量变化分析

本次计算出入省境水量与第一次评价(1956～1979 年)相比，全省入境水量减少 56.36 亿 m³，减幅为 12.0%。其中，黄河流域减少 55.69 亿 m³，减幅为 12.8%；长江流域增加 0.29 亿 m³，增幅为 1.9%。出境水量减少 77.51 亿 m³，减幅为 11.0%。其中，黄河流域减少 60.5 亿 m³，减幅为 13.7%；海河流域减少 9.5 亿 m³，减幅为 33.4%。流入省界河水量减少 0.57 亿 m³，减幅为 7.7%(见表 7-2、图 7-3)。

表7-2　河南省不同年代进出境水量成果　　　　　　　　（单位：亿 m³）

流域名称		1956~1959年	1960~1969年	1970~1979年	1980~1989年	1990~2000年	1956~2000年	1956~1979年	1980~2000年
淮河	入境	21.53	12.89	10.15	13.35	11.29	12.76	13.19	12.27
	出境	202.52	181.97	130.88	176.79	124.64	157.28	164.11	149.47
	入省界								
海河	入境	4.07	2.82	5.84	4.12	2.26	3.75	4.29	3.14
	出境	45.94	28.71	21.31	7.96	8.26	18.99	28.50	8.12
	入省界	1.88	1.09	1.38	0.96	0.68	1.10	1.34	0.81
长江	入境	14.78	18.73	12.02	20.85	11.41	15.57	15.28	15.90
	出境	61.83	87.16	64.37	85.44	59.60	72.73	73.44	71.90
	入省界								
黄河	入境	460.29	483.62	377.82	391.75	247.75	379.96	435.65	316.32
	出境	449.97	504.75	375.29	395.29	236.55	381.23	441.68	312.14
	入省界	8.60	6.60	4.39	6.74	4.04	5.69	6.01	5.33
全省	入境	500.67	518.06	405.83	430.07	272.71	412.04	468.41	347.63
	出境	760.26	802.59	591.85	665.48	429.05	630.23	707.73	541.63
	入省界	10.48	7.69	5.77	7.70	4.72	6.79	7.35	6.14

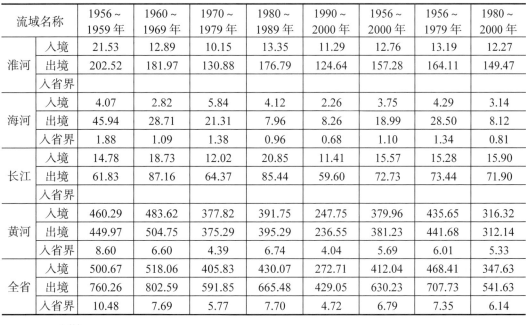

图7-3　河南省历年入、出境水量过程线

(1)淮河流域：入境水量分别来源于湖北、安徽两省，1956~2000 年入境水量 3.40 亿~35.27 亿 m³，多年平均 12.76 亿 m³，最大值与最小值之比为 10.4 倍；出境水量 28.01 亿~406.12 亿 m³，多年平均 157.3 亿 m³，最大值与最小值之比为 14.50 倍，出境水量分别流入安徽、山东两省。

(2)海河流域：入境水量来源于山西省，1956~2000 年入境水量 0.91 亿~8.53 亿 m³，多年平均入境水量 3.75 亿 m³，最大值与最小值之比为 9.37 倍；出境水量 3.54 亿~61.22 亿 m³，多年平均 18.99 亿 m³，最大值与最小值之比为 17.29 倍，出境水量流入河北省、山东省。

(3)长江流域：入境水量主要来源于陕西省，1956~2000 年入境水量 4.56 亿~48.50

亿 m³，多年平均 15.57 亿 m³，最大值与最小值之比 10.64 倍；出境水量 22.57 亿 ~ 234.26 亿 m³，多年平均 72.73 亿 m³，最大值与最小值之比 10.38 倍，出境水量流入湖北省。

(4)黄河流域：入境水量来源于山西、陕西两省，1956 ~ 2000 年入境水量 247.7 亿 ~ 483.6 亿 m³，多年平均 435.6 亿 m³，自 20 世纪 60 年代以来呈减少的趋势，最大值与最小值之比为 1.95 倍；出境水量 236.5 亿 ~ 504.8 亿 m³，多年平均 381.2 亿 m³；最大值与最小值之比 2.13 倍(见表 7-1)，出境水量流入山东省。

第二节　跨流域、省区引水量

河南省境内淮河流域颍河以北及海河流域东南部地区，常年引用黄河来水作为区域补充水源；海河流域西北部地区，常年引漳河水作为区域补充水源。河南省引黄水量主要集中在卫河、马颊河、贾鲁河、涡河、惠济河及南四湖湖西区。

跨流域引水量根据实测和调查统计资料求得。

河南省 1980 ~ 2000 年系列平均跨流域引黄水量 14.57 亿 m³，其中，进入贾鲁河 2.42 亿 m³，进入涡惠河 5.26 亿 m³，进入北汝河 0.29 亿 m³，进入卫河 5.49 亿 m³(丹东灌区引丹河水量 1.02 亿 m³)，进入马颊河 1.11 亿 m³(见表 7-3)。

表 7-3　1980 ~ 2000 年河南省跨流域引水量统计　　　　　　　(单位：亿 m³)

年份	贾鲁河引黄	惠济河引黄	北汝河引黄	卫河引黄	马颊河引黄	引黄入淮	引黄入海
1980	3.98	7.84	0.15	6.33	0.77	11.97	7.10
1981	3.49	7.16	0.16	8.65	0.21	10.81	8.86
1982	3.36	3.98	0.40	6.12	0.74	7.74	6.86
1983	2.07	4.44	0.19	5.13	0.88	6.70	6.01
1984	2.09	8.02	0.26	4.93	0.26	10.37	5.19
1985	1.95	4.96	0.17	4.02	0.36	7.08	4.38
1986	2.16	5.00	0.14	5.34	1.81	7.30	7.15
1987	2.37	4.78	0.17	6.66	1.26	7.32	7.92
1988	2.43	8.07	0.30	6.19	1.51	10.80	7.70
1989	1.97	4.94	0.25	6.65	1.20	7.16	7.85
1990	2.21	6.75	0.30	4.70	1.13	9.26	5.83
1991	3.44	6.06	0.60	5.41	1.49	10.10	6.90
1992	2.14	5.70	0.31	5.65	1.31	8.15	6.96
1993	2.24	2.71	0.38	5.35	1.20	5.33	6.55
1994	1.99	4.80	0.23	6.06	1.10	7.02	7.16
1995	2.39	4.96	0.53	6.74	1.09	7.88	7.83
1996	2.20	4.80	0.26	3.90	1.28	7.26	5.18
1997	2.63	3.66	0.64	5.21	1.72	6.93	6.93
1998	1.94	3.05	0.14	3.97	1.47	5.13	5.44
1999	1.90	4.53	0.30	4.32	1.09	6.73	5.41
2000	1.83	4.25	0.21	4.04	1.38	6.29	5.42
平均	2.42	5.26	0.29	5.49	1.11	7.97	6.60
最大	3.98	8.07	0.64	8.65	1.81	11.97	8.86
最小	1.83	2.71	0.14	3.90	0.21	5.13	4.38

河南省 1980~2000 年平均跨省区河流引水量 6.54 亿 m³。其中，红旗渠引漳水量 1.79 亿 m³，跃进渠引漳水量 0.46 亿 m³，漳南渠引漳水量 0.86 亿 m³，引沁灌区引沁水量 1.74 亿 m³，梅山灌区从梅山水库引水量 0.66 亿 m³，丹江灌区从丹江口水库引水量 1.03 亿 m³(见表 7-4)。

表 7-4　1980~2000 年河南省跨省区河流引水量统计　　(单位：亿 m³)

年份	红旗渠引水	跃进渠引水	漳南渠引水	引沁济蟒	梅山灌区引水	丹江灌区引水	合计
1980	3.59	0.21	3.52	2.22	0.42	0.04	10.00
1981	3.10	0.28	2.44	2.15	1.53	0.82	10.32
1982	2.59	0.48	1.74	1.86	1.15	0.81	8.63
1983	3.30	0.48	1.04	1.60	1.39	0.98	8.79
1984	2.68	0.09	1.60	1.21	0.83	1.47	7.88
1985	2.63	0.06	0.37	1.99	0.46	0.39	5.90
1986	2.50	0.01	0.46	1.50	0.59	1.77	6.83
1987	1.60	1.24	0.29	1.84	0.14	1.20	6.31
1988	1.51	0.97	0.30	1.60	0.89	2.45	7.72
1989	1.98	0.78	0.65	2.02	0.39	0.40	6.22
1990	2.57	0.99	0.39	2.06	0.88	1.43	8.32
1991	1.71	0.60	0.63	2.62	0.35	0.84	6.75
1992	0.99	0.46	0.76	1.73	0.79	0.79	5.52
1993	1.32	0.06	0.81	1.84	0.31	0.57	4.91
1994	0.92	0.75	0.80	2.21	0.74	1.87	7.29
1995	0.93	0.44	0.54	1.87	0.44	0.19	4.41
1996	1.40	0.65	0.60	1.53	0.53	0.85	5.56
1997	0.83	0.46	0.48	1.74	0.71	1.03	5.25
1998	0.65	0.35	0.23	1.20	0.36	2.39	5.18
1999	0.43	0.24	0.23	0.87	0.57	0.90	3.24
2000	0.45	0.08	0.11	0.89	0.33	0.48	2.34
平均	1.79	0.46	0.86	1.74	0.66	1.03	6.54
最大	3.59	1.24	3.52	2.62	1.53	2.45	10.32
最小	0.43	0.01	0.11	0.87	0.14	0.04	2.34

1956~1979 年系列引水量，直接采用第一次水资源调查评价成果。河南省 1956~1979 年平均跨流域引黄入淮水量为 13.7 亿 m³，引黄河干流入海河水量为 11.96 亿 m³，丹东灌区引丹河水量 0.49 亿 m³。跨省区河流引水量约 10.72 亿 m³，其中引漳河水量 4.8 亿 m³，引沁济蟒灌区引沁水量 3.80 亿 m³，梅山灌区从梅山水库引水量 1.62 亿 m³，丹

江灌区从丹江口水库引水量约 0.5 亿 m³。

第三节　出入省境水量合理性分析

一、出入境水量与当地产水、用耗水量平衡分析

对于某一地区，地表水水量平衡模型的数学表达式如下：

$$W_{自产}+W_{入境}+W_{调入}=W_{出境}+W_{用水耗损量}+W_{调出}\pm\Delta V+W_{非用水消耗量} \tag{7-4}$$

式中　$W_{自产}$——自产地表水资源量；

　　　$W_{入境}$——上游流入或调入区内的地表水量；

　　　$W_{调入}$——跨区调入水量；

　　　$W_{出境}$——区内流入下游的出境水量；

　　　$W_{用水耗损量}$——流域地表水利用的耗损水量；

　　　$W_{调出}$——跨区调出水量；

　　　ΔV——区内水库蓄变量；

　　　$W_{非用水消耗量}$——非用水消耗水量，包括河流、湖泊、水库水面蒸发损失，河道汇流
　　　　　　　　　　渗漏损失量等。

上述水量平衡项主要为径流还原计算的用水消耗量、工程影响水量、区域性受人类活动影响的地表水与地下水的转化水量，以及流域非用水消耗量。

经分项调查计算，河南省多年平均(1956～2000 年)入境水量 413.64 亿 m³，省内径流量 303.99 亿 m³，地表水的用水消耗量 48.94 亿 m³，全省大型水利工程蓄水变量、河道决口分洪等其他还原计算水量 9.48 亿 m³，区域补源、河道渗漏及地下水开采增加地表水补给量 4.37 亿 m³，河道内非用水消耗量 14.53 亿 m³，跨流域、水系引出引入水量–0.58 亿 m³(黄河流域的引出与海河、淮河的引入抵消后，–0.58 亿 m³ 引入水量为引漳河水量的退入卫河水量)，地表水多年平均出境水量 630.22 亿 m³，水量收支平衡差为 10.67 亿 m³，占收入项的 1.49%(全省及四大流域水量平衡结果见表 7-5)。

表 7-5　河南省各流域进、出境水量平衡分析　　　　　　(单位：万 m³)

流域名称	入境水量	产水量	总耗损水量	其他还原水量	与地下水转化量	河道损失量	引出引入	出境水量	平衡差	相对误差(%)
海河	53 473	163 495	101 780	3 220	10 275	9 421	–107 573	189 897	9 948	4.59
黄河	3 799 604	449 704	82 736	14 205	31 271	63 629	196 250	3 812 266	48 951	1.15
淮河	127 606	1 782 899	279 559	40 083	2 120	72 258	–108 350	1 572 769	52 066	2.73
长江	155 678	643 803	25 288	37 306			13 877	727 258	–4 248	–0.53
全省	4 136 361	3 039 901	489 363	94 814	43 666	145 308	–5 796	6 302 190	106 717	1.49

二、成果合理性分析

河南省跨越四大流域，进出境水量成果经流域多次汇总并与邻省协调调整，进出境水量与邻省保持协调一致。地表水用水消耗量分为控制区和非控制区两部分用水消耗量，控制区用水消耗量采用控制站还原耗水量，包括农业、工业和生活用水消耗量；非控制区用水消耗量采用控制用水消耗量进行面积比缩放的方法计算。大型水利工程蓄水变量、河道决口分洪等其他还原计算水量为控制站的还原计算水量。区域补源、河道渗漏及地下水开采增加地表水补给量为控制站还原计算水量，主要为豫北平原区引黄补源量、伊洛河下游河道渗漏水量。河道内非用水消耗量为河道蒸发及平原河流的渗漏水量，黄河花园口以下河道损失水量为水面蒸发量和侧渗漏水量，海河、淮河流域的河道损失水量按照出境水量与入境水量差值的 5%计算。跨流域、水系引出引入水量主要包括引黄、引漳水量。

由表 7-5 可知，各流域地表水水量平衡误差较小，其中海河流域进出境水量平衡的相对误差最大，为 4.59%；淮河流域进出境水量平衡的差值最大，为 5.21 亿 m^3。表明以上各个平衡项的计算基本符合流域情况，进出境水量及地表水资源量计算方法比较正确，参数选用比较合理。

第八章　　地下水资源量

地下水资源是指与大气降水、地表水体有直接补排关系的动态重力水，即赋存于地面以下饱水带岩土空隙中参与水循环且可以更新的浅层地下水。

第一节　　基本资料概况

本次地下水资源调查评价，是在收集大量资料基础上，对近期下垫面条件下多年平均(1980～2000 年，下同)浅层地下水资源量及其分布特征进行的全面评价。收集的资料包括以下内容：

(1)地形、地貌及水文地质资料：主要依据 1∶20 万《中华人民共和国区域水文地质普查报告》(见附图 2)。

(2)水文气象资料：1956～2000 年全省水文系统和部分气象系统的降水与蒸发资料，16 个典型代表站的 1980～2000 年径流资料。

(3)地下水水位动态监测资料：全省约 1 400 眼地下水监测井水位与埋深系列观测资料，并从中重点筛选出资料比较可靠、系列较长的 140 眼井作为参数分析井。

(4)地下水实际开采量资料及引水灌溉资料：1980～2000 年期间各市县地下水开采量、地表水灌溉水量资料。

(5)其他有关资料：包括以往有关研究成果和部分水源地抽水试验等成果，主要有：《河南省地下水资源开发利用规划报告》(1997 年)、《华北地区豫北地下水资源评价报告》(即"57"项成果，1989 年)、《华北地区地下水资源评价·华北地区地表水与地下水相互转化关系研究》(即"38"项成果，1987 年)、《黄河下游影响带地下水资源评价及可持续开发利用》(2002 年)、首阳山电厂水源地抽水试验成果、新乡电厂小杨庄水源地及郑州北郊滩水源地抽水试验成果等。

第二节　　浅层地下水评价类型区及计算区划分

一、评价类型区划分

地下水类型区共划分 3 级。根据同类型区的水文与水文地质条件基本接近的划分原则，并结合河南省情况，各级类型区名称及划分依据见表 8-1。

Ⅰ级类型区划分 2 类，即山丘区和平原区。河南省山丘区海拔一般在 100～200 m 以上，地面绵延起伏，第四系覆盖物较薄，其地下水类型包括基岩裂隙水、岩溶水和零散的第四系孔隙水。平原区海拔相对较低(一般在 100～200 m 以下)，地面起伏不大，第四系松散沉积物较厚，地下水类型以第四系孔隙水为主(含被平原区围裹、面积小于 300 km² 的残丘)。

表8-1 河南省地下水类型区名称及划分依据

Ⅰ级类型区		Ⅱ级类型区		Ⅲ级类型区	
划分依据	名称	划分依据	名称	划分依据	名称
区域地形地貌特征	平原区	次级地形地貌特征、含水层岩性及地下水类型	一般平原区	水文地质条件、地下水埋深、包气带岩性及厚度	计算单元 : : :
			山间平原区（包括山间盆地、山间河谷平原区）		计算单元 : : : :
	山丘区		一般山丘区		计算单元 : : :
			岩溶山区		计算单元 : : : :

Ⅱ级类型区划分4类。其中，平原区划分2类，即一般平原区、山间平原区(包括山间盆地平原区、山间河谷平原区)；山丘区划分2类，即一般山丘区和岩溶山区。

一般平原区，包括山前倾斜平原区、平坦平原区，河南省一般平原区主要为黄淮海平原区；山间平原区指四周被群山环抱，或分布于河道两岸的平原区，如南阳盆地、伊洛河河谷平原等。

一般山丘区指由非可溶性基岩构成的山地或丘陵，地下水类型以基岩裂隙水为主；岩溶山区指由可溶岩构成的山地，主要分布于豫北济源至林州一线的山区，及荥阳、新密、登封、汝州、淅川等市县，地下水类型以岩溶水为主。

在Ⅱ级类型区基础上划分的计算单元即为Ⅲ级类型区，它是计算各项资源量的基本计算分区。本次将河南省平原Ⅱ级类型区，先按水文地质条件划分出不同水文地质单元，然后再根据地下水埋深、包气带岩性等因素，将各水文地质单元共划分出107个计算单元(107个Ⅲ级类型区)，其中海河流域14个，黄河流域24个，淮河流域57个，长江流域12个。对于山丘区，根据水文地质条件的差异，在Ⅱ级类型区和水资源三级区套市行政区的基础上，划分出不同的类比计算单元。河南省平原区2000年浅层地下水埋深分区图见附图20。

二、计算区划分

计算分区是指水资源三级分区套市行政区，它是水资源调查评价成果统计的最小单元。各级分区中，地下水评价计算面积扣除了平原区水面面积和不透水面积，其中不透水面积包括公路面积、城市与村镇建筑占地面积等。根据调查统计，河南省平原区不透水面积 8 370 km²，水面面积 950 km²，全省地下水计算面积为 156 217 km²。

三、地下水矿化度分区

根据 2000～2003 年河南省地下水水质观测井及补充井监测资料，将平原区地下水矿化度分区分为：淡水区，即 $M \leqslant 1$ g/L、1 g/L$<M \leqslant 2$ g/L（M 为矿化度）；微咸水区，即 2 g/L$<M$ $\leqslant 3$ g/L、3 g/L$<M \leqslant 5$ g/L；咸水区，即 $M>5$ g/L。山丘区地下水矿化度变化相对不大，一般都作为 $M \leqslant 1$ g/L 的淡水区。

经量算，河南省平原区地下水矿化度 $M \leqslant 1$ g/L 的面积为 76 103 km²，1 g/L$<M \leqslant 2$ g/L 面积为 8 136 km²，2 g/L$<M \leqslant 3$ g/L 面积为 194 km²，3 g/L$<M \leqslant 5$ g/L 面积为 235 km²，合计淡水区面积 84 239 km²（地下水计算面积 74 962 km²），微咸水区面积 429 km²（地下水计算面积 386 km²）。地下水矿化度分区面积见表 8-2。

表 8-2　河南省地下水矿化度分区面积　　　　　　　（单位：km²）

水资源区	类别	平原区地下水矿化度分区					山丘区地下水($M<1$ g/L)	合计
		<1 g/L	1～2 g/L	2～3 g/L	3～5 g/L	小计		
海河流域	分区面积	8 663	375	21	235	9 294	6 042	15 336
	地下水计算面积	7 795	340	19	212	8 366		14 408
黄河流域	分区面积	11 836	1 484			13 320	22 844	36 164
	地下水计算面积	9 880	1 333			11 213		34 057
淮河流域	分区面积	48 874	6 277	173		55 324	31 104	86 428
	地下水计算面积	44 645	4 912	155		49 712		80 816
长江流域	分区面积	6 730				6 730	20 879	27 609
	地下水计算面积	6 057				6 057		26 936
全省合计	分区面积	76 103	8 136	194	235	84 668	80 869	165 537
	地下水计算面积	68 377	6 585	174	212	75 348		156 217

第三节　水文地质参数的确定

水文地质参数确定是地下水评价的重要基础工作，参数正确与否决定着评价成果的可靠程度。为确保计算参数的准确，在本次水资源调查评价中，按照不同岩性和地下水埋深，全省共选取 140 眼观测井计算给水度和降水入渗系数，同时还参考省内部分水源地试验成果及安徽五道沟水均衡试验场研究成果，并经过流域管理机构与邻近省份之间协调平衡，对各种参数综合确定，合理取值。

一、给水度μ值

给水度是指饱和岩土在重力作用下自由排出水的体积与该饱和岩土体积的比值。本次全省共选取 40 眼观测井，根据地下水动态及蒸发资料，按照阿维里扬诺夫公式 $E=E_0(1-H/H_0)^n$，用图解法作出 $\Delta H/E_0 \sim H$ 关系图，分别计算出四种岩性(粉细砂、亚砂土、亚黏土、亚砂土与亚黏土互层)的给水度，并收集了部分水源地用筒测法及抽水试验法确定的μ值，成果见图 8-1、表 8-3。

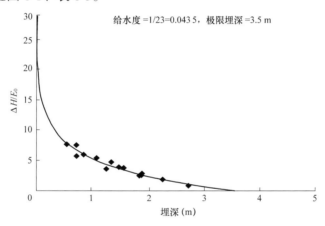

图 8-1　图解法计算给水度范例——濮阳 2 号(亚砂土)图

表 8-3　给水度μ值成果

岩性	粉细砂	亚砂土	亚砂土、亚黏土互层	亚黏土
计算μ值	0.057～0.067	0.041～0.053	0.039～0.042	0.033～0.043
水源地试验μ值	0.048～0.067	0.040～0.055		0.025～0.040
综合确定μ值	0.060	0.045	0.040	0.035

在此基础上，将全省的同类岩性进行组合，绘制出河南省不同岩性 $P \sim \alpha \sim H$ 关系曲线图，见图 8-2。α值成果见表 8-4。

二、降水入渗补给系数α值

降水入渗补给系数是指降水入渗补给量 P_r 与相应降水量 P 的比值。根据不同区域、不同岩性，全省共选取 100 余眼观测井，采用公式 $\alpha_{年} = \dfrac{\mu \cdot \sum \Delta H_{次}}{P_{年}}$ 计算出了 1980～2000

年期间，四种岩性不同埋深、不同降水量情况下的降水入渗系数 α 系列值。并根据五日观测井与逐日观测井的对比关系，对计算出的五日观测井的 α 值进行修正，修正系数为 1.20。

从 μ 值计算成果看，本次评价与第一次评价的结果基本一致。

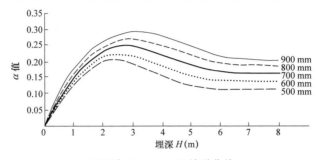

(a)亚砂土 $P\sim\alpha\sim H$ 关系曲线

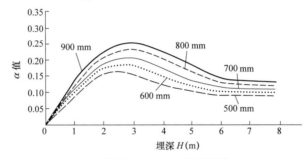

(b)亚黏土 $P\sim\alpha\sim H$ 关系曲线

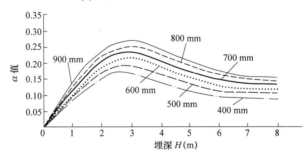

(c)亚砂、亚黏土 $P\sim\alpha\sim H$ 关系曲线

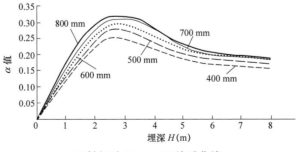

(d)粉细砂 $P\sim\alpha\sim H$ 关系曲线

图 8-2　不同岩性 $P\sim\alpha\sim H$ 关系曲线

表 8-4 河南省平原区降水入渗系数 $\alpha_年$ 值成果

岩性	降水量(mm)	不同埋深降水入渗系数 $\alpha_年$ 值						
		0~1 m	1~2 m	2~3 m	3~4 m	4~5 m	5~6 m	>6 m
亚黏土	300~400	0~0.07	0.06~0.15	0.13~0.16	0.15~0.12	0.12~0.10	0.10~0.08	0.08~0.07
	400~500	0~0.09	0.08~0.15	0.14~0.16	0.16~0.13	0.13~0.11	0.12~0.09	0.10~0.08
	500~600	0~0.10	0.09~0.16	0.15~0.17	0.17~0.14	0.15~0.13	0.14~0.10	0.11~0.09
	600~700	0~0.12	0.11~0.18	0.17~0.20	0.20~0.17	0.18~0.15	0.16~0.12	0.12~0.10
	700~800	0~0.14	0.13~0.20	0.19~0.23	0.23~0.19	0.20~0.17	0.17~0.14	0.13~0.11
	800~900	0~0.15	0.14~0.21	0.20~0.25	0.25~0.21	0.22~0.18	0.18~0.15	0.14~0.13
	900~1 100	0~0.14	0.12~0.19	0.17~0.22	0.22~0.17	0.18~0.13	0.14~0.10	0.14~0.10
	1 100~1 300	0~0.13	0.11~0.18	0.16~0.20	0.20~0.16	0.16~0.12	0.13~0.09	0.13~0.09
亚砂土、亚黏土互层	300~400	0~0.09	0.09~0.15	0.15~0.17	0.17~0.12	0.13~0.10	0.11~0.08	0.09~0.07
	400~500	0~0.10	0.10~0.16	0.16~0.19	0.19~0.14	0.16~0.13	0.14~0.10	0.10~0.08
	500~600	0~0.12	0.11~0.18	0.17~0.21	0.21~0.16	0.18~0.15	0.16~0.12	0.12~0.09
	600~700	0~0.15	0.13~0.21	0.20~0.23	0.23~0.18	0.20~0.16	0.17~0.14	0.14~0.10
	700~800	0~0.16	0.14~0.23	0.22~0.25	0.25~0.21	0.22~0.17	0.18~0.15	0.15~0.12
	800~900	0~0.17	0.15~0.24	0.23~0.26	0.26~0.23	0.23~0.18	0.19~0.16	0.16~0.13
	1 000~1 500							
亚砂土	300~400	0~0.10	0.09~0.17	0.17~0.19	0.19~0.16	0.16~0.13	0.13~0.12	0.12~0.08
	400~500	0~0.12	0.10~0.19	0.18~0.21	0.21~0.17	0.17~0.14	0.15~0.12	0.13~0.09
	500~600	0~0.14	0.12~0.21	0.20~0.23	0.23~0.19	0.20~0.16	0.17~0.14	0.15~0.12
	600~700	0~0.16	0.15~0.22	0.21~0.25	0.25~0.22	0.23~0.19	0.19~0.16	0.17~0.14
	700~800	0~0.17	0.16~0.23	0.23~0.27	0.27~0.24	0.25~0.21	0.21~0.18	0.19~0.15
	800~900	0~0.17	0.15~0.25	0.24~0.28	0.28~0.26	0.27~0.23	0.23~0.19	0.20~0.16
	900~1 100	0~0.16	0.16~0.22	0.21~0.24	0.24~0.18	0.21~0.16	0.20~0.15	0.20~0.15
	1 100~1 300	0~0.15	0.14~0.20	0.16~0.23	0.22~0.16	0.20~0.14	0.19~0.14	0.19~0.14
粉细砂	300~400	0~0.14	0.13~0.21	0.20~0.25	0.25~0.23	0.24~0.20	0.20~0.16	0.17~0.14
	400~500	0~0.15	0.14~0.24	0.23~0.27	0.27~0.24	0.25~0.21	0.22~0.18	0.19~0.15
	500~600	0~0.18	0.17~0.25	0.24~0.28	0.28~0.25	0.26~0.22	0.23~0.19	0.20~0.16
	600~700	0~0.18	0.18~0.27	0.26~0.32	0.32~0.26	0.27~0.23	0.24~0.20	0.21~0.17
	700~800	0~0.18	0.17~0.27	0.26~0.32	0.32~0.26	0.27~0.23	0.24~0.20	0.21~0.16
	800~900	0~0.17	0.16~0.27	0.26~0.31	0.31~0.26	0.27~0.23	0.24~0.20	0.21~0.16
	1 000~1 500							

三、灌溉入渗补给系数 β 值

灌溉入渗补给系数 β 是指田间灌溉入渗补给量 h_r 与进入田间的灌水量 $h_{灌}$(渠灌时，$h_{灌}$ 为进入斗渠的水量；井灌时，$h_{灌}$ 为实际开采量)的比值。

根据兰考县张宜王、淮阳搬口的井灌回归试验和人民胜利渠的渠灌试验资料，结果见表 8-5。

表 8-5　灌溉试验成果

灌溉形式	试验地点	土壤岩性	地下水平均埋深(m)	灌水定额 (m³/hm²)	实测灌溉入渗系数 β 值
井灌	淮阳县搬口	亚砂、亚黏互层	3.0	600	0.139 8
				900	0.128
	兰考县张宜王	粉细砂	2.4	750	0.196 1
				1 050	0.240 6
渠灌	人民胜利渠西一干一支渠	亚砂土	2.03	960	0.377 1
	人民胜利渠一干五支渠	亚黏土	2.32	1 170	0.407
		亚砂土	2.19	1 350	0.323

在河南省灌溉入渗试验数据的基础上，参考《华北地区豫北地下水资源评价报告》(即"57"项)成果及邻省试验成果，经过流域管理机构协调，综合确定河南省灌溉入渗补给系数 β 值，见表 8-6。

表 8-6　河南省田间灌溉入渗系数 β 值综合成果

灌区类型	岩性	灌溉定额 (m³/(hm²·次))	不同地下水埋深的 β 值				
			1～2 m	2～3 m	3～4 m	4～6 m	>6 m
井灌	黏性土	600～750	0.20	0.18	0.15	0.13	0.10
	砂性土	600～750	0.22	0.20	0.18	0.15	0.13
渠灌	黏性土	750～1 050	0.22	0.20	0.18	0.15	0.12
	砂性土	750～1 050	0.27	0.25	0.23	0.20	0.17

注: 本表黏性土是指田间土壤以亚黏土为主，砂性土是指田间土壤以亚砂土为主。

四、渠系渗漏补给系数 m 值

渠系渗漏补给系数是指渠系渗漏补给量 $Q_{渠系}$ 与渠首引水量 $Q_{渠首引}$ 的比值，即 $m=Q_{渠系}/Q_{渠首引}$。在确定 m 值时，一般采用以下计算公式：

$$m = \gamma \cdot (1-\eta) \tag{8-1}$$

式中　γ——修正系数(无因次)；

η——渠系有效利用系数。

渠系渗漏补给系数 m 值，见表8-7。

表8-7　河南省渠系渗漏补给系数 m 值综合成果

灌区类型	η	γ	m
引黄灌区	0.5～0.6	0.3～0.4	0.12～0.20
其他一般灌区	0.45～0.55	0.35～0.45	0.16～0.20

五、潜水蒸发系数 C 值

潜水蒸发系数是指潜水蒸发量 E 与相应计算时段的水面蒸发量 E_0 的比值，即 $C=E/E_0$。经验公式为：

$$E = k \cdot E_0 \left(1 - \frac{Z}{Z_0} \right)^n \tag{8-2}$$

式中　Z——潜水埋深，m；

　　　Z_0——极限埋深，m；

　　　n——经验指数，一般为 1.0～3.0；

　　　k——修正系数，无作物 k 取 0.9～1.0，有作物 k 取 1.0～1.3；

　　　E、E_0——潜水蒸发量和水面蒸发量，mm。

根据以往五道沟、德州、太原等地水均衡试验场资料，综合确定潜水蒸发系数见表8-8、图8-3。

表8-8　潜水蒸发系数 C 值成果

岩性	有无作物	不同埋深 C 值							
		0.5 m	1.0 m	1.5 m	2.0 m	2.5 m	3.0 m	3.5 m	4.0 m
黏性土	无	0.10～0.35	0.05～0.20	0.02～0.09	0.01～0.05	0.01～0.03	0.01～0.02	0.01～0.015	0.01
	有	0.35～0.65	0.20～0.35	0.09～0.18	0.05～0.11	0.03～0.05	0.02～0.04	0.015～0.03	0.01～0.03
砂性土	无	0.40～0.50	0.20～0.40	0.10～0.20	0.03～0.15	0.03～0.10	0.02～0.05	0.01～0.03	0.01～0.03
	有	0.50～0.70	0.40～0.55	0.20～0.40	0.15～0.30	0.10～0.20	0.05～0.10	0.03～0.07	0.01～0.03

六、渗透系数 K 值

渗透系数为水力坡度等于1时的渗透速度。影响渗透系数 K 值大小的主要因素是岩性及其结构特征。确定渗透系数 K 值有抽水试验、室内仪器测定、野外同心环或试坑注水试验等方法。参考河南省部分水源地试验研究成果，并结合各种岩性的经验 K 值，确定的渗透系数成果见表8-9。

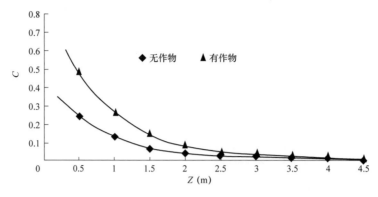

(a)黏性土潜水蒸发系数 C 与埋深 Z 关系曲线

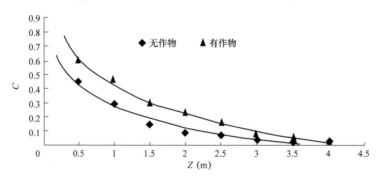

(b)砂性土潜水蒸发系数 C 与埋深 Z 关系曲线

图 8-3　不同岩性 $C \sim Z$ 关系曲线

表 8-9　渗透系数 K 值成果

岩性	K 值(m/d)	岩性	K 值(m/d)
黏土	<0.1	中细砂	8 ~ 15
亚黏土	0.1 ~ 0.25	中粗砂	15 ~ 25
亚砂土	0.25 ~ 0.50	含砾中细砂	30
粉细砂	1.0 ~ 8.0	砂砾石	50 ~ 100
细砂	5.0 ~ 10.0	砂卵砾石	100 ~ 200

第四节　浅层地下水资源评价方法

一、平原区地下水资源量计算

(一)平原区地下水资源量评价方法

本次评价的平原区地下水资源量,指近期下垫面条件下,由降水、地表水体入渗补给及侧向补给地下含水层的动态水量。评价原理采用水均衡法,用公式表示为:

$$Q_{总补}=Q_{总排}+\triangle W \tag{8-3}$$

其中：

$$Q_{总补}=P_r+Q_{地表水体补}+Q_{山前}+Q_{井归}$$

$$Q_{总排}=Q_{开采}+Q_{河排}+W_E$$

式中　$Q_{总补}$、$Q_{总排}$——多年平均地下水总补给量、地下水总排泄量；

　　　　$\triangle W$——地下水蓄变量(水位下降时为负值，水位上升时为正值)；

　　　　P_r——降水入渗补给量；

　　　　$Q_{山前}$——山前侧向补给量；

　　　　$Q_{井归}$——井灌回归补给量；

　　　　$Q_{开采}$——浅层地下水开采量；

　　　　$Q_{河排}$——河道排泄量；

　　　　W_E——潜水蒸发量；

　　　　$Q_{地表水体补}$——地表水体补给量，包括河道渗漏补给量、库塘渗漏补给量、渠系渗漏补给量、渠灌田间入渗补给量及以地表水为回灌水源的人工回灌补给量之和。

平原区地下水资源量($Q_{平原}$)等于总补给量与井灌回归补给量之差值，即

$$Q_{平原}=Q_{总补}-Q_{井归} \tag{8-4}$$

(二)补给量计算

平原区地下水补给量包括降水入渗补给量、地表水体补给量、山前侧向补给量及井灌回归补给量，其中降水入渗补给量是最主要的补给量，本次计算了 1956～2000 年共 45 年的降水入渗补给量系列，其他各项补给量计算 1980～2000 年期间的多年平均值。

1. 降水入渗补给量 P_r

降水入渗补给量 P_r 指降水渗入到土壤中并在重力作用下渗透补给地下水的水量。计算公式为：

$$P_r=10^{-1}\cdot P\cdot\alpha\cdot F \tag{8-5}$$

式中　P_r——降水入渗补给量，万 m³/a；

　　　　P——年降水量，mm；

　　　　α——降水入渗补给系数；

　　　　F——计算面积，km²。

降水量采用各计算单元 1956～2000 年逐年的面平均降水量；α 值根据地下水埋深和年降水量，从建立的相应包气带不同岩性 $P_年\sim\alpha_年\sim H_年$ 关系曲线查得，从而计算出 1956～2000 年系列及多年平均降水入渗补给量值。

计算结果：全省平原区多年平均降水入渗补给量 100.962 亿 m³/a，其中淡水区 100.508 亿 m³/a，微咸水区 0.454 亿 m³/a。

通过对河南省平原区 1956～2000 年系列降水量(P)与降水入渗补给量(P_r)建立 $P\sim P_r$ 相关关系曲线，可以发现平原区 $P\sim P_r$ 相关关系较好，相关系数一般都在 0.85 以上，且呈指数型相关，见图 8-4。由此说明，一般未知年份的降水入渗补给量，可根据降水量

值从建立的 $P \sim P_r$ 相关关系曲线上进行插补，成果精度可满足计算要求。

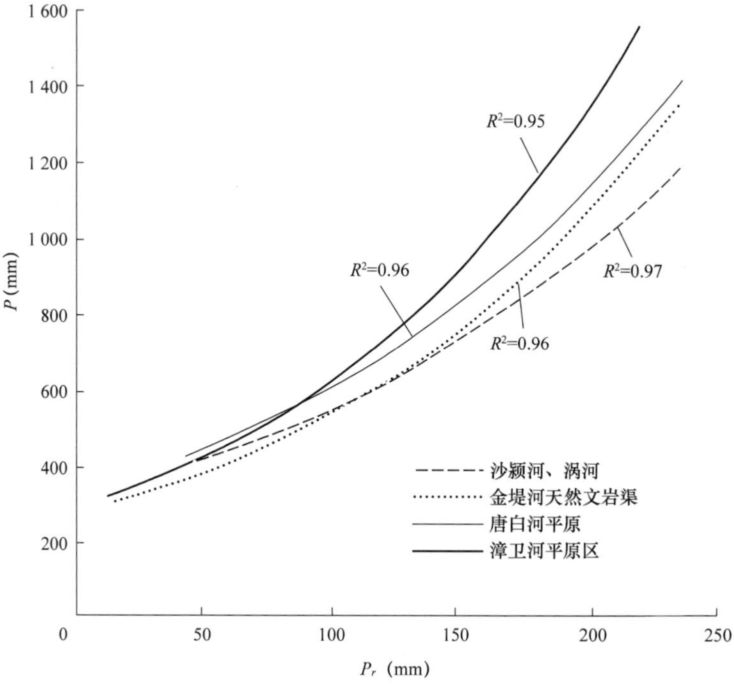

图8-4　河南省主要平原区 $P \sim P_r$ 关系曲线

2. 地表水体补给量

地表水体补给量是指河道渗漏补给量、湖库坑塘渗漏补给量、渠系渗漏补给量、渠灌田间入渗补给量及人工回灌补给量之和。

1)河流与湖库渗漏补给量

当河道水位高于河道岸边地下水水位时，河水渗漏补给地下水。采用地下水动力学法(剖面法)计算，即达西公式：

$$Q_{河补} = 10^{-4} \cdot K \cdot I \cdot A \cdot L \cdot t \tag{8-6}$$

式中　$Q_{河补}$——单侧河道渗漏补给量，万 m^3/a；

K——剖面位置不同岩性的渗透系数，m/d；

I——垂直于剖面的水力坡降(无因次)；

A——单位长度河道垂直于地下水流向的剖面面积，m^2/m；

L——河道或河段长度，m；

t——河道或河段过水(或渗漏)时间，d。

若河道或河段两岸水文地质条件类似且都有渗漏补给时，则以 $Q_{河补}$ 的2倍即为两岸的渗漏补给量。本次主要计算了黄河、伊洛河、沁河、金堤河、白河等河流渗漏补给量。

(1)黄河渗漏补给量。根据对历年黄河沿岸地下水位观测和分析，黄河北岸自孟州市城南至台前县出境，黄河水对北岸地下水形成渗漏补给；黄河南岸花园口以东至兰考县出境，黄河水对南岸地下水形成渗漏补给。

根据《黄河下游影响带地下水资源评价及可持续开发利用》(2002 年)研究成果，自武陟县黄河铁路桥以东至台前县出境，黄河水对南北两岸地下水的渗漏补给，渗漏补给影响带宽度大致为距黄河边 30~40 km，多年平均渗漏补给量为 2.484 亿 m³/a，其中对北岸补给 1.486 亿 m³/a，对南岸补给 0.998 亿 m³/a，见表 8-10。

表 8-10　武陟县黄河铁路桥以东黄河渗漏补给量计算

名称	剖面位置	剖面长度 (km)	含水层岩性	含水层厚度 (m)	含水层渗透系数 (m/d)	水力坡度 (%)	渗漏补给量 (万 m³/a)
黄河北	原阳—武陟	57.5	中细砂、粗砂	88	20	0.20	7 388
	封丘	52.5	中细砂、粗砂	56	16	0.20	3 434
	长垣	45.5	中细砂、粗砂	54	14	0.13	1 632
	濮阳	50	中细砂、粗砂	40	12	0.15	1 314
	范县—台前	80	中细砂、粗砂	25	10	0.15	1 095
	小计	285.5					14 863
黄河南	郑州	14	中细砂、粗砂	54	22	0.32	1 943
	中牟万滩	28	中细砂、粗砂	50	24	0.32	3 924
	中牟东漳滩	26.4	中细砂、粗砂	54	20	0.15	1 561
	开封	42	中细砂、粗砂	50	13	0.18	1 794
	兰考	16	中细砂、粗砂	50	13	0.20	759
	小计	126.4					9 981
合计							24 844

在武陟县黄河铁路桥以西至孟州市，由于 20 世纪 70 年代以后地下水开发利用程度加大，形成了温县—孟州漏斗区，黄河水对该地区地下水也形成了渗漏补给。根据本次分析，该地段剖面长度 71 km，含水层主要为中—粗砂，平均厚度约 20 m，渗透系数 20 m/d，平均水力坡度为 0.091%，由达西公式可得出，武陟县城以西至孟州市城南，黄河水渗漏补给量多年平均为 0.094 亿 m³/a。

根据上述分析计算，河南省境内黄河水渗漏补给量多年平均为 2.579 亿 m³/a，其中对北岸补给 1.581 亿 m³/a，对南岸补给 0.998 亿 m³/a。

(2)其他河流渗漏补给量。沁河水与地下水补排关系较为复杂。根据地下水位监测资料分析，济源境内沁河水主要补给地下水。沁阳市至武陟县境内，沁阳城区以西，地下水向沁河排泄；沁阳城区以东至入黄口，沁河水补给地下水。计算结果为：沁河渗漏补给量为 0.253 亿 m³/a，其中对沁丹河平原补给 0.179 亿 m³/a，对卫河平原补给 0.074 亿 m³/a。

伊洛河已修建了多级橡胶坝，并傍河建有城市水源地、电厂水源地等，使河水大量补给地下水。根据现有的研究成果分析，洛阳市区至白马寺一带河床渗漏量多年平均为 1.634 亿 m³/a。白马寺以下电厂水源地河道渗漏补给量为 0.364 亿 m³/a，合计伊洛河渗漏补给量为 1.998 亿 m³/a。

金堤河自道口镇以西 5 km 开始向东至省界对北岸地下水产生补给，渗漏补给量为 0.038 亿 m³/a。

白河流经南阳市区，由于城市集中开采地下水，形成漏斗区，引起白河水向西岸侧渗补给地下水。根据达西公式计算，白河对南阳市地下水的渗漏补给量为 0.257 亿 m³/a。

(3)湖、库渗漏补给量。湖、库渗漏补给量指湖、库内地表水体渗漏补给地下水，采用补给系数法：

$$Q_{河库} = \beta \cdot Q_{引} \tag{8-7}$$

式中　$Q_{河库}$——湖、库渗漏补给量，万 m³/a；

　　　β——湖、库入渗补给系数；

　　　$Q_{引}$——湖、库蓄水量，万 m³/a。

河南省平原水库宿鸭湖按多年平均蓄水量的 10% 作为渗漏水量，由此得出湖、库渗漏补给量为 0.137 亿 m³/a。

以上河流及湖库对平原区的渗漏补给量合计为 5.262 亿 m³/a。

2)渠系、渠灌田间渗漏补给量

渠系渗漏补给量和渠灌田间渗漏补给量都采用系数法计算，即

$$Q_{渠系} = m \cdot Q_{渠引} \tag{8-8}$$

$$m = \gamma \cdot (1 - \eta) \tag{8-9}$$

$$Q_{渠灌} = \beta_{渠} \cdot Q_{渠田} \tag{8-10}$$

式中　$Q_{渠系}$——渠系渗漏补给量，万 m³/a；

　　　m——渠系渗漏补给系数；

　　　$Q_{渠引}$——渠首引水量，万 m³/a；

　　　γ——修正系数；

　　　η——渠系有效利用系数；

　　　$Q_{渠灌}$——渠灌田间入渗补给量；

　　　$\beta_{渠}$——渠灌田间入渗补给系数；

　　　$Q_{渠田}$——渠灌水进入斗渠渠首水量，万 m³/a。

计算结果为：全省平原区多年平均渠系、渠灌田间渗漏补给量合计为 14.765 亿 m³/a，其中淡水区 14.576 亿 m³/a，微咸水区 0.189 亿 m³/a。

根据以上分项计算，全省平原区多年平均地表水体补给量为 19.690 亿 m³/a，其中淡水区 19.501 亿 m³/a，微咸水区 0.189 亿 m³/a。

3. 山前侧向补给量

山前侧向补给量指发生在山丘区与平原区交界面上，山丘区浅层地下水以地下水潜流形式补给平原区浅层地下水的水量。采用剖面法达西公式计算：

$$Q_{山前侧} = 10^{-4} \cdot K \cdot I \cdot A \cdot t \tag{8-11}$$

式中　$Q_{山前侧}$——山前侧向补给量，万 m³/a；

　　　K——剖面位置不同岩性的渗透系数，m/d；

　　　I——垂直于剖面的水力坡度；

A——剖面面积，m^2；

t——时间，d。

计算断面的含水层厚度和渗透系数由区域水文地质普查报告钻孔资料而确定，水力坡度采用 1980～2000 年长观井水位资料而确定，计算结果为：豫北平原太行山前侧向补给量 2.671 亿 m^3/a，豫东平原驻马店以北山前侧向补给量 0.635 亿 m^3/a，南阳盆地山前侧向补给量 0.545 亿 m^3/a，合计全省平原淡水区山前侧向补给量 3.851 亿 m^3/a。

4. 井灌回归补给量

井灌回归补给量指开采的地下水进入田间后，入渗补给地下水的水量，计算公式为：

$$Q_{井灌}=\beta_井\cdot Q_{井田} \tag{8-12}$$

式中　$Q_{井灌}$——井灌回归补给量，万 m^3/a；

$\beta_井$——井灌回归补给系数；

$Q_{井田}$——井灌开采量，万 m^3/a。

井灌开采量为 1980～2000 年期间的逐年调查统计值，计算出全省平原区多年平均井灌回归补给量 8.233 亿 m^3/a，其中淡水区 8.158 亿 m^3/a，微咸水区 0.075 亿 m^3/a。

5. 总补给量

根据上述各分项补给量的计算结果，求得全省平原区多年平均地下水总补给量为132.736 亿 m^3/a，其中淡水区 132.018 亿 m^3/a，微咸水区 0.718 亿 m^3/a，流域分区各项补给量及总补给量成果见表 8-11。

表 8-11　河南省平原区浅层地下水多年平均补给量成果　　　　（单位：亿 m^3/a）

流域	矿化度分区	降水入渗补给	地表水体补给	山前侧渗量	井灌回归量	总补给量
海河	$M{\leq}2$ g/L	6.388	3.010	2.096	1.611	13.105
	$M{>}2$ g/L	0.238	0.180		0.051	0.469
	小计	6.626	3.190	2.096	1.662	13.574
黄河	$M{\leq}2$ g/L	11.103	8.425	0.575	1.758	21.861
	$M{>}2$ g/L					
	小计	11.103	8.425	0.575	1.758	21.861
淮河	$M{\leq}2$ g/L	74.850	7.186	0.635	4.404	87.073
	$M{>}2$ g/L	0.216	0.010		0.024	0.249
	小计	75.066	7.196	0.635	4.428	87.322
长江	$M{\leq}2$ g/L	8.168	0.880	0.545	0.386	9.979
	$M{>}2$ g/L					
	小计	8.168	0.880	0.545	0.386	9.979
全省	$M{\leq}$ g/L	100.509	19.501	3.851	8.159	132.018
	$M{>}2$ g/L	0.454	0.190		0.075	0.718
	小计	100.963	19.691	3.851	8.234	132.736

(三)排泄量计算

平原区排泄量包括潜水蒸发量、河道排泄量、侧向流出量和浅层地下水实际开采量。潜水蒸发量、浅层地下水开采量本次只计算 1980～2000 年系列多年平均值，为便于计算水资源可利用总量，河道排泄量则进行逐年计算。计算区补给项中侧向流入量与排泄项中侧向流出量基本相等，且属于水资源量中的重复计算量，故平原区侧向流出量本次不予考虑。

1. 潜水蒸发量

潜水蒸发量是指潜水在毛细管力作用下，通过包气带岩土向上运动形成的蒸发量。采用系数法计算，即

$$W_E = E \cdot F = 10^{-1} E_0 CF \tag{8-13}$$

式中　W_E——潜水蒸发量，万 m^3/a；

　　　E——潜水蒸发量，mm/a；

　　　E_0——水面蒸发量，采用 E601 型蒸发器的观测值，mm/a；

　　　C——潜水蒸发系数；

　　　F——计算面积，km^2。

计算结果为：全省平原区多年平均潜水蒸发量 41.458 亿 m^3/a，其中淡水区 41.384 亿 m^3/a，微咸水区 0.074 亿 m^3/a。

2. 地下水实际开采量

地下水实际开采量是通过各市、县调查统计得出，再分配到各计算区。经统计分析，20 世纪 70 年代以来，河南省地下水开采量增加趋势非常明显，70 年代平均 63 亿 m^3，80 年代平均 86 亿 m^3，90 年代增加到 112 亿 m^3，其中特旱年 1997 年开采量达 137 亿 m^3。按分类统计，农业灌溉开采量最大，但 80 年代中期以后，工业与生活开采量大幅度增加，个别年份已接近农业灌溉开采量(见图 8-5)。河南省平原区地下水可开采量模数分区图见附图 21。

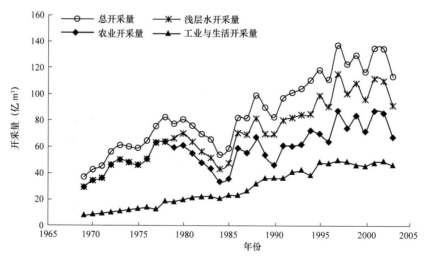

图 8-5　河南省地下水开采量变化

1980～2000 年全省多年平均地下水开采量为 105.80 亿 m³/a，其中平原区浅层水开采 74.25 亿 m³/a，承压水开采 11.30 亿 m³/a，山丘区开采 20.25 亿 m³/a。平原区浅层水开采量中，淡水区 73.608 亿 m³/a，微咸水区 0.641 亿 m³/a。

3. 河道排泄量

河道排泄量是指河水位低于两岸地下水位时，地下水向河道排泄的水量。一般可采用剖面法达西公式计算，在有条件的区域也可用单站基流分割类比法。

许昌市—商丘市以北的平原区，由于近些年地下水埋深普遍较大，大部分年份没有河道排泄量；在许昌市—商丘市以南平原区、南阳盆地和部分河谷平原，地下水埋深相对较小，还有河道排泄量。

本次主要采用单站基流分割类比法，求得全省平原淡水区多年平均河道排泄量为18.30 亿 m³/a，微咸水区无河道排泄量。

由降水入渗补给地下水而形成的河道排泄量，是水资源总量中重复水量的一部分，为便于计算水资源总量系列，本次将其单独列出，并逐年计算，采用公式如下：

$$Q_{降排} = Q_{河排} \cdot \frac{P_r}{Q_总}$$ (8-14)

式中　$Q_{降排}$——降水入渗补给地下水形成的河道排泄量；

　　　$Q_{河排}$——河道排泄量；

　　　P_r——降水入渗补给地下水量；

　　　$Q_总$——浅层地下水总补给量。

全省由降水入渗补给地下水形成的平原河道排泄量淡水为 15.724 亿 m³/a，微咸水区为 0。

4. 总排泄量

根据上述计算结果，全省平原区多年平均地下水总排泄量为 134.006 亿 m³/a，其中淡水区 133.292 亿 m³/a，微咸水区 0.714 亿 m³/a，流域分区各项排泄量及总排泄量成果见表 8-12。

表 8-12　河南省平原区浅层地下水多年平均排泄量成果　　（单位：亿 m³/a）

流域	矿化度分区	潜水蒸发	浅层水开采	平原河道排泄	总排泄量
海河	$M \leq 2$ g/L	0.705	13.533		14.238
	$M > 2$ g/L	0.039	0.452		0.491
	小计	0.745	13.984		14.729
黄河	$M \leq 2$ g/L	6.136	15.720	0.447	22.303
	$M > 2$ g/L				
	小计	6.136	15.720	0.447	22.303
淮河	$M \leq 2$ g/L	33.508	39.354	14.686	87.548
	$M > 2$ g/L	0.035	0.189		0.223
	小计	33.542	39.543	14.686	87.772

续表 8-12

流域	矿化度分区	潜水蒸发	浅层水开采	平原河道排泄	总排泄量
长江	$M \leqslant 2$ g/L	1.035	5.001	3.166	9.202
	$M > 2$ g/L				
	小计	1.035	5.001	3.166	9.202
全省	$M \leqslant 2$ g/L	41.384	73.608	18.300	133.292
	$M > 2$ g/L	0.074	0.641		0.714
	小计	41.458	74.248	18.300	134.006

(四)平原区地下水均衡计算

1. 浅层地下水蓄变量

浅层地下水蓄变量是指计算区初时段与末时段浅层地下水储存量的差值。采用公式:

$$\Delta W = 10^2 \cdot (h_2 - h_1) \cdot \mu \cdot F / t \tag{8-15}$$

式中　ΔW——浅层地下水蓄变量,万 m^3/a;

　　　h_1——计算时段初地下水埋深,m;

　　　h_2——计算时段末地下水埋深,m;

　　　μ——浅层地下水变幅带给水度;

　　　F——计算面积,km^2;

　　　t——计算时段长,a。

本次采用全省 1 400 余眼地下水长观井资料,计算出 1980～2000 年期间平原区浅层水总蓄变量为-80.24 亿 m^3,表明河南省平原区 21 年间地下水储存量总共减少了 80.24 亿 m^3,平均每年减少 3.821 亿 m^3,其中淡水区年均减少 3.799 亿 m^3,微咸水区年均减少 0.022 亿 m^3。

2. 浅层地下水水均衡分析

浅层地下水水均衡指平原区多年平均地下水总补给量 $Q_{总补}$、总排泄量 $Q_{总排}$、蓄变量 ΔW 三者之间的平衡关系。用公式表示为:

$$Q_{总补} - Q_{总排} \pm \Delta W = X \tag{8-16}$$

$$\delta = \frac{X}{Q_{总补}} \times 100\% \tag{8-17}$$

式中　X——绝对均衡差,万 m^3;

　　　δ——相对均衡差,%。

当 $|X|$ 值或 $|\delta|$ 值较小时,可近似判断为 $Q_{总补}$、$Q_{总排}$、ΔW 三项计算成果的计算误差较小,计算精度较高;反之,则表明计算误差较大,计算精度较低。

通过计算分析,全省平原区相对均衡差为 1.9%,其中海河、黄河、淮河、长江四大流域分别为-0.3%、1.6%、1.5%、9.4%,见表 8-13。从流域三级区水均衡来看,大部分区域的相对均衡差绝对值都小于 10%,仅个别区域在 10%～20% 之间,符合《技术细则》要求。

表8-13 河南省平原区多年平均浅层地下水均衡分析 (单位: 万 m³/a)

流域分区		总补给量	总排泄量	地下水年均蓄变量	绝对均衡差	相对均衡差(%)
海滦河流域	漳卫河平原区	118 833	126 597	−8 270	506	0.4
	徒骇马颊河区	16 906	20 692	−2 915	−871	−5.2
	小计	135 739	147 289	−11 185	−365	−0.3
黄河流域	龙门—三门峡干流区间	2 419	2 995	−278	−297	−12.3
	小浪底—花园口干流区间	19 610	21 102	−1 582	90	0.5
	伊洛河	44 098	42 259	−656	2 495	5.7
	沁丹河区	18 476	22 943	−956	−3 511	−19.0
	金堤河天然文岩渠	117 245	115 594	−4 170	5 821	5.0
	花下黄河内滩	16 758	18 141	−236	−1 147	−6.8
	小计	218 606	223 034	−7 878	3 451	1.6
淮河流域	王蚌区间南岸史灌河区	32 993	33 366	−223	−150	−0.5
	王家坝以上南岸区	61 043	64 968	−338	−3 587	−5.9
	王家坝以上北岸区	209 560	212 479	−2 352	−567	−0.3
	王蚌区间北岸沙颍河、涡河	478 982	478 059	−10 718	11 641	2.4
	蚌洪区间北岸涡东诸河区	72 680	72 660	−2 552	2 572	3.5
	南四湖湖西区	17 963	16 184	−1 383	3 162	17.6
	小计	873 221	877 716	−17 566	13 071	1.5
长江流域	唐白河区	99 792	92 018	−1 581	9 354	9.4
全省平原合计		1 327 360	1 340 057	−38 209	25 511	1.9

二、山丘区地下水资源量计算

(一)山丘区地下水资源量评价方法

山丘区的地下水资源量,也就是山丘区的降水入渗补给量。山丘区补给量一般根据排泄法来计算,即采用排泄量之和作为山丘区地下水资源量。山丘区排泄量包括河川基流量、山前泉水溢出量、山前侧向流出量、地下水实际开采净消耗量和潜水蒸发量。其中,山前泉水溢出量指出露于山丘与平原交界处附近,未计入河川径流量的泉水,因其数量不大,本次未进行调查统计;山丘区潜水蒸发量指划入山丘区中的小山间河谷平原的浅层地下水蒸发量,也因其数量不大,本次未予考虑。因此,山丘区地下水资源量采用下式计算:

$$Q_山 = Q_{基流} + Q_{山前侧} + W_{净耗} \tag{8-18}$$

式中 $Q_山$——山丘区地下水资源量;

$Q_{基流}$——河川基流量；

$Q_{山前侧}$——山前侧向流出量；

$W_{净耗}$——地下水实际开采净消耗量。

(二)排泄量计算

1. 河川基流量

河川基流量是山丘区最主要的排泄量，本次采用分割河川径流过程线的方法来计算，具体步骤如下。

1)水文站的选用

计算河川基流量的水文站应符合下列要求：具有 1980～2000 年比较完整、连续的逐日径流量观测资料；所控制的流域闭合，地表水与地下水的分水岭基本一致；单站的控制流域面积宜介于 300～5 000 km² 之间；按地形地貌、水文气象、植被和水文地质条件，选择各种有代表性的水文站；不能选用上游建有水库集水面积超过 20%的水文站。

根据以上原则，全省山丘区共选用 15 个水文站，其中，海河、黄河、淮河、长江四大流域分别有 1、3、7、4 个水文站。基本情况见表 8-14。

表 8-14　河南省山丘区切割基流站统计

选　用　基　流　分　割　站			实际切割年数 (1980～2000 年期间)	多年平均河川基流模数 (万 m³/km²)	多年平均基径比	单站控制的山丘区类型
水文站名称	集水面积 (km²)	所属水资源分区				
		一级	三级			
新村	2 118	海河	漳卫河山区	21	10.59	0.78	岩溶山区
济源	480	黄河	小浪底—花园口干流区间	21	7.21	0.47	岩溶山区与一般山区各占一半
卢氏	4 623		伊洛河	21	9.32	0.45	一般山丘区
栾川	340			21	11.12	0.41	
告成	627	淮河	王蚌区间北岸	21	4.63	0.40	
中汤	485			21	7.08	0.16	
官寨	1 124			21	5.56	0.20	
紫罗山	1 800			21	5.84	0.25	
长台关	3 090		王家坝以上南岸区	10	10.86	0.28	
竹竿铺	1 639			17	13.30	0.23	
新县	274			10	17.00	0.26	
社旗	1 044	长江	唐白河区	11	7.50	0.37	
白土岗	1 118			13	9.09	0.23	
平氏	748			10	6.75	0.20	
西峡	3 418		丹江口以上区	11	5.85	0.25	
合计	22 928			250 站年			

2)单站 1956～2000 年系列河川基流计算

本次对所选单站 1980～2000 年系列实测逐日河川径流过程线,采用直线斜割法进行河川基流计算,并将逐年各时段的河川径流还原水量按基径比还原到河川基流量中,即为天然河川基流量。

在单站 1980～2000 年系列的河川基流量分割成果的基础上,建立该站河川径流量(R)与天然河川基流量(R_g)的关系曲线,即 $R\sim R_g$ 关系曲线,再根据该站 1956～2000 年系列的河川径流量,从 $R\sim R_g$ 关系曲线中分别查算各年的河川基流量。

单站基流分割结果见表 8-14,典型单站 $R\sim R_g$ 关系曲线见图 8-6。

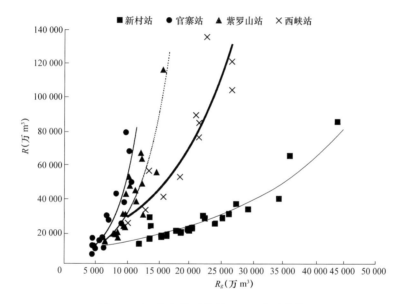

图 8-6　河南省典型单站 $R\sim R_g$ 关系曲线

3)分区 1956～2000 年系列河川基流量计算

根据选用单站的 1956～2000 年逐年的河川基流模数和基径比成果,根据地形地貌、水文气象、植被、水文地质条件类似区域 1956～2000 年逐年的河川基流模数或基径比,用类比法确定计算未控区和分区 1956～2000 年逐年的河川基流量系列,用下式计算:

$$R_g=\sum M_i\cdot F_i \quad 或 \quad R_g=K_i\cdot W_{i径流} \tag{8-19}$$

式中　R_g——分区河川基流量,万 m^3/a;

　　　M_i——计算区选用水文站基流模数,万 $m^3/(a\cdot km^2)$;

　　　F_i——计算分区面积,km^2。

　　　K_i——计算区选用水文站的基径比;

　　　$W_{i径流}$——计算区径流量,万 m^3/a。

根据以上方法,得出全省山丘区河川基流量为 65.210 亿 m^3,其中一般山丘区 56.289 亿 m^3,岩溶山丘区 8.921 亿 m^3。

2. 山前侧向流出量

山前侧向流出量即平原区山前侧向补给量，前面已作计算，全省为 3.851 亿 m³/a。

3. 浅层地下水实际开采量、开采净消耗量

从实际开采量中扣除用水过程中回归补给地下水量，即为开采净消耗量。经调查统计和分析计算，全省山丘区多年平均地下水实际开采量为 20.249 亿 m³/a，开采净消耗量 14.048 亿 m³/a。

三、分区地下水资源量计算

计算分区 1980～2000 年多年平均地下水资源量采用下式计算：

$$Q_{资}=P_{r\,山}+Q_{平资}-Q_{侧补}-Q_{基补} \qquad (8-20)$$

式中　$Q_{资}$——计算分区近期多年平均地下水资源量；

　　　$P_{r\,山}$——山丘区多年平均地下水资源量(多年平均降水入渗补给量)；

　　　$Q_{平资}$——平原区多年平均地下水资源量；

　　　$Q_{侧补}$——平原区多年平均山前侧向补给量；

　　　$Q_{基补}$——平原区河川基流量形成的多年平均地表水体补给量。

在分区地下水资源量计算公式中，$Q_{侧补}+Q_{基补}$ 就是山区与平原之间地下水的重复计算量。经计算，全省山区与平原之间地下水的重复计算量为 11.615 亿 m³/a，其中淡水区 11.527 亿 m³/a，微咸水区 0.088 亿 m³/a。

第五节　浅层地下水资源量

一、平原区地下水资源量

根据平原区地下水资源量评价方法和补给量计算成果，全省平原区地下水资源量为 124.503 亿 m³/a，其中淡水区 123.860 亿 m³/a，微咸水区 0.643 亿 m³/a。按补给项分类，全省平原区地下水资源量中，降水入渗补给量为 100.962 亿 m³/a，约占 81%；地表水体补给量为 19.690 亿 m³/a，约占 16%；山前侧渗补给量为 3.851 亿 m³/a，仅占 3%，见图 8-7。各行政分区、流域分区成果见表 8-15、表 8-16。

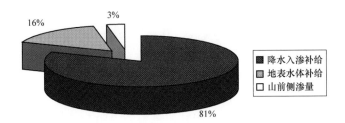

图 8-7　河南省平原区地下水资源量构成图

表 8-15 河南省行政区平原浅层地下水资源量成果

(单位：万 m³/a)

行政区名称	淡水区(M≤2 g/L)				微咸水区(M>2 g/L)				分区合计			
	降水入渗补给	地表水体补给	山前侧渗量	平原区地下水资源量	降水入渗补给	地表水体补给	山前侧渗量	平原区地下水资源量	降水入渗补给	地表水体补给	山前侧渗量	平原区地下水资源量
安阳市	27 325	4 909	9 038	41 272	145	32		177	27 469	4 942	9 038	41 449
鹤壁市	8 053	988	3001	12 042					8 053	988	3 001	12 042
濮阳市	35 421	15 722		51 143					35 421	15 722		51 143
新乡市	56 099	45 135	5 560	106 794	1 771	1 442		3 212	57 870	46 577	5 560	110 007
焦作市	21 571	16 229	5 948	43 747	469	321		790	22 040	16 550	5 948	44 538
济源市	3 304	2 721	3 163	9 188					3 304	2 721	3 163	9 188
三门峡市	2 244			2 244					2 244			2 244
洛阳市	15 410	26 685		42 095					15 410	26 685		42 095
郑州市	22 493	14 774	590	37 857					22 493	14 774	590	37 857
开封市	70 490	12 509		82 999	396	76		472	70 886	12 585		83 471
商丘市	125 583	2 470		128 052	1 760	19		1 779	127 342	2 489		129 831
许昌市	36 369	2 987	2 487	41 843					36 369	2 987	2 487	41 843
平顶山市	26 580	1 419	724	28 723					26 580	1 419	724	28 723
漯河市	36 244	1 521		37 765					36 244	1 521		37 765
周口市	161 452	9 703		171 155					161 452	9 703		171 155
驻马店市	168 633	5 953	2 547	177 133					168 633	5 953	2 547	177 133
信阳市	107 838	22 620		130 458					107 838	22 620		130 458
南阳市	79 972	8 667	5 452	94 091					79 972	8 667	5 452	94 091
全省合计	1 005 079	195 012	38 510	1 238 601	4 540	1 890		6 431	1 009 619	196 902	38 510	1 245 032

表 8-16　河南省流域分区平原浅层地下水资源量成果

（单位：万 m³/a）

水资源分区名称			淡水区（M≤2 g/L）				微咸水区（M>2 g/L）				分区合计			
一级分区	二级分区	三级分区	降水入渗补给	地表水体补给	山前侧渗量	平原区地下水资源量	降水入渗补给	地表水体补给	山前侧渗量	平原区地下水资源量	降水入渗补给	地表水体补给	山前侧渗量	平原区地下水资源量
海河流域	海河南系	漳卫河平原区	51 917	28 277	20 963	101 157	2 384	1 795		4 180	54 301	30 073	20 963	105 336
	徒骇马颊河	徒骇马颊河区	11 960	1 824		13 784					11 960	1 824		13 784
		流域合计	63 877	30 101	20 963	114 941	2 384	1 795		4 180	66 261	31 897	20 963	119 120
黄河流域	龙门—三门峡	龙门—三门峡干流区间	2 244			2 244					2 244			2 244
	三门峡—花园口	小浪底—花园口干流区	9 623	5 719	2 185	17 527					9 623	5 719	2 185	17 527
		伊洛河	14 902	27 684		42 586					14 902	27 684		42 586
		沁丹河区	7 336	5 189	3 562	16 087					7 336	5 189	3 562	16 087
		小　计	31 861	38 592	5 747	76 200					31 861	38 592	5 747	76 200
	花园口以下	金堤河天然文岩渠	64 199	42 805		107 004					64 199	42 805		107 004
		花园口以下干流区间	12 724	2 857		15 581					12 724	2 857		15 581
		小　计	76 923	45 662		122 585					76 923	45 662		122 585
		流域合计	111 029	84 254	5 747	201 030					111 029	84 254	5 747	201 030
淮河流域	淮河上游	王家坝以上南岸区	47 757	13 092		60 849					47 757	13 092		60 849
		王家坝以上北岸区	192 701	9 091	3 271	205 063					192 701	9 091	3 271	205 063
		小　计	240 458	22 183	3 271	265 912					240 458	22 183	3 271	265 912
	淮河中游	王蚌区间南岸	26 598	6 255		32 853					26 598	6 255		32 853
		王蚌区间北岸	400 070	40 316	3 077	443 463	2 156	95		2 251	402 226	40 411	3 077	445 714
		蚌洪区间北岸	66 665	1 427		68 092					66 665	1 427		68 092
		小　计	493 333	47 998	3 077	544 408	2 156	95		2 251	495 489	48 093	3 077	546 659
	沂沭泗河	南四湖湖西区	14 703	1 674		16 377					14 703	1 674		16 377
		流域合计	748 495	71 855	6 348	826 698	2 156	95		2 251	750 651	71 950	6 348	828 949
长江流域	汉江区	唐白河区	81 679	8 802		95 933					81 679	8 802		95 933
		全省合计	1 005 079	195 012	38 510	1 238 601	4 540	1 890		6 431	1 009 619	196 902	38 510	1 245 032

二、山丘区地下水资源量

根据山丘区地下水资源量评价方法和排泄量计算结果，全省山丘区地下水资源量为83.109 亿 m³/a，其中一般山丘区 68.383 亿 m³/a，岩溶山丘区 14.726 亿 m³/a。按排泄项分类，全省山丘区地下水资源量中，河川基流量为 65.210 亿 m³/a，约占 78%；开采净耗量为 14.048 亿 m³/a，约占 17%；山前侧渗量为 3.851 亿 m³/a，仅占 5%，见图 8-8。各行政分区、流域分区成果见表 8-17、表 8-18。

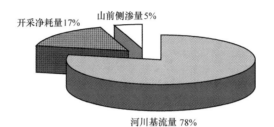

图 8-8　河南省山丘区地下水资源量构成

表 8-17　河南省行政区山丘区地下水资源量成果　　　　　　(单位：万 m³/a)

分区名称	河川基流量	山前侧渗量	开采净耗量	山丘区水资源量
安阳市	22 117	9 038	8 994	40 149
鹤壁市	4 815	3 001	4 716	12 532
濮阳市				
新乡市	11 326	5 560	10 504	27 390
焦作市	7 788	5 948	8 564	22 300
济源	8 998	3 163	924	13 085
三门峡市	62 336		6 162	68 498
洛阳市	97 336		17 805	115 141
郑州市	32 036	590	44 224	76 850
开封市				
商丘市				
许昌市	11 452	2 487	9 451	23 390
平顶山市	40 788	724	10 334	51 846
漯河市				
周口市				
驻马店市	32 974	2 547	2 657	38 178
信阳市	164 655		5 640	170 295
南阳市	155 480	5 452	10 509	171 441
全省合计	652 100	38 510	140 483	831 093

表 8-18　河南省流域区山丘区地下水资源量成果　　　　　　(单位：万 m³/a)

二级分区	三级分区	河川基流量	山前侧渗量	开采净耗量	山丘区水资源量
海河南系	漳卫河山区	42 989	20 963	31 345	95 297
海河流域合计		42 989	20 963	31 345	95 297
龙门—三门峡	龙门—三门峡干流区间	22 696		4 186	26 882
三门峡—花园口	三门峡—小浪底干流区间	12 129		771	12 900
	小浪底—花园口干流区间	8 048	2 185	8 432	18 665
	伊洛河	107 698		21 597	129 295
	沁丹河区	3 576	3 562	1 223	8 361
黄河流域合计		154 147	5 747	36 210	196 104
淮河上游	王家坝以上南岸区	139 042		4 365	143 407
	王家坝以上北岸区	25 481	3 271	604	29 356
淮河中游	王蚌区间南岸史灌河区	33 138		1 510	34 648
	王蚌区间北岸	95 462	3 077	55 231	153 770
淮河流域合计		293 123	6 348	61 711	361 182
汉江区	丹江口以上区	52 907		2 961	55 868
	丹江口以下区	2 798		980	3 778
	唐白河区	98 997	5 452	7 276	111 725
武汉—湖口区间	武汉—湖口区间左岸	7 140			7 140
长江流域合计		161 842	5 452	11 217	178 511
全省合计		652 100	38 510	140 483	831 093

三、分区地下水资源量

根据分区地下水资源量计算方法及平原区、山丘区地下水资源量计算结果，1980～2000 年全省多年平均地下水资源量为 195.997 亿 m³/a，其中山丘区 83.109 亿 m³/a，平原区 124.503 亿 m³/a，山丘区与平原之间地下水的重复计算量 11.615 亿 m³/a。按矿化度分区，全省淡水区地下水资源量为 195.443 亿 m³/a(其中矿化度≤1g/L 为 184.77 亿 m³/a，矿化度 1～2 g/L 为 10.67 亿 m³/a)，微咸水区地下水资源量为 0.555 亿 m³/a。各行政分区、流域分区成果见表 8-19、表 8-20。

表 8-19 河南省行政区浅层地下水资源量成果

(单位：万 m³/a)

地级行政区名称	淡水区(M≤2 g/L)				微咸水区(M>2 g/L)			分区合计				
	山丘区地下水资源量	平原区地下水资源量	平原区与山丘区之间地下水重复量	分区地下水资源量	平原区地下水资源量	平原区与山丘区之间地下水重复量	分区地下水资源量	山丘区地下水资源量	平原区地下水资源量	平原区与山丘区之间地下水重复量	分区地下水资源量	地下水与地表水重复计算量
安阳市	40 149	41 272	11 888	69 533	177	19	157	40 149	41 449	11 907	69 690	24 189
鹤壁市	12 532	12 042	3 603	20 971				12 532	12 042	3 603	20 971	5 201
濮阳市		51 143	6 965	44 178					51 143	6 965	44 178	8 757
新乡市	27 390	106 794	25 825	108 358	3 212	665	2 547	27 390	110 007	26 490	110 906	36 973
焦作市	22 300	43 747	13 470	52 577	790	147	644	22 300	44 538	13 617	53 221	16 669
济源市	13 085	9 188	4 442	17 831				13 085	9 188	4 442	17 831	10 440
三门峡市	68 498	2 244		70 742				68 498	2 244		70 742	62 336
洛阳市	115 141	42 095	11 474	145 762				115 141	42 095	11 474	145 762	114 325
郑州市	76 850	37 857	7 122	107 585				76 850	37 857	7 122	107 585	40 278
开封市		82 999	5 542	77 457	472	42	430		83 471	5 584	77 887	7 001
商丘市		128 052	866	127 186	1 779	11	1 768		129 831	877	128 955	9 084
许昌市	23 390	41 843	3 332	61 901				23 390	41 843	3 332	61 901	13 595
平顶山市	51 846	28 723	1 012	79 557				51 846	28 723	1 012	79 557	49 831
漯河市		37 765	274	37 491					37 765	274	37 491	7 607
周口市		171 155	1 970	169 185					171 155	1 970	169 185	33 701
驻马店市	38 178	177 133	3 768	211 543				38 178	177 133	3 768	211 543	78 618
信阳市	170 295	130 458	5 946	294 807				170 295	130 458	5 946	294 807	222 882
南阳市	171 441	94 091	7 766	257 766				171 441	94 091	7 766	257 766	187 116
全省合计	831 093	1 238 601	115 265	1 954 429	6 431	884	5 546	831 093	1 245 032	116 149	1 959 975	928 604

表 8-20 河南省流域分区浅层地下水资源量成果

（单位：万 m³/a）

水资源分区名称		淡水区(M≤2 g/L)				微咸水区(M>2 g/L)			分区合计				
二级分区	三级分区	山丘区地下水资源量	平原区地下水资源量	平原区与山丘区之间地下水重复量	分区地下水资源量	平原区地下水资源量	平原区与山丘区之间地下水重复量	分区地下水资源量	山丘区地下水资源量	平原区地下水资源量	平原区与山丘区之间地下水重复量	分区地下水资源量	地下水与地表水重复计算量
海河南系	漳卫河山丘区	95 297			95 297				95 297			95 297	42 989
	漳卫河平原区		101 157	34 714	66 442	4 180	831	3 348		105 336	35 546	69 791	15 490
	二级分区小计	95 297	101 157	34 714	161 740	4 180	831	3 348	95 297	105 336	35 546	165 088	58 479
徒骇马颊河	徒骇马颊河区		13 784	808	12 976					13 784	808	12 976	1 016
海河流域合计		95 297	114 941	35 522	174 716	4 180	831	3 348	95 297	119 120	36 354	178 064	59 495
龙门—三门峡	龙门—三门峡干流区	26 882	2 244		29 126				26 882	2 244		29 126	22 696
三门峡—花园口	三门峡—小浪底干流区	12 901			12 901				12 901			12 901	12 129
	小浪底—花园口干流区	18 665	17 527	4 870	31 322				18 665	17 527	4 870	31 322	11 082
	伊洛河	129 295	42 586	11 904	159 978				129 295	42 586	11 904	159 978	125 257
	沁丹河区	8 361	16 087	6 001	18 447				8 361	16 087	6 001	18 447	6 326
	二级分区小计	169 222	76 200	22 775	222 647				169 222	76 200	22 775	222 647	154 794
花园口以下	金堤河天然文岩渠		107 004	18 962	88 042					107 004	18 962	88 042	23 843
	花园口以下干流区		15 581	1 266	14 315					15 581	1 266	14 315	1 591
	二级分区小计		122 585	20 228	102 357					122 585	20 228	102 357	25 434
黄河流域合计		196 104	201 030	43 003	354 131				196 104	201 030	43 003	354 131	202 924

续表 8-20

| 水资源分区名称 | | 淡水区（M≤2 g/L） | | | | 微咸水区（M>2 g/L） | | | 分区合计 | | | | |
二级分区	三级分区	山丘区地下水资源量	平原区地下水资源量	平原区与山丘区之间地下水重复量	分区地下水资源量	平原区地下水资源量	平原区与山丘区之间地下水重复量	分区地下水资源量	山丘区地下水资源量	平原区地下水资源量	平原区与山丘区之间地下水重复量	分区地下水资源量	地下水与地表水重复计算量
淮河上游	王家坝以上南岸区	143 407	60 849	3 404	200 853				143 407	60 849	3 404	200 853	170 328
淮河上游	王家坝以上北岸区	29 356	205 063	5 378	229 041				29 356	205 063	5 378	229 041	78 562
淮河上游	二级分区小计	172 763	265 912	8 782	429 893				172 763	265 912	8 782	429 893	248 890
淮河中游	王蚌区间南岸	34 648	32 853	1 626	65 875				34 648	32 853	1 626	65 875	48 929
淮河中游	王蚌区间北岸	153 771	443 463	17 390	579 844	2 251	53	2 198	153 771	445 714	17 443	582 042	164 815
淮河中游	蚌洪区间北岸		68 092	404	67 688					68 092	404	67 688	8 494
淮河中游	二级分区小计	188 419	544 408	19 420	713 407	2 251	53	2 198	188 419	546 659	19 473	715 605	222 238
沂沭泗河	南四湖湖西区		16 377	742	15 636					16 377	742	15 636	932
淮河流域合计		361 182	826 698	28 943	1 158 936	2 251	53	2 198	361 182	828 949	28 996	1 161 134	472 061
汉江区	丹江口以上区	55 867			55 867				55 867			55 867	52 907
汉江区	丹江口以下区	3 778			3 778				3 778			3 778	2 798
汉江区	唐白河区	111 725	95 933	7 796	199 861				111 725	95 933	7 796	199 861	131 279
汉江区	二级分区小计	171 370	95 933	7 796	259 506				171 370	95 933	7 796	259 506	186 984
武汉—湖口区间左岸	武汉—湖口区间左岸	7 140			7 140				7 140			7 140	7 140
长江流域合计		178 510	95 933	7 796	266 647				178 510	95 933	7 796	266 647	194 124
全省合计		831 093	1 238 601	115 265	1 954 429	6 431	884	5 546	831 093	1 245 032	116 149	1 959 975	928 604

四、地下水资源量分布特征

地下水资源量主要受水文气象、地形地貌、水文地质、植被、水利工程等因素的影响，其区域分布一般采用模数表示。为了反映近期下垫面条件下的地下水资源量分布特征，本次评价按地下水资源量模数分布情况，分别绘制了河南省地下水资源量模数分区图(附图 22)、降水入渗补给量模数分区图(见附图 23)、地下水总补给量模数分区图(见附图 24)。

(一)山丘区地下水资源分布特征

淮河干流以北，一般山丘区的地下水资源量模数基本上都在 5 万~10 万 m^3/km^2 之间，总趋势是南部大、北部小。岩溶山区地下水资源量主要受岩溶发育程度的影响，在豫北鹤壁、新乡、焦作的太行山一带岩溶发育程度高，地下水资源量相对较丰富，模数在 20 万~25 万 m^3/km^2 之间；郑州以西的荥阳、新密至汝州一带，岩溶发育程度一般，其岩溶区的地下水资源量模数在 15 万~20 万 m^3/km^2 之间；其他岩溶山区的地下水资源量模数在 10 万~15 万 m^3/km^2 之间。

淮河干流以南的山区均属一般山区，因降水量较大，其地下水资源量模数高于淮河干流以北的一般山丘区，模数值在 10 万~15 万 m^3/km^2 之间。

(二)平原区地下水资源分布特征

平原区地下水资源量模数总的变化趋势仍然是南部大、北部小。淮河干流以南平原区，因年降水量较大，地下水资源量模数一般在 20 万~25 万 m^3/km^2 之间，局部达 25 万~30 万 m^3/km^2。

北汝河、沙颍河以南至淮干之间平原区，地下水资源量模数一般在 15 万~20 万 m^3/km^2 之间，洪汝河两岸模数在 20 万~25 万 m^3/km^2 之间，周口以南的商水、项城一带模数在 10 万~15 万 m^3/km^2 之间。

豫东平原中部的许昌—商丘一带，地下水资源量模数一般在 10 万~15 万 m^3/km^2 之间。

黄河两岸地区，由于大量引黄灌溉，使其模数比邻近平原区要大些，地下水资源量模数一般在 15 万~20 万 m^3/km^2 之间，局部为 10 万~15 万 m^3/km^2，其中郑州与开封之间因表层土以粉细砂居多，模数达 20 万~25 万 m^3/km^2。

豫北濮清南漏斗区、豫东南四湖东部及豫西三门峡河谷地区，因地下水埋深大，降水入渗补给缓慢，故地下水资源模数较小，介于 5 万~10 万 m^3/km^2 之间。

南阳盆地地下水资源量模数大部分在 15 万~20 万 m^3/km^2 之间；南阳市区北面及社旗以东山前平原模数较大，分别为 25 万~30 万 m^3/km^2、20 万~25 万 m^3/km^2；盆地西部及唐河下游地下水资源模数较小，介于 10 万~15 万 m^3/km^2。

在洛阳市以东伊洛河河谷及沁阳以上沁河两岸，因河道渗漏补给量很大，地下水资源量模数高达 30 万~50 万 m^3/km^2，属全省地下水资源最丰富的地带。

五、地下水资源量评价成果合理性分析

(一)主要水文地质参数的合理性分析

地下水资源评价最主要的参数是降水入渗补给系数 α 值和给水度 μ 值。第一次评价

仅计算了多年平均 α 值；本次采用了 1980 ~ 2000 年期间的水文资料计算逐年降水入渗补给系数 α 值，并根据不同降水量、不同地下水年均埋深值，结合均衡试验场分析研究成果，建立了不同岩性的 $P_{年} \sim \alpha_{年} \sim H_{年}$ 关系曲线，因此本次确定的参数 α 值较合理。

本次给水度的计算采用地下水水位动态观测资料，用图解法求 μ 值，还通过收集部分水源地抽水试验法、筒测法等求给水度 μ 值，与第一次评价所确定的包气带不同岩性的给水度 μ 值基本一致。

(二)地下水资源量的合理性分析

本次评价的全省地下水资源量 196.0 亿 m^3，与第一次评价的全省资源量 204.68 亿 m^3 相比，减少了 8.68 亿 m^3，即偏少 4.2%，其中平原区的地下水资源量减少了 25.17 亿 m^3，山丘区的地下水资源量增加了 15.94 亿 m^3，见表 8-21、图 8-9 ~ 图 8-11。

表 8-21　河南省流域分区地下水资源量成果对比　　　　(单位：亿 m^3)

评价系列	流域一级区	山丘区地下水资源量	平原区地下水资源量	平原区与山丘区之间地下水重复量	分区地下水资源量	地下水与地表水重复计算量
本次评价 (1980 ~ 2000 年)	海河流域	9.53	11.91	3.63	17.81	5.95
	黄河流域	19.61	20.10	4.30	35.41	18.29
	淮河流域	36.12	82.90	2.90	116.12	47.21
	长江流域	17.85	9.59	0.78	26.66	19.41
	全省合计	83.11	124.50	11.61	196.0	92.86
第一次评价 (1956 ~ 1979 年)	海河流域	8.81	16.24	3.46	21.59	9.07
	黄河流域	15.21	23.57	4.65	34.13	21.69
	淮河流域	26.21	98.58	3.30	121.49	49.49
	长江流域	16.94	11.28	0.75	27.47	23.56
	全省合计	67.17	149.67	12.16	204.68	103.81

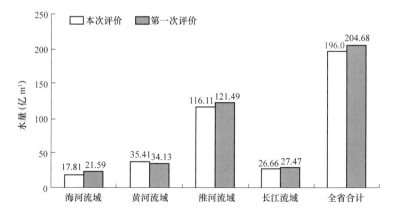

图 8-9　河南省地下水资源量两次评价对比

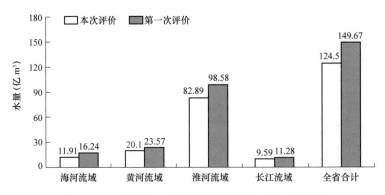

图 8-10　河南省平原区地下水资源量两次评价对比

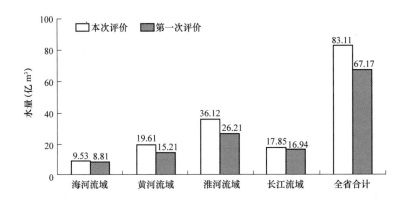

图 8-11　河南省山区地下水资源量两次评价对比

1. 平原区地下水资源量减少的原因分析

本次评价的平原区地下水资源量比第一次评价有所减少，分析其原因主要是：近 20 年来，随着降水的偏少和开采量的增加，平原区地下水位下降，降水入渗系数 α 值变小，且扣除了水面和不透水面积，造成降水入渗量减少了 18.95 亿 m^3，其中淮河流域减少 11.62 亿 m^3，海河流域减少 4.25 亿 m^3，黄河流域减少 1.77 亿 m^3，长江流域减少 1.31 亿 m^3。另外，因大水漫灌现象比以往少，使得地表水体补给减少了 4.67 亿 m^3，而山前侧渗量则随着开发利用量的增加比第一次评价的数值增加 1.13 亿 m^3。

2. 山丘区地下水资源量增加的原因分析

山丘区地下水资源量增加的主要原因有三点：一是本次评价所采用的山丘区面积比第一次评价大 1 420 km^2；二是计算方法不同；三是山丘区水文站代表性问题。

关于计算方法不同的问题，第一次评价由于当时资料条件的限制，计算内容不全面，山丘区地下水资源量采用的计算公式如下：

$$山丘区地下水资源量=河川基流量+山前侧渗量$$

本次评价时，山丘区地下水资源量采用的计算公式为：

山丘区地下水资源量=河川基流量+山前侧渗量+山丘区开采消耗量

从两个公式的对比可以看出，山丘区地下水资源量包含的内容有所不同，即本次评价山丘区资源量比第一次评价多出了山丘区开采消耗量一项。根据调查统计，近20年来，全省山丘区年均开采量20.25亿 m³，其中消耗量14.05亿 m³，按《技术细则》要求，本次评价该消耗量作为山丘区地下水资源量的一个组成部分。

此外，由于计算面积的差异，采用地下水资源量模数进行对比，本次评价的全省平均山丘区地下水资源模数为10.28万 m³/km²，比第一次评价的山丘区地下水资源模数8.11万 m³/km² 偏大26.8%。见表8-22。

表 8-22　河南省山丘区地下水资源量成果对比　(单位：水量,亿 m³；模数,万 m³/km²)

评价系列	流域一级区	山区面积 (km²)	山丘区地下水资源量				
			河川基流	山前侧渗	开采净耗	山区地下水资源量	山区地下水资源模数
本次评价 (1980~2000年)	海河流域	6 042	4.30	2.10	3.13	9.53	15.77
	黄河流域	22 844	15.42	0.57	3.62	19.61	8.58
	淮河流域	31 104	29.31	0.63	6.18	36.12	11.61
	长江流域	20 879	16.18	0.55	1.12	17.85	8.55
	全省合计	80 869	65.21	3.85	14.05	83.11	10.28
第一次评价 (1956~1979年)	海河流域	6 064	7.17	1.64		8.81	14.53
	黄河流域	22 317	14.98	0.23		15.21	6.82
	淮河流域	31 468	25.79	0.42		26.21	8.33
	长江流域	19 600	16.51	0.43		16.94	8.64
	全省合计	79 449	64.45	2.72		67.17	8.11

由于近期水利工程的拦蓄控制，山区分割基流量时能选出的代表站偏少，本次河南省选取了山区水文站15个，总控制面积只占全省山丘区面积的28%。大片的丘陵区计算地下水资源量只能用上游山区站来类比，这种类比对未控制的下游丘陵区可能出现河川基流偏大问题，即上游山区站控制区域的开采量很少，下游丘陵区开采量相对较多，且上游山区降水量一般大于下游丘陵区，在此背景下，按上游山区站类比得出的丘陵区基流会出现偏大的情况。

综上所述，本次评价与第一次评价相比，在降水量减少约3%的情况下，全省地下水资源量减少8.68亿 m³，即偏少4.2%。其中平原区减少25.17亿 m³，即减少16.8%，表明近20年来，随着降水的偏少和开采量的增加，地下水位普遍下降，引起平原区地下水资源量减少，这一结果与理论是相吻合的；山丘区地下水资源量比第一次评价偏大15.94亿 m³，是由于山丘区代表站偏少，代表性不强，影响山丘区地下水资源评价的精度有待于以后进一步分析和探讨。

第九章　地下水水质评价

第一节　地下水水化学特征

一、资料来源和代表性分析

河南省地下水水化学评价采用河南省水文水资源局 2000 年地下水水质监测资料和 2003 年补充监测资料，年监测次数为 2 次。地下水水化学监测井分布较均匀，监测过程进行了质量控制，监测数据具有较好的代表性。

二、评价基本要求及方法

此次评价范围为河南省平原区浅层地下水，评价面积 84 668 km^2，设有监测井 307 眼，平均 276 km^2 一眼。地下水水质监测井分布图见附图 25。地下水水化学评价是对地下水中主要离子钾和钠、钙、镁、重碳酸盐、氯化物、硫酸盐及总硬度、矿化度、pH 值的分布情况进行评价，并划分水化学类型。水化学类型的划分采用舒卡列夫分类法，即根据地下水中 6 种主要离子(Na^+、Ca^{2+}、Mg^{2+}、HCO_3^-、SO_4^{2-}、Cl^-，K^+合并于 Na^+)含量大于 25%毫克摩尔的阴离子和阳离子进行组合，可组合出 49 型水，然后按矿化度的大小进行分组，可分为 A 组(矿化度≤1.5 g/L)、B 组(矿化度 1.5 ~ 10 g/L)、C 组(矿化度 10 ~ 40 g/L)、D 组(矿化度≥40 g/L)。

三、地下水水化学类型

河南省地下水水化学类型主要为 HCO_3^-型(包括 1 ~ 7 型)，占评价区面积的 80.0%，其他 HCO_3^-+Cl^-型(包括 22 ~ 28 型)、HCO_3^-+SO_4^{2-}型(包括 8 ~ 14 型)、HCO_3^-+SO_4^{2-}+Cl^-型(包括 15 ~ 21 型)、SO_4^{2-}型(包括 29 ~ 35 型)和 SO_4^{2-}+Cl^-型(包括 36 ~ 42 型)所占面积从 13.3% ~ 0.2%不等，Cl^-型(包括 43 ~ 49 型)未发现。按矿化度大小分组主要为 A 组，占评价总井数的 96.9%，少数为 B 组，占评价总井数的 3.1%，未发现高矿化度的 C 组和 D 组。

所辖各流域水化学类型的分布状态以 HCO_3^-型(包括 1 ~ 7 型)为主，其分布面积占各流域评价区面积均在 70%以上，按百分比由大到小排列，四流域依次为：长江流域、淮河流域、海河流域和黄河流域。在 18 个市地中，17 个市以 HCO_3^-型(包括 1 ~ 7 型)为主，其分布面积占各市评价区面积的百分比最低为焦作市，占 50.0%，最高为郑州市、三门峡市、平顶山市，均为 100%；而濮阳市则以 SO_4^{2-}+Cl^-型(包括 36 ~ 42 型)居多，占 57%，其余为 HCO_3^-型(包括 1 ~ 7 型)，占 43%。详细情况见表 9-1、表 9-2、附图 26。

表 9-1　河南省各流域地下水水化学类型分布面积统计　　　（单位：km²）

流域	评价区面积	地下水水化学类型						
		HCO_3^-	$HCO_3^-+SO_4^{2-}$	$HCO_3^-+SO_4^{2-}+Cl^-$	$HCO_3^-+Cl^-$	SO_4^{2-}	$SO_4^{2-}+Cl^-$	Cl^-
海河	9 294	6 769	480	395	1 170	290	190	
黄河	13 320	9 436	452	80	3352			
淮河	55 324	45 769	3 105	375	6 075			
长江	6 730	5 749	326		655			
全省	84 668	67 723	4 363	850	11 252	290	190	

表 9-2　河南省各市地下水水化学类型分布面积统计　　　（单位：km²）

地级行政区	评价区面积	地下水水化学类型						
		HCO_3^-	$HCO_3^-+SO_4^{2-}$	$HCO_3^-+SO_4^{2-}+Cl^-$	$HCO_3^-+Cl^-$	SO_4^{2-}	$SO_4^{2-}+Cl^-$	Cl^-
安阳市	4 385	3 745			640			
鹤壁市	1 353	1 073	80	200				
濮阳市	4 188	1 801			2 387			
新乡市	6 689	5 059	130	310	830	290	70	
焦作市	2 851	1 426	520	250	535		120	
济源市	306	236	70					
三门峡市	547	547						
洛阳市	1 537	1 360	87	90				
郑州市	1 974	1 974						
开封市	6 262	5 962	300					
商丘市	10 700	8 660			2 040			
许昌市	3 118	3 038	80					
平顶山市	1 981	1 981						
漯河市	2 694	2 274			420			
周口市	11 958	10 638	470		850			
驻马店市	10 895	7 800	710		2 385			
信阳市	6 626	4 400	1 716		510			
南阳市	6 604	5 749	200		655			
全省	84 668	67 723	4 363	850	11 252	290	190	

四、矿化度、总硬度、pH 值

(一)矿化度

全省评价面积的 89.9%矿化度小于等于 1 g/L，9.6%的矿化度在 1～2 g/L 之间，矿化度大于 2 g/L 的面积仅占 0.5%。分布情况大致是临近山区小，黄泛平原大；由南向北、由西向东逐渐增大。省辖四流域按小于等于 1 g/L 面积所占百分比由大到小排列依次为：长江流域、海河流域、黄河流域、淮河流域。18 个市中除濮阳市、周口市、商丘市小于等于 1 g/L 面积所占百分比较小，分别为 66.3%、72.0%、76.0%外，其余 15 市小于等于 1 g/L 面积所占百分比均在 90%以上。详细情况见表 9-3、表 9-4、附图 27。

表 9-3　河南省各流域地下水矿化度分布面积统计　　　(单位：km²)

流域	评价区面积	矿化度 M(g/L)				
		$M{\leq}1$	$1{<}M{\leq}2$	$2{<}M{\leq}3$	$3{<}M{\leq}5$	$M{>}5$
海河	9 294	8 663	375	21	235	
黄河	13 320	11 836	1 484			
淮河	55 324	48 874	6 277	173		
长江	6 730	6 730				
全省	84 668	76 103	8 136	194	235	

表 9-4　河南省各市地下水矿化度分布面积统计　　　(单位：km²)

地级行政区	评价区面积	矿化度 M(g/L)				
		$M{\leq}1$	$1{<}M{\leq}2$	$2{<}M{\leq}3$	$3{<}M{\leq}5$	$M{>}5$
安阳市	4 385	4 346	18	21		
鹤壁市	1 353	1 337	16			
濮阳市	4 188	2 777	1 411			
新乡市	6 689	6 300	198		191	
焦作市	2 851	2 591	216		44	
济源市	306	306				
三门峡市	547	547				
洛阳市	1 537	1 515	22			
郑州市	1 974	1 974				
开封市	6 262	6 001	225	36		
商丘市	10 700	8 129	2 434	137		
许昌市	3 118	3 118				
平顶山市	1 981	1 869	112			
漯河市	2 694	2 694				
周口市	11 958	8 612	3 346			
驻马店市	10 895	10 735	160			
信阳市	6 626	6 626				
南阳市	6 604	6 604				
全省	84 668	76 101	8 138	194	235	

(二)总硬度

全省地下水总硬度含量小于 150 mg/L 的面积占评价区总面积的 1.1%；150～300 mg/L 之间的占 21.7%；300～450 mg/L 之间的占 55.1%；450～550 mg/L 之间的占 10.7%；大于 550 mg/L 的占 11.4%，也就是说，有 22.1%面积的总硬度超过 450 mg/L。总硬度的分布情况与矿化度相同，大致为南部小，北部大；临近山区小，黄泛平原大。省辖四流域按超过 450 mg/L 所占面积的百分比由大到小排列依次为：黄河流域、海河流域、淮河流域、长江流域。18 个市中有濮阳市、平顶山市、焦作市、开封市、商丘市、许昌市超过 450 mg/L 面积所占百分比大于全省平均数，濮阳市最高，为 71.7%，总硬度的分布情况见表 9-5、表 9-6、附图 28。

表 9-5　各流域地下水总硬度分布面积统计　　　　　　　(单位：km²)

流域	评价区面积	总硬度 N(mg/L)					
		$50<N\leqslant100$	$100<N\leqslant150$	$150<N\leqslant300$	$300<N\leqslant450$	$450<N\leqslant550$	$N>550$
海河	9 294			515	5 949	715	2 115
黄河	13 320		245	2 549	6 306	1 310	2 910
淮河	55 324		545	10 843	32 373	6 930	4 633
长江	6 730	200		4 435	2 005	90	
全省	84 668	200	790	18 342	46 633	9 045	9 658

表 9-6　各市地下水总硬度分布面积统计　　　　　　　(单位：km²)

地级行政区	评价区面积	总硬度 N(mg/L)					
		$50<N\leqslant100$	$100<N\leqslant150$	$150<N\leqslant300$	$300<N\leqslant450$	$450<N\leqslant550$	$N>550$
安阳市	4 385			132	3 330	411	512
鹤壁市	1 353			55	973	190	135
濮阳市	4 188				1 187	1 376	1 625
新乡市	6 689			2 035	3 219	25	1 410
焦作市	2 851				1 590	190	1 071
济源市	306			150	156		
三门峡市	547		245	302			
洛阳市	1 537			85	1 147	205	100
郑州市	1 974			295	1 509		170
开封市	6 262			695	2 957	630	1 980
商丘市	10 700			800	6 567	2 823	510
许昌市	3 118				2 378	650	90
平顶山市	1 981				916	805	260
漯河市	2 694				2 159	25	510
周口市	11 958				10 038	960	960
驻马店市	10 895			3 868	6 037	665	325
信阳市	6 626		545	5 616	465		
南阳市	6 604	200		4 309	2 005	90	
全省	84 668	200	790	18 342	46 633	9 045	9 658

(三)pH 值

全省地下水 pH 值绝大部分在 7.0～8.0 之间,占评价区总面积的 92.5%。pH 值为 6.5～7.0 和 8.0～8.5 的面积占评价区总面积的 7.1%,而小于 6.5 和大于 8.5 的面积仅占评价区总面积的 0.4%。省辖四流域中,海河流域和黄河流域 pH 值全部在 6.5～8.5 之间,其中 7.0～8.0 在海河流域占 92.3%,黄河流域占 93.7%;淮河流域、长江流域 6.5～8.5 之间的分别占 99.4%、99.9%。18 个市中信阳市有 pH 值小于 6.5 的监测井,南阳市有 pH 值大于 8.5 的监测井,其余 16 市 pH 值均在 6.5～8.5 之间,详细情况见表 9-7、表 9-8、附图 29。

水化学类型、矿化度、总硬度与水文地质条件有较为密切的关系,从山区到平原,随着地下水位埋深变浅,径流滞缓,地下水垂直交替作用强烈,使盐分浓缩,水化学类型亦由重碳酸盐型过渡到重碳酸盐硫酸型、氯化物型,总硬度、矿化度逐步升高。

表 9-7　各市地下水 pH 值分布面积统计　　　　　　(单位: km²)

地级行政区	评价区面积	pH 值						
		5.5～6.5	6.5～7.0	7.0～7.5	7.5～8.0	8.0～8.5	8.5～9.0	＞9.0
安阳市	4 385			455	3 475	455		
鹤壁市	1 353				1 288	65		
濮阳市	4 188			1 320	2 768	100		
新乡市	6 689			841	4 957	891		
焦作市	2 851			580	2 241	30		
济源市	306			140	166			
三门峡市	547			245	302			
洛阳市	1 537			110	1 427			
郑州市	1 974				1 974			
开封市	6 262			462	5 800			
商丘市	10 700			3 410	7 290			
许昌市	3 118			1 947	1 081	90		
平顶山市	1 981			766	1 215			
漯河市	2 694			1 260	1 434			
周口市	11 958			11 259	604	95		
驻马店市	10 895		1 238	6 761	2 770	126		
信阳市	6 626	357	2 936	3 333				
南阳市	6 604			6 366	231			7
全省	84 668	357	4 174	39 255	39 023	1 852		7

表 9-8　各流域地下水 pH 值分布面积统计　　　　　　(单位：km²)

流域	评价区面积	pH 值						
		5.5~6.5	6.5~7.0	7.0~7.5	7.5~8.0	8.0~8.5	8.5~9.0	>9.0
海河	9 294			2 627	5 951	716		
黄河	13 320			884	11 600	836		
淮河	55 324	357	4 174	29 253	21 240	300		
长江	6 730			6 491	232			7
全省	84 668	357	4 174	39 255	39 023	1 852		7

第二节　地下水水质现状评价

一、地下水水质监测数据来源及代表性分析

河南省地下水水质现状评价的监测数据主要采用河南省水文水资源局 2003 年监测的数据，共监测两次，4 月、8 月各一次。地下水水质监测井分布较为均匀，并且在监测的过程中，从采样到分析测试都实行了质量控制，监测数据有较好的代表性。但由于地下水监测井密度较低，平均每 308 km² 一眼井。考虑地下水水质污染分布状况与监测的复杂性和困难性，采用现有监测数据只能一般性地描述该区域的地下水水质状况。

二、评价基本要求及方法

此次地下水水质现状评价范围为河南省平原区浅层地下水，共布设监测井 275 眼。监测项目有 pH 值、矿化度、总硬度、氨氮、挥发性酚、高锰酸盐指数、硫酸盐、氯化物、铁、硝酸盐氮、亚硝酸盐氮、氟化物、氰化物、汞、砷化物、六价铬等 16 项。

评价标准采用《地下水质量标准》(GB/T14848—1993)，评价方法用单指标评价法，即最差的项目赋全权，又称一票否决法来确定地下水水质类别。

三、单井评价

(一)单井单项目评价

根据水质监测井各监测项目的监测值，依照《地下水质量标准》确定其水质类别，然后按照超标率(超Ⅲ类水标准，下同)和最大超标倍数(最大监测值/Ⅲ类水标准值−1，下同)两个指标进行评价，并按流域、地市行政区进行统计、分析。

评价结果表明，16 个监测项目中，超标率由高到低依次为：总硬度、氨氮、矿化度、亚硝酸盐氮、铁、氟化物、氯化物、高锰酸盐指数、挥发性酚，硫酸盐、硝酸盐氮、砷化物、汞，而 pH 值、氰化物、六价铬均不超标。超标率在 10%以上的有总硬度、氨氮、矿化度、亚硝酸盐氮、铁等 5 项，其分布情况如下。

(1)总硬度：超标率全省为 37.1%。在省辖四流域中，长江流域超标率较低，为 13.6% 外，其余 3 个流域超标率均在 30% 以上，最高为海河流域，达 49.1%。按行政区域分，超标率在 40% 以上的市由高到低依次为濮阳市、平顶山市、焦作市、开封市、周口市、鹤壁市、商丘市等 7 市，濮阳市最高，为 81.5%。

全省最大超标倍数为 1.7 倍，出现在淮河流域开封市，其次为海河流域新乡市 1.68 倍，黄河流域和长江流域最大超标倍数均不足 1 倍。各市中除信阳市、三门峡市、济源市不超标外，其余最大超标倍数均在 1 倍左右。

(2)氨氮：超标率全省为 24.0%，各流域从高到低依次为：海河流域 38.2%，黄河流域 37.7%，淮河流域 17.0%，长江流域 9.1%。在全省 18 个市中，超标率在两位数以上的有 14 个市，最高为濮阳市 63.0%。

全省最大超标倍数为 81 倍，出现在淮河流域驻马店市。氨氮超标倍数各地差异较大，流域按从高到低依次为：淮河流域 81 倍，黄河流域 13.9 倍，海河流域 8.4 倍，长江流域 5.2 倍。18 个市中除郑州市、漯河市、平顶山市不超标外，其余各市最大超标倍数多在数倍至十几倍之间。

(3)矿化度：超标率全省为 20.0%，省辖四流域中，长江流域不超标，其他 3 个流域超标率从高到低依次为：黄河流域 31.1%，海河流域 21.8%，淮河流域 19.0%。18 个市除济源市、信阳市、三门峡市、许昌市、南阳市不超标外，其余各市超标率在 7.1%～50.0% 之间，最高为焦作市。

全省最大超标倍数为 2.4 倍，出现在海河流域新乡市。其他除长江流域不超标外，超标率淮河流域和黄河流域依次为 1.8 倍、1.4 倍。各市最大超标倍数多在 1 倍左右。

(4)亚硝酸盐氮：超标率全省为 16%，省辖四流域超标率从高到低依次为：长江流域 22.7%，海河流域 21.8%，淮河流域 15.7%，黄河流域 8.9%。18 个市除安阳市、济源市、三门峡市、开封市、平顶山市不超标外，其他 13 个市超标率除洛阳市为 6.3%、郑州市为 8.3%、漯河市为 9.1% 外，其余各市超标率均在两位数以上，周口市最高，为 35.3%。

全省最大超标倍数为 47.5 倍，出现在淮河流域的周口市，其他 3 个流域较低，且差别不大，依次为：长江流域 8.0 倍，黄河流域 4.3 倍，海河流域 3.7 倍。13 个超标的市中，除周口市、驻马店市、商丘市最大超标倍数为两位数外，其余各市最大超标倍数均在 10 倍以下。

(5)铁：超标率全省为 15%，省辖四流域超标率从高到低依次为：海河流域 34.6%，黄河流域 22.2%，长江流域 9.1%，淮河流域 5.9%。18 个市中，商丘市、三门峡市、洛阳市、平顶山市、漯河市、许昌市等 6 市不超标，其他 12 个市超标，超标率差异较大，从 4.2%～53.8%，最高为安阳市。

全省最大超标倍数为 44 倍，出现在海河流域的鹤壁市，最大超标倍数差异也较大，其他 3 个流域依次为：淮河流域 13.5 倍，黄河流域 7.0 倍，长江流域 0.7 倍。在 12 个超标的市中的最大超标倍数，除鹤壁市 44 倍、安阳市 31.9 倍、开封市 13.5 倍、濮阳市 7.9 倍外，其他各市在 1 倍左右。

(6)氟化物：超标率全省为 8.4%，长江流域不超标，其他 3 个流域超标率从高到低依次为:海河流域 10.9%,黄河流域 8.9%,淮河流域 8.5%。有 7 个市超标,超标率从 7.1% ~ 38.5%,最高为开封市。

全省最大超标倍数为 3.4 倍,出现在海河流域的鹤壁市。长江流域不超标,其他 2 个流域最大超标倍数从高到低依次为:淮河流域 2.6 倍,黄河流域 0.7 倍。有 7 个市超标,最大超标倍数从 0.5 倍至 3.4 倍。

(7)高锰酸盐指数:超标率全省为 6.2%,省辖四流域超标率从高到低依次为:黄河流域 15.6%,淮河流域 5.2%,长江流域 4.5%,海河流域 1.8%。有 7 个市超标,超标率从 4.0% ~ 25.9%,最高为濮阳市。

全省最大超标倍数为 5.6 倍,出现在淮河流域的信阳市,其他 3 个流域最大超标倍数从高到低依次为:长江流域 1.6 倍,黄河流域 1.1 倍,海河流域 0.3 倍。有 7 个市超标,最大超标倍数从 0.3 倍至 5.6 倍。

(8)氯化物:超标率全省为 6.2%,长江流域不超标,其他 3 个流域超标率从高到低依次为:黄河流域 15.6%,海河流域 5.5%,淮河流域 4.6%。有 8 个市超标,超标率从 4.2% ~ 25.9%,最高为濮阳市。

全省最大超标倍数为 1.4 倍,出现在黄河流域濮阳市,长江流域不超标,其他 3 个流域最大超标倍数从高到低依次为:黄河流域 1.36 倍,海河流域 0.9 倍,淮河流域 0.7 倍。有 7 个市超标,最大超标倍数从 0.3 倍至 1.4 倍。

(9)挥发性酚:超标率全省为 5.1%,长江流域不超标,其他 3 个流域超标率从高到低依次为:黄河流域 11.1%,海河流域 7.3%,淮河流域 3.3%。有 5 个市超标,最大超标率从 4.8% ~ 22.0%,最高为濮阳市。

全省最大超标倍数为 7.0 倍,出现在淮河流域的信阳市,长江流域不超标,海河流域超标 5.0 倍,黄河流域超标 2.5 倍。有 5 个市超标,最大超标倍数从 0.5 倍至 7.0 倍。

(10)硝酸盐氮:超标率全省为 4.0%,海河流域不超标,其他 3 个流域超标率从高到低依次为:长江流域 13.6%,黄河流域 8.9%,淮河流域 2.6%。有 6 个市超标,超标率从 3.7% ~ 18.8%,最高为洛阳市。

全省最大超标倍数为 7.0 倍,出现在淮河流域的漯河市,海河流域不超标,长江流域超标 6.9 倍,黄河流域超标 0.5 倍。有 6 个市超标,最大超标倍数从 0.2 倍至 7.0 倍。

硫酸盐、砷化物、汞的超标率较低,全省依次为 1.5%、1.1%、0.4%,最大超标倍数也不高,分别为 1.4 倍、3.98 倍、1.2 倍。

总之,在 16 个监测项目中,超标率较高的 5 个项目形成因素大致分为三种情况:①属水化学主要成分的项目:总硬度、矿化度,主要取决于水文地质状况,受人类活动影响较小,其超标率较高,超标地域多位于河南省东部、北部,但最大超标倍数不高。②属人为因素造成地下水水质污染的标志项目:氨氮、亚硝酸盐氮,超标率也较高,超标地域分布较广,最大超标倍数较高,且差异较大,主要取决于地下水污染程度。③属水化学异常的项目:铁,超标率稍低于前两类项目,但具有明显的地域特征,最大超标倍数较高且差异较大。评价结果详见表 9-9 ~ 表 9-12。

表 9-9　河南省各市地下水水质监测项目超标率统计

地级行政区	监测井数（个）	超标率(%)															
		pH	矿化度	总硬度	氨氮	挥发酚	高锰酸盐指数	硫酸盐	氯化物	铁	硝酸盐氮	亚硝酸盐氮	氟化物	氰化物	汞	砷	六价铬
安阳市	13	0	15.4	30.8	46.2	0	7.7	0	7.7	53.8	0	0	0	0	0	15.4	0
新乡市	14	0	28.6	35.7	57.1	21.4	0	0	7.1	21.4	0	14.3	21.4	0	0	0	0
鹤壁市	14	0	7.1	42.9	14.3	0	0	0	0	14.3	0	28.6	7.1	0	0	0	0
焦作市	8	0	50.0	62.5	12.5	0	0	0	12.5	25.0	0	12.5	25.0	0	0	0	0
濮阳市	27	0	48.1	81.5	63.0	22.0	25.9	0	25.9	48.1	3.7	29.6	14.8	0	3.7	3.7	0
三门峡市	3	0	0	0	33.3	0	0	0	0	0	0	0	0	0	0	0	0
洛阳市	16	0	12.5	31.3	12.5	0	0	0	0	0	18.8	6.3	0	0	0	0	0
济源市	3	0	0	0	33.3	0	0	0	0	33	0	0	0	0	0	0	0
郑州市	12	0	8.3	33.3	0	16.7	0	0	0	8.3	8.3	8.3	0	0	0	0	0
开封市	13	0	15.4	53.8	7.7	0	7.7	7.7	7.7	23.1	0	38.5	0	0	0	0	0
漯河市	11	0	18.2	36.4	0	0	0	0	0	0	9.1	9.1	0	0	0	0	0
平顶山市	8	0	37.5	75.0	0	0	0	0	0	0	0	0	0	0	0	0	0
商丘市	25	0	40.0	40.0	24.0	0	4.0	8.0	12.0	0	0	16.0	20.0	0	0	0	0
信阳市	27	0	0	0	18.5	7.4	11.1	3.7	0	11.1	0	11.1	0	0	0	0	0
驻马店市	24	0	16.7	29.2	20.8	0	8.3	0	4.2	4.2	8.3	20.8	0	0	0	0	0
许昌市	15	0	0	33.3	13.3	0	0	0	0	0	0	20.0	0	0	0	0	0
周口市	21	0	33.3	42.9	38.1	4.8	0	0	9.5	9.5	0	28.6	14.3	0	0	0	0
南阳市	21	0	0	14.3	14.3	0	4.8	0	0	9.5	14.3	19	0	0	0	0	0
全省	275	0	20.0	37	24.0	5.1	6.2	1.5	6.2	15	4.0	16	8.4	0	0.4	1.1	0

表 9-10　各流域地下水水质监测项目超标率统计

流域	监测井数	超标率(%)															
		pH	矿化度	总硬度	氨氮	挥发酚	高锰酸盐指数	硫酸盐	氯化物	铁	硝酸盐氮	亚硝酸盐氮	氟化物	氰化物	汞	砷	六价铬
海河流域	55	0	21.8	49.1	38.2	7.3	1.8	0	5.5	34.6	0	21.8	10.9	0	1.8	3.6	0
黄河流域	45	0	31.1	46.7	37.7	11.1	15.6	0	15.6	22.2	8.9	8.9	8.9	0	0	2.2	0
淮河流域	153	0	19.0	33.3	17.0	3.3	5.2	2.6	4.6	5.9	2.6	15.7	8.5	0	0	0	0
长江流域	22	0	0	13.6	9.1	0	4.5	0	0	9.1	13.6	22.7	0	0	0	0	0
全省	275	0	20.0	37	24.0	5.1	6.2	1.5	6.2	15	4.0	16	8.4	0	0.4	1.1	0

表 9-11 各流域地下水水质监测项目最大超标倍数统计

流域	监测井数	最大超标倍数															
		pH	矿化度	总硬度	氨氮	挥发酚	高锰酸盐指数	硫酸盐	氯化物	铁	硝酸盐氮	亚硝酸盐氮	氟化物	氰化物	汞	砷	六价铬
海河流域	55	0	2.38	1.68	8.4	5.0	0.33	0	0.9	44.0	0	4.2	3.42	0	1.18	3.98	0
黄河流域	45	0	1.41	0.85	13.9	2.5	1.07	0	1.36	7.0	0.53	4.25	0.69	0	0	0.72	0
淮河流域	153	0	1.8	1.7	81.0	7.0	5.6	1.4	0.7	13.5	7.0	47.5	2.6	0	0	0	0
长江流域	22	0	0	0.2	5.15	0	1.57	0	0	0.67	6.9	8.0	0	0	0	0	0
全省	275	0	2.38	1.7	81.0	7.0	5.6	1.4	1.4	44.0	7.0	48	3.4	0	1.2	4	0

表 9-12 各市地下水各水质监测项目最大超标倍数统计

地级行政区	监测井数	最大超标倍数															
		pH	矿化度	总硬度	氨氮	挥发酚	高锰酸盐指数	硫酸盐	氯化物	铁	硝酸盐氮	亚硝酸盐氮	氟化物	氰化物	汞	砷	六价铬
安阳市	13	0	1.32	1.34	2.1	0	0.33	0	0.9	31.9	0	0	0	0	0	3.98	0
新乡市	14	0	2.38	1.68	1.65	5.0	0	0	1.02	0.13	0	4.2	0.27	0	0	0	0
鹤壁市	14	0	0.08	0.41	6.65	0	0	0	0	44.0	0	3.7	3.42	0	0	0	0
焦作市	8	0	0.61	0.71	0.5	0	0	0	0	0.3	0	0.15	0.62	0	0	0	0
濮阳市	24	0	0.84	0.92	13.9	2.5	1.07	0	1.36	7.9	0.16	4.25	0.69	0	1.18	0.09	0
三门峡市	3	0	0	0	0.55	0	0	0	0	0	0	0	0	0	0	0	0
洛阳市	16	0	0.37	0.82	6.5	0	0	0	0	0	0.53	2.5	0	0	0	0	0
济源市	3	0	0	0	0.26	0	0	0	0	0.38	0	0	0	0	0	0	0
郑州市	12	0	0.1	0.42	0	0.5	0	0	0	1.1	0.93	3.6	0	0	0	0	0
开封市	13	0	1.25	1.7	0.3	0	1.3	0.9	0.3	13.5	0	0	0.9	0	0	0	0
漯河市	11	0	0.04	0.4	0	0	0	0	0	7.0	0	4.5	0	0	0	0	0
平顶山市	8	0	0.37	1.1	0	0	0	0	0	0	0	0	0	0	0	0	0
商丘市	25	0	1.8	0.6	7.6	0	0.8	1.4	0.5	0	0	14.1	2.6	0	0	0	0
信阳市	27	0	0	0	5.6	7.0	5.6	0	0	4.6	0	4.3	0	0	0	0	0
驻马店市	24	0	0.7	1.6	81.0	0	2.4	0	0.7	1.4	6.75	19.6	0	0	0	0	0
许昌市	15	0	0	0.3	4	0	0	0	0	0	0	2.2	0	0	0	0	0
周口市	21	0	0.8	1.1	6	1.0	0.8	0	0.7	1.2	0	47.5	0.5	0	0	0	0
南阳市	21	0	0	0.2	5.15	0	1.57	0	0	0.67	6.9	8	0	0	0	0	0
全省	275	0	2.38	1.70	81.0	7.0	5.6	1.4	1.36	44.0	7.0	47.5	3.42	0	1.18	3.98	0

(二)单井综合评价

根据水质监测井各监测项目的评价结果来确定监测井的水质类别,并按流域、地市行政区进行统计、分析。

评价结果表明,在全省平原区的 275 眼地下水水质监测井中,Ⅱ类水有 6 眼,占 2.2%;Ⅲ类水有 107 眼,占 38.9%;Ⅳ类水有 70 眼,占 25.5%;Ⅴ类水有 92 眼,占 33.5%,也就是说,劣质水井(Ⅳ、Ⅴ类水,下同)共有 162 眼,占全部水质监测井的 59%,这说明全省平原区地下水已遭到相当严重的污染。

在省辖四流域中,海河流域地下水水质最差,劣质水井占 78.2%,其次是黄河流域占 62.2%,淮河流域占 55.0%,长江流域地下水水质稍好,劣质水井占 31.8%。18 个市中劣质水井超过 50% 的有 11 个市,按劣质水井所占比重由大到小依次为:濮阳市、焦作市、商丘市、新乡市、安阳市、平顶山市、鹤壁市、开封市、周口市、许昌市、郑州市。劣质水井比例最高的濮阳市占 88.9%;50% 以下的有 7 个市:驻马店市、洛阳市、漯河市、三门峡市、济源市、南阳市、信阳市。

评价结果详见表 9-13、表 9-14。

表 9-13　各市地下水水质监测井综合评价类别统计

地级行政区	监测井数	水 质 类 别										超标率(%)
		Ⅰ		Ⅱ		Ⅲ		Ⅳ		Ⅴ		
		井数	占区内监测井(%)	井数	占区内监测井(%)	井数	占区内监测井(%)	井数	占区内监测井(%)	井数	占区内监测井(%)	
安阳市	13	0	0	0	0	3	23.1	2	15.4	8	61.5	76.9
新乡市	14	0	0	0	0	3	21.4	4	28.6	7	50.0	78.6
鹤壁市	14	0	0	0	0	4	28.6	6	42.9	4	28.6	71.4
焦作市	8	0	0	0	0	1	12.5	3	37.5	4	50.0	87.5
濮阳市	27	0	0	0	0	3	11.1	6	22.2	18	66.7	88.9
三门峡市	3	0	0	0	0	2	66.7	1	33.3	0	0	33.3
洛阳市	16	0	0	1	6.2	9	56.2	3	18.8	3	18.8	37.6
济源市	3	0	0	0	0	2	66.7	1	33.3	0	0	33.3
郑州市	12	0	0	0	0	6	50.0	2	16.7	4	33.3	50.0
开封市	13	0	0	0	0	4	30.8	5	38.5	4	30.8	69.3
漯河市	11	0	0	0	0	7	63.6	0	0	4	36.4	36.4
平顶山市	8	0	0	0	0	2	25.0	3	37.5	3	37.5	75.0
商丘市	25	0	0	0	0	5	20.0	11	44.0	9	36.0	80.0
信阳市	27	0	0	4	14.8	16	59.3	4	14.8	3	11.1	25.9
驻马店市	24	0	0	1	4.2	12	50.0	5	20.8	6	25.0	45.8
许昌市	15	0	0	0	0	6	40.0	7	46.7	2	13.3	60.0
周口市	21	0	0	0	0	7	33.3	6	28.6	8	38.1	66.7
南阳市	21	0	0	0	0	15	71.4	1	4.8	5	23.8	28.6
全省	275	0	0	6	2.2	107	38.9	70	25.5	92	33.5	59.0

表 9-14 各流域地下水水质监测井综合评价类别统计

流域	监测井数	水 质 类 别										超标率(%)
		I		II		III		IV		V		
		井数	占区内监测井(%)	井数	占区内监测井(%)	井数	占区内监测井(%)	井数	占区内监测井(%)	井数	占区内监测井(%)	
海河流域	55	0	0	0	0	12	21.8	17	30.9	26	47.3	78.2
黄河流域	45	0	0	1	2.2	16	35.6	9	20.0	19	42.2	62.2
淮河流域	153	0	0	5	3.3	64	41.8	42	27.5	42	27.5	55.0
长江流域	22	0	0	0	0	15	68.2	2	9.1	5	22.7	31.8
全省	275	0	0	6	2.2	107	38.9	70	25.5	92	33.5	59.0

(三)成果合理性分析和结果分析

单井评价结果的合理性很大程度上取决于水质监测井布设位置的选定和密度,当然,也和采样及分析化验的质量保证有很大关系,由于对上述方面予以足够的重视,所以从评价结果看基本上是合理的。全省劣质水井数占评价总数的 59%,但其中相当一部分是因为总硬度、矿化度等天然水化学主要成分含量较高,或因铁、氟化物等水化学异常项目造成,属于人为影响造成的污染只是一部分。总硬度、矿化度、氯化物、硫酸盐超标的监测井主要分布在河南省的北部、东部,如豫北 5 市劣质水井数占评价总井数的 70% 以上,就和水化学本底含量偏高有一定关系。铁、氟化物等水化学异常项目的分布也有很强的地域性,其含量偏高也是造成某些区域劣质水井所占比重偏高的原因。

四、分区评价

根据单井综合评价确定的监测井的水质类别,进行监测井代表面积分析,确定由该监测井水质类别所代表的地下水分布面积,并按流域、地市行政区进行统计分析。

评价结果表明,在全省平原区 84 668 km^2 中,地下水 II 类水面积为 1 746 km^2,占总面积的 2.1%,地下水 III 类水面积为 36 812 km^2,占总面积的 43.5%,地下水 IV 类水面积为 25 204 km^2,占总面积的 29.8%,地下水 V 类水面积为 20 906 km^2,占总面积的 24.7%,也就是说,劣质水面积为 46 110 km^2,占总面积的 54.5%。

省辖四流域中,海河流域地下水水质最差,劣质水面积占 80.9%,其次是黄河流域占 76.4%,淮河流域占 49.8%,长江流域地下水水质较好,劣质水面积仅占 12.4%。18个市中劣质水面积超过 50% 的有新乡市、濮阳市等 11 个市,新乡市最高,为 93.5%。劣质水面积占50%以下的有7个市：洛阳市、三门峡市、郑州市、漯河市、信阳市、驻马店市、南阳市，其中南阳市水质最好，劣质水面积仅占10.7%。

从评价结果看，分区评价和单井综合评价的结果大致相同，但全省分区评价劣质区所占比重略小于单井综合评价的结果，其中海河流域、黄河流域分区评价劣质区所占比重略大于单井综合评价的结果，而淮河流域、长江流域分区评价劣质区所占比重略小于单井综合评价的结果，这主要是因为监测井的分布、定级的关键项目及其他具体情况不同所造成。

评价结果详见图9-1、附图30，表9-15、表9-16。

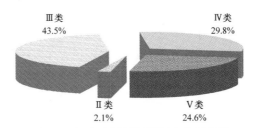

图9-1　河南省平原区地下水水质状况

表9-15　各流域分区地下水水质类别分布面积统计

流域	评价面积 (km^2)	分区地下水水质类别									超标率(%)
		I		II		III		IV		V	
		分布面积 (km^2)	关键项目	分布面积 (km^2)	关键项目	分布面积 (km^2)	关键项目	分布面积 (km^2)	关键项目	分布面积 (km^2)	关键项目	
海河流域	9 294	0		0		1 775		1 906	总硬度、矿化度、氨氮、亚硝酸盐氮、铁	5 613	总硬度、矿化度、氨氮、亚硝酸盐氮、铁	80.9
黄河流域	13 320	0		145		2 995		4 386	总硬度、矿化度、氨氮、亚硝酸盐氮、铁	5 794	总硬度、矿化度、氨氮、铁	76.4
淮河流域	55 324	0		1 601		26 144		18 730	总硬度、矿化度、氨氮、亚硝酸盐氮	8 849	总硬度、矿化度、氨氮、亚硝酸盐氮	49.8
长江流域	6 730	0		0		5 898		182	总硬度、亚硝酸盐氮、氨氮	650	铁、氨氮、高锰酸盐指数	12.4
全省	84 668	0		1 746		36 812		25 204	总硬度、矿化度、氨氮、亚硝酸盐氮、铁	20 906	总硬度、矿化度、氨氮、亚硝酸盐氮、铁	54.5

表 9-16　各市分区地下水水质类别分布面积统计

地级行政区	评价面积(km²)	分区地下水水质类别										超标率(%)
		I		II		III		IV		V		
		分布面积(km²)	关键项目	分布面积(km²)	关键项目	分布面积(km²)	关键项目	分布面积(km²)	关键项目	分布面积(km²)	关键项目	
安阳市	4 385	0		0		1 196		379	总硬度、矿化度、氨氮、铁	2 810	总硬度、矿化度、氨氮、铁、砷	72.7
新乡市	6 689	0		0		435		2 773	氨氮、铁、总硬度、亚硝酸盐氮	3 481	总硬度、矿化度、氨氮、挥发酚	93.5
鹤壁市	1 353	0		0		385		530	矿化度、总硬度、氨氮	438	氨氮、总硬度、铁	71.5
焦作市	2 851	0		0		570		1 233	总硬度、矿化度、氯化物、铁	1 048	总硬度、矿化度、氯化物	80.0
濮阳市	4 188	0		0		355		644	总硬度、矿化度、氨氮、铁	3 189	总硬度、矿化度、氨氮、铁	91.5
三门峡市	547	0		0		358		189	氨氮	0		34.6
洛阳市	1 537	0		0		1 185		188	氨氮、亚硝酸盐氮	164	氨氮	22.9
济源市	306	0		145		20		141	氨氮、铁	0		46.1
郑州市	1 974	0		0		940		910	总硬度、铁	124	硝酸盐氮、总硬度	52.4
开封市	6 262	0		0		2 220		2 695	总硬度、氟化物、高锰酸盐指数	1 347	矿化度、总硬度、氨氮、氯化物	64.5
漯河市	2 694	0		0		1 981		0		713	总硬度	26.5
平顶山市	1 981	0		0		991		800	总硬度、矿化度	190	总硬度	50.0
商丘市	10 700	0		0		2 371		6 322	矿化度、总硬度、氨氮、亚硝酸盐氮、	2 007	氨氮、亚硝酸盐氮、总硬度、氟化物	77.8
信阳市	6 626	0		1 387		3 845		933	高锰酸盐指数、氨氮、铁	461	高锰酸盐指数、氨氮、铁	21.0
驻马店市	10 895	0		214		7 985		991	矿化度、总硬度、铁	1 705	氨氮、总硬度、氯化物、高锰酸盐指数	24.7

续表 9-16

地级行政区	评价面积 (km²)	分区地下水水质类别										超标率 (%)
		I		II		III		IV		V		
		分布面积 (km²)	关键项目	分布面积 (km²)	关键项目	分布面积 (km²)	关键项目	分布面积 (km²)	关键项目	分布面积 (km²)	关键项目	
许昌市	3 118	0		0		1 559		1 426	亚硝酸盐氮、总硬度	133	氨氮、总硬度	50.0
周口市	11 958	0		0		4 518		4 994	氨氮、总硬度、氯化物	2 446	氨氮、亚硝酸盐氮、总硬度	62.2
南阳市	6 604	0		0		5 898		56	总硬度、亚硝酸盐氮	650	铁、氨氮、高锰酸盐指数	10.7
全省	84 668	0		1 746		36 812		25 204	总硬度、矿化度、氨氮、亚硝酸盐氮、铁	20 906	总硬度、矿化度、氨氮、亚硝酸盐氮、铁	54.5

第三节　地下水水质与水量统一评价

一、评价方法

评价范围为河南省平原区，评价方法是用分区评价中地下水不同水质类别的面积和地下水水资源数量评价(1980～2000 年平均)结果相结合，确定不同类别的水资源量，并按流域、地市行政区进行统计、分析。

二、不同水质类别的地下水资源量评价

评价结果表明，在全省平原区 1 245 033 万 m³ 地下水中，地下水 II 类水资源量为 34 333 万 m³，占总资源量的 2.8%；地下水 III 类水资源量为 561 586 万 m³，占总资源量的 45.1%；地下水 IV 类水资源量为 354 144 万 m³，占总资源量的 28.4%；地下水 V 类水资源量为 294 970 万 m³，占总资源量的 23.7%，也就是说，劣质地下水为 649 114 万 m³，占到总资源量的 52.1%。

省辖四流域中，海河流域地下水水质最差，III 类以上的地下水仅 22 746 万 m³，占 19.1%，劣质地下水为 96 375 万 m³，占 80.9%；其次是黄河流域，III 类以上的地下水为 52 683 万 m³，占 26.2%，劣质地下水为 148 346 万 m³，占 73.8%；淮河流域 III 类以上的地下水为 436 458 万 m³，占 52.7%，劣质地下水为 392 492 万 m³，占 47.3%；长江流域地下水水质较好，III 类以上的地下水 84 032 万 m³，占 87.4%，劣质地下水仅为 11 901 万 m³，占 12.4%。18 个市中，劣质地下水超过 50% 的有新乡市、濮阳市等 11 个市，50%

以下的有 7 个市：洛阳市、三门峡市、郑州市、漯河市、信阳市、驻马店市、南阳市。
分区评价结果详见图 9-2、表 9-17、表 9-18。

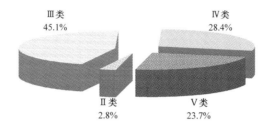

图 9-2　河南省平原区地下水资源量分类状况

表 9-17　各市分区不同水质类别的地下水资源量统计

地级行政区	评价面积 (km²)	水资源量 (万 m³)	分区地下水水质类别									
			I		II		III		IV		V	
			分布面积 (km²)	水资源量 (万 m³)	分布面积 (km²)	水资源量 (万 m³)	分布面积 (km²)	水资源量 (万 m³)	分布面积 (km²)	水资源量 (万 m³)	分布面积 (km²)	水资源量 (万 m³)
安阳市	4 385	41 449	0	0	0	0	1 196	9 768	379	4 282	2 810	27 399
新乡市	6 689	110 007	0	0	0	0	435	7 479	2 773	43 917	3 481	58 611
鹤壁市	1 353	12 042	0	0	0	0	385	3 427	530	4 717	438	3 898
焦作市	2 851	44 537	0	0	0	0	570	9 307	1 233	17 197	1 048	18 033
濮阳市	4 188	51 144	0	0	0	0	355	2 867	644	7 033	3 189	41 244
三门峡市	547	2 244	0	0	0	0	358	1 469	189	775	0	0
洛阳市	1 537	42 095	0	0	0	0	1 185	34 058	188	2 957	164	5 080
济源市	306	9 188	0	0	145	3 726	20	514	141	4 948	0	0
郑州市	1 974	37 856	0	0	0	0	940	17 749	910	17 477	124	2 630
开封市	6 262	83 471	0	0	0	0	2 220	30 709	2 695	35 856	1 347	16 906
漯河市	2 694	37 765	0	0	0	0	1 981	27 745	0	0	713	10 020
平顶山市	1 981	28 723	0	0	0	0	991	14 575	800	11 257	190	2 890
商丘市	10 700	129 832	0	0	0	0	2 371	28 777	6 322	77 333	2 007	23 723
信阳市	6 626	130 458	0	0	1 387	27 071	3 845	73 393	933	19 603	461	10 390
驻马店市	10 895	177 133	0	0	214	3 536	7 985	130 129	991	15 378	1 705	28 090
许昌市	3 118	41 843	0	0	0	0	1 559	20 922	1 426	19 137	133	1 785
周口市	11 958	171 155	0	0	0	0	4 518	64 666	4 994	71 479	2 446	35 010
南阳市	6 604	94 091	0	0	0	0	5 898	84 032	56	798	650	9261
全省	84 668	1 245 033	0	0	1 746	34 333	36 812	561 586	25 204	354 144	20 906	294 970

表 9-18　各流域分区不同水质类别的地下水资源量统计

流域	评价面积 (km²)	水资源量 (万 m³)	分区地下水水质类别									
			I		II		III		IV		V	
			分布面积 (km²)	水资源量 (万 m³)	分布面积 (km²)	水资源量 (万 m³)	分布面积 (km²)	水资源量 (万 m³)	分布面积 (km²)	水资源量 (万 m³)	分布面积 (km²)	水资源量 (万 m³)
海河流域	9 294	119 121	0	0	0	0	1 775	22 746	1 906	23 342	5 613	73 033
黄河流域	13 320	201 030	0	0	145	3 726	2 995	48 957	4 386	64 706	5 794	83 640
淮河流域	55 324	828 949	0	0	1 601	30 607	26 144	405 851	18 730	263 456	8 849	129 036
长江流域	6 730	95 933	0	0	0	0	5 898	84 032	182	2 640	650	9 261
全省	84 668	1 245 033	0	0	1 746	34 333	36 812	561 586	25 204	354 144	20 906	294 970

第四节　地下水水质污染分析

一、地下水污染状况

(一)地下水污染的概念

地下水污染是指由于人类活动使污染物进入地下水体中，造成地下水的物理、化学性质或生物性质发生变化，降低了其原有使用价值的现象。河南省地下水水质由于天然因素，即使没有人为污染，也有部分为劣质水。为了解河南省人为污染因素对地下水水质的影响，我们进行了地下水污染分析。在本次评价的 16 个项目中，除总硬度、矿化度等主要天然水化学成分及铁、氟化物、砷等水化学异常项目受人类活动的影响较小外，其余项目可以认为主要取决于人类活动的影响，这些项目如达到IV类、V类水标准，则认为地下水被污染，IV类为轻度污染，V类为重度污染，I类、II类、III类则认为水质未受到污染，这些项目主要有氨氮、高锰酸盐指数、硝酸盐氮、亚硝酸盐氮等。

(二)地下水污染分布

根据单井污染综合评价的水质类别，进行监测井代表面积分析，划定监测井水质类别代表的地下水分布面积，并按流域、地市级行政区进行统计、分析。

评价结果表明，在全省平原区 84 668 km² 中，地下水轻度污染面积为 13 486 km²，占 15.9%，地下水重度污染面积为 7 572 km²，占 8.9%，两项之和污染面积为 21 058 km²，占 24.9%，未受到污染的面积为 63 610 km²，占 75.1%。

省辖四流域中，海河流域地下水水质污染最重，污染面积为 3 902 km²，污染面积占 42.0%；其次是黄河流域，污染面积为 5 107 km²，占 38.3%；淮河流域污染面积为 11 217 km²，占 20.3%；长江流域地下水水质较好，污染面积为 832 km²，仅占 12.4%。18 个市中污染面积超过 50%的只有濮阳市，其他较高的有：新乡市占 44.2%，鹤壁市占 40.0%，安阳市占 37.3%，三门峡市占 34.6%，周口市占 33.3%，商丘市占 29.8%，济源市占 28.4%，其余10市均低于全省平均水平。

对分区污染评价结果进行分析，并与分区水质评价结果对照，可以看出污染总面积大大小于劣质区面积。全省平原区污染面积为 21 058 km²，占总面积的 24.9%，而劣质区面积为 46 110 km²，占总面积的 54.5%，各流域和各市多数情况相似，其原因主要为相当一部分劣质区是由矿化度、总硬度、铁、氟化物等地下水本底成分超标引起的，这说明河南省地下水水质先天不足，在天然状态下也有30%左右的地下水超过Ⅲ类水标准，使用功能受到影响，也说明河南省加强地下水水质保护的重要性与迫切性。分区评价结果详见图9-3、附图31、表9-19、表9-20。

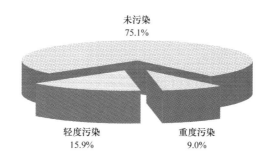

图9-3　河南省平原区地下水水质污染状况(面积)

表9-19　河南省各流域分区地下水污染状况统计

流域	评价面积(km²)	未污染区分布面积(水质类别为Ⅰ～Ⅲ类)	轻度污染区(水质类别为Ⅳ类)		重度污染区(水质类别为Ⅴ类)	
			分布面积(km²)	关键项目	分布面积(km²)	关键项目
海河流域	9 294	5 392	2 815	氨氮、亚硝酸盐氮	1 087	氨氮、挥发酚
黄河流域	13 320	8 213	2 748	氨氮、亚硝酸盐氮、高锰酸盐指数	2 359	氨氮、高锰酸盐指数
淮河流域	55 324	44 107	7 741	氨氮、亚硝酸盐氮、挥发酚、高锰酸盐指数	3 476	氨氮、亚硝酸盐氮、高锰酸盐指数
长江流域	6 730	5 898	182	亚硝酸盐氮、氨氮	650	氨氮、高锰酸盐指数
全省	84 668	63 610	13 486	氨氮、亚硝酸盐氮	7 572	氨氮、亚硝酸盐氮、高锰酸盐指数

表 9-20　河南省各市分区地下水污染状况统计

地级行政区	评价面积(km²)	未污染区分布面积(水质类别为Ⅰ~Ⅲ类)	轻度污染区(水质类别为Ⅳ类)		重度污染区(水质类别为Ⅴ类)	
			分布面积(km²)	关键项目	分布面积(km²)	关键项目
安阳市	4 385	3 186	995	氨氮	204	氨氮
新乡市	6 689	3 732	2 192	氨氮、挥发酚、亚硝酸盐氮	765	氨氮、挥发酚
鹤壁市	1 353	810	490	氨氮	53	氨氮
焦作市	2 851	2 550	301	氨氮、亚硝酸盐氮	0	
濮阳市	4 188	807	1 121	氨氮、亚硝酸盐氮	2 260	氨氮、高锰酸盐指数
三门峡市	547	358	189	氨氮	0	
洛阳市	1 537	1 185	188	氨氮、硝酸盐氮	164	氨氮
济源市	306	219	87	氨氮	0	
郑州市	1 974	1 619	355	氨氮、挥发酚、亚硝酸盐氮	0	
开封市	6 262	5 747	515	高锰酸盐指数、氨氮	0	
漯河市	2 694	2 584	0		110	亚硝酸盐氮
平顶山市	1 981	1 981	0		0	
商丘市	10 700	7 507	2 571	氨氮、亚硝酸盐氮、	622	氨氮、亚硝酸盐氮
信阳市	6 626	6 132	289	高锰酸盐指数、氨氮	205	高锰酸盐指数、氨氮
驻马店市	10 895	8 686	741	氨氮、亚硝酸盐氮	1 468	氨氮、高锰酸盐指数
许昌市	3 118	2 517	571	亚硝酸盐氮	30	氨氮
周口市	11 958	8 092	2 825	氨氮	1 041	氨氮、亚硝酸盐氮
南阳市	6 604	5 898	56	亚硝酸盐氮	650	氨氮、高锰酸盐指数
全省	84 668	63 610	13 486	氨氮、挥发酚、亚硝酸盐氮、硝酸盐氮	7 572	氨氮、挥发酚、亚硝酸盐氮、高锰酸盐指数

二、地下水污染成因分析

地下水受污染的途径很多，从河南省情况看主要有以下几种。

(一)地表水污染的影响

河南省地表水污染严重，由于地表水和浅层地下水的密切联系，当地表水受到污染时极易导致地下水的污染。此次评价结果表明，河南省地下水水质污染的空间分布和地表水相似，特别是污染严重的河流两侧地下水均受到不同程度的污染，这说明地表水污染对地下水的影响很大。"新华视点"所报道的淮河最大支流沙颍河沿岸，出现了多个"癌症高发村"，即说明污染严重的沙颍河河水对沿岸地下水的污染。

(二)污水灌溉及某些小企业污废水的渗坑排放

河南省水资源较为短缺，一些地方采用未经处理的工业废水及生活污水进行灌溉，而土壤对污水的净化降解能力有限，缺乏严格管理的长期污水灌溉，造成地下水污染。河南省乡镇企业众多，一些中小企业将未经处理的污水渗坑排放，也造成地下水污染。

(三)固体废弃物处置不当对地下水造成污染

河南省一些厂矿将固体废弃物任意堆放，特别是一些露天存放的尾矿、冶炼废渣、粉煤灰、赤泥等，以及每个城市周边的垃圾堆放场，绝大多数无防渗措施，有害物质经雨水淋溶下渗污染地下水。

(四)农药、化肥的施用不尽合理，是地下水水污染的主要面污染源

河南省是农业大省，农药、化肥施用量较大，而过多地、不合理地施用农药、化肥，将造成地下水水质污染。如农田施用氮肥，会有相当于氮肥施用量 12.5%～45%的氮从土壤中流失，下渗并污染地下水。此次评价结果表明，河南省地下水中氨氮、亚硝酸盐氮超标较为严重，这和化肥的使用关系密切。

第五节　　地下水水质保护对策

河南省地下水水质已遭到相当程度的污染，污染区已占 24.9%，劣质区达 54.5%。由于地下水一旦被污染，治理十分困难，所以必须充分认识保护地下水水质的迫切性，采取确实可行的有效措施，加强对地下水的保护。

(1)必须对地下水水质保护的重要性和迫切性有充分的认识，必须对地下水保护工作给予足够的重视。现在一些发达国家在地表水污染得到控制后，都逐步将水环境保护工作的重点转移到地下水，考虑到河南省地下水在水资源利用中的重要位置和目前地下水水质污染状况，加强对地下水保护已刻不容缓。如不认真对待，即使污染不再增加，要恢复到污染前的水质状况，也决不是短时间可达到的，何况目前污染仍在继续，这对河南省经济的持续发展、用水安全，将造成十分被动的局面。

(2)加强法制管理，控制地下水水质污染。应根据《中华人民共和国水法》、《中华人民共和国环境保护法》、《中华人民共和国水污染防治法》等法律规定，严格对地下水水质的保护，使管理步入法制轨道，应加强对地下水水质保护的科研工作，制定地下水保护规划和保护条例等，强化地下水的保护工作。

(3)实行预防为主、防治结合的方针。既要积极治理现存的污染，又要采取有力措施防止新的污染产生。地下水水污染的治理比地表水污染的治理困难得多，因为它不但自净能力很差，而且还常常涉及受污染土壤及含水层的治理问题，所以应在预防上投入足够的人力、物力、财力，不要等到污染后再付出更大代价去治理。

(4)加强对地下水水质的监测。地下水污染一般不容易发觉，许多污染物往往在它们进入地下水很长一段时间后才可能被发觉和检测出来，并且由于地下水水质的监测受监测井分布的限制，只有当污染物到达井孔时污染才有可能被发现，所以必须加强对地下水的监测，增加监测井密度，以便更好地掌握地下水水质动态。

(5)加强污染源治理。加强地表水污染的治理，严禁废污水的渗坑排放，以切断地下水水质污染的途径。

(6)加强对污灌区的管理。土壤尽管对污染物有很强的自净能力，但其容量有限，况且对某些污染物质如重金属，无法靠土壤中的细菌降解使其消除。新乡市某厂的镉污染就是严重的教训，无限制地进行污灌，是造成地下水污染的重要原因。

(7)加强对露天存放的固体废渣的管理，以防其被雨水淋溶后污染地下水。

(8)合理使用农药、化肥，严格控制和逐步减少农药、化肥的施用量。

第十章　水资源总量

水资源总量指当地降水形成的地表和地下产水量，即地表径流量与降水入渗补给量之和。本次评价水资源总量计算采用地表水资源量(河川径流量)与降水入渗补给量之和再扣除降水入渗补给量形成的河道基流排泄量的计算方法(第一次评价采用地表水资源量与地下水资源量之和再扣除地表水、地下水重复计算水量的计算方法)。

第一节　计算方法

分区水资源总量一般用下列公式计算

$$W=R_S+P_r \quad 或 \quad W=R+P_r-R_g \tag{10-1}$$

式中　　W——水资源总量；

R_S——地表径流量(不包括河川基流量)；

R——河川径流量(即地表水资源量)；

P_r——地下水的降水入渗补给量(山丘区用地下水总排泄量代替)；

R_g——河川基流量(平原区只计降水入渗补给量形成的河道排泄量)。

公式中各分量直接采用地表水和地下水资源评价的系列成果。

第二节　计算成果

一、计算成果

(一)1956～2000年多年平均水资源总量

全省1956～2000年多年平均地表水资源量303.99亿 m^3，降水入渗补给量185.6亿 m^3，扣除降水入渗形成的河道基流排泄量84.79亿 m^3，全省水资源总量404.9亿 m^3，产水模数24.5万 m^3/km^2，产水系数0.32(见表10-1)，其中海河流域产水模数18.0万 m^3/km^2，产水系数0.30；黄河流域产水模数16.6万 m^3/km^2，产水系数0.26；淮河流域产水模数28.5万 m^3/km^2，产水系数0.34；长江流域产水模数25.8万 m^3/km^2，产水系数0.31。

本次计算1956～1979年全省水资源总量为417.4亿 m^3，产水模数25.2万 m^3/km^2，产水系数0.32(详见表10-2)。1956～2000年系列水资源总量为404.9亿 m^3，比1956～1979年系列偏少3.1%，其中，地表水资源量偏少4.5%。第一次评价全省1956～1979年多年平均水资源总量为413.7亿 m^3，本次评价1956～2000年系列平均水资源量为404.9亿 m^3，比1956～1979年系列偏少2.1%，与降水量偏少1.5%相比两者接近。

(二)1980～2000年多年平均水资源总量

全省1980～2000年多年平均水资源总量390.5亿 m^3，产水模数23.6万 m^3/km^2，产水系数 0.31(见表 10-3),其中海河流域水资源总量 23.15 亿 m³,产水模数 15.1 万 m³/km²,产水系数 0.27;黄河流域水资源总量 55.56 亿 m³,产水模数 15.4 万 m³/km²,产水系数 0.25;淮河流域水资源总量 242.7 亿 m³,产水模数 28.1 万 m³/km²,产水系数 0.34;长江流域水资源总量 69.11 亿 m³,产水模数 25.0 万 m³/km²,产水系数 0.31。

表 10-1 1956～2000 年河南省流域分区水资源总量

水资源分区		面积 (km²)	水资源量均值 (万 m³)	产水模数 (万 m³/km²)	降水量 (mm)	产水系数
海河流域	漳卫河山区	6 042	152 450	25.23	665.8	0.38
	漳卫河平原	7 589	105 606	13.92	579.0	0.24
	徒骇马颊河区	1 705	18 135	10.64	560.0	0.19
	流域合计	15 336	276 191	18.01	609.9	0.30
黄河流域	龙门～三门峡区间	4 207	63 639	15.13	628.9	0.24
	三门峡～小浪底区间	2 364	29 940	12.66	679.1	0.19
	小浪底～花园口区间	3 415	55 663	16.30	607.9	0.27
	伊洛河区	15 813	280 579	17.74	666.9	0.27
	沁丹河区	1 377	26 752	19.43	579.5	0.34
	金堤河天然文岩渠	7 309	116 044	15.88	580.0	0.27
	花园口以下干流	1 679	26 079	15.53	587.7	0.26
	流域合计	36 164	598 696	16.56	633.1	0.26
淮河流域	王蚌区间南岸	4 243	220 458	51.96	1 144.0	0.45
	王家坝以上南岸	13 205	605 105	45.82	1 108.5	0.41
	王家坝以上北岸	15 613	537 424	34.42	913.6	0.38
	王蚌区间北岸	46 478	969 022	20.85	730.1	0.29
	涡东诸河区	5 155	102 464	19.88	759.4	0.26
	南四湖湖西区	1 734	26 290	15.16	677.2	0.22
	流域合计	86 428	2 460 763	28.47	842.0	0.34
长江流域	丹江口以上区	7 238	181 345	25.05	809.0	0.31
	丹江口以下区	525	9 811	18.69	725.6	0.26
	唐白河区	19 426	495 317	25.50	820.0	0.31
	武湖区间	420	26 456	62.99	1 277.3	0.49
	流域合计	27 609	712 929	25.82	822.3	0.31
全省		165 537	4 048 579	24.46	771.1	0.32

表 10-2 1956~1979 年河南省流域分区水资源总量

水资源分区		面积 (km²)	水资源 量均值 (万 m³)	产水模数 (万 m³/km²)	降水量 (mm)	产水 系数
海河流域	漳卫河山区	6 042	173 594	28.73	708.0	0.41
	漳卫河平原	7 589	121 881	16.06	614.2	0.26
	徒骇马颊河区	1 705	19 795	11.61	587.6	0.20
	流域合计	15 336	315 269	20.56	648.2	0.32
黄河流域	龙门—三门峡区间	4 207	65 720	15.62	645.3	0.24
	三门峡—小浪底区间	2 364	32 768	13.86	693.9	0.20
	小浪底—花园口区间	3 415	58 384	17.10	634.0	0.27
	伊洛河区	15 813	297 075	18.79	677.0	0.28
	沁丹河区	1 377	28 417	20.64	600.5	0.34
	金堤河天然文岩渠	7 309	125 850	17.22	613.3	0.28
	花园口以下干流	1 679	28 138	16.76	616.6	0.27
	流域合计	36 164	636 352	17.60	651.8	0.27
淮河流域	王蚌区间南岸	4 243	220 663	52.01	1 116.4	0.47
	王家坝以上南岸	13 205	600 477	45.47	1 106.7	0.41
	王家坝以上北岸	15 613	541 754	34.70	920.8	0.38
	王蚌区间北岸	46 478	988 305	21.26	736.5	0.29
	涡东诸河区	5 155	111 498	21.63	783.2	0.28
	南四湖湖西区	1 734	27 978	16.13	696.7	0.23
	流域合计	86 428	2 490 675	28.82	847.0	0.34
长江流域	丹江口以上区	7 238	186 956	25.83	816.6	0.32
	丹江口以下区	525	9 682	18.44	731.1	0.25
	唐白河区	19 426	509 245	26.21	829.3	0.32
	武湖区间	420	26 114	62.18	1 271.4	0.49
	流域合计	27 609	731 997	26.51	830.8	0.32
全省		165 537	4 174 293	25.22	782.8	0.32

表 10-3　1980～2000 年河南省流域分区水资源总量

流域	水资源分区	面积 (km²)	水资源量均值 (万 m³)	产水模数 (万 m³/km²)	降水量 (mm)	产水系数
海河流域	漳卫河山区	6 042	128 286	21.23	611.2	0.35
	漳卫河平原	7 589	87 008	11.46	538.8	0.21
	徒骇马颊河区	1 705	16 238	9.52	528.2	0.18
	流域合计	15 336	231 532	15.10	566.2	0.27
黄河流域	龙门—三门峡区间	4 207	61 262	14.56	610.3	0.24
	三门峡—小浪底区间	2 364	26 709	11.30	662.1	0.17
	小浪底—花园口区间	3 415	52 553	15.39	578.3	0.27
	伊洛河区	15 813	261 727	16.55	655.3	0.25
	沁丹河区	1 377	24 847	18.04	555.4	0.32
	金堤河天然文岩渠	7 309	104 837	14.34	542.0	0.26
	花园口以下干流	1 679	23 725	14.13	554.6	0.25
	流域合计	36 164	555 660	15.37	611.8	0.25
淮河流域	王蚌区间南岸	4 243	220 223	51.90	1 175.5	0.44
	王家坝以上南岸	13 205	610 393	46.22	1 110.6	0.42
	王家坝以上北岸	15 613	532 475	34.10	905.4	0.38
	王蚌区间北岸	46 478	946 984	20.37	722.9	0.28
	涡东诸河区	5 155	92 139	17.87	732.3	0.24
	南四湖湖西区	1 734	24 362	14.05	654.8	0.21
	流域合计	86 428	2 426 576	28.08	836.5	0.34
长江流域	丹江口以上区	7 238	174 932	24.17	800.3	0.30
	丹江口以下区	525	9 959	18.97	719.3	0.26
	唐白河区	19 426	479 400	24.68	809.5	0.30
	武湖区间	420	26 847	63.92	1 284.1	0.50
	流域合计	27 609	691 138	25.03	812.6	0.31
全省		165 537	3 904 906	23.59	757.8	0.31

(三)河南省行政分区多年平均水资源总量

1. 1956～2000 年行政分区多年平均水资源总量

1956～2000 年多年平均水资源总量从南向北递减，信阳市多年平均水资源总量 88.56 亿 m³，产水模数 46.8 万 m³/km²，产水系数 0.42；安阳市多年平均水资源总量 13.03 亿 m³，产水模数 17.7 万 m³/km²，产水系数 0.30；南阳市多年平均水资源总量 68.43 亿 m³，产水模数 25.8 万 m³/km²，产水系数 0.31；濮阳市多年平均水资源总量 5.68 亿 m³，产水模数 13.6 万 m³/km²，产水系数 0.20(详见表 10-4)。

表 10-4　河南省行政分区水资源总量

市地	计算面积(km²)	时段	多年平均水资源总量(万 m³)	1956~1979 年多年平均水资源(万 m³)	与 1956~1979 年多年平均水资源总量比较(%)	产水模数(万 m³/km²)	降水量(mm)	产水系数
安阳市	7 354	1956~2000	130 352	152 219	−16.78	17.73	595.2	0.30
		1980~2000	105 362		−44.47	14.33	543.0	0.26
鹤壁市	2 137	1956~2000	37 035	44 266	−19.52	17.33	629.2	0.28
		1980~2000	29 863		−48.23	13.97	579.1	0.24
濮阳市	4 188	1956~2000	56 779	60 666	−6.85	13.56	668.3	0.20
		1980~2000	52 335		−15.92	12.50	638.8	0.20
新乡市	8 249	1956~2000	148 800	169 109	−13.65	18.04	611.6	0.29
		1980~2000	129 099		−30.99	15.65	571.6	0.27
焦作市	4 001	1956~2000	76 536	81 612	−6.63	19.13	590.8	0.32
		1980~2000	72 158		−13.10	18.03	564.8	0.32
济源市	1 894	1956~2000	32 931	35 497	−7.79	17.39	668.3	0.26
		1980~2000	29 998		−18.33	15.84	638.8	0.25
三门峡市	9 937	1956~2000	170 784	176 399	−3.29	17.19	675.5	0.25
		1980~2000	164 368		−7.32	16.54	663.5	0.25
洛阳市	15 230	1956~2000	285 866	3074683	−7.63	18.77	674.5	0.28
		1980~2000	260 931		−17.92	17.13	660.1	0.26
郑州市	7 534	1956~2000	131 844	131 554	0.22	17.50	625.7	0.28
		1980~2000	132 174		0.47	17.54	603.9	0.29
开封市	6 262	1956~2000	114 797	120 389	−4.87	18.33	658.6	0.28
		1980~2000	108 406		−11.05	17.31	628.7	0.28
商丘市	10 700	1956~2000	198 088	212 943	−7.50	18.51	723.3	0.26
		1980~2000	181 111		−17.58	16.93	704.8	0.24
许昌市	4 978	1956~2000	87 990	86 063	2.19	17.68	698.9	0.25
		1980~2000	90 192		4.58	18.12	692.4	0.26
平顶山市	7 909	1956~2000	183 368	182 438	0.51	23.18	818.8	0.28
		1980~2000	184 432		1.08	23.32	817.7	0.29
漯河市	2 694	1956~2000	64 020	65 058	−1.62	23.76	772.0	0.31
		1980~2000	62 834		−3.54	23.32	774.2	0.30
周口市	11 958	1956~2000	264 612	269 554	−1.87	22.13	752.4	0.29
		1980~2000	258 964		−4.09	21.66	753.3	0.29
驻马店市	15 095	1956~2000	494 876	505 320	−2.11	32.78	896.6	0.37
		1980~2000	482 939		−4.63	31.99	884.3	0.36
信阳市	18 908	1956~2000	885 557	878 458	0.80	46.84	1 105.4	0.42
		1980~2000	893 671		1.70	47.26	1 118.5	0.42
南阳市	26 509	1956~2000	684 344	700 335	−2.34	25.82	826.4	0.31
		1980~2000	666 069		−5.14	25.13	816.1	0.31
全省	165 537	1956~2000	4 048 579	4 179 563	−3.24	24.46	771.1	0.32
		1980~2000	3 904 906		−7.03	23.59	757.7	0.31

注：1956~1979 年系列多年平均水资源总量为本次计算成果。

2. 1980～2000 年行政分区多年平均水资源总量

1980～2000 年多年平均水资源总量信阳市为 89.37 亿 m^3，产水模数 47.3 万 m^3/km^2，产水系数 0.42；濮阳市为 5.23 亿 m^3，产水模数 12.5 万 m^3/km^2，产水系数 0.20；济源市为 3.0 亿 m^3，产水模数 15.8 万 m^3/km^2，产水系数 0.25(详见表 10-4)。

二、与第一次评价成果比较

本次 1956～2000 年多年平均水资源总量与第一次评价 1956～1979 年多年平均水资源总量相比较，全省偏少 2.1%，其中海河流域偏少 14.97%，黄河流域偏多 0.02%，淮河流域偏少 1.77%，长江流域偏多 0.63%。各三级分区漳卫河山区、漳卫河平原区、徒骇马颊河区、三门峡—花园口区、伊洛河区、王家坝以上北岸区、涡东诸河区、南四湖湖西区等区偏少，其中徒骇马颊河区偏少 60.5%。其余各区偏多，其中武湖区偏多 34.2%(见表 10-5)。

表 10-5　两次评价多年平均水资源总量比较分析

流域	水资源分区	第一次评价 1956～1979 年		第二次评价 1956～2000 年		相对差值(%)
		面积(km²)	水资源总量(亿 m³)	面积(km²)	水资源总量(亿 m³)	
海河流域	漳卫河山区	6 064	15.73	6 042	15.25	−3.08
	漳卫河平原	7 471	13.84	7 589	10.56	−23.70
	徒骇马颊河区	1 765	2.91	1 705	1.81	−37.68
	流域合计	15 300	32.48	15 336	27.62	−14.97
黄河流域	龙门—三门峡区间	4 154	5.87	4 207	6.36	8.41
	三门峡—花园口区间	5 806	8.63	5 779	8.56	−0.81
	伊洛河区	15 771	28.28	15 813	28.06	−0.79
	沁丹河区	1 228	2.22	1 377	2.68	20.50
	金堤河天然文岩渠	7 423	12.33	7 309	11.60	−5.88
	花园口以下干流	1 648	2.53	1 679	2.61	3.08
	流域合计	36 030	59.86	36 164	59.87	0.02
淮河流域	王蚌区间南岸	4 200	22.02	4 243	22.05	0.12
	王家坝以上南岸	12 910	58.87	13 205	60.51	2.79
	王家坝以上北岸	16 145	57.40	15 613	53.74	−6.37
	王蚌区间北岸	45 965	96.70	46 478	96.90	0.21
	涡东诸河区	5 020	11.94	5 155	10.25	−14.18
	南四湖湖西区	1 850	3.59	1 734	2.63	−26.77
	流域合计	86 090	250.52	86 428	246.08	−1.77
长江流域	汉丹区	27 370	69.11	27 189	68.65	−0.67
	武湖区间	340	1.74	420	2.65	52.30
	流域合计	27 710	70.85	27 609	71.30	0.63
	全省	165 130	413.71	165 537	404.86	−2.14

第十一章　水资源可利用量

第一节　水资源可利用量概念

水资源可利用量是从区域资源、环境、技术和经济条件的角度，综合分析可以被利用的水量。

一、地表水可利用量概念

地表水可利用量是指在可预见的时期内，在统筹考虑河道内生态环境和其他用水的基础上，通过经济合理、技术可行的措施，可供河道外生活、生产、生态用水的一次性最大水量(不包括回归水的重复利用量)。

(1)河道内生态环境和其他用水是指生产、生活之外的其他必要用水，因为河道内生态环境和人类生活环境息息相关，伴随人们生活水平提高，生态环境和其他用水的需求也在不断增加，这部分水量不能被挤占，所以属于不可以被利用水量(不可以提供给河道外用水)。

(2)地表水可利用量不是固定值，有时效性。由于水资源利用的经济和技术条件在不断变化，而且随着时间推移人类对河道内生态和其他用水要求的水量会越来越多，因此可供河道外利用的水量在某些河流可能减少，某些河流可能增加。

(3)一次性最大水量：不考虑重复利用量(包括企业内的重复利用、流域上下游之间的重复利用)。

(4)水质条件：可利用水量要满足用水水质要求，如果水质不符合用水标准，有量也不能利用。

二、地下水可开采量概念

平原区浅层地下水可开采量是指在可预见时期内，通过经济合理、技术可行的措施，在不致引起生态环境恶化的条件下允许从含水层中获取的最大水量。

(1)地下水可开采量指平原区浅层地下水，不包括山丘区。河南省大致在深度 $40 \sim 60 \mathrm{~m}$ 以内，局部区域可能小于或大于上述范围，从地下水类型分，包括潜水及与潜水有微弱水力联系的第一层微承压水。

(2)经济合理、技术可行是指因含水层的水文地质条件而受当时经济和技术条件的制约，如果由于开发利用成本超出承受能力或因水源利用不当带来负效益，这部分水量就无法利用。

(3)生态环境恶化主要指由于开采地下水而引起的地下水位持续下降，进而导致地面沉降、陆地沙化、海水入侵等问题。

三、可利用总量概念

水资源可利用总量是指在可预见的时期内，在统筹考虑生活、生产和生态环境用水的基础上，通过经济合理、技术可行的措施在当地水资源中可提供一次性利用的最大水量。

(1)水资源可利用总量和水资源总量一样，是分析由当地降水形成的水资源的可利用量，不包括外来水。

(2)水资源可利用总量与水资源总量相对应，包括地表水和地下水两部分可利用量，而且扣除地表水和地下水之间相互转化的重复利用水量。

第二节　可利用量计算原则

水资源可利用量计算应遵循以下原则：

(1)维系水资源可持续利用的原则。水资源可利用量应控制在合理的可利用范围内，既要充分利用和合理配置水资源，又要维持水资源环境的良好状态，以保障水资源的可持续利用。

(2)统筹兼顾，优先保证最小生态环境需水的原则。统筹协调生活、生产和生态等各项用水，保证河道内最小生态环境需水的要求。

(3)以流域水系为系统的原则。水资源分布以流域水系为特征，形成一个完整的水资源系统。水资源量是按流域和水系独立计算的，水资源可利用量也应按流域和水系进行评价，以保持计算成果的一致性、准确性和完整性。同时，在水资源系统中三水转化强烈，地表水和地下水水力联系密切，计算水资源可利用量时要把相互转化的水量分析清楚，避免可利用水量的重复计算。

(4)因地制宜的原则。受地理条件和经济发展的制约，不同类型、不同流域水系的水资源可利用量分析的重点与计算方法有所不同，应根据区域特征并结合资料情况，选择相适宜的计算方法，计算水资源可利用量。

第三节　可利用量计算

一、地表水可利用量计算

(一)地表水可利用量计算方法

地表水可利用量计算方法因河流水系特点、水资源量的丰枯及变化、水资源开发利用程度等具体情况，采用不同的计算方法。河南省属于北方水资源紧缺地区，按照《技术细则》要求采用倒算法。

倒算法是用多年平均水资源量减去不可以被利用水量和不可能被利用水量，求得多年平均地表水资源可利用量，计算式如下：

$$W_{\text{地表水可利用量}}=W_{\text{地表水资源量}}-W_{\text{河道内最小生态环境需水量}}-W_{\text{洪水弃水}} \tag{11-1}$$

倒算法的基本思路是从多年平均地表水资源量中扣除非汛期河道内最小生态环境用水和生产用水，以及汛期难于控制利用的洪水量，剩余的水量作为可供河道外用水户利用，即为地表水资源可利用量。

1. 不可以被利用水量

不可以被利用水量指不允许利用的水量，它包括河道内生态环境需水量和河道内生产需水量。由于河道内需水具有基本不消耗水量和可重复利用等特点，因此应选择河道内各项需水量的最大量，作为河道内需水量。

河道内生态环境需水量主要包括维持河道基本功能的需水量、通河湖泊湿地需水量、河口生态环境需水量等。

维持河道基本功能需水量是指河道基流量，它是维持河床基本形态、保障河道输水能力、防止河道断流、保持水体一定的自净能力的最小流量。为维系河流的最基本环境功能不受破坏，必须在河道中常年流动着的最小水量阈值。

通常可供选用的计算方法如下。

(1)以多年平均径流量的百分数(一般取 10% ~ 20%)作为河流最小生态环境需水量。计算公式为：

$$W_r = \frac{1}{n}(\sum_{i=1}^{n} W_i) \times K \tag{11-2}$$

式中　　W_r——河流最小生态环境需水量；

　　　　W_i——第 i 年的地表水资源量；

　　　　K——选取的百分数；

　　　　N——统计年数。

(2)根据近 10 年最小月平均流量或 90%保证率最小月平均流量，计算多年平均最小生态需水量。计算公式为：

$$W_r = 12 \times \min(W_{ij}) \text{ 或 } W_r = 12 \times \min(W_{ij})_{P=90\%} \tag{11-3}$$

式中　　W_r——河流最小生态环境需水量；

　　　　$\min(W_{ij})$——近 10 年最小的月径流量；

　　　　$\min(W_{ij})_{P=90\%}$——90%保证率最小月径流量。

(3)典型年法。

选择满足河道基本功能、未断流，又未出现较大生态环境问题的某一年作为典型年，将典型年最小月平均流量或月径流量，作为满足年生态环境需水的平均流量或月平均的径流量。公式为：

$$W_r = 12 \times W_{\text{最小月径流量}} \text{ 或 } W_r = 365 \times 24 \times 3\ 600 \times Q_{\text{最小月平均流量}} \tag{11-4}$$

2. 不可能被利用水量

不可能被利用水量指受种种因素和条件的限制，无法被利用的水量。主要包括：超出工程最大调蓄能力和供水能力的洪水量；在可预见时期内受工程经济技术条件影响不可能被利用的水量。

汛期难以控制利用洪水量指在可预期的时期内，不能被工程措施控制利用的汛期洪水量。汛期水量中除一部分可供当时利用，还有一部分可通过工程蓄存起来供今后利用外，其余水量即为汛期难以控制利用的洪水量。

由于洪水量年际变化大，丰水年的一次或数次大洪水弃水量往往占很大比重，而枯水年或一般年份弃水较少，甚至没有弃水。因此，要计算多年平均情况下的汛期难以控制利用的洪水量，不宜采用简单地选择某一典型年的计算方法，而应以未来工程最大调蓄与供水能力为控制条件，采用天然径流量长系列资料，逐年计算汛期难以控制利用下泄的水量，以求得多年平均汛期难以控制利用下泄洪水量。

(二)地表水可利用量计算

1. 参加计算的河流和控制代表站

主要河流的地表水可利用量是区域水资源可利用量评价的基础，它是以河流控制站的可利用计算为基本依据。本次评价的主要河流和控制代表站有：

海河流域南运河水系卫河(元村集站)、徒骇马颊河(南乐站)；黄河流域伊洛河(黑石关站)、沁河(山路平、五龙口至武陟区间)、宏农涧河(窄口站)、蟒河(济源站)天然文岩渠(大车集站)、金堤河(范县站)；淮河流域淮河干流(淮滨站)、洪汝河(班台站)、史河(蒋集站)、沙颍河(周口站)、汾泉河(沈丘站)、涡河(玄武站)、惠济河(砖桥站)、沱河(永城站)、浍河(黄口站)；长江流域老灌河(西峡站)、白河(新甸铺站)、唐河(郭滩站)。

全省共计评价 20 条河流和 20 个控制站，总控制面积 134 590 km²，占计算面积 165 537 km² 的 81.3%。其中海河流域 2 条河流，2 个控制站，总控制面积 13 828 km²，占省辖流域面积 15 336 km² 的 90.2%；黄河流域 6 条河流，6 个控制站，总控制面积 27 089 km²，占省辖流域面积 36 164 km² 的 74.9%；淮河流域 9 条河流，9 个控制站，总控制面积 70 796 km²，占省辖流域面积 86 427 km² 的 81.9%；长江流域 3 条河流，3 个控制站，总控制面积 21 253 km²，占省辖流域面积 27 609 km² 的 77.0%。

2. 评价方法

河南省地处四大流域，基本属于北方水资源紧缺地区，本次地表水可利用量计算采用倒算法。河道内最小生态环境和其他用水，采用多年平均天然径流百分数法计算。通过对河南省河流径流特性分析并结合代表站典型年的分析计算，河道内最小生态环境用水量按多年平均天然年径流量的 15% 计算(见表 11-1)。

河南省处于南北过渡地带，根据省内河流水文特性分析，确定汛期为 6~9 月，汛期不可能被利用的洪水量计算采用长系列天然径流量资料，逐年计算汛期难以控制的下泄洪水量，由此计算多年平均汛期不可能被利用的洪水量。

3. 地表水可利用量计算成果

1)主要控制站可利用量计算成果

主要控制站多年平均径流量减去河道生态环境需水量和多年平均下泄洪水量，求得主要控制站多年平均地表水可利用量。

控制站可利用量计算结果表明，地表水可利用率海河流域为 62.6%~71.4%，黄河流域为 46.8% ~ 72.6%，淮河流域为 30.1% ~ 55.9%，长江流域为 20.3% ~ 40.8%。其中，海河流域马颊河，黄河流域沁河、天然文岩渠的地表水可利用率偏高，分别为 71.4%、72.6% 和 60.9%。主要原因在于马颊河南乐站以上建有 6 座拦河闸，经多级拦蓄后地表径流下泄量很小，所以可利用率高；沁河的山路平、五龙口至武陟区间处于山前地带，枯季来自岩溶山区侧向补给形成大量河道基流和潜流，所以，地表水可利用率比较高；天然文岩渠同样由于黄河侧渗补给产生的基流量大，因而地表水可利用率也比较高(见表 11-1)。

表 11-1　主要控制站地表水可利用量分析计算成果　　　　(单位：亿 m³)

流域	河流	控制站	面积 (km²)	多年平均 天然径流量	河道生态 环境需水量	多年平均 下泄洪水量	地表水资源 可利用量
海河 流域	卫河	元村	14 286	16.321	2.448	3.66	10.213
	马颊河	南乐	1 166	0.332	0.05	0.045	0.237
黄河 流域	伊洛河	黑石关	18 563	31.328	4.699	7.412	19.217
	沁河	山五武区间	583	0.633	0.095	0.078	0.459
	宏农涧河	窄口	903	1.508	0.226	0.307	0.975
	蟒河	济源	480	0.838	0.126	0.237	0.475
	天然文岩渠	大车集	2 283	1.653	0.248	0.398	1.007
	金堤河	范县(二)	4 277	2.582	0.387	0.985	1.210
淮河 流域	淮河	淮滨	16 005	62.418	9.363	21.175	31.881
	洪汝河	班台	11 280	27.591	4.139	15.141	8.312
	史河	蒋家集	3 755	17.676	2.651	8.532	6.493
	沙颍河	周口	25 800	38.031	5.705	11.874	20.452
	汾泉河	沈丘	3 094	4.342	0.651	1.597	2.094
	涡河	玄武	4 014	2.277	0.342	0.951	0.985
	惠济河	砖桥	3 410	2.2	0.33	0.888	0.982
	沱河	永城	2 237	1.555	0.233	0.452	0.870
	浍河	黄口	1 201	1.136	0.17	0.678	0.288
长江 流域	老灌河	西峡	3 418	8.467	1.27	4.925	2.271
	白河	新甸铺	10 958	24.544	3.682	10.848	10.014
	唐河	郭滩	6 877	16.38	2.457	10.596	3.327

2)分区地表水可利用量计算成果

分区地表水可利用量计算是在主要河流可利用量计算成果基础上汇总求得的。其中河道内生态环境需水量除漳卫河区、伊洛河区以外，其余基本上按分区多年平均地表水资源量的 15% 计算。漳卫河区、伊洛河区分析选用的控制站，将控制站河道内生态环境需水量直接作为分区生态环境需水量(控制站面积绝大部分位于河南省以内，河南省外面积占比重较小)。

汛期难以控制的下泄洪水量，在控制站计算成果基础上做如下调整计算：

海河流域漳卫河区汛期难以控制下泄水量直接采用控制站的分析成果；分区多年平均天然径流量减去河道内生态环境需水量和汛期难以控制利用的水量，即得分区地表水可利用量。徒骇马颊河区的马颊河流域面积最大，其余均是小河流，地表水利用量少，所以采用马颊河南乐站的可利用量近似作为分区可利用量。

黄河流域花园口以下干流区间属于滩区，不计算可利用量；花园口以上干流河段，只计算龙门—三门峡、小浪底—花园口两区间，分别选用窄口、济源站作为分析控制站，取两个站地表水资源可利用率平均数的一半作为未控区的可利用率，计算未控区的可利用量，再加上控制站的可利用量即为分区可利用量。伊洛河区以控制站的可利用量按面积比计算分区可利用量；沁河区采用山路平—五龙口—武陟区间可利用量加上未控区可利用量。由于未控区大部分为平原，利用难度大，可供利用水量少，所以可利用量按多年平均天然径流量的10%计算；金堤河天然文岩渠区以大车集、范县两控制站的可利用量作为分区可利用量。

淮河流域王家坝以上的南岸、北岸两个分区及中游的王家坝—蚌埠区间南岸区，均采用控制站面积比进行缩放，但考虑洪汝河班台控制站目前地表水资源利用率比较低，所以将可利用率增大10%；王家坝—蚌埠区间北岸和蚌埠—洪泽湖区间北岸均以控制站的可利用量作为分区可利用量；南四湖湖西区虽然是平原河道，考虑流域内有五座水库，所以按省境淮河流域地表水可利用率的40%作为分区可利用率计算其可利用量。

长江流域丹江口以下区面积较小，区内地表水基本没有利用，所以不计算可利用量；武汉—湖口区间左岸区也因面积较小，不计算可利用量；丹江口以上区以区内老灌河西峡控制站的可利用量按面积比放大；唐白河区以新甸铺和郭滩两控制站的可利用量之和作为分区可利用量。

通过上述调整计算，全省多年平均地表水可利用量121.97亿 m^3，占多年平均天然径流量303.99亿 m^3 的40.1%(见表11-2)。其中海河流域地表水可利用量为9.994亿 m^3，占多年平均天然径流量16.350亿 m^3 的61.1%；黄河流域地表水可利用量为21.503亿 m^3，占多年平均天然径流量44.970亿 m^3 的47.8%；淮河流域地表水可利用量为72.32亿 m^3，占多年平均天然径流量178.290亿 m^3 的40.4%；长江流域地表水可利用量为18.151亿 m^3，占多年平均天然径流量64.381亿 m^3 的28.2%。

二、地下水可开采量计算

(一)地下水可开采量计算方法

根据目前人们对地下水可利用量概念的理解和条件的限制，地下水可利用量(可开采量)的计算方法有如下几种。

1. 平原区浅层地下水可开采量计算

1)实际开采量调查法

适用于浅层地下水开发利用程度较高、开采量统计调查资料精度较高、潜水蒸发量较小、水位动态处于相对稳定的地区。如某区域，在1980～2000年期间，1980年初、2000年末的地下水水位基本不变，则可以采用该期间多年平均浅层地下水实际开采量近似作为该地区多年平均浅层地下水可开采量。

表 11-2　分区地表水可利用量分析计算成果 （单位：亿 m³）

水资源分区名称		面积 (km²)	多年平均天然径流量	河道生态环境需水量	多年平均下泄洪水量	地表水资源可利用量
一级分区	三级分区					
海河流域	漳卫河区	13 631	15.865	2.448	3.660	9.757
	徒骇马颊河区	1 705	0.485	0.073	0.175	0.237
	流域合计	15 336	16.350	2.521	3.835	9.994
黄河流域	龙门—三门峡区间	4 207	5.837	0.876	2.688	2.273
	三门峡—小浪底干流区间	2 364	2.941	0.441	1.617	0.883
	小浪底—花园口干流区间	3 415	3.720	0.558	1.822	1.340
	伊洛河	15 813	25.264	4.699	6.314	14.250
	沁河	1 377	1.445	0.217	0.688	0.540
	金堤河天然文岩渠	7 309	4.534	0.677	1.640	2.217
	花园口以下干流区间	1 679	1.230	0.184	1.046	
	流域合计	36 164	44.971	7.652	15.815	21.503
淮河流域	王家坝以上南岸区	13 205	57.545	8.632	22.275	26.638
	王家坝以上北岸区	15 613	38.863	5.830	20.957	12.076
	王蚌区间南岸	4 243	20.462	3.069	10.056	7.337
	王蚌区间北岸	46 478	56.176	8.328	24.151	23.697
	蚌洪区间北岸	5 155	4.165	0.734	1.290	2.141
	南四湖湖西区	1 734	1.079	0.162	0.486	0.431
	流域合计	86 428	178.290	26.755	79.215	72.320
长江流域	丹江口以上区	7 238	17.929	2.689	10.430	4.810
	丹江口以下区	525	0.913	0.137	0.776	
	唐白河区	19 426	42.892	6.420	23.131	13.341
	武汉—湖口区间	420	2.646	0.397	2.249	
	流域合计	27 609	64.380	9.643	36.586	18.151
全省		165 537	303.991	46.571	135.452	121.968

2)可开采系数法

可开采系数法适用于含水层水文地质条件研究程度较高的地区。该区域浅层地下水含水层的岩性组成、厚度、渗透性能及单井涌水量、开采影响半径等情况比较清楚，并且浅层地下水有一定的开发利用水平，同时积累了较长系列开采量调查统计与水位动态观测资料。

可开采系数(ρ，无因次)是指某地区的地下水可开采量($Q_{可开}$)与同一地区的地下水总补给量($Q_{总补}$)的比值，即 $\rho = Q_{可开}/Q_{总补}$。ρ 应不大于1。确定了可开采系数 ρ，就可以根据地下水总补给量 $Q_{总补}$，确定出相应的可开采量 $Q_{可开}$，即：$Q_{可开} = \rho \cdot Q_{总补}$。可开采

系数 ρ 是以含水层的开采条件为定量依据：ρ 值越接近 1，说明含水层的开采条件越好；ρ 值越小，说明含水层的开采条件越差。

a. 开采系数 ρ 的确定原则

根据我省平原区水文地质条件和浅层地下水开发利用现状，拟定开采系数 ρ 的确定原则：

(1)由于在浅层地下水总补给量中，有一部分不可避免地消耗于自然的水平排泄和潜水蒸发，故开采系数小于 1。

(2)对于开采条件良好(单井单位降深出水量大于 20 m³/(h·m))、可选用较大的 ρ 值，参考取值范围为 0.80 ~ 0.95，对于地下水位下降比较严重的超采区，考虑地下水位恢复，ρ 可取偏小值。

(3)对于开采条件一般(单井单位降深出水量在 5 ~ 10 m³/(h·m))地下水埋深较大、实际开采程度较高的地区或地下水埋深较小、实际开采程度较低的地区，应选用中等的 ρ 值，参考取值范围为 0.70 ~ 0.85。

(4)对于开采条件较差(单井单位降深出水量小于 5.0 m³/(h·m))、地下水埋深较小(一般 3 m 左右)、开采程度低、开采困难的地区，应选用较小的 ρ 值，参考取值范围为 0.65 ~ 0.75。

b. 分析确定开采系数的方法和步骤

(1)根据浅部(包气带及水位变幅带)含水层主要岩性及厚度、单井单位降深出水量、水文地质特征等编制浅层地下水开采条件分区图。

(2)选择相当于平水年份的浅层地下水实际开采量资料，编制实际开采模数分区图。

(3)编制现状条件下浅层地下水多年平均总补给模数分区图。

(4)绘制平水年或接近平水年的地下水埋深等值线图及水位年际变幅等值线图。

(5)在以上图件基础上，划分并确定开采系数的分区。

根据实际开采模数及补给模数按下式计算出各分区现状条件下多年平均实际开采系数：

$$实际开采系数 = \frac{实际开采模数}{总补给模数} \tag{11-5}$$

并根据实际开采系数确定开采程度。

(6)编制确定各分区开采系数表(形式可参阅表 11-3)，并将各分区的水文地质特征、地下水动态特征、实际开采系数、开采程度填入表中。

表 11-3 _____平原区可开采系数特征值表

分区	含水层岩性及厚度	单井出水量 (m³/(h·m))	地下水动态		实际开采系数	开采程度	选用开采系数
			埋深(m)	年内变幅(m)			

(7)在充分考虑"合理条件"的基础上，结合表11-3所列各项因素，进行综合分析，确定各分区合理的开采系数。

3)多年调节计算

多年调节计算法适用于已求得不同岩性、地下水埋深的各种水文地质参数，且具有井、渠灌区分布位置、农作物组成、复种指数、灌溉定额和灌溉制度及连续多年降水过程等资料的地区。

地下水的调节计算，是将历史资料系列作为一个循环重复出现的周期看待，以多年总补给量与多年总排泄量相平衡为原则。调节计算是根据一定的开采水平、用水要求和地下水的补给量，分析地下水的补给与消耗的平衡关系。通过调节计算，既可以探求在连续枯水年份地下水可能降到的最低水位，又可以探求在连续丰水年份地下水最高水位的持续时间，还可以探求在丰、枯交替年份在以丰补欠的模式下开发利用地下水的保证程度，从而确定调节计算期(可近似代表多年)适宜的开采模式、允许地下水位降深及多年平均可开采量。

多年调节计算法有长系列和代表周期两种。前者选取长系列(如1980~2000年系列)作为调节计算期，以年为调节时段，并以调节计算期间的多年平均总补给量与多年平均总废弃水量之差作为多年平均地下水可开采量；后者选取包括丰、平、枯在内的8~10年一个代表性降水周期作为调节计算期，以补给时段和排泄时段为调节时段，并以调节计算期间的多年平均总补给量与难以夺取的多年平均总潜水蒸发量之差作为多年平均地下水可开采量。

4)类比法

对于缺乏浅层地下水实际开采量，而水位动态资料又不具备调节计算条件的地区，可以根据水文及水文地质条件相类似地区可开采量计算成果，采用可开采模数类比法或开采系数类比法，计算可开采量。在生态环境比较脆弱的地区，应用上述各种方法(特别是应用多年调节计算法)计算平原区可开采量时，必须注意控制地下水水位。例如，为防止荒漠化，应以林草生长所需的极限地下水埋深作为约束条件；为预防海水入侵(或咸水入侵)，应始终保持地下淡水水位与海水水位(或地下咸水水位)间的平衡关系。

5)平均布井法

平均布井法是根据当地的开采条件，确定单井出水量 $q_单$、影响半径 R'、年开采时间 t'，在计算区内进行平均布井，用这些井年内开采量代表该区的可开采量。计算公式：

$$Q_{可开}=10^{-8}q_单 \cdot N \cdot t' \tag{11-6}$$

式中　N——计算区内平均布井数，眼，$N=\dfrac{10^6 F}{F_单}=\dfrac{10^6 F}{4R'^2}$；

　　　F——计算区布井面积，km^2；

　　　$F_单$——单井控制面积，m^2；

　　　R'——单井影响半径，m；

　　　$q_单$——单井出水量，$m^3/(h \cdot 眼)$；

t'——机井多年平均开泵时间，h/a；

$Q_{可开}$——计算区多年平均可开采量，亿 m³/a。

平均布井法不属于水均衡法，在地质系统中较多采用，采用此法应注意与该地区现状条件下多年平均浅层地下水总补给量相验证，可开采量一般不应大于现状条件下多年平均浅层地下水总补给量。

2. 部分山丘区多年平均地下水可开采量的计算方法

1)泉水多年平均流量不小于 1.0 m³/s 的岩溶山区

1980～2000 年期间泉水实测流量均值不小于 1.0 m³/s 的岩溶山区，可采用下列方法计算地下水可开采量。

(1)对于在 1980～2000 年期间以凿井方式开采岩溶水量较小(可忽略不计)的岩溶山区，可用 1980～2000 年期间多年平均泉水实测流量与本次规划确定的该泉水被纳入地表水可利用量之差，作为该岩溶山区的多年平均地下水可开采量。

(2)对于以凿井方式开发利用地下水程度较高，近期泉水实测流量逐年减少的岩溶山区，可以 1980～2000 年期间地下水水位动态相对稳定时段(时段长度：不少于 2 个平水年或不少于包括丰、平、枯水文年 5 年)所对应的年均实际开采量，作为该岩溶山区的多年平均地下水可开采量。其中，因修复生态需要，必须恢复泉水流量的岩溶山区，应在确定恢复泉水流量目标的基础上，确定该岩溶山区多年平均地下水可开采量。

(3)对于以凿井方式开采岩溶水程度不太高的岩溶山区，可以 1980～2000 年期间多年平均泉水实测流量与实际开采量之和，再扣除该泉水被纳入地表水可利用量，作为该岩溶山区多年平均地下水可开采量。

2)一般山丘区及泉水多年平均流量小于 1.0 m³/s 的岩溶山区

(1)以凿井方式开发利用地下水程度较高的地区，可根据 1980～2000 年期间地下水实际开采量，并结合相应时段地下水水位动态分析，确定多年平均地下水可开采量，即以 1980～2000 年期间地下水水位动态过程线中地下水水位相对稳定时段(时段长度：不少于 2 个平水年或不少于包括丰、平、枯水文年 5 年)所对应的多年平均实际开采量，作为该一般山丘区或岩溶山区的多年平均地下水可开采量。

(2)以凿井方式开发利用地下水的程度较低，但具有以凿井方式开发利用地下水前景，且具有较完整水文地质资料的地区，可采用水文地质比拟法，计算一般山丘区或岩溶山区的多年平均地下水可开采量。

(3)山丘区地下水可开采量与地表水可利用量间的重复计算量的确定。一般山丘区和岩溶山区地下水可开采量中，凡已纳入本次评价的地表水资源量的部分，均属于与地表水可利用量间的重复计算量。可近似地以本次评价的多年平均地下水可开采量与近期条件下多年平均地下水实际开采量之差，作为多年平均地下水可开采量与多年平均地表水可利用量间的重复计算量。

(二)地下水可利用量(可开采量)计算

因山丘区地下水大部分以河川基流量、泉水出露量排泄于地表，已计入地表水可供水量中，不宜再纳入地下水可开采量计算中，山丘区地下水开采将减少河川基流量与泉水出露量,使河川径流量减少。同时考虑到大部分山丘区不具备大规模开发利用地下水的条件,且开发利用地下水不会增加水资源可利用总量。为此,本次没有计算山丘区地下水可开采量。本次评价只计算平原区浅层地下水可利用量(可开采量),而且采用可开采系数法进行可开采量的计算。

1. 计算分区

本次平原区可开采量计算分区采用平原区地下水资源量计算分区。

2. 可开采系数 ρ 值的确定

1)可开采系数 ρ 值的确定依据

a. 水文地质条件

(1)包气带土壤岩性:包气带土壤岩性决定地下水补给条件,因而也就决定地下水资源量的多少。一般在补给条件相同的情况下,包气带土壤颗粒粗,下渗能力强,有利地下水补给,反之不利。

(2)含水层岩性和厚度:含水层岩性和厚度决定地下水开发利用难易程度,即单井出水量大小。单井出水量大,一般可开采系数可以确定大,反之确定小。

b. 开发利用程度

开发利用程度高低主要是说明当地对地下水的需水量多少,反映当地的开采能力,并以地下水实际开采系数作为参考。

c. 地下水埋深大小

地下水埋深大小决定地下水的消耗情况,埋深小,有一部分地下水资源量要消耗于潜水蒸发和侧向排泄到河流的基流,所以可开采系数不宜选用过大,反之埋深大,消耗量则小,就可以选用稍大的可开采系数。

2)可开采系数 ρ 值确定

依据可开采系数 ρ 值的确定条件,按上述方法和步骤,先进行大的分区,并确定各分区的特征情况,依照表 11-3 的格式制作特征值表 11-4。

表 11-4 河南省平原区可开采系数特征值

分区	含水层		单井出水量 (m³/(h·m))	地下水动态(m)		实际开采系数	开采程度	选用开采系数
	主要岩性	(m)		埋深	年际变幅			
豫北平原	粗砂—细砂	≥10	≥10	≥6.0	2.0~6.0	0.8~1.2	高	0.8~0.9
豫东平原	中砂—粉细砂	10~30	5~10或≥10	4.0~7.0	2.0~4.0	0.6~0.8	中	0.7~0.85
豫南平原	细砂—粉砂	10~30	5~10	1.5~3.5	2.0~3.0	0.5~0.7	低	0.6~0.80
东部沿黄平原	含砾粗砂—细砂	20~40	≥10	1.5~3.0	1.5~2.5	0.5~0.7	低	0.7~0.80
伊洛盆地	含砾粗砂—细砂	20~40	≥10	2.0~6.0	2.0~4.0	0.7~0.9	高	0.8~0.90
灵宝—三门峡盆地	中砂—粉细砂	10~30	5~10	2.0~6.0	1.5~3.5	0.7~0.8	中	0.8~0.9
南阳盆地	含砾粗砂—粉细砂	10~30	5~10或≥10	2.0~7.0	1.5~4.0	0.65~0.8	中	0.7~0.8

依据表 11-4 并结合计算分区的情况具体确定计算分区的可开采系数 ρ 值,各行政分区和水资源三级分区计算分区可开采系数 ρ 值见表 11-5 和表 11-6。

表 11-5　河南省平原区可开采系数取值

行政区名称	可开采系数	
	范围值	平均值
安阳市	0.8 ~ 0.9	0.845
鹤壁市	0.8 ~ 0.85	0.83
濮阳市	0.75 ~ 0.9	0.782
新乡市	0.7 ~ 0.85	0.776
焦作市	0.7 ~ 0.85	0.83
济源市	0.7 ~ 0.8	0.708
三门峡市	0.8 ~ 0.9	0.85
洛阳市	0.8 ~ 0.9	0.827
郑州市	0.7 ~ 0.85	0.712
开封市	0.7 ~ 0.85	0.767
商丘市	0.7 ~ 0.9	0.761
许昌市	0.7 ~ 0.85	0.777
平顶山市	0.7 ~ 0.8	0.762
漯河市	0.7 ~ 0.85	0.742
周口市	0.7 ~ 0.8	0.748
驻马店市	0.65 ~ 0.75	0.708
信阳市	0.6 ~ 0.7	0.626
南阳市	0.7 ~ 0.8	0.764

表 11-6　河南省平原区可开采系数取值结果

分区名称	可开采系数	
	范围值	平均值
漳卫平原	0.8 ~ 0.9	0.845
徒马河平原	0.8 ~ 0.9	0.832
三上平原	0.8 ~ 0.9	0.85
三花平原	0.7 ~ 0.85	0.766
伊洛平原	0.7 ~ 0.85	0.826
沁丹平原	0.75 ~ 0.85	0.832
花园口以下平原	0.7 ~ 0.85	0.75
王家坝以上南岸	0.6	0.6
王家坝以上北岸	0.7 ~ 0.8	0.7
王蚌区间南岸	0.6 ~ 0.7	0.647
王蚌区间北岸	0.7 ~ 0.9	0.753
蚌洪区间北岸	0.7 ~ 0.9	0.727
南四湖湖西	0.8 ~ 0.85	0.835
唐白河区	0.7 ~ 0.8	0.763

3)平原区浅层地下水可开采量计算成果

确定计算区可开采系数 ρ 值后，用 ρ 值乘以计算区总补给量就可求得计算区可利用量，(可开采量)，计算如下：

$$W_{dk}=\rho \cdot W_{dz} \tag{11-7}$$

式中　W_{dk}——平原区浅层地下水可开采量；

　　　ρ——平原区浅层地下水可开采系数；

　　　W_{dz}——平原区浅层地下水总补给量。

与地下水资源量计算相同，可利用量计算同样按不同矿化度分区，最后按矿化度 $M\leqslant 2$ g/L、$M>2$ g/L 和总量进行行政分区和流域三级水资源分区汇总，结果见表 11-7、表 11-8。

表 11-7　河南省行政分区地下水可开采量计算成果水量

地级 行政区名称	计算面积 (km²)	总补给量 (亿 m³)	可开采量 (亿 m³)	$M\leqslant 2$ g/L 可开采量 (亿 m³)	$M>2$ g/L 可开采量 (亿 m³)	可开采模数 (万 m³/km²)
安阳市	3 947	4.894	4.138	4.120	0.018	10.5
鹤壁市	1 218	1.405	1.166	1.166		9.6
濮阳市	3 687	5.617	4.390	4.390		11.9
新乡市	5 851	12.030	9.340	8.989	0.351	16.0
焦作市	2 407	5.123	4.253	4.177	0.076	17.7
济源市	276	0.962	0.681	0.681		24.7
三门峡市	321	0.242	0.218	0.218		6.8
洛阳市	1 339	4.367	3.613	3.613		27.0
郑州市	1 695	4.199	2.989	2.989		17.6
开封市	5 568	9.218	7.064	7.024	0.041	12.7
商丘市	9 631	14.144	10.757	10.600	0.157	11.2
许昌市	2 806	4.499	3.495	3.495		12.5
平顶山市	1 783	2.975	2.267	2.267		12.7
漯河市	2 425	4.064	3.017	3.017		12.4
周口市	10 762	17.932	13.410	13.410		12.5
驻马店市	9 725	18.142	12.851	12.851		13.2
信阳市	5 963	13.130	8.220	8.220		13.8
南阳市	5 944	9.792	7.479	7.479		12.6
全省合计	75 348	132.736	99.348	98.705	0.643	13.2

表 11-8　河南省水资源分区地下水可开采量计算成果

水资源分区名称 一级	水资源分区名称 三级	计算面积 (km²)	总补给量 (亿 m³)	可开采量 (亿 m³)	M≤2 g/L 可开采量 (亿 m³)	M>2 g/L 可开采量 (亿 m³)	可开采模数 (万 m³/km²)
海河流域	漳卫河山区 漳卫河平原区	6 831	11.883	10.045	9.600	0.445	14.7
	徒骇马颊河区	1 535	1.691	1.407	1.407		9.2
	流域合计	8 366	13.574	11.452	11.007	0.445	13.7
黄河流域	龙门—三门峡区间	321	0.242	0.218	0.218		6.8
	三门峡—小干流区间 小浪底—花园口干流区间	1 027	1.961	1.502	1.502		14.6
	伊洛河	1 293	4.410	3.642	3.642		28.2
	沁河	856	1.848	1.537	1.537		17.9
	金堤河天然文岩渠	6 578	11.725	8.791	8.791		13.4
	花园口以下干流区间	1 138	1.676	1.295	1.295		11.4
	流域合计	11 213	21.861	16.984	16.984		15.1
淮河流域	王家坝以上南岸区	2 509	6.104	3.663	3.663		14.6
	王家坝以上北岸区	11 219.8	20.956	14.646	14.646		13.1
	王蚌区间南岸	1 302	3.299	2.136	2.136		16.4
	王蚌区间北岸	28 480.4	47.898	36.077	35.879	0.198	12.7
	蚌洪区间北岸	4 640	7.268	5.282	5.282		11.4
	南四湖湖西区	1 560.6	1.796	1.499	1.499		9.6
	流域合计	49 712	87.322	63.302	63.104	0.198	12.7
长江流域	丹江口以上区 丹江口以下区 唐白河区 武汉—湖口区间	6 057	9.979	7.610	7.610		12.6
	流域合计	6 057	9.979	7.610	7.610		12.6
全省合计		75 348	132.736	99.348	98.705	0.643	13.2

经过分析计算，全省平原区地下水可开采量为 99.348 亿 m³，矿化度 M≤2 g/L 可开采量 98.705 亿 m³，矿化度 M>2 g/L 可开采量 0.643 亿 m³，全省平均可开采系数 0.748，可开采模数为 13.2 万 m³/km²。其中海河流域地下水可开采量为 11.452 亿 m³，平均可开采系数 0.844，可开采模数为 13.7 万 m³/km²；黄河流域地下水可开采量为 16.984 亿 m³，平均可开采系数 0.777，可开采模数为 15.1 万 m³/km²；淮河流域地下水可开采量为 63.302 亿 m³，平均可开采系数 0.725，可开采模数为 12.7 万 m³/km²；长江流域地下水可开采量为 7.610 亿 m³，平均可开采系数 0.763，可开采模数为 12.6 万 m³/km²。以流域分析对比，黄河流域可开采模数最大，海河流域次之，淮河和长江流域接近；海河流域开采系数最大，淮河流域最小。从水资源三级分区分析对比，可开采模数最大是伊洛河区，最小是徒骇马颊河区；龙门—三门峡干流区间可开采系数最大，王家坝以上南岸区最小。以行

政分区分析对比,洛阳市可开采模数最大,三门峡市最小;以可开采系数比较,三门峡市最大,信阳市最小。

三、可利用总量计算

(一)水资源可利用总量计算方法

水资源可利用总量计算采取下列两种方法:

(1)地表水资源可利用量与浅层地下水资源可开采量之和再扣除两者之间重复计算量。两者之间重复计算量主要是平原区浅层地下水的渠系渗漏和田间入渗补给量的再利用部分。计算公式如下:

$$W_{可利用总量}=W_{地表水可利用量}+W_{地下水可开采量}-W_{重复量} \tag{11-8}$$

$$W_{重复量}=\rho(W_{渠渗}+W_{田渗}) \tag{11-9}$$

式中　$W_{重复量}$——地下水可开采量计算与地表水可利用量计算的重复水量;

ρ——可开采系数,是地下水资源可开采量与地下水资源量的比值;

$W_{渠渗}$——地下水资源量中渠灌渠系水入渗补给量;

$W_{田渗}$——地表水灌溉田间水入渗补给水量。

(2)地表水资源可利用量加上降水入渗补给量与河川基流量之差的可开采部分。计算公式如下:

$$W_{可利用总量}=W_{地表水可利用量}+\rho(P_r-R_g) \tag{11-10}$$

式中　P_r——降水入渗补给量(含山丘区,山丘区降水入渗补给量即为山丘区地下水资源量);

R_g——降水入渗补给形成的河川基流量。

(二)水资源可利用总量计算成果

本次评价分别采用上述两种计算公式进行水资源可利用总量计算,同样可利用总量只进行水资源三级分区和流域区计算,并在两种计算成果的分析对比基础上,参照水资源总量计算原则和三水转化原理进行修正,确定最终结果。

(1)按第一种方法进行计算,全省水资源可利用总量为210.357亿 m^3,其中地下水与地表水重复计算可利用量为10.717亿 m^3,地下水与地表水不重复计算可利用量为88.631亿 m^3(结果见表11-9)。

(2)按第二种方法进行计算,平原区采用相应分区的地下水可开采系数值;山丘区可利用系数 ρ 值取值,主要考虑其不重复计算的可利用量,所以山丘区可开采系数 ρ 的取值应小于平原区。王家坝—蚌埠区间北岸及以北的广大地区(包括黄河流域、海河流域),山丘区因地下水开采水位持续下降,所以 ρ 取偏小值为0.5,王家坝—蚌埠区间南岸及长江流域, ρ 取值为0.8(见表11-10)。

根据第二种方法计算结果,全省水资源可利用总量为195.242亿 m^3(其中,地下水与地表水不重复计算的可利用量为73.516亿 m^3),比方法一少15.115亿 m^3(其中海河流域少0.731亿 m^3,黄河流域少3.002亿 m^3,淮河流域少9.839亿 m^3,长江流域少1.543亿 m^3),主要原因是地下水与地表水之间不重复计算的可利用量减少(见表11-10)。

表 11-9　河南省水资源分区水资源可利用总量计算成果(方法一)　　　(单位：亿 m³)

| 水资源分区名称 | | | 水资源总量 | 地表水可利用量 | 地下水可利用量 | 地下水与地表水重复计算可利用量 | | | | 水资源可利用总量 | 地下水与地表水不重复计算可利用量 |
一级分区	二级分区	三级分区				流域外灌溉用水量补给量	流域内灌溉用水量补给量	可开采系数 ρ	重复计算可利用量		
海河流域	海河南系	漳卫河区	25.806	9.757	10.045	1.712	1.123	0.844	2.394	17.407	7.651
		二级分区小计	25.806	9.757	10.045	1.712	1.123		2.394	17.407	7.651
	徒骇马颊河	徒骇马颊河区	1.814	0.237	1.407	0.157	0	0.833	0.131	1.514	1.277
	流域合计		27.619	9.993	11.452	1.869	1.123		2.525	18.921	8.928
黄河流域	龙门一三门峡	龙门一三门峡区间	6.364	2.274	0.218					2.491	0.218
	三门峡—花园口	三门峡—小浪底区间	2.994	0.882						0.882	0
		小浪底—花园口区间	5.566	1.340	1.502		0.506	0.760	0.384	2.457	1.118
		伊洛河	28.058	14.251	3.642		0.770	0.813	0.626	17.267	3.016
		沁河	2.675	0.541	1.537		0.265	0.839	0.223	1.854	1.314
		二级分区小计	39.293	17.013	6.680		1.541		1.233	22.460	5.447
	花园口以下	金堤河天然文岩渠	11.604	2.217	8.791		2.946	0.742	2.188	8.820	6.604
		花园口以下	2.608	0	1.295					1.295	1.295
		二级分区小计	14.212	2.217	10.086		2.946		2.188	10.115	7.898
	流域合计		59.870	21.504	16.984		4.488	0.762	3.421	35.067	13.563
淮河流域	淮河上游	王家坝以上南岸	60.510	26.303	3.663		1.309	0.600	0.786	29.181	2.877
		王家坝以上北岸	53.742	12.335	14.646		0.773	0.683	0.527	26.454	14.119
		二级分区小计	114.253	38.639	18.309		2.082		1.313	55.635	16.996
	淮河中游	王蚌区间南岸	22.046	7.337	2.136		0.626	0.647	0.405	9.067	1.731
		王蚌区间北岸	96.902	23.531	36.077	1.614	1.563	0.745	2.367	57.240	33.710
		蚌洪区间北岸	10.246	2.141	5.282		0.143	0.727	0.104	7.319	5.178
		二级分区小计	129.194	33.008	43.494	1.614	2.331		2.876	73.626	40.618
	沂沭泗河	南四湖湖西区	2.629	0.431	1.499	0.130		0.831	0.108	1.822	1.391
	流域合计		246.076	72.078	63.302	1.744	4.413		4.297	131.083	59.005
长江流域	丹江口以上区	丹江口以上区	18.134	4.810						4.810	
		丹江口以下区	0.981								
		唐白河区	49.532	13.341	7.610		0.623	0.762	0.475	20.476	7.135
		二级分区小计	68.647	18.151	7.610		0.623	0.762	0.475	25.286	7.135
	武汉一湖口区	武汉—湖口区间	2.646								
	流域合计		71.293	18.151	7.610		0.623	0.762	0.475	25.286	7.135
全省合计			404.858	121.726	99.348	3.613	10.647		10.717	210.357	88.631

表 11-10 河南省水资源分区水资源可利用总量计算成果(方法二) (单位：亿 m³)

一级分区	二级分区	三级分区	水资源总量	地表水可利用量	山丘区地下水 降水入渗补给量	山丘区地下水 降水入渗补给形成基流量	山丘区地下水 可开采系数ρ	山丘区地下水 不重复计算可利用量	平原区地下水 降水入渗补给量	平原区地下水 降水入渗补给形成基流量	平原区地下水 可开采系数ρ	平原区地下水 不重复计算可利用量	合计	水资源可利用总量
海河流域	海河南系	漳卫河区	25.806	9.757	9.530	4.299	0.500	2.615	5.430		0.844	4.586	7.201	16.958
		二级分区小计	25.806	9.757	9.530	4.299		2.615	5.430			4.586	7.201	16.958
	徒骇马颊河	徒骇马颊河区	1.814	0.237					1.196		0.832	0.995	0.995	1.232
	流域合计		27.619	9.993	9.530	4.299		2.615	6.626			5.581	8.197	18.190
黄河流域	龙门—三门峡	龙门—三门峡干流区间	6.364	2.274	2.688	2.270	0.500	0.209	0.224		0.900	0.202	0.411	2.685
	三门峡—花园口	三门峡—小浪底干流区间	2.994	0.882	1.290	1.213	0.500	0.039					0.039	0.921
		小浪底—花园口干流区间	5.566	1.340	1.867	0.805	0.500	0.531	0.962		0.780	0.750	1.281	2.621
		伊洛河	28.058	14.251	12.929	10.770	0.500	1.080	1.490	0.178	0.820	1.077	2.156	16.407
		沁河	2.675	0.541	0.836	0.358	0.500	0.239	0.734		0.841	0.617	0.856	1.397
		二级分区小计	39.293	17.013	16.922	13.145		1.889	3.186	0.178		2.444	4.332	21.345
	花园口以下	金堤河天然文岩渠	11.604	2.217					6.420		0.753	4.832	4.832	7.049
		花园口以下干流区间	2.608	0					1.272		0.775	0.986	0.986	0.986
		二级分区小计	14.212	2.217					7.692			5.817	5.817	8.034
	流域合计		59.870	21.504	19.610	15.415		2.098	11.103	0.178		8.463	10.561	32.064
淮河流域	淮河上游	王家坝以上南岸区	60.510	26.303	14.341	13.904	0.800	0.349	4.776	2.160	0.600	1.570	1.919	28.222
		王家坝以上北岸区	53.742	12.335	2.936	2.548	0.800	0.310	19.270	4.610	0.700	10.260	10.570	22.906
		二级分区小计	114.253	38.639	17.276	16.452		0.659	24.046	6.769		11.830	12.489	51.128
	淮河中游	王蚌区间南岸	22.046	7.337	3.465	3.314	0.800	0.121	2.660	1.116	0.647	0.999	1.120	8.457
		王蚌区间北岸	96.902	23.531	15.377	9.546	0.500	2.915	40.223	4.331	0.755	27.112	30.028	53.559
		蚌洪区间北岸	10.246	2.141					6.667	0.747	0.727	4.302	4.302	6.442
		二级分区小计	129.194	33.008	18.842	12.860		3.036	49.549	6.194		32.413	35.450	68.458
	沂沭泗河	南四湖湖西区	2.629	0.431					1.470	0	0.835	1.228	1.228	1.659
	流域合计		246.076	72.078	36.118	29.312		3.695	75.065	12.964		45.471	49.167	121.245
长江流域	丹江口以上区	丹江口以上区	18.134	4.810	5.587	5.291	0.800	0.237					0.237	5.047
		丹江口以下区	0.981		0.378	0.280	0.800	0.078					0.078	0.078
		唐白河区	49.532	13.341	11.172	9.900	0.800	1.018	8.168	2.582	0.762	4.259	5.277	18.618
		二级分区小计	68.647	18.151	17.137	15.470		1.333	8.168	2.582		4.259	5.592	23.743
	武汉—湖口区间	武汉—湖口区间左岸	2.646		0.714	0.714	0.800	0					0	0
	流域合计		71.293	18.151	17.851	16.184		1.333	8.168	2.582		4.259	5.592	23.743
全省合计			404.858	121.726	83.109	65.210		9.742	100.962	15.724		63.774	73.516	195.242

(3)成果分析与确定。

上述两种计算方法的结果误差较大，原因是地下水与地表水不重复计算量的计算方法存在差异，有以下几方面：

①水资源可利用总量的两种计算方法和水资源总量的两种计算方法是相对应的，由于本成果浅层地下水可开采量只计算平原区，所以方法一比方法二在地下水可利用量计算上缺少山丘区部分。

②水资源可利用总量是由地表水可利用量和地下水可利用量构成，由于对地表水可利用量、地下水可利用量和水资源可利用总量定义存在差别，地表水可利用量概念为一次性不考虑重复利用，地下水可利用量概念考虑重复利用，水资源可利用总量未明确是否可以重复利用，由于概念定义的差别，导致方法一和方法二的计算公式存在不一致。

③方法一只计算平原区地下水可利用量，在扣除地下水可利用量和地表水可利用量的重复计算水量时，只扣除了地表水灌溉入渗产生的重复计算可利用水量，没有扣除河道等地表水体下渗产生的重复计算可利用水量(约 4.247 亿 m^3)，而且对井灌回归产生的重复利用水量(约 6.385 亿 m^3)和降水入渗补给形成基流减少可利用量(约 11.113 亿 m^3)也没有扣除，因而方法一在平原区地下水不重复计算水量比方法二多河道等地表水体入渗、井灌回归、基流排泄等的重复计算可利用水量共计 21.745 亿 m^3。但是，方法一缺少山丘区地下水可利用量，山丘不重复计算的可利用量计算为 9.742 亿 m^3，这其中有一部分山丘区地下水可利用量通过侧向径流排到平原产生可利用量约 3.104 亿 m^3，实际少计算约 6.638 亿 m^3。综合上述各种因素，方法一比方法二实际多计算地下水可利用量约 15.107 亿 m^3(见表 11-11)。

表 11-11　平原区浅层地下水可开采量构成分析　(单位：亿 m^3)

水资源分区名称			降水入渗补给形成可开采量	降水补给形成基流减少可开采量	地表水体补给形成可开采量	其中				山前侧渗补给	井灌回归补给	地下水可开采量
一级分区	二级分区	三级分区				流域外河湖水补给	流域外灌溉水补给	流域内灌溉水补给	流域内河湖水补给			
海河流域	海河南系	漳卫河区										
		漳卫河平原	4.594	0	2.539	0.145	1.443	0.951	0	1.773	1.140	0.045
		二级分区小计	4.594	0	2.539	0.145	1.443	0.951	0	1.773	1.140	0.045
	徒骇马颊河	徒骇马颊河区	0.995	0	0.152	0.021	0.131	0	0	0	0.260	1.407
	流域合计		5.589	0	2.691	0.166	1.574	0.951	0	1.773	1.400	1.452
黄河流域	龙门—三门峡	龙门—三门峡干流区间	0.202	0	0	0	0	0	0	0	0.016	0.218
		三门峡—小浪底干流区间										0

续表 11-11

水资源分区名称			降水入渗补给形成可开采量	降水补给形成基流减少可开采量	地表水体补给形成可开采量	其中				山前侧渗补给	井灌回归补给	地下水可开采量
一级分区	二级分区	三级分区				流域外河湖水补给	流域外灌溉水补给	流域内灌溉水补给	流域内河湖水补给			
黄河流域	三门峡—花园口	小浪底—花园口干流区间	0.750	0	0.437		0	0.384	0.053	0.151	0.164	1.502
		伊洛河	1.216	0.139	2.300	0	0	0.626	1.674	0	0.126	3.642
		沁河	0.617	0	0.427		0	0.223	0.205	0.292	0.200	1.537
		二级分区小计	2.583	0.139	3.165	0	0	1.233	1.932	0.443	0.490	6.680
	花园口以下	金堤河天然文岩渠	4.832	0	3.179	0	0	2.188	0.991	0	0.781	8.791
		花园口以下干流区间	0.986	0	0.218		0	0	0.218	0	0.091	1.295
		二级分区小计	5.817	0	3.397	0	0	2.188	1.209	0	0.872	0.086
	流域合计		8.602	0.139	6.562	0	0	3.421	3.141	0.443	1.377	6.984
淮河流域	淮河上游	王家坝以上南岸区	2.865	1.296	0.786	0	0	0.786	0	0	0.012	3.663
		王家坝以上北岸区	13.468	3.208	0.624	0	0	0.527	0.097	0.238	0.316	4.646
		二级分区小计	16.333	4.504	1.409	0	0	1.313	0.097	0.238	0.328	8.309
	淮河中游	王蚌区间南岸	1.722	0.722	0.405	0	0	0.405	0	0	0.009	2.136
		王蚌区间北岸	30.348	3.236	2.983	0.616	1.190	1.178	0	0.235	2.511	6.077
		蚌洪区间北岸	4.845	0.543	0.104	0	0	0.104	0	0	0.333	5.282
		二级分区小计	36.915	4.501	3.492	0.616	1.190	1.686	0	0.235	2.853	3.494
	沂沭泗河	南四湖湖西区	1.228	0	0.139	0.031	0.108	0	0	0	0.132	1.499
	流域合计		54.476	9.005	5.040	0.646	1.298	2.999	0.097	0.472	3.314	3.302
长江流域	汉江区	丹江口以上区	0	0	0	0	0	0	0	0	0	0
		丹江口以下区	0	0	0	0	0	0	0	0	0	0
		唐白河区	6.228	1.969	0.671	0	0	0.475	0.196	0.416	0.295	7.610
		二级分区小计	6.228	1.969	0.671	0	0	0.475	0.196	0.416	0.295	7.610
	武汉—湖口区间	武汉—湖口区间左岸										
	流域合计		6.228	1.969	0.671	0	0	0.475	0.196	0.416	0.295	7.610
全省合计			74.895	11.113	14.964	0.813	2.871	7.846	3.434	3.104	6.385	9.348

通过上述对比分析，按照水资源总量和可利用量概念，最终采用方法二计算成果作为全省水资源可利用总量。全省水资源可利用总量为 195.242 亿 m³，可利用模数为 11.8 万 m³/km²，可利用率为 48.2%。其中海河流域 18.190 亿 m³，可利用模数为 11.9 万 m³/km²，可利用率为 65.9%；黄河流域 32.064 亿 m³，可利用模数为 8.9 万 m³/km²，可利用率为 53.6%；淮河流域 121.245 亿 m³，可利用模数为 14.0 万 m³/km²，可利用率为 49.3%；长江流域 23.743 亿 m³，可利用模数为 8.6 万 m³/km²，可利用率为 33.3 %(见表 11-12)。

表 11-12　河南省水资源分区水资源可利用总量计算成果分析

水资源分区名称			面积 (km²)	水资源总量 (亿 m³)	水资源可利用总量 (亿 m³)	水资源可利用率 (%)	水资源可利用模数 (万 m³/km²)
一级分区	二级分区	三级分区					
海河流域	海河南系	漳卫河区	13 631	25.806	16.958	65.7	12.4
	徒骇马颊河	徒骇马颊河区	1 705	1.814	1.232	68.0	7.2
	流域合计		15 336	27.619	18.190	65.9	11.9
黄河流域	龙门—三门峡	龙门—三门峡干流区间	4 207	6.364	2.685	42.2	6.4
	三门峡—花园口	三门峡—小浪底干流区间	2 364	2.994	0.921	30.8	3.9
		小浪底—花园口干流区间	3 415	5.566	2.621	47.1	7.7
		伊洛河	15 813	28.058	16.407	58.5	10.4
		沁河	1 377	2.675	1.397	52.2	10.1
		二级分区小计	22 969	39.293	21.345	54.3	9.3
	花园口以下	金堤河天然文岩渠	7 309	11.604	7.049	60.7	9.6
		花园口以下干流区间	1 679	2.608	0.986	37.8	5.9
		二级分区小计	8 988	14.212	8.034	56.5	8.9
	流域合计		36 164	59.870	32.064	53.6	8.9
淮河流域	淮河上游	王家坝以上南岸区	13 205	60.510	28.222	46.6	21.4
		王家坝以上北岸区	15 613	53.742	22.906	42.6	14.7
		二级分区小计	28 818	114.253	51.128	44.7	17.7
	淮河中游	王蚌区间南岸	4 243	22.046	8.457	38.4	19.9
		王蚌区间北岸	46 478	96.902	53.559	55.3	11.5
		蚌洪区间北岸	5 155	10.246	6.442	62.9	12.5
		二级分区小计	55 876	129.194	68.458	53.0	12.3
	沂沭泗河	南四湖湖西区	1 734	2.629	1.659	63.1	9.6
	流域合计		86 428	246.076	121.245	49.3	14.0
长江流域	汉江区	丹江口以上区	7 238	18.134	5.047	27.8	7.0
		丹江口以下区	525	0.981	0.078	8.0	1.5
		唐白河区	19 426	49.532	18.618	37.6	9.6
		二级分区小计	27 189	68.647	23.743	34.6	8.7
	武汉—湖口区间左岸	武汉—湖口区间左岸	420	2.646			
	流域合计		27 609	71.293	23.743	33.3	8.6
全省合计			165 537	404.858	195.242	48.2	11.8

表 11-12 显示,海河流域水资源可利用率为 65.9%,稍大于水资源比较贫乏地区可利用率一般不超过 60%的分级要求;黄河流域除金堤河天然文岩渠区为 60%,其余各区多在 30%~55%之间;淮河流域除蚌埠—洪泽湖区间北岸和南四湖湖西区略超过 60%外,其余各区也多在 40%~60%之间;长江流域在 30%~40%之间,水资源可利用潜力相对较大。

第四节 可利用量分布特点

一、地表水可利用量分布特点

(一)影响地表水可利用量的因素

1. 流域降水量情况

流域自然条件主要是降水量和降水量年内分配情况,降水量大小决定径流量和可利用量的大小。降水量年内分配均匀则有利于径流的利用,可利用量亦大;否则,可利用量就小。

2. 流域自然地理条件

山区、平原不同的地形地貌形成不同的产流条件,在降水量相同情况下,山区产水量比平原大,同时山区有利于兴建控制工程,也有利于地表水资源的利用。流域河网密度对地表水利用产生较大影响,河网密度大有利于地表径流的利用。

3. 流域内调蓄供水工程情况

流域调蓄主要起调节拦蓄作用,汛期或枯水期的地表径流经调蓄工程的拦蓄作用,再通过供水工程送至受水区使用,达到年内年际甚至多年调节目的,以尽可能减少下泄水量,增加可利用量。

(二)地表水资源可利用量分布

1. 地表水资源可利用量分布情况

省辖淮河流域地表水可利用量最大,为 72.078 亿 m^3;黄河流域为 21.504 亿 m^3;长江流域 18.151 亿 m^3;海河流域最小,为 9.994 亿 m^3。地表水可利用量分布一般是山区大于平原,南部大于北部。从三级分区分析,最大是王家坝以上南岸区 26.303 亿 m^3,其次是王家坝—蚌埠区间北岸区 23.531 亿 m^3,最小是徒骇马颊河区 0.237 亿 m^3,南四湖湖西区 0.431 亿 m^3。

2. 地表水可利用径流深分布特点

地表水可利用径流深分布呈现山区大于平原,南部大于北部。流域分布为:淮河流域最大 83.4 mm,长江流域 65.7 mm、海河流域 65.2 mm,最小是黄河流域 59.5 mm。从水资源三级分区分析,地表水可利用径流深最大的区域在山区,分别是王家坝以上南岸区、王家坝—蚌埠区间南岸区、伊洛河区、王家坝以上北岸区、漳卫河区;最小的区域位于北部的平原或河谷地区,分别是徒骇马颊河区、南四湖湖西区、金堤河天然文岩渠区、三门峡—小浪底干流区和小浪底—花园口干流区。

3．地表水可利用率分布特点

地表水可利用率的分布一般受地表水径流条件、现状水利工程布局和开发利用情况影响。流域分布为：海河流域最大 61.1%，黄河流域 47.8%，淮河流域 40.4%，最小为长江流域 28.2%。从水资源三级分区分析，最大的区域普遍位于沙颍河以北地区，分别是漳卫河区、伊洛河区、蚌埠—洪泽湖区间北岸区、金堤河天然文岩渠区、徒骇马颊河区；最小的区域则普遍位于沙颍河以南地区，分别是丹江口以上区、三门峡—小浪底干流区、唐白河区、王家坝以上北岸区、王家坝—蚌埠区间南岸区。

二、地下水可开采量分布特点

(一)影响地下水可开采量的因素

根据地下水可开采量计算方法，地下水可开采量取决于总补给量和可开采系数的大小，而影响总补给量和可开采系数大小的主要因素有降水量等补给源条件、包气带岩性和含水层水文地质条件、浅层地下水埋深和地下水开发利用水平等。

1．降水量补给条件

浅层地下水主要来源于大气降水补给，降水补给一般占总补给量的 60% 以上，所以在其他条件类似情况下，降水量大小决定总补给量多少，另外，在山前地带和沿黄河两岸，山前侧向补给和黄河侧渗补给占主导作用。

2．包气带岩性和含水层水文地质条件

在降水量相同情况下，包气带岩性和含水层水文地质条件是总补给量多少的主要影响因素，包气带土壤和含水层岩性颗粒粗，补给量大，反之则小。另外，含水层水文地质条件好，单井出水量大，易于开发利用，可开采量就大。

3．地下水埋深影响

在含水层等其他条件类似情况下，地下水埋深大小决定补给条件难易。经过分析和有关试验，随着地下水埋深加大，各种补给系数略有减少，总补给量也随着减少，相应可开采量也减少。

4．地下水开发利用程度

浅层地下水总补给量确定后，若开发利用程度低，地下水资源量就大量消耗于潜水蒸发和河川基流，这样可开采量就小；反之开发利用程度高，埋深大，消耗于潜水蒸发和基流量就小，可开采量就大。

(二)地下水资源可开采量分布特点

地下水资源可开采量的分布采用分区可开采模数分布表示(见表 11-8)，水资源三级分区可开采模数较大的区域主要分布在豫北平原的山前地带或河谷平原(该区域含水层多是冲洪积物，颗粒粗，透水性好，同时得到山前侧向补给、河流侧渗补给和山区河流潜流补给)和豫南降水最大的地区，主要有伊洛河区、沁河区、王家坝—蚌埠区间区南岸、漳卫河区、小浪底—花园口干流区。可开采模数较小的区域主要分布在豫北平原的金堤河以北、内黄—滑县以东区域，该地区补给源比较单一，主要以降水补给为主，由于降水量偏小，加上埋深大，导致地下水资源量、可开采量均偏小，如徒骇马颊河区、南四湖湖西区、龙门—三门峡干流区间。

三、可利用总量分布特点

(一)影响水资源可利用总量分布特点的因素

影响可利用总量分布特点的因素比较复杂，主要有区域自然地理条件(如降水量、地形地貌、水文地质条件等)、人类活动影响(如建闸坝蓄水、修渠、建泵站、管道引水、打水井提水等)。自然地理条件影响主要决定了资源量的多少，而人类活动影响决定着水资源开发利用程度。在自然地理条件中，如碳酸盐岩分布的山区，岩溶发育，平原地区含水层厚，岩性粗，富水性好，也具有地下水水库的调蓄作用。

(二)可利用总量分布特点

水资源可利用总量的分布情况类同地表水可利用量的区域分布，可利用总量较大的区域主要分布在降水量较大的山区及南部地区。水资源三级分区主要有：王家坝以上南岸区、王家坝以上北岸区、王家坝—蚌埠区间南岸区、漳卫河区。北部太行山及山前平原的漳卫河区，由于山区碳酸盐分布广，岩溶发育，而且开发利用程度高，所以可利用总量也比较大。可利用模数小于 8 万 $m^3/(km^2 \cdot a)$ 的区域主要分布在丹江、黄河干流和平原埋深大的地区，水资源三级分区主要有徒骇马颊河区、龙门—三门峡干流区间、三门峡—小浪底干流区间、花园口以下干流区间、丹江口以上区、丹江口以下区等。

第五节　可利用量计算成果合理性分析

一、地表水可利用量计算成果合理性分析

(一)地表水可利用率分析

国际上通常认为，地表径流量丰富地区，地表水可利用率一般不宜超过 40%，径流量缺乏地区一般不宜超过 60%，否则会对生态环境造成破坏。河南省属于水资源比较贫乏的区域，本次评价，全省地表水可利用率为 40.0%，地处豫北平原的徒骇马颊河区，水资源非常贫乏，可利用率为 61.1%，地表水可利用率基本控制在合理范围内。

(二)地表水可利用量计算成果分析

地表水可利用量计算结果基本符合河南省河流基本状况。表 11-13 基本反映了河南省各流域地表水可利用量与开发利用现状分布情况。由于 2000 年降水量偏多，各水资源分区现状年地表水实际利用率均小于多年平均可利用率，且呈现平原地区地表水利用率大于山区，北部高于南部地区的分布。豫北东部平原地区年降水量较少，地表水蓄引工程较多，而且该区域水田耕作面积大，水资源利用率高，所以当年地表水利用量超过多年平均可利用量，这完全符合区域的生产结构布局和水利工程条件。地表水可利用量计算成果基本符合各流域分区地表径流分布和蓄引工程格局的基本状况。

可利用量计算存在以下几点问题：一是生态环境用水量采用的比例，虽然是参照细则标准，但缺乏依据；二是三门峡—小浪底干流区间区、南四湖湖西区等分区因无控制

表 11-13　河南省各流域分区地表水可利用量与现状开发利用量对比分析

水资源分区名称			地表水可利用量			地表水开发利用现状			现状用水量占多年平均可利用量(%)
一级分区	二级分区	三级分区	多年平均天然径流量(亿 m³)	地表水可利用量(亿 m³)	可利用率(%)	天然径流量(亿 m³)	当地地表水供水量(亿 m³)	地表水利用率(%)	
海河流域	海河南系	漳卫河区	15.865	9.757	61.5	13.781	5.494	39.9	56.3
	徒骇马颊河	徒骇马颊河区	0.485	0.237	48.9	1.084	0.364	33.6	153.6
	流域合计		16.350	9.993	61.1	14.865	5.858	39.4	58.6
黄河流域	龙门—三门峡	龙门—三门峡干流区间	5.837	2.274	39	3.118	1.073	34.4	47.2
	三门峡—花园口	三门峡—花园口干流区间	6.660	2.222	33.4	5.653	0.484	8.6	21.8
		伊洛河	25.264	14.251	56.4	18.671	4.661	25	32.7
		沁河	1.445	0.541	37.4	2.010	0.229	11.4	42.3
		二级分区小计	33.369	17.013	51	26.334	5.373	20.4	31.6
	花园口以下	金堤河天然文岩渠	4.534	2.217	48.9	8.479	2.746	32.4	123.9
		花园口以下干流区间	1.230			1.851	0.015	0.8	
		二级分区小计	5.764	2.217	38.5	10.329	2.761	26.7	124.5
	流域合计		44.97	21.504	47.8	39.781	9.208	23.1	42.8
淮河流域	淮河上游	王家坝以上南岸区	57.545	26.303	45.7	86.815	9.773	11.3	37.2
		王家坝以上北岸区	38.864	12.335	31.7	78.148	4.116	5.3	33.4
		二级分区小计	96.409	38.639	40.1	164.963	13.889	8.4	35.9
	淮河中游	王蚌区间南岸	20.462	7.337	35.9	19.663	1.73	8.8	23.6
		王蚌区间北岸	56.176	23.531	41.9	104.805	15.236	14.5	64.7
		蚌洪区间北岸	4.165	2.141	51.4	4.622	0.066	1.4	3.1
		二级分区小计	80.802	33.008	40.9	129.091	17.031	13.2	51.6
	沂沭泗河	南四湖湖西区	1.079	0.431	40	1.378	0.001		0.2
	流域合计		178.29	72.078	40.4	295.432	30.921	10.5	42.9
长江流域	汉江区	丹江区	18.842	4.810	25.5	29.220	1.199	4.1	24.9
		唐白河区	42.892	13.341	31.1	92.588	11.799	12.7	88.4
		二级分区小计	61.735	18.151	29.4	121.808	12.998	10.7	71.6
	武汉—湖口区间左岸	武汉—湖口区间左岸	2.646			2.663	0.076	2.9	
	流域合计		64.38	18.151	28.2	124.471	13.074	10.5	72.0
全省合计			303.99	121.726	40	474.548	59.061	12.4	48.5

注：现状年为 2000 年，下同。

站，可利用量计算因没有适当的方法，故采用类比法计算，其成果略显粗糙；三是豫东平原河流，由于引入水量大且复杂，加上受其他工程影响，河道变动复杂，使流域面积不固定，影响还原水量计算精度，因而也影响可利用量计算精度。

二、地下水可开采量计算成果合理性分析

地下水可开采量计算成果合理性取决于可开采系数的合理性。

(一)可开采系数选用合理

可开采系数取值按照《技术细则》要求，参照第一次评价成果，并根据近期地下水开发利用状况和地下水动态变化情况进行修正，取值基本符合区域实际情况。本次评价可开采系数最大为0.90，这对超采地区留有回补水量余地，有利于水位恢复。

(二)符合河南省目前地下水开发利用现状

本次评价可开采系数分布为：开发利用程度高的豫北平原比较大，豫东开发利用程度次之，可开采系数稍小，而沿黄地区和豫南地区开发利用程度低，所以可开采系数最小。

(三)符合河南省平原区水文地质分布规律

本次评价在含水层条件好的河谷平原、山前冲洪积扇分布区域，可开采系数取值都比较大，豫南地区和南阳盆地的局部地区，含水层条件差，可开采系数取值相对也小。

(四)可开采量计算成果合理

可开采量计算成果与1980～2000年多年平均地下水位变幅、实际开采量比较见表11-14。对比表明，可开采量、实际开采量和多年平均地下水位变幅基本吻合。凡实际开采量大于可开采量的超采区，地下水位持续下降(如徒骇马颊河区等)，否则地下水位就比较稳定。

表11-14 河南省浅层地下水可开采量与实际开采量对比

流域分区	流域三级区	可开采量(亿m³)	现状年实际开采量(亿m³)			地下水埋深(m)		1980～2000年地下水位变幅(m)	
			1999年(枯水年)	2000年(丰水年)	平均	1980年末	2000年末	总变幅	年均变幅
海河流域	漳卫河平原区	10.045	13.866	13.604	13.735	4.60	10.61	-6.01	-0.30
	徒骇马颊河区	1.407	2.856	2.434	2.645	7.33	15.86	-8.53	-0.43
黄河流域	龙门—三门峡区间	0.218	0.363	0.253	0.308	11.89	16.24	-4.35	-0.22
	三门峡—花园口干流区间	1.502	1.777	1.715	1.746	6.23	10.80	-4.57	-0.23
	伊洛河	3.642	3.961	3.491	3.726	7.07	9.87	-2.80	-0.14
	沁河	1.537	2.052	1.691	1.872	5.63	12.03	-6.41	-0.32
	金堤河天然文岩渠	8.791	9.481	8.965	9.223	3.69	6.33	-2.64	-0.13
	花园口以下干流区间	1.295	1.003	0.921	0.962	3.56	3.67	-0.11	-0.01
淮河流域	王蚌区间南岸	2.136	0.138	0.097	0.118	3.19	3.05	0.14	0.01
	王家坝以上南岸	3.663	0.872	0.354	0.613	2.86	2.79	0.07	0
	王家坝以上北岸	14.646	8.225	5.945	7.085	2.52	3.41	-0.89	-0.04
	王蚌区间北岸	36.077	40.217	30.144	35.181	3.26	4.70	-1.44	-0.07
	蚌洪区间北岸	5.282	5.677	5.033	5.355	2.75	4.89	-2.14	-0.11
	南四湖湖西区	1.499	1.856	1.930	1.893	4.09	7.76	-3.68	-0.18
长江流域	唐白河	7.610	8.118	6.261	7.190	4.33	5.85	-1.52	-0.08
	全省平原	99.348	100.463	82.838	91.650				

由此说明可开采量的计算成果基本合理，符合区域地下水开发利用情况和地下水位动态变化规律。

三、可利用总量计算成果合理性分析

在地表水可利用量分析计算成果和地下水可开采量分析计算成果基础上，水资源可利用总量采用不同计算方法，通过对地表水和地下水相互转化和水资源总量计算原理，以及两种计算成果的差异分析，认为方法二的计算成果较为合理，符合三水转化规律和水资源总量计算原理，所以确定采用方法二的计算成果。

表 11-15 反映了河南省现状年供水、用水基本状况。2000 年全省水资源总量为 608.92 亿 m³，总用水量 204.87 亿 m³，扣除引用境外或过境水量 28.68 亿 m³(黄河干流引水量 22.98 亿 m³、沁河引水量 2.511 亿 m³、伊洛河引出水量 0.268 亿 m³、梅山水库引水量 2.008 亿 m³、丹江口水库引水量 0.483 亿 m³、漳河引水量 0.450 亿 m³)，当地水资源利用量 176.17 亿 m³，水资源利用率为 28.9%，耗水量为 102.95 亿 m³，耗水率为 58.4%。水资源利用率最高是海河流域，为 96.2%，最低是长江流域，为 16.4%。水资源三级区利用率最高是徒骇马颊河区，为 127.6%(超采地下水)，最低是武汉—湖口区间左岸，为 2.9%。海河流域、黄河流域各分区 2000 年水资源利用率普遍大于其可利用率，淮河流域、长江流域则均小于其可利用率。

表 11-15　河南省水资源可利用总量与现状(2000 年)开发利用量对比

水资源分区名称			水资源可利用量				水资源开发利用现状				
一级分区	二级分区	三级分区	面积(km²)	水资源总量(亿 m³)	水资源可利用总量(亿 m³)	水资源可利用率(%)	水资源总量(亿 m³)	当地水资源利用量(亿 m³)	耗水率(%)	耗水量(亿 m³)	水资源利用率(%)
海河流域	海河南系	漳卫河区	13 631	25.806	16.958	65.7	28.483	26.367	61.0	16.084	92.6
	徒骇马颊河	徒骇马颊河区	1 705	1.814	1.232	68.0	3.275	4.179	54.0	2.257	127.6
	流域合计		15 336	27.619	18.190	65.9	31.758	30.547	60.0	18.341	96.2
黄河流域	龙门—三门峡	龙门—三门峡干流区间	4 207	6.364	2.685	42.2	3.781	2.586	49.0	1.267	68.4
	三门峡—花园口	三门峡—花园口干流区间	5 779	8.560	3.542	41.4	8.144	5.278	67.0	3.536	64.8
		伊洛河	15 813	28.058	16.407	58.5	22.324	12.557	51.0	6.404	56.2
		沁河	1 377	2.675	1.397	52.2	3.449	1.480	56.0	0.829	42.9
		二级分区小计	22 969	39.293	21.345	54.3	33.918	19.316	55.8	10.769	56.9
	花园口以下	金堤河天然文岩渠	7 309	11.604	7.049	60.7	18.335	12.120	65.0	7.878	66.1
		花园口以下干流区间	1 679	2.608	0.986	37.8	3.428	0.983	60.0	0.590	28.7
		二级分区小计	8 988	14.212	8.034	56.5	21.763	13.102	64.62	8.467	60.2
	流域合计		36 164	59.870	32.064	53.6	59.462	35.004	58.58	20.504	58.9

续表 11-15

水资源分区名称			水资源可利用量				水资源开发利用现状				
一级分区	二级分区	三级分区	面积 (km²)	水资源总量 (亿 m³)	水资源可利用总量 (亿 m³)	水资源可利用率(%)	水资源总量 (亿 m³)	当地水资源利用量 (亿 m³)	耗水率 (%)	耗水量 (亿 m³)	水资源利用率 (%)
淮河流域	淮河上游	王家坝以上南岸区	13 205	60.510	28.222	46.6	89.203	10.654	49.0	5.220	11.9
		王家坝以上北岸区	15 613	53.742	22.906	42.6	97.075	10.962	66.0	7.235	11.3
		二级分区小计	28 818	114.253	51.128	44.7	186.278	21.616	57.62	12.455	11.6
	淮河中游	王蚌区间南岸	4 243	22.046	8.457	38.4	21.273	1.851	50.0	0.925	8.7
		王蚌区间北岸	46 478	96.902	53.559	55.3	160.855	57.753	62.0	35.807	35.9
		蚌洪区间北岸	5 155	10.246	6.442	62.9	13.130	5.838	75.0	4.378	44.5
		二级分区小计	55 876	129.194	68.458	53.0	195.258	65.441	62.8	41.110	33.5
	沂沭泗河	南四湖湖西区	1 734	2.629	1.659	63.1	3.427	1.812	75.0	1.359	52.9
	流域合计		86 428	246.076	121.245	49.3	384.963	88.869	61.8	54.924	23.1
长江流域	汉江区	丹江口区	7 763	19.116	5.125	26.8	29.686	1.803	55.0	0.992	6.1
		唐白河区	19 426	49.532	18.618	37.6	100.390	19.868	41.0	8.146	19.8
		二级分区小计	27 189	68.647	23.743	34.6	130.076	21.672	42.2	9.138	16.7
	武汉—湖口区间左岸	武汉—湖口区间左岸	420	2.646	0	0	2.663	0.076	55.0	0.042	2.9
	流域合计		27 609	71.293	23.743	33.3	132.739	21.748	42.2	9.180	16.4
全省合计			165 537	404.86	195.24	48.2	608.92	176.17	58.4	102.95	28.9

四、可利用量计算合理性评述

以上对地表水可利用量、地下水可利用量、水资源可利用总量成果进行计算和分析，由于计算方法仍存在一些问题，地表水与地下水相互转化关系复杂、区域各种条件千差万别，加上受人类活动影响等多种因素，给计算带来困难，直接影响计算成果精度。

本次地表水可利用量、水资源可利用总量的计算属于首次，方法尚不成熟；地下水可开采量的分析计算虽然比较成熟，计算方法也比较多，但从上述提到各种概念和计算方法也反映存在差异，同样说明需要进一步完善。

地表水可利用量不同于目前规划设计采用的可供水量，由于来水与需水的时空不一致，又受供水工程条件影响，计算的地表水可利用量一般大于地表水可供水量(无外调水源、无重复利用)，同样计算的水资源可利用总量要大于其可供水量。

第六节　水资源开发利用现状和潜力分析

一、地表水开发利用现状

(一)供水情况

2000年全省总供水量为204.87亿 m³,其中地表水供水87.53亿 m³,地下水开采117.11亿 m³,其他水源供水量0.227亿 m³(其中污水处理回用0.197亿 m³,雨水利用0.030亿 m³),分别占总供水量的42.73%、57.16%、0.11%。在地表水供水中引用境外或过境水量28.68亿 m³,占地表水供水量的32.8%,占总供水量的14.0%。在地表水供水量中,蓄水工程供水34.817亿 m³,引水工程供水42.909亿 m³,提水工程供水9.807亿 m³,分别占地表水供水量的39.8%、49.0%、11.2%。地下水开采中,浅层地下水开采量96.244亿 m³,深层地下水开采量20.862亿 m³,分别占地下水开采量的82.2%和17.8%(见表11-16)。

四个流域中,海河流域以地下水供水为主,占供水量的66.0%,黄河和淮河流域地下水供水略多于地表水,占供水量比例分别为58.5%和52.3%,而长江流域则以地表水供水为主,占供水量的61.0%。这符合河南省水资源分布特性,北部地表水资源贫乏,供水主要靠开采地下水,越往南地表水越丰富,所以地表水在供水中越占主导地位。

(二)用水情况

2000年河南省总用水量204.87亿 m³。按部门划分,工业、农业和生活分别用水41.730亿 m³、134.196亿 m³、28.939亿 m³,分别占总量的20.4%、65.5%和14.1%。农业用水量约占总用水量的近2/3,其次是工业,约占总量的1/5多,生活用水最少,只占总量的不到1/6。在工业用水中,城市工业用水31.560亿 m³,是乡镇工业用水10.179亿 m³的3.1倍。生活用水中,农村生活用水18.788亿 m³,是城市生活用水10.151亿 m³的1.85倍。

四个流域中,黄河流域农村用水占比重最大,为83.4%(主要是农业用水比重大,为70.7%);最小为长江流域,为65.4%。长江流域城市用水比重最大,为34.6%;最小为黄河流域,为34.6%。工业用水也是长江流域比重最大,为36.9%,最小为淮河流域,为17.0%。生活用水淮河流域占比重最大,为17.6%,长江流域最小,为12.9%(见表11-17、表11-18)。

二、水资源利用存在的主要问题

(一)水资源开发利用不合理

河南省水资源利用以开采地下水为主,尤其豫北无序开采浅层地下水的问题严重,由于地下严重超采导致地下水位持续下降,形成大面积水位降落漏斗;一些城市超量开采中深层地下水,同样引起地下水位持续下降形成降落漏斗,进而带来地下水环境恶化、地面沉降、裂缝和塌陷等一系列地质环境问题。

(二)水污染严重

水污染日趋加剧导致水功能丧失,水环境恶化。河南省废污水治理相对薄弱,虽然

表 11-16　河南省现状年(2000 年)供水量统计　　　　(单位：亿 m³)

| 水资源分区名称 | | | 地表水供水量 | | | | | 地下水供水量 | | | 其他水源供水 | 合计 |
一级分区	二级分区	三级分区	蓄水工程	引水工程	提水工程	合计	其中引过境水	浅层水	深层水	合计		
海河流域	海河南系	漳卫河区	1.186	7.869	1.583	10.639	5.145	14.669	6.204	20.874		31.512
	徒骇马颊河	徒骇马颊河区	0	2.253	0.100	2.353	1.988	3.118	0.697	3.815		6.168
	流域合计		1.186	10.122	1.683	12.992	7.133	17.787	6.901	24.689		37.680
黄河流域	龙门—三门峡	龙门—三门峡干流区间	0.251	0.679	0.127	1.057		0.082	1.431	1.513	0.016	2.586
	三门峡—花园口	三门峡—花园口干流区间	0.177	1.017	0.275	1.469	1.102	3.238	1.557	4.795	0.116	6.380
		伊洛河	1.537	2.248	0.866	4.652		6.590	1.306	7.896	0.009	12.557
		沁河	0	0.595	0.243	0.838	0.694	0.895	0.357	1.251	0.085	2.174
		二级分区小计	1.715	3.861	1.384	6.959	1.796	10.722	3.220	13.942	0.210	21.111
	花园口以下	金堤河天然文岩渠	0	8.288	0.396	8.684	5.938	8.396	0.978	9.374		18.058
		花园口以下干流区间	0	1.348	0.044	1.392	1.376	0.954	0.014	0.967		2.359
		二级分区小计	0	9.636	0.440	10.076	7.314	9.350	0.991	10.341		20.417
	流域合计		1.965	14.175	1.951	18.092	9.110	20.154	5.642	25.796	0.226	44.114
淮河流域	淮河上游	王家坝以上南岸区	8.563	0.639	0.572	9.773		0.881		0.881		10.654
		王家坝以上北岸区	3.197	0.048	0.870	4.116		6.164	0.682	6.846		10.962
		二级分区小计	11.760	0.687	1.442	13.889		7.045	0.682	7.727		21.616
	淮河中游	王蚌区间南岸	3.558	0.104	0.076	3.738	2.008	0.121	0	0.121		3.859
		王蚌区间北岸	4.156	15.410	4.048	23.614	8.379	36.134	6.383	42.517		66.131
		蚌洪区间北岸	0	0.631	0.066	0.697	0.631	5.383	0.389	5.772		6.468
		二级分区小计	7.714	16.145	4.190	28.049	11.018	41.639	6.771	48.410		76.459
	沂沭泗河	南四湖湖西区	0	0.747	0.207	0.954	0.954	1.785	0.026	1.811		2.765
	流域合计		19.474	17.579	5.840	42.892	11.971	50.469	7.479	57.948		100.84
长江流域	汉江区	丹江口区	0.556	0.591	0.053	1.199		0.600	0.004	0.604		1.803
		唐白河区	11.572	0.442	0.268	12.282	0.483	7.234	0.836	8.070		20.351
		二级分区小计	12.128	1.033	0.321	13.481	0.483	7.833	0.840	8.674		22.155
	武汉—湖口区间左岸	武汉—湖口区间左岸	0.064		0.012	0.076						0.076
	流域合计		12.192	1.033	0.332	13.557	0.483	7.833	0.840	8.674		22.231
全省合计			34.82	42.909	9.806	87.533	28.698	96.244	20.862	117.11	0.226	204.87

表 11-17　河南省现状年(2000 年)用水统计　　　　　　(单位：亿 m³)

水资源分区名称		农村用水				城市用水			合计	其中	
流域	三级分区	农业用水	乡镇工业用水	农村生活用水	合计	城市工业用水	城市生活用水	合计		工业用水	生活用水
海河流域	漳卫河区	22.089	0.930	1.353	24.37	5.310	1.831	7.14	31.51	6.240	3.184
	徒骇马颊河区	3.773	0.239	0.294	4.31	1.589	0.273	1.86	6.17	1.828	0.567
	流域合计	25.862	1.169	1.647	28.68	6.899	2.104	9.00	37.68	8.068	3.751
黄河流域	龙门—三门峡区间	1.214	0.273	0.196	1.68	0.716	0.187	0.90	2.59	0.989	0.383
	三门峡—花园口干流区间	4.768	0.593	0.417	5.78	0.422	0.180	0.60	6.38	1.015	0.597
	伊洛河	5.950	0.942	1.004	7.90	3.444	1.218	4.66	12.56	4.386	2.222
	沁河	1.400	0.217	0.087	1.70	0.451	0.019	0.47	2.17	0.668	0.106
	金堤河天然文岩渠	15.697	0.637	1.046	17.38	0.570	0.107	0.68	18.06	1.207	1.153
	花园口以下干流区间	2.138	0.095	0.126	2.36				2.36	0.095	0.126
	流域合计	31.167	2.757	2.876	36.80	5.603	1.711	7.31	44.11	8.360	4.587
淮河流域	王家坝以上南岸区	7.555	0.300	1.077	8.93	1.262	0.459	1.72	10.65	1.562	1.536
	王家坝以上北岸区	7.281	0.378	1.932	9.59	0.861	0.509	1.37	10.96	1.239	2.441
	王蚌区间南岸	2.994	0.075	0.407	3.48	0.297	0.085	0.38	3.86	0.372	0.492
	王蚌区间北岸	41.513	3.862	7.171	52.55	9.191	4.394	13.59	66.13	13.053	11.565
	蚌洪区间北岸	4.327	0.239	1.268	5.83	0.537	0.097	0.63	6.47	0.776	1.365
	南四湖湖西区	2.328	0.095	0.343	2.77	0	0	0	2.77	0.095	0.343
	流域合计	65.998	4.949	12.198	83.15	12.148	5.544	17.69	100.84	17.097	17.742
长江流域	丹江区	1.195	0.159	0.226	1.58	0.170	0.053	0.22	1.80	0.329	0.279
	唐白河区	9.927	1.133	1.824	12.88	6.730	0.738	7.47	20.35	7.863	2.562
	武汉—湖口区间	0.046	0.003	0.017	0.07	0.010		0.01	0.08	0.013	0.017
	流域合计	11.168	1.295	2.067	14.53	6.910	0.791	7.70	22.23	8.205	2.858
全省合计		134.20	10.17	18.79	163.15	31.56	10.15	41.71	204.86	41.73	28.94

表 11-18　河南省现状年(2000 年)用水统计　　　　　　　　　(单位：亿 m³)

分区名称	项目	农村用水				城市用水			合计	其中	
		农业用水	乡镇工业用水	农村生活用水	合计	城市工业用水	城市生活用水	合计		工业用水	生活用水
全省	用水量	134.196	10.17	18.788	163.154	31.56	10.151	41.711	204.865	41.73	28.939
	占总量比(%)	65.5	5.0	9.2	79.6	15.4	5.0	20.4		20.4	14.1
海河流域	用水量	25.861	1.169	1.647	28.678	6.898	2.104	9.002	37.680	8.067	3.751
	占总量比(%)	68.6	3.1	4.4	76.1	18.3	5.6	23.9		21.4	10.0
黄河流域	用水量	31.169	2.757	2.875	36.8	5.603	1.711	7.314	44.114	8.359	4.586
	占总量比(%)	70.7	6.2	6.5	83.4	12.7	3.9	16.6		18.9	10.4
淮河流域	用水量	65.998	4.949	12.199	83.147	12.149	5.545	17.694	100.84	17.098	17.744
	占总量比(%)	65.4	4.9	12.1	82.5	12.0	5.5	17.5		17.0	17.6
长江流域	用水量	11.168	1.295	2.066	14.529	6.911	0.791	7.702	22.231	8.205	2.857
	占总量比(%)	50.2	5.8	9.3	65.4	31.1	3.6	34.6		36.9	12.9

近几年投入大量资金，但仍不能适应需要，根据 2000 年"河南省城乡建设统计资料汇编"数据，全省城市污废水年排放量为 15.490 亿 m³，日排放量为 424.4 万 m³，而已建成的 17 座污废水处理厂日处理能力为 80.13 万 m³，加上其他处理设施的处理能力 60.40 万 m³，合计为 140.53 万 m³，只相当污废水排放量的 33.1%。由于污水处理厂运行不稳定，2000 年污废水年处理量仅 1.668 亿 m³，只占排放量的 10.8%。全省 87 个县城只有 3 座废污水处理厂，日处理能力为 2.8 万 m³，加上其他废污水处理设施的日处理能力 3.70 万 m³，合计日处理能力 6.50 万 m³，而 2000 年县城年废污水排放量为 3.773 亿 m³，日排放量为 103.37 万 m³，处理能力只相当于排放量的 6.3%。同样也存在运行不稳定问题，2000 年县城废污水处理量只有 0.144 亿 m³，相当于排放量的 3.8%，加上乡镇企业排放的废污水未经处理直接进入河道，导致河水严重污染。

(三)节水意识淡薄

河南省虽然制定了一系列用水、节水和水资源保护的管理条例，但由于管理机构不完善，管理技术落后，所以水资源利用中的取用水不合理和浪费现象普遍存在。

河南省水资源十分紧缺，但在日常生活中人们还存在"水是取之不尽、用之不竭"的糊涂观念，所以相当一部分人的节约用水意识淡薄，全社会节约用水的措施和力度也不够。与全国节约用水指标比较，河南省部分市县的用水指标普遍偏高(见表 11-19)。

(四)管理不善，供用水设施老化

河南省目前供用水设施老化十分严重，城市的供水管网大多是 20 世纪 50、60 年代铺设，均已老化而且供水能力不足，导致跑、冒、滴、漏现象十分严重。农业灌溉渠道也同样多年失修，存在老化和严重破损，跑水、漏水现象非常普遍，灌溉用水效率较低。

与外省市相比，河南省在采用节水设备方面，虽然做了大量工作但相差仍较大，与先进国家比较相差更远。在城市尚未普遍推广采用节水洁具和中水利用设施，工业用水重复利用率仍偏低，先进的节水技术与设备普及率很低。

表 11-19　现状年河南省各用水部门主要用水指标统计

行政分区	人均用水量(m³)	GDP万元用水量(m³)	农田灌溉用水量(m³/hm²)	人均日生活用水量(L/d)				万元工业产值用水量(m³)	工业用水重复利用率(%)
				城市	县城(含县级市)		农村(含牲畜)		
					最大	最小			
安阳市	252.3	493.3	3 535	231.1	175.9	51.4	53.4	65.0	74.1
鹤壁市	393.4	656.5	5 254	146.0	150.1	78.7	64.4	92.7	67.7
濮阳市	351.7	610.5	3 966	174.0	151.4	49.6	65.2	97.1	89.9
新乡市	377.1	725.6	5 547	153.9	190.3	58.8	51.7	68.9	67.9
焦作市	324.5	469.5	4 102	121.0	215.2	47.1	49.3	57.7	67.7
三门峡市	161.8	208.3	4 314	130.5	162.4	47.4	62.7	51.1	82.2
洛阳市	196.9	291.6	5 092	210.7	192.7	70.9	59.3	64.3	68.8
郑州市	230.7	196.3	4 412	208.1	237.8	87.3	62.2	37.6	69.2
开封市	288.8	597.0	3 459	135.9	219.7	51.9	70.1	55.4	75.3
商丘市	175.5	492.4	1 665	231.7	233.6	88.7	87.0	56.1	61.0
许昌市	175.2	264.4	1 790	132.7	146.9	87.7	69.5	48.7	68.7
平顶山市	170.9	301.7	2 314	158.2	206.6	109.6	73.2	74.7	75.3
漯河市	243.5	375.4	3 158	201.5	244.3	177.0	72.1	52.2	75.6
周口市	130.7	399.6	1 438	169.4	250.5	80.4	66.1	44.0	68.0
驻马店市	103.2	298.5	1 338	199.1	179.7	93.2	67.0	22.6	77.7
信阳市	208.2	614.7	2 973	189.9	358.4	59.0	70.0	84.3	60.8
南阳市	217.2	434.8	2 672	123.1	181.4	61.2	59.0	202.4	63.5
济源市	317.0	342.4	5 344	110.2			46.5	81.3	80.9
全省	215.0	402.2	2 866	171.4	358.4	47.1	65.7	66.0	72.8
全国最佳指标	170 (山西)	230 (天津)	3 150 (山西)	103 (内蒙古)			40 (山西)	72 (天津)	

三、水资源开发利用现状对水环境影响分析

(一)水污染对水环境影响

我省水污染严重，不但使部分水功能丧失，导致一些地区出现水质型缺水，使水环境恶化，不少河流、池塘的鱼虾已灭绝，同时，污水的有害气味也严重污染了周边的生态环境。

(二)局部地下水超采对水环境影响

由于地下水严重超采，导致地下水位持续下降，使得原本是地下水补给河水的区域，现在变成河水对地下水渗漏补给，彻底改变了区域三水转化关系，同时污染的河水下渗补给地下水后，进一步污染地下水，由于地下水严重污染，造成农村人畜饮水困难。

城市开采中深层地下水导致地下水下降，使含水层枯竭，也造成一系列地质环境问题，如许昌等城市产生地面沉降、地面裂缝和塌陷等地质环境问题。

(三)建坝、建闸蓄水对水环境影响

建坝、建闸蓄水改变了河流天然流态，减少下游河道的天然流量，从而降低河水纳污和自净能力，导致河道内生物生态环境的改变，甚至引起部分水生物的灭绝。

(四)生活水平提高和工农业生产发展对水环境影响

随着人们生活水平提高和工农业生产发展，对水的需求量越来越大，但水资源是有一定限度的，大量开发利用必定对水环境产生影响，所以必须考虑人与自然和谐相处。

四、开发利用潜力分析

(一)可利用量与开发利用现状对比分析

第一节以 2000 年作为基准年，分析了河南省水资源开发利用现状，由于 2000 年河南省降水量属于丰水年，全省用水量 204.87 亿 m^3(总用水量比正常年份偏少约 20 亿 m^3)，其中利用当地地表水约 64.01 亿 m^3，利用浅层地下水约 96.24 亿 m^3，利用深层地下水约 20.86 亿 m^3。为了客观反映现状条件下，正常年份全省水资源开发利用情况，正确评价不同区域的水资源利用的潜力，另外，还分析了 1999 年(属于枯水年)全省水资源的利用状况。1999 年全省总用水量 228.57 亿 m^3，利用当地水约 204.77 亿 m^3，其中利用深层地下水约 21.29 亿 m^3。1999 ~ 2000 年全省平均用水量 216.72 亿 m^3，其中利用当地地表水和浅层地下水量约 171.87 亿 m^3。两年用水量的平均值接近 220 亿 m^3，基本代表了近期正常年份全省用水情况，以此作为分析全省水资源开发利用潜力的依据。

通过水资源可利用量与开发利用现状对比结果显示，河南省沙颍河及以北地区的当地水资源开发利用量普遍超过当地水资源可利用量。其中，豫北东部平原的当地水资源利用量已相当于当地水资源可利用量的 1.8 ~ 3.0 倍，该地区浅层地下水严重超采，地下水水位大幅度下降，已形成大面积地下水位降落漏斗，尤其海河流域的徒骇马颊河区自 1980 年以来，年平均降幅为 0.43 m。海河漳卫河区，黄河沁河区、三门峡—花园口干流区，淮河王家坝—蚌埠区间北岸、南四湖湖西区，当地水资源利用量是当地水资源可利用量的 1.1 ~ 1.5 倍，浅层地下水均出现不同程度的超采(见表 11-20)。

黄河流域南岸西部山区，由于社会经济欠发达，水资源开发利用程度相对偏低，当地水资源利用量占当地水资源可利用量的 40% ~ 70%，区域水资源利用还存在较大的潜力。但是伊洛河下游河谷，傍河集中开采地下水，其开采量已经远远超过可开采量，据近期统计资料分析，区域地下水开采量已达到可开采量的 1.8 倍。

淮河流域洪汝河及以南地区水资源相对较丰富，而且工业发展水平不及河南省中北部地区，所以水资源利用程度较低，现状条件下的水资源利用量仅相当于水资源可利用量的 40% ~ 50%，利用潜力较大。

长江流域丹江区水资源利用量占水资源可利用量的 30%，还有很大的开发利用潜力；唐白河区水资源利用量略超出可利用量，现状供水条件下，已经没有可以进一步利用的潜力。

(二)挖潜措施

1. 加强节约用水，降低用水定额

加大宣传力度，提高全民节水意识。强化管理措施，开展全社会节约用水活动，充

表 11-20　水资源开发利用现状(1999~2000 年平均)与可利用量对照

（单位：亿 m³）

水资源分区名称		地表水可利用量			地下水可开采量			水资源可利用总量		
流域	三级分区	地表水可利用量	地表水实际利用量	实际利用量占可利用量比值(%)	地下水可开采量	地下水实际开采量	实际开采量占可开采量比值(%)	水资源可利用总量	水资源利用总量	实际利用量占可利用量比值(%)
海河流域	漳卫河区	9.757	7.274	74.6	10.045	15.631	155.6	16.958	22.905	135.071
	徒骇马颊河区	0.237	0.189	79.9	1.407	3.510	249.4	1.232	3.699	300.187
	流域合计	9.994	7.463	74.7	11.452	19.141	167.1	18.190	26.604	146.257
黄河流域	龙门—三门峡区间	2.274	1.098	48.3	0.218	0.138	63.4	2.685	1.236	46.039
	三门峡—花园口干流区间	2.222	1.822	82.0	1.502	3.425	228.1	3.542	5.247	148.148
	伊洛河	14.251	4.710	33.1	3.642	6.617	181.7	16.407	11.327	69.038
	沁河	0.541	0.794	146.7	1.537	1.028	66.9	1.397	1.822	130.437
	金堤河天然文岩渠	2.217	1.815	81.9	8.791	8.938	101.7	7.049	10.753	152.558
	花园口以下干流区间	0			1.295	0.978	75.6	0.986	0.978	99.266
	流域合计	21.504	19.171	89.1	16.984	21.125	124.4	32.064	40.295	125.669
淮河流域	王家坝以上南岸区	26.638	10.608	39.8	3.663	0.876	23.9	28.222	11.485	40.693
	王家坝以上北岸区	12.077	4.622	38.3	14.646	7.195	49.1	22.906	11.817	51.588
	王蚌区间南岸	7.337	4.017	54.7	2.136	0.130	6.1	8.457	4.146	49.029
	王蚌区间北岸	23.697	17.837	75.3	36.077	38.176	105.8	53.559	56.012	104.581
	蚌洪区间北岸	2.141	0.280	13.1	5.282	5.530	104.7	6.442	5.810	90.183
	南四湖湖西区	0.431	0.243	56.3	1.499	1.821	121.4	1.659	2.064	124.374
	流域合计	72.320	37.735	52.2	63.302	53.727	84.9	121.245	91.463	75.436
长江流域	丹江区	4.810	1.002	20.8		0.545		5.125	1.547	30.185
	唐白河区	13.341	12.903	96.7	7.610	7.790	102.4	18.618	20.693	111.147
	武汉—湖口区间		0.110						0.110	
	流域合计	18.151	14.015	77.2	7.610	8.336	109.5	23.743	22.350	94.134
全省合计		121.969	69.538	57.0	99.348	102.328	103.0	195.242	171.866	88.027

分利用经济杠杆作用，杜绝浪费现象。河南省节约用水潜力很大，目前各市之间的用水指标差别较大，而且和国内节水指标相比，差距更大，不同地区都存在一定的节水潜力。

进一步提高工业重复利用率，减少新鲜水取水量，降低生产水耗率。据统计，目前工业万元产值用水量最低为驻马店，只有 22.6 m³/万元，最高为南阳，达到 202.4 m³/万元，相差很大，重复利用率最高为三门峡市，达到 82.2%，最低为商丘市，只有 61.1%。

根据 2000 年河南水利统计年鉴资料分析，全省当年有效灌溉面积 472.531 万 hm²，灌溉面积达到 478.559 万 hm²，但节水灌溉面积只有 94.961 万 hm²，只相当灌溉面积的 19.8%。河南省万亩(666.7 hm²)以上灌区共计 171 处，有效灌溉面积 122.132 万 hm²，但渠道防渗面积只有 19.065 万 hm²，占有效灌溉面积的 15.6%。这些数据表明河南省工农业生产节水潜力很大。

2. 调整产业结构，建立节水型社会

调整工农业生产结构，发展节水型产业。要根据当地水资源的具体状况，种植适应当地水资源条件的农作物；应调整产业布局，尽量发展用水量小的工业企业，同时要不断淘汰耗水大的落后产业和技术设备。

3. 水资源联合运用，提高利用效率

河南省水资源贫乏，要加强地表水与地下水联合运用，分质供水、合理利用水资源，保证河南省人民生活水平提高和国民经济发展对水的需求量，实现水资源可持续利用。

城市工业和生活做到按质供水，工业的循环冷却水和生活中的冲洗用水均可利用城市中水，实现优水优用。农业灌溉尽量采用多水源联合运用，减少用水损失，提高水资源利用效率。

4. 加强水污染防治，提高水质，达到一水多用

目前河南省水污染严重，导致有些地区出现水质型缺水，严重影响到工农业用水和生活用水。要加强水污染防治，提高水的质量，不断改善水环境和生态环境质量，保护有限的水资源，实现一水多用。

第十二章 水资源演变情势分析

水资源演变情势是指由于气候变化或人类活动改变了地表水产汇流与地下水入渗的下垫面条件，造成水资源量、可利用量以及水质发生时空变化的态势。本次评价重点是对全省降水量、地表水资源量和地下水资源量进行情势分析，并对近 20 年来人类活动改变下垫面条件对水资源情势的影响进行分析。

第一节 水资源情势分析

一、降水情势分析

利用降水量距平百分率 P 对全省及各流域降水情况进行分析，评价标准见表 12-1。全省及各流域降水情势如下。

表 12-1 降水量丰枯评价标准

丰枯程度	丰水年		平水年	枯水年	
	丰	偏丰		偏枯	枯
P 值	$P>20\%$	$10\%<P\leqslant20\%$	$-10\%<P\leqslant10\%$	$-20\%<P\leqslant-10\%$	$P\leqslant-20\%$

(一)全省

20 世纪 50、60 年代降水偏丰，1956~1967 年的 12 年间，丰水 5 年，枯水 3 年，其他为平水年；1968~1977 年为平水年组；1985~1995 年为枯水年组，在 11 年内枯水 4 年，其他为平水年；1996~2000 年降水量变差较大，丰、枯年份交替出现。全省平均最大年降水量出现在 1964 年，年降水量为 1 111.6 mm；最小年降水量出现在 1966 年，年降水量为 497.1 mm。见图 12-1。

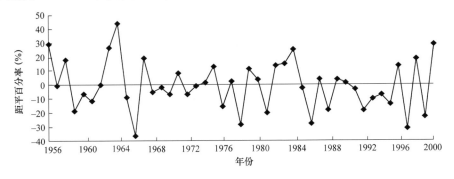

图 12-1 河南省降水量距平百分率曲线

全省平均降水量 1956~1979 年系列大于 1980~2000 年系列。与多年平均(1956~

2000 年)降水量比较，20 世纪 50、60 年代偏多，70、90 年代偏少，80 年代持平。按流域统计，长江、淮河流域大于全省平均降水量，黄河、海河流域则小于全省平均降水量。按降水量多年平均值大小排列为淮河流域→长江流域→黄河流域→海河流域。

(二)长江流域

20 世纪 50、80、90 年代降水量小于多年均值，60、70 年代降水量大于多年均值(见表 12-2)。

表 12-2　河南省降水量系列计算　　　　　　　　　　　　　　　(单位：mm)

流域	项目	降水量系列							
		1956~1960 年	1961~1970 年	1971~1980 年	1981~1990 年	1991~2000 年	1956~1979 年	1980~2000 年	1956~2000 年
长江流域	平均	820.9	844.8	831	821.9	792.3	830.8	812.6	822.3
	与多年比较	-1.4	22.5	8.7	-0.4	-30	8.5	-9.7	
	与全省比较	13	55.2	64.7	50.3	51.9	47.6	54.4	50.8
淮河流域	平均	882.8	846.8	833	850.1	817.3	847	836.1	841.9
	与多年比较	40.9	4.9	-8.9	8.2	-24.6	5.1	-5.8	
	与全省比较	74.8	57.2	66.7	78.5	76.9	63.8	77.9	70.4
黄河流域	平均	673.3	661.7	624.2	634.9	582.4	649.8	609.6	631.1
	与多年比较	42.2	30.6	-6.9	3.8	-48.7	18.7	-21.5	
	与全省比较	-134.7	-127.9	-142.1	-136.6	-158	-133.4	-148.5	-140.5
海河流域	平均	677.5	665.8	603.2	555.9	580.9	648.2	566.2	609.9
	与多年比较	67.6	55.9	-6.7	-54	-29	38.3	-43.7	
	与全省比较	-130.5	-123.8	-163.2	-215.6	-159.5	-135.1	-192	-161.6
全省	平均	808	789.6	766.3	771.5	740.4	783.2	758.2	771.5
	与多年比较	36.5	18.1	-5.2	0	-31.1	11.7	-13.3	

注：多年平均为 1956~2000 年平均值。

1956~1962 年为枯水时段，在 7 年中间，枯水 4 年，丰水 1 年；1963~1967 年为丰水期，4 年中有 3 年降水量超过多年平均值；1968~1977 年降水量变化较为平稳；1979~1984 年为丰水期；1985~1995 年为枯水期，11 年中有 8 年降水量小于多年均值；1996~2000 年降水量变差较大，丰枯交替出现。流域最大年平均降水量出现在 1964 年，为 1 308.9 mm；最小年平均降水量出现在 1978 年，为 556.2 mm。见图 12-2。

(三)淮河流域

20 世纪 50、60、80 年代降水量大于多年均值，70、90 年代降水量少于多年均值。

1975 年以前降水偏丰，20 年中丰水年 5 年，枯水年 3 年，其他为平水年；1976 年以后降水量偏枯，25 年中枯水年 9 年，丰水年 7 年，其他为平水年；1996~2000 年降水量丰枯变差较大。流域最大年平均降水量出现在 1956 年，为 1 153.2 mm；最小年平均降水量出现在 1966 年，为 482.9 mm。见图 12-3。

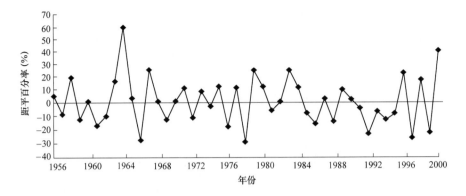

图 12-2　长江流域降水量距平百分率曲线

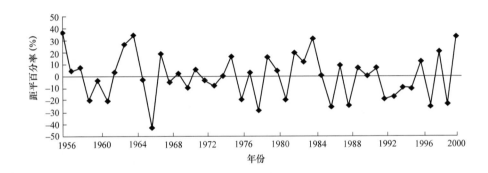

图 12-3　淮河流域降水量距平百分率曲线

(四)黄河流域

20 世纪 50、60、80 年代降水量大于多年均值，70、90 年代小于多年均值。

1956～1964 年为丰水时段；1965～1981 年为枯水时段，其中 1968～1980 年降水量变化较为平稳；1982～1984 年为丰水年；1986 年以后为枯水时段。流域最大年平均降水量出现在 1964 年，为 1 009.9 mm；最小年平均降水量出现在 1997 年，为 374.5 mm。见图 12-4。

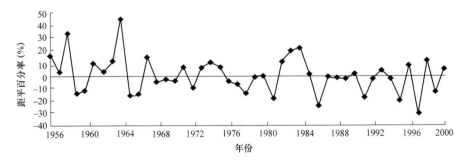

图 12-4　黄河流域降水量距平百分率曲线

(五)海河流域

降水量变化大致可分为两个阶段，1977 年以前为丰水期，1977 年以后为枯水期。从 1956~1977 年的 22 年间，丰水 6 年，枯水 5 年，其他为平水年，其中 1963~1964 年为连续丰水年，1965、1966 年为连续枯水年。从 1978~2000 年的 23 年间，枯水年 11 年，丰水年 4 年，其他为平水年，其中 1978~1981 年、1991~1992 年为连续枯水年。流域最大年平均降水量出现在 1963 年，为 1 141.7 mm；最小年平均降水量出现在 1997 年，为 311.3 mm。见图 12-5。

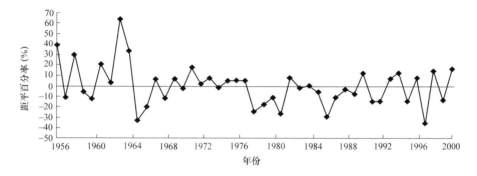

图 12-5　海河流域降水量距平百分率曲线

二、径流情势分析

利用差积曲线分析径流量的丰、枯变化情况和变化趋势。差积曲线上升表示偏丰水年，差积曲线下降表示偏枯水年，曲线坡度反映径流量的丰枯强度。

差积曲线表达式为：

$$\sum_{1}^{t}(W_i-\overline{W})_i \sim T_i$$

式中　W_i——i 年径流量；

　　　$\overline{W}$——多年平均径流量；

　　　T_i——时间序列第 i 年。

全省及各流域径流情势总体趋势分析如下。

(一)全省

多年平均径流量 1956~1979 年系列比 1956~2000 年系列偏多 4.66%；1980~2000 年系列比 1956~2000 年系列偏少 5.32%。全省 1956~1958 年径流量增加，1959~1962 年减少，1963~1969 年增加，且升幅较大。1970~1981 年径流量减少，个别年份增加；1982~1991 年为丰水期；1992~2000 年为枯水期，1996~2000 年径流量丰枯交替变化，且水量变差较大。最大年平均径流量出现在 1964 年，为 737.676 亿 m³，折合径流深为 420.6 mm；最小年平均径流量出现在 1966 年，为 102.889 亿 m³，折合径流深为 58.7 mm(见图 12-6、表 12-3)。

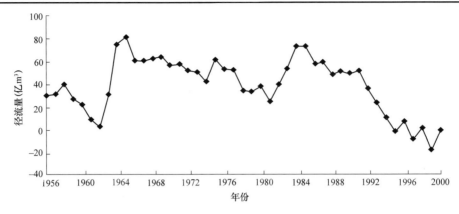

图 12-6　河南省径流量差积曲线

表 12-3　河南省多年平均径流量系列计算表　　(单位：亿 m³)

系列年份	长江流域	淮河流域	黄河流域	海河流域	全省
1956 ~ 1960	64.259 9	202.811 2	59.120 2	23.169 5	349.360 8
1961 ~ 1970	72.408 1	191.159 1	53.355 0	22.035 2	338.957 4
1971 ~ 1980	63.857 1	166.238 8	38.239 1	16.409 2	284.744 2
1981 ~ 1990	66.373 3	188.073 6	49.167 9	11.346 9	314.961 7
1991 ~ 2000	54.942 7	154.803 7	32.044 7	12.196 7	254.611 8
1956 ~ 1979	66.584 2	182.073 5	48.929 9	20.562 4	318.150 0
与多年比较(±%)	3.4	2.2	8.8	25.8	4.7
1980 ~ 2000	61.861 5	173.965 9	40.445 3	11.534 8	287.807 5
与多年比较(±%)	−3.9	−2.5	−10.1	−29.4	−5.3
1956 ~ 2000	64.380 3	178.289 9	44.970 4	16.349 5	303.990 1

注:多年平均为 1956 ~ 2000 年。

(二)长江流域

多年平均径流量 1956 ~ 1979 年系列比 1956 ~ 2000 年系列偏多 3.42%；1980 ~ 2000 年系列比 1956 ~ 2000 年系列偏少 3.91%。1956 ~ 1962 年径流量减少(只有 1958 年增加)；1963 ~ 1968 年径流量增加，其中 1966 年减少；1969 ~ 1978 年为枯水期，个别年份略有增加；1979 ~ 1990 年为丰水期，1986 ~ 1988 年径流量偏少；20 世纪 90 年代为枯水期，1996 ~ 2000 年径流量丰枯交替变化，且水量变差较大。流域最大年平均径流量出现在 1964 年，为 196.1 亿 m³，折合径流深为 710.4 mm；最小年平均径流量出现在 1999 年，为 17.84 亿 m³，折合径流深为 64.6 mm。见图 12-7。

(三)淮河流域

多年平均径流量 1956 ~ 1979 年系列比 1956 ~ 2000 年系列偏多 2.22%；1980 ~ 2000 年系列比 1956 ~ 2000 年系列减少 2.53%。20 世纪 50 年代末、60 年代初为枯水期；1963 ~ 1969 年为丰水期，只有 1966 年水量偏枯；1970 ~ 1981 年为枯水期，个别年份水量偏丰；1982 ~ 1991 年为丰水期，只有少数年份水量偏枯；20 世纪 90 年代水量偏枯，90 年代后期水量逐年丰枯交替出现,且水量变差较大。流域最大年平均径流量出现在 1956 年,为 405.5 亿 m³,折合径流深为 421.2 mm;最小年平均径流量出现在 1966 年,为 40.82 亿 m³,折合径流深为 42.4 mm。见图 12-8。

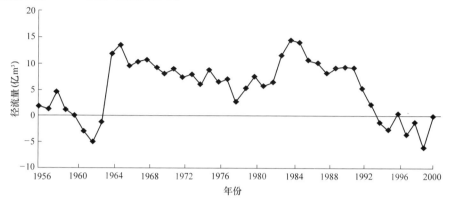

图 12-7 长江流域径流量差积曲线

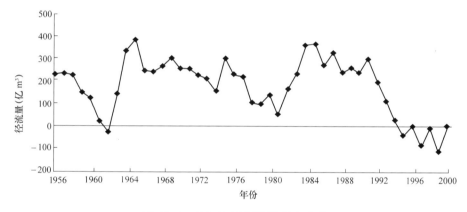

图 12-8 淮河流域径流量差积曲线

(四)黄河流域

多年平均径流量 1956 ~ 1979 年系列比 1956 ~ 2000 年系列偏多 8.8%;1980 ~ 2000 年比 1956 ~ 2000 年系列偏少 10.1%。50 年代末 60 年代前期水量偏丰;1959 ~ 1960 年为枯水期;1966 ~ 1981 年持续减少,只有 1975 年水量增加;1982 ~ 1985 年为丰水期;1986 ~ 2000 年水量持续减少,个别年份水量略有增加。流域最大年平均径流量出现在 1964 年,为 131.9 亿 m³,折合径流深为 364.8 mm;最小年平均径流量出现在 1997 年,为 16.61 亿 m³,折合径流深为 45.9 mm。见图 12-9。

(五)海河流域

多年平均径流量 1956 ~ 1979 年系列比 1956 ~ 2000 年系列偏多 25.8%;1980 ~ 2000 年系列比 1956 ~ 2000 年系列偏少 29.4%。1956 ~ 1964 年为丰水期,少数年份水量偏少;1965 ~ 1970 年为枯水期,水量逐年减少;1971 ~ 1977 年为丰水期,水量逐年增加;1978 年以后水量持续减少,个别年份水量有所增加。流域最大年平均径流量出现在 1963 年,为 65.55 亿 m³，折合径流深为 427.4 mm；最小年平均径流量出现在 1986 年，为 4.767 亿 m³，折合径流深为 31.1 mm。见图 12-10。

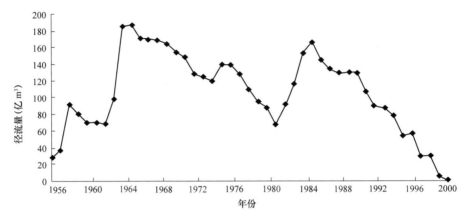

图 12-9　黄河流域径流量差积曲线

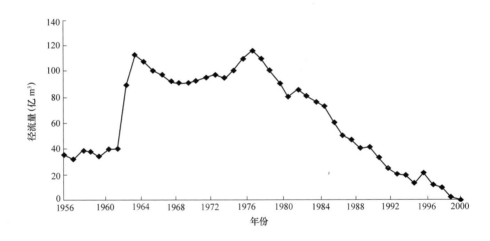

图 12-10　海河流域径流量差积曲线

三、水资源总量情势分析

(一)全省

与径流量情势相同，全省多年平均水资源总量 1956～1979 年系列大于 1956～2000 年系列，1956～2000 年系列大于 1980～2000 年系列(见图 12-11)。人均水资源总量由 1956～1979 年系列的 580.7 m³ 减少到 1980～2000 年系列的 411.5 m³；平均每公顷水资源总量由 1956～1979 年系列的 5 976 m³ 减少到 1980～2000 年系列的 5 679 m³。

全省水资源总量 20 世纪 50 年代末至 60 年代初为下降期，此后至 20 世纪 60 年代末期为上升期；20 世纪 70 年代大体为下降趋势；70 年代末至 90 年代大体为上升趋势，少数年份下降；20 世纪 90 年代为下降趋势，90 年代末升降变差较大。见图 12-12。

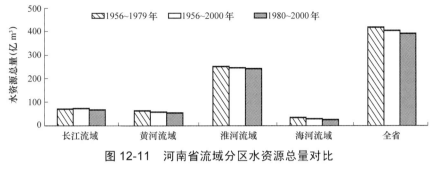

图 12-11 河南省流域分区水资源总量对比

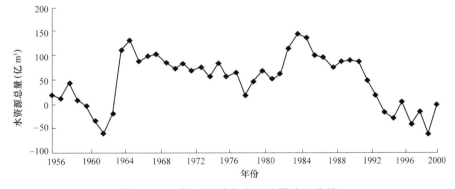

图 12-12 河南省水资源总量差积曲线

(二)长江流域

水资源总量 20 世纪 50 年代末至 60 年代初为下降趋势,个别年份上升;20 世纪 60 年代中段为上升期,个别年份下降;20 世纪 60 年代末至 70 年代末为升降起伏变化;20 世纪 70 年代末至 80 年代中期为上升期,个别年份下降;20 世纪 80 年代中期至 90 年代中期为下降期,少数年份上升;20 世纪 90 年代末期升降起伏变差较大。见图 12-13。

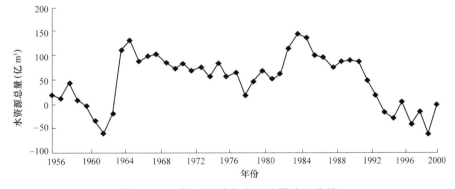

图 12-13 长江流域水资源总量差积曲线

(三)淮河流域

与全省水资源总量趋势大致相同,20 世纪 50 年代末至 60 年代初下降,20 世纪 60 年代初期至末期为上升,个别年份下降;20 世纪 60 年代末至 70 年代末为下降,个别年份上升;20 世纪 70 年代末至 80 年代中期为上升,个别年份下降;20 世纪 80 年代中期至 90 年代中期为下降,少数年份上升;20 世纪 90 年代末升降起伏变差较大。见图 12-14。

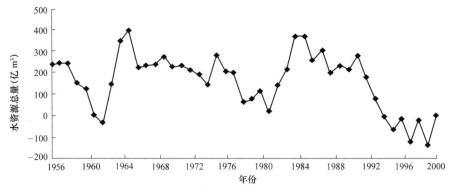

图 12-14　　淮河流域水资源总量差积曲线

(四)黄河流域

水资源总量丰枯变化趋势较为单一，20 世纪 50 年代末至 60 年代初、80 年代前半期为丰水期；60 年代中期至 80 年代初期、1986 年以后持续减少，个别年份稍有增加。见图 12-15。

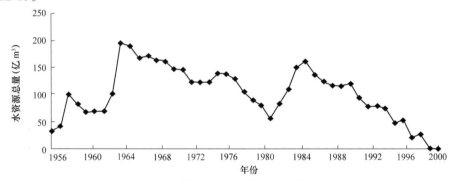

图 12-15　　黄河流域水资源总量差积曲线

(五)海河流域

水资源总量变化大致可分为 5 个时段，20 世纪 60 年代前半期、70 年代前半期为上升期；50 年代末、60 年代后半期、1978 年以后为下降期，少数年份水量上升。见图 12-16。

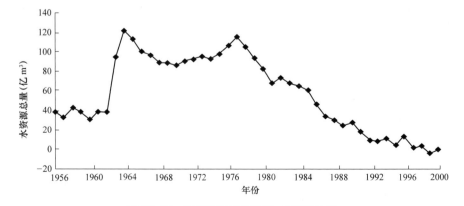

图 12-16　　海河流域水资源总量差积曲线

第二节 水资源演变分析

一、水资源演变影响因素

影响水资源演变的因素大致包括降水影响、人类活动因素影响和下垫面因素的影响。

(一)降水量

降水量的变化是径流演变的直接原因，降水量增加或减少必然会引起地表径流的变化，但由于降水量与地表径流的关系是非线性的，且降水量越小非线性影响越强，所以降水量的变化与地表径流演变是不完全同步的，一般而言，径流量的减少要比降水量的减少幅度大一些。

(二)人类活动

随着人口的大量增加，人类活动的加剧，使自然环境发生了很大变化。随着工业飞速发展，大气中温室气体浓度增加，导致全球平均辐射强度增强，改变了气候系统中的能量平衡，进而影响到全球或区域的气候变化。中国具有世界上最强烈的人类活动，中国的水资源环境深受人类活动影响。人类活动对水资源的影响是多方面的，最受人们关注的有以下几个方面。

1. 兴建水利工程对径流的影响

流域内兴建水库、池塘不仅改变了径流形态，而且也可能减少水资源量。①水利工程拦截了工程以上集水区域的地表径流，使下游实测地表径流量减少；②水利工程蓄水，使流域水面面积加大，导致流域水面蒸发量增加；③水利工程蓄水后，加大了流域的地下水入渗补给水量。

水库群(含塘坝)拦蓄径流的影响。水库群的拦蓄作用主要是改变水库群下游径流的时空分布，对次洪水而言，它可以减小下泄洪水洪量，在中小洪水时，这种作用比较明显。大中型水库，因其防洪标准较高，在防洪标准内大洪水发生时，大中型水库可发挥拦蓄洪水的作用，达到减少水库下游洪峰的目的；但当超标准洪水发生时，水库为了保坝安全，往往敞泄，其后果很可能是人造洪峰，使下游形成比天然情况更大的洪水。小型水库与塘坝，其防洪标准较低或很低，除在一定量级洪水下能起削峰作用外，往往会为了水库自身安全而倾泄库内蓄水，加大下游洪水。

2. 引水、用水对河川径流的影响

随着社会经济的发展，工农业用水、城市用水、生态用水在不断增多，流域内与跨流域引水以及各类用水量都带有许多不确定性，它们随时随地改变着河道的径流量。

1)农业用水的影响

在灌溉的陆面上由于供水较充分，使作物和土壤蒸散发量增加。灌溉用水不仅有一部分下渗补给地下水，同时灌溉用水使灌溉区域内土壤湿度增加，非饱和带土壤含水量加大造成较其他区域更有利于产流的土壤水分条件。

2)工业和生活用水的影响

工业和生活用水对地表径流的影响主要体现在输水过程中，管线渗漏补给包气带或含水层地下水，加大了土壤含水量，从而造成局部区域更有利的产流条件。但是，流域上游工业和生活用水量增加将使下游的径流量减少。

3. 抽取地下水对径流的影响

大量抽取地下水引起地下水位消落，有的区域形成大范围的漏斗，使土壤非饱和带大幅度增加，土壤蓄水容量随之增大，改变了流域的产流形态(有资料显示，过去 20~30 mm 降雨就产流的地区，如今 100~200 mm 降雨也不见有地面径流)。当发生长历时大暴雨时，一部分雨量渗入土壤，补充了土壤缺水量，使地下水位迅速回升，后续雨水将可能更多地变为地面径流。

4. 城市化对径流的影响

城市化加大洪水强度的原因主要有以下几方面：

(1)下垫面发生变化。随着城市化的进程，区域土地利用方式发生了结构性的改变，如清除树木、平整土地、建造房屋、道路、覆盖排水河道，从而大大增加不透水面积，由于其表面极差的透水性，加快雨水沿地表的汇集，使洪峰增大，峰形变陡，进而减少了雨水下渗，使地面径流增加。

(2)兴建大量地下排水管道与抽水泵站，加快了城市雨水的排泄，增大了河道洪水强度。

(3)河道整治、疏浚、裁弯取直、兴建排洪道，提高了河道行洪能力。

(4)城区扩展，侵占洪水空间，削弱了调蓄当地雨洪与外洪的能力。城市发展需要土地，而水面、洼地、河滩、空地则往往成为最易、"最佳"的选择。

(5)沿江(河)堤防束水集聚效应抬高城市外河水位，城市堤防修筑得越来越高，除了会对城市环境带来不利影响外，还会使沿河归槽洪水增加，河道水位不断抬高。

(三)下垫面

1. 地下水的影响

地下水位对地表径流的影响主要表现在当地下水埋深较小时，下渗锋面易与地下水建立水力联系，地表水与地下水的补给排泄作用强烈；另一方面，当地下水埋深较小时，地下水也可以通过毛管水流向上输送，使包气带土壤含水量增加，形成有利于产流的条件。

当地下水埋深大于某一临界埋深时，下渗锋面与地下水间的水力联系微弱，降水补给地下水减少，降雨入渗有一部分蓄存于包气带中，而较厚的包气带所蓄存的水分改善了蒸散发的供水条件，加大了流域的蒸散发。所以，因开采地下水，水位下降严重时，河川径流量也将大幅减少。

2. 植被的影响

流域植被对地表径流的影响表现为对径流的涵养功能。当下垫面植被率较高时，加大了截流和蒸腾损失，从而使河流径流量减少。砍伐森林改种浅根植物会增加径流。

3. 地形的影响

在一定的高程内，径流随地形坡度(高程)的增加而增加，山区径流量大于平原地区径流量。

二、下垫面因素对径流量的影响分析

(一)降水—径流相关分析

点绘各分区降水—径流相关关系图，从不同时期的降水—径流关系变化分析显示，在 1980~2000 年径流系列中，当年降水量小于多年平均值时，海河流域、黄河流域的大多数径流点据偏于 1956~1979 年系列关系线的左侧，表明同样的降水量在近期下垫面条件下所产生的地表径流量有所减小(即地表径流有衰减的趋势)，这种衰减趋势海河流域尤为明显；在同样的降水条件下，长江流域、淮河流域的径流点据未出现明显偏离情况，说明其地表径流没有发生明显的衰减趋势(见图 12-17~图 12-20)。

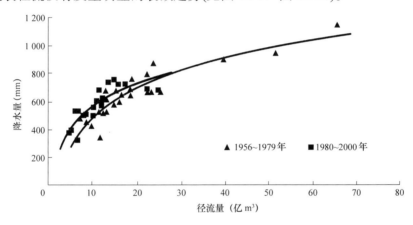

图 12-17　海河流域年降水—径流关系

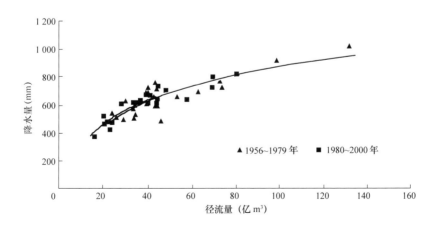

图 12-18　黄河流域年降水—径流关系

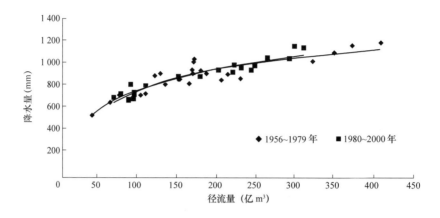

图 12-19　淮河流域年降水—径流关系

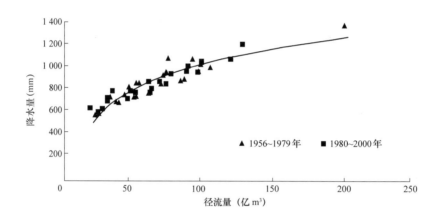

图 12-20　长江流域年降水—径流关系

(二)径流系数分析

径流系数反映降水形成径流的比例，揭示了下垫面的水文地质情况和降水特性对地表产流量的影响，其中影响较大的因子包括下垫面的土壤和植被类型、前期土壤含水量、降水的量级和强度等。一般而言，降水越大或降水强度越大，径流系数也相应较大；下垫面土壤含水量越大，径流系数也随之增大，且这种关系是非线性的。所以用径流系数研究径流演变情势，必须区分降水影响和下垫面的影响，如果径流系数的减小幅度远大于降水减少的幅度，那么其中有一部分可能是由下垫面变化所致。

计算各分区 1956～1979 年、1980～2000 年两个系列的径流系数，降水径流系数关系图同样显示：当年降水量小于多年平均值时，海河流域、黄河流域的大多数径流系数点据偏于 1956～1979 年系列关系线的左侧，表明这两个流域降水形成的地表径流量有衰减现象。淮河流域、长江流域径流系数点据未出现明显偏离情况，同样说明其地表径流没有发生明显的衰减趋势(见图 12-21～图 12-24)。

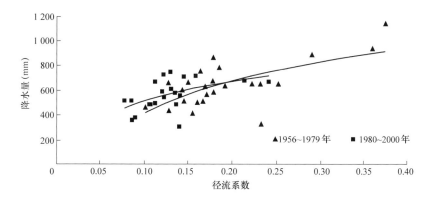

图 12-21 海河流域年降水—径流系数关系

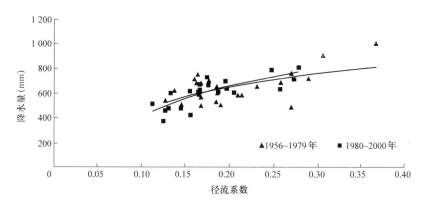

图 12-22 黄河流域年降水—径流系数关系

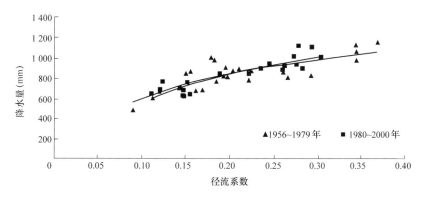

图 12-23 淮河流域年降水—径流系数关系

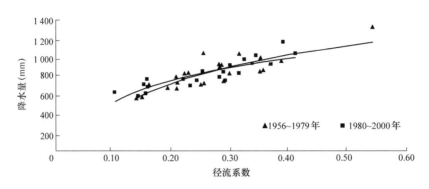

图 12-24　长江流域年降水—径流系数关系

第三节　水资源质量变化趋势分析

一、地表水水质变化趋势分析

(一)水质变化趋势分析代表站情况

根据《技术细则》关于选取水质变化趋势分析站的基本要求，选取具有代表性的水质监测控制站，包括较大河流、重要支流、重要水库控制站，人口在 50 万人以上重要城市下游的控制站，以及省界水体控制站等，本次河南省选取 40 个站(涉及 24 条河流)作为水质变化趋势分析代表站，这些站的资料较为完整，能够满足趋势分析的要求。

进行趋势分析的项目有总硬度、高锰酸盐指数、五日生化需氧量、氨氮、溶解氧、挥发酚、镉、氯化物等 8 项，选用 1993~2000 年资料，通过肯达尔检验方法进行趋势分析。

(二)水质变化趋势分析结果

在单项水质变化趋势分析的基础上，进行测站(河段)水质综合变化趋势分析。

1. 单项水质变化趋势分析

单项分析结果显示：在全省 40 个站点中，所有 8 个项目含量均无明显变化趋势的站点占 50%以上，挥发酚、镉、高锰酸盐指数、溶解氧、总硬度无明显变化趋势的站点超过 70%。

总硬度含量呈现显著上升、上升趋势的站点均为 6 个，各占分析站数的 15%。

五日生化需氧量分析 18 个站点，其含量无明显变化趋势的站点占 61.1%，呈现上升和下降趋势的站点分别占 11.1%和 16.7%，含量下降站数多于上升站数。

氨氮含量无明显变化趋势的站点占 62.2%，呈现上升和下降趋势的站点分别占 21.6%和 10.8%。

挥发酚绝大多数站点含量无明显变化趋势，少部分站点呈下降趋势。

高锰酸盐指数、五日生化需氧量、氨氮、挥发酚、氯化物有个别站点含量呈显著上升趋势。

各项目变化趋势状况见图 12-25。

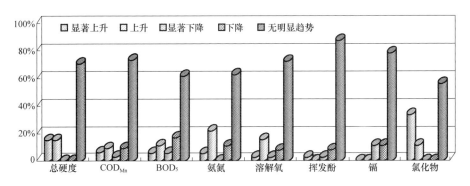

图 12-25　河南省单项水质变化趋势分析

2. 河段水质综合变化趋势分析

在单项分析的基础上，进行河段水质综合变化趋势分析，分析结果见表 12-4、附图 32。

表 12-4　河段水质综合变化趋势分析结果统计

流域	河　　段		
	水质呈好转趋势	水质呈转劣趋势	无明显变化趋势
海河		共产主义渠黄土岗段、安阳河安阳、辛村段	卫河新乡段
黄河	涧河洛阳段	黄河三门峡、孟津、花园口、高村段	洛河卢氏、宜阳段、伊河栾川段、沁河武陟段、天然文岩渠大车集段
淮河	洪河新蔡、班台段、贾鲁河中牟段、涡河邸阁段、包河商丘段	淮河长台关、息县、淮滨段、颍河化行、周口、槐店段、沙河漯河、周口段、北汝河大陈段、贾鲁河西流湖、惠济河大王庙段、沱河永城段	清异河许昌段、涡河玄武段、惠济河夏楼、砖桥段
长江	唐河郭滩段	白河鸭河口、南阳段，湍河汲滩段	白河新甸铺段
站数合计(占%)	7(17.5%)	22(55%)	11(27.5%)

由表 12-4 可知：在所分析的 40 个河段中，水质趋于恶化的河段占分析河段的 55%；水质无明显变化的占 27.5%；水质有所好转的河段仅有 7 个，占 17.5%。

3. 干流及重要支流水质变化趋势分析

1)海河流域

卫河新乡段水质无明显变化,其重要支流安阳河郭家湾段水质呈恶化趋势,主要是因为总硬度、高锰酸盐指数和氯化物含量呈显著上升趋势。

2)黄河流域

黄河干流三门峡段的总硬度和氯化物,孟津段的总硬度,郑州花园口段的总硬度、氨氮和氯化物,濮阳高村段的总硬度、氨氮含量呈显著上升趋势。洛河卢氏和宜阳、伊河栾川、沁河武陟、天然文岩渠大车集等河段各项目含量均无明显变化。

由此表明,黄河干流各河段水质呈恶化趋势;重要支流洛河、伊河、沁河和天然文岩渠各河段水质无明显变化。

3)淮河流域

对淮河干流的长台关、息县和淮滨进行了分析,三河段氨氮含量均呈上升趋势,溶解氧含量都为下降趋势,由此表明淮河干流水质呈恶化趋势。

洪河新蔡和班台段水质为好转趋势,两河段溶解氧含量为上升趋势,高锰酸盐指数、挥发酚呈下降趋势。

颍河水质呈恶化趋势,化行段总硬度含量为上升趋势,周口段和省界槐店段氨氮呈上升趋势。

沙河漯河、周口段以及北汝河大陈段总硬度含量均为上升趋势,表明其含盐量有所增加,水质呈恶化趋势。

贾鲁河郑州西流湖总硬度、高锰酸盐指数含量为显著上升趋势,表明西流湖水质呈显著恶化趋势;中牟段氨氮呈下降趋势,中牟水质有所好转。

涡河上游邸阁段水质为好转趋势,省内下游玄武段无明显变化。

惠济河开封大王庙段水质呈恶化趋势,其下游夏楼和砖桥段无明显变化。

包河商丘段水质为好转趋势,沱河永城段水质呈恶化趋势(氯化物含量为上升趋势)。

4)长江流域

唐河郭滩段水质呈好转趋势,白河鸭河口水库和南阳段、湍河汲滩段水质呈恶化趋势。

虽然白河的鸭河口水库现状年水质良好,但是分析结果显示,高锰酸盐指数含量为上升趋势,加之该水库水量利用程度高,污染的因素还存在,所以应重视其水质保护。

(三)肯达尔趋势分析结果与水质类别变化趋势的比较

对进行变化趋势分析的 40 个河段 1993~2000 年的水质进行了类别评价,结果表明,在肯达尔趋势分析结果为无明显变化趋势的 11 个河段中,洛河卢氏、宜阳段和伊河栾川段 8 年水质均优于Ⅲ类;沁河武陟段、天然文岩渠大车集段、白河新甸铺段水质基本劣于Ⅴ类;卫河新乡段、清异河许昌段、涡河玄武段、惠济河夏楼、砖桥段水质都劣于Ⅴ类。

肯达尔趋势分析结果水质呈恶化趋势的 22 个河段中，水质类别基本不变的河段有 19 个，其余 3 个类别下降。

肯达尔趋势分析结果呈现好转的 7 个河段中，水质类别基本不变的有 6 个，类别上升的 1 个。

二、地下水水质变化趋势分析

选取 20 眼时间系列较长的监测井，用美国地调局提出的季节性肯达尔检验法，对 1993~2000 年的监测数据进行统计检验，以得到地下水水质变化趋势的定量分析。

进行趋势分析的项目有总硬度、氯化物、氟化物、氨氮、硝酸盐氮、亚硝酸盐氮、挥发酚、高锰酸盐指数等 8 项，检验结果用"无明显变化"、"上升趋势"、"显著上升趋势"、"下降趋势"、"显著下降趋势"来表示。

总硬度：在 20 眼监测井中，上升趋势和显著上升趋势的有 7 眼，占 35%，下降趋势的有 2 眼，占 10%，其余无明显变化。

氯化物：在 20 眼监测井中，上升趋势的有 5 眼，占 25%，下降趋势的有 1 眼，占 5%，其余无明显变化。

氟化物：在 16 眼监测井中，上升趋势和下降趋势的各有 1 眼，分别占 6.3%，其余无明显变化。

氨氮：在 16 眼监测井中，上升趋势的有 1 眼，占 6.3%，下降趋势和显著下降趋势的有 7 眼，占 43.8%，其余无明显变化。

硝酸盐氮：在 20 眼监测井中，上升趋势和显著上升趋势的有 8 眼，占 40%，下降趋势的有 1 眼，占 5%，其余无明显变化。

亚硝酸盐氮：在 19 眼监测井中，上升趋势的有 1 眼，占 5.3%，下降趋势的有 4 眼，占 21.1%，其余无明显变化。

挥发酚：17 眼监测井全部无明显变化。

高锰酸盐指数：在 15 眼监测井中，上升趋势和显著上升趋势的有 4 眼，占 26.7%，下降趋势的有 2 眼，占 13.3%，其余无明显变化。

结论：

(1)在所选监测项目中，多数监测井水质无明显变化，也就是说，多数监测井水质较稳定。

(2)部分监测井的一些监测项目呈上升趋势和显著上升趋势或下降趋势和显著下降趋势，前者为 27 井次，后者为 18 井次，这说明部分地区地下水水质变差。

(3)35%的监测井总硬度和 40%的监测井硝酸盐氮呈上升趋势和显著上升趋势，说明部分地区地下水水质污染加重已较为严重。

(4)由于时间系列较长的监测井资料缺乏，很难全面阐述全省地下水水质变化趋势，但从以上 20 眼监测井的结果分析，部分地区地下水水质污染加重已是不争的事实。

地下水水质变化趋势统计检验结果，详见表 12-5。

表 12-5 河南省地下水水质变化趋势分析成果

流域	监测井	总硬度	氯化物	氟化物	氨氮	硝酸盐氮	亚硝酸盐氮	挥发酚	高锰酸盐指数
海河	新乡 3 号	+	=		=	+		=	
黄河	洛阳 1 号	=	=	=	=	+	−	=	
	洛阳 17 号	+	+	=	=	+	−	=	
	洛阳 18 号	++	+	=	=	+	+	=	
	三门峡 1 号	=	=	=	=	=	=	=	
淮河	开封 5 号	−	=	=	=	=	=	=	
	开封 7 号	=	=	=	=	=	=	=	
	开封 8 号	=	=	=	=	=	=	=	
	漯河 4 号	+	=	=	=	=	−	=	
	平顶山 6 号	++	+	=	=	=	=	=	
	商丘 4 号	=	=	=	=	=	=	=	++
	商丘 9 号	=	=	=	=	=	=	=	+
	信阳 3 号	=	=	=	=	+	=	=	
	许昌 2 号	=	=	=	=	=	=	=	
	许昌 4 号	=	=	=	=	=	=	=	
	许昌 8 号	=	=	=	− −	++	=	=	
	郑州 4 号	=	=	+	=	=	=	=	
	郑州 5 号	−	=	=	=	=	=	=	+
	郑州 9 号	=	=	=	+	=	=	=	
	郑州 22 号	=	=	=	=	=	=	=	
	周口 3 号	=	=	=	=	=	=	=	
	周口 4 号	+	+	=	=	=	=	=	
	周口 8 号	=	=	=	=	=	=	=	
	驻马店 2 号	=	=	=	=	=	=	=	
	驻马店 16 号	=	=	=	=	+	=	=	
长江	南阳 1 号	++	+	=	=	=	=	=	
	南阳 5 号	=	=	=	=	+	=	=	+

注："="表示无明显变化趋势；"++"表示显著上升趋势；"+"表示上升趋势；"− −"表示显著下降趋势；"−"表示下降趋势。

第四节　水旱灾害

河南省地处中原，跨淮河、长江、黄河、海河四大流域，处于暖温带向北亚热带过渡的中纬度地区，属大陆性季风气候。境内河网密布，地形、地貌复杂，冷暖气团交绥频繁，由于距水汽来源地的不同及地形条件的影响，河南省年降水量在空间分布上差异较大，而且年内、年际呈明显的丰、枯变化，致使河南省经常出现春旱秋涝和年际间旱涝交替变化。

一、历史上水旱灾害

历史上河南的水旱灾害，从 1450~1949 年的 500 年中，发生全省性水灾有 183 年，平均每 2~3 年一次；其中特大水灾 5 年，平均每 100 年一遇，大或特大水灾 46 次，平均每 10~20 年一次。

从 1450~1949 年的 500 年中，发生全省性旱灾年数为 200 年(包括大旱、特大旱)，平均 2~3 年出现一次；大旱 43 年，平均 10~20 年出现一次；特大旱 6 年，平均 50~100 年出现一次。

二、近期水旱灾害

据《河南省水利统计年鉴》资料统计，从 1950~2000 年的 51 年间，河南省每年都有灾害，只是受灾面积大小、灾害程度不同而已。全省多年平均水、旱灾害受灾面积为 267.9 万 hm²，多年平均水旱灾害成灾面积为 175.3 万 hm²。水旱灾害受灾面积最大的是 2000 年，受灾面积 620.0 万 hm²，成灾面积 435.4 万 hm²。水旱灾害受灾面积最少的是 1967 年，受灾面积为 37.7 万 hm²，成灾面积为 26.2 万 hm²。从全省的农业生产和水旱灾害情况看，水灾或旱灾的成灾面积在 66.7 万 hm²(约占耕地总面积的 10%)以下的年份往往是农业收成比较好的年份，因而，可将水灾或旱灾的成灾面积都小于 66.7 万 hm² 的年份视为正常年，大于 66.7 万 hm² 的视为灾年。据此，在 51 年中全省有水灾 18 年，旱灾 24 年，水灾、旱灾兼有为 6 年，正常年为 16 年。从统计看，1967~1974 年为风调雨顺年。见图 12-26。

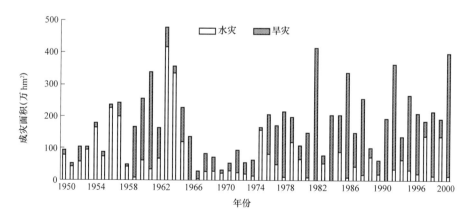

图 12-26　河南省水旱灾害对照

1950~2000 年全省多年平均水灾受灾面积 103.4 万 hm²(缺 1979、1991 年资料)，占全省耕地面积的 21.3%(耕地总面积为 687.5 万 hm²)，成灾面积 75.5 万 hm²，占全省耕地面积的 13.1%。水灾危害最严重的是 1975 年，洪汝河上游、沙澧河上游发生特大洪水，带来毁灭性的灾害，这场特大洪灾，驻马店、许昌、周口、南阳四地区有 29 个县、市遭灾,受灾人口 1 100 多万人,死亡 26 000 人,房屋倒塌 596 万间,受灾农田 126.4 万 hm²,成灾 104.6 万 hm²,冲毁铁路 102 km,有 2 座大型水库、2 座中型水库、58 座小型水库被冲垮,冲毁水利工程 2 045 处,机井 6 万多眼,灌区 174 处,经济损失近百亿元。水灾面积最小的是 1966 年,受灾面积 3.38 万 hm²,成灾面积为 2.13 万 hm²(见表 12-6)。

表 12-6　1950~2000 年河南省水灾面积分析

时段	年数	受灾面积		成灾面积		年平均		
		总数(万亩)	占总数(%)	总数(万亩)	占总数(%)	受灾(万亩)	成灾(万亩)	成灾率(%)
1950~1960	11	1 325.6	25.9	957.2	25.1	120.5	87.0	72.2
1961~1970	10	1 195.5	23.4	954.2	25.0	119.6	95.4	79.8
1971~1980	10	560.5	11.0	520.5	13.7	62.3	52.1	83.6
1981~1990	10	1 041.3	20.3	739.3	19.4	104.1	73.9	71.0
1991~2000	10	993.4	19.4	642.1	16.8	110.4	71.3	64.6
1950~2000	51	5 116.4	100	3 813.2	100	103.4	75.5	73.0

1950~2000 年的 51 年间全省每年都有旱灾发生,即使在大涝年份,也有局部旱灾发生,只是灾害面积的大小不同(见表 12-7)。

表 12-7　河南省水旱灾年情况统计

面积(万 hm²)	受灾		成灾	
	水灾(a)	旱灾(a)	水灾(a)	旱灾(a)
>533.3		3		
466.7~533.3		1		
400~466.7	1	1		
333.3~400	2	3	1	3
266.7~333.3	1	3	2	3
200~266.7	5	7	2	1
133.3~200	3	6	4	8
66.7~133.3	12	11	9	9
<66.7	26	16	32	27
小计	50	51	50	51

统计分析全省多年平均旱灾受灾面积 146.4 万 hm²,占全省总耕地面积的 15.0%;成

灾面积 90.0 万 hm², 占全省总耕地面积的 11.0%, 成灾率 61.400%(见表 12-8)。

三、水旱灾害的主要特点

河南省水旱灾害从自然因素和防治情况看, 有以下主要特点: 一是水旱灾害频繁, 灾害严重, 为全国重灾区之一; 二是长旱骤涝, 旱涝交错, 旱灾范围广, 洪涝灾害发生的季节性强, 年际变化大, 灾情重且有明显的地域性; 三是水灾与旱灾关系密切, 影响因素复杂, 在一定条件下会相互转化; 四是水旱灾害的防治难度大, 需要长期努力。

表 12-8 河南省旱灾面积分析

时段	年数	受灾面积		成灾面积		年平均		
		总数 (万 hm²)	占总数 (%)	总数 (万 hm²)	占总数 (%)	受灾 (万 hm²)	成灾 (万 hm²)	成灾率 (%)
1950 ~ 1960	11	716.1	9.4	459.5	9.8	65.1	41.8	64.2
1961 ~ 1970	10	1 086.5	14.3	775.0	16.6	108.7	77.5	71.3
1971 ~ 1980	10	1 100.2	14.5	678.1	14.5	110.0	67.8	61.6
1981 ~ 1990	10	1 796.6	23.6	1 024.2	21.9	179.7	102.4	57.0
1991 ~ 2000	10	2 906.1	38.2	1 738.0	37.2	290.6	173.8	59.8
1950 ~ 2000	51	7 605.5	100	4 674.9	100	146.4	90.0	61.4

四、水旱灾害成因

造成河南水旱灾害频繁的原因有多方面, 是多种因素复合形成的。首先是气候因素: 河南的地理位置, 纬向处在北亚热带与暖温带的过渡地带, 为西风带系统与副热带系统经常交绥、徘徊之处, 天气变化剧烈。二是地形因素: 经向处在近海二、三级阶地的前沿, 西部伏牛山、太行山对来自东部的暖湿气流形成阻挡、抬升作用, 促发暴雨的产生。三是河流因素: 山区河流进入平原后, 几乎都是地上悬河或半地上悬河, 洪水位普遍高于两岸地面。四是土壤因素: 有相当大一部分是砂礓黑土地、"上浸地"和盐碱地, 易涝、易渍、易碱。此外, 还有人为的因素, 如历史上的以水代兵, 治水方面的主观片面性也是原因之一。

第十三章　水资源承载能力分析

第一节　水资源承载能力的定义

社会经济可持续发展的重要条件之一取决于水资源的可持续开发利用状况，而保证水资源可持续开发利用的关键是如何保护水资源的再生能力。有关研究表明，只要区域水资源的开发利用不超过其承载能力和环境容量，水资源就可以持续利用。因此，水资源承载能力的研究十分重要并具有现实意义。

近几年，有关水资源承载能力定义的研究主要有如下几种：

(1)在某一历史发展阶段的技术、经济和社会发展水平条件下，水资源对该地区社会经济发展的最大支撑能力。

(2)一个流域、一个地区、一个国家，在社会经济不同发展阶段的技术条件下，在水资源合理开发利用的前提下，当地水资源能够维系和支撑的人口、经济和环境规模总量。

(3)一定的区域内，在一定的生活水平和生态环境质量下，天然水资源的可供水量能够支持人口、环境与经济协调发展的能力或限度。

(4)某一历史发展阶段，以可预见的技术、经济和社会发展水平为依据，以可持续发展为原则，以维护生态良性循环发展为条件，在水资源得到合理开发利用下，该地区人口增长与经济发展的最大容量。

(5)在一定流域或区域内，其自身的水资源能够支撑的经济社会发展规模并维系良好生态系统的能力。

(6)某一区域的水资源条件在"自然–人工"二元模式影响下，以可预见的技术、经济、社会发展水平及水资源的动态变化为依据，以可持续发展为原则，以维护生态良性循环发展为条件，经过合理优化配置，对该地区社会经济发展所能提供的最大支撑能力。

自然因素是相对稳定的，即水资源量及环境对水量与水质的基本要求相对稳定。而社会经济因素则具有较大的变动性，其变动的因素可分为两类：第一类是指人力无法抗拒的，其变化是由特定历史时期社会、经济发展规律所决定的，如人口增长规律、经济发展的总体规律等；第二类因素是指可以通过技术、法律法规、宣传教育以及水权、水资源市场的构造等进行人为调节的因素，如节水技术、水资源配置、水资源保护、水权、水市场、产业结构调整等。因此，一定流域或区域的水资源承载能力也是可变的，人们应根据当地水资源特点，以可持续发展为前提，通过对人为调节因素的运作，实现水资源对经济社会发展的持续支撑。

第二节　水资源承载能力的评价方法

根据水资源承载能力的定义，水资源承载能力的度量与计算方法概括如下：

(1)水资源总量(W)：它指流域水循环过程中可以更新恢复的地表水与地下水资源总量。流域水循环受自然变化(包括气候变化)和人类活动的影响，可更新恢复的地表水与地下水资源量也在不断变化。由于流域水循环中降水和径流形成的不确定性，对应不同保证率有不同的水资源量。

(2)生态需水量(W_e)：生态系统是流域水循环和流域环境系统的基本部分。满足一定环境要求的最小生态需水量(W_e)首先应该加以计算。它们通常由河道外的生态需水(如天然生态需水、人工生态需水等)和河道内的生态需水(如防止河道断流所需的最小径流量等)两部分构成。

(3)可利用水资源总量(W_s)：可利用量是从资源的角度分析可能被利用的水资源量。水资源可利用总量是指在可预见的时期内，在统筹考虑生活、生产和生态环境用水的基础上，通过经济合理、技术可行的措施在当地水资源中可资一次性利用的最大水量。因此，可利用水资源量可以通过流域可更新恢复的地表水与地下水资源总量加上境外调水(W_t)，扣除不可以被利用水量和不可能被利用水量(W_h)加以计算。即：

$$W_s=W+W_t-W_e-W_h \tag{13-1}$$

(4)水资源需求总量(W_d)：流域社会经济发展水平可以表达为人口数量(P)，国民生产总值(GDP)等指标。因此，它们对水资源需求包括人口需水(W_p)、工业需水(W_i)、农业需水(W_a)、环境和其他需水(W_m)等。社会经济发展对水资源需求总量(W_d)可表达为：

$$W_d=W_p+W_i+W_a+W_m \tag{13-2}$$

(5)区域水资源承载能力的平衡指数(σ)：为了描述水资源的承载能力，需要定义流域水资源承载能力的供需平衡指数(σ)，即

$$\sigma=(W_s-W_d)/W_s=1-W_d/W_s \tag{13-3}$$

很显然，当区域可利用水量小于流域社会经济系统的总需水量，即$W_s<W_d$，有$\sigma<0$，这说明区域可以利用的水资源量不具备对如此规模的社会经济系统的支撑能力，区域水资源对应的人口及经济规模是不可承载的。但是，通过调水增加W_s和通过节水减少W_d可提高σ。反过来，当区域可供水量大于等于流域社会经济系统的需水量，即$W_s \geq W_d$，$\sigma \geq 0$，这说明区域可供的水资源量具备对这样规模的社会经济系统的支撑能力，区域水资源对应的人口及经济规模是可承载的，预见期内供需可维持平衡状态。

淮河流域水资源承载能力评价的宏观标准见表13-1，通过对一些参数的评价比较，可以得出区域水资源承载能力的定性结论，这也是一种比较有效的评价方法。

(6)单位水资源量承载能力的度量：为了达到水资源承载能力可比性的目的，可以计算单位可利用水资源量的承载指标参数，即水资源的利用效率。单位水资源量W_0(亿 m³)，对应的水资源承载能力的各个分量，即

$$F_1=W_0/k_1, F_2=W_0/k_2, \cdots, F_i=W_0/k_i \tag{13-4}$$

表 13-1　淮河流域水资源承载能力评价标准

评价指标	评价等级		
	Ⅰ(弱)	Ⅱ(中)	Ⅲ(强)
灌溉率(%)	>60	20~60	<20
水资源利用率(%)	>75	50~75	<50
水资源开发程度(%)	>70	30~75	<30
供水量模数(万 m³/km²)	>15	1~15	<1
需水量模数(万 m³/km²)	>15	1~15	<1
人均供水量(m³/人)	<200	200~400	>400

上述公式中的 F_i 就是流域系统第 i 个水资源承载力分量，k_i 为流域系统第 i 个水资源承载分量用水指标。例如，F_1 的单位量纲是 1 亿 m³ 的人口数目，说明该流域每亿 m³ 可利用水资源量能够承载的人口数。同样，F_2 的单位量纲是 1 亿 m³ 的 GDP，它说明该流域 1 亿 m³ 可供水资源量能够承载的经济发展规模(GDP)。

(7)区域水资源承载能力(C)：区域可利用水资源的承载能力可以计算区域可利用水资源量对不同承载指标的承载能力，一般采用综合性指标，如区域人口承载能力、区域经济规模(GDP)承载能力等，即

$$C_1=F_1×W_s,\ C_2=F_2×W_s,\ \cdots,\ C_i=F_i×W_s \tag{13-5}$$

上式中，C_i 表示区域可利用水资源量对不同承载指标的承载能力。比如，C_1 表示该区域可利用水资源量能够承载的人口数；C_2 表示该区域可供水资源量能够承载的经济发展规模(GDP)。

一些专家提出了多种针对承载能力评价方法的模型，如水资源承载能力综合评价的投影寻踪法、流域水资源承载能力综合评价的多目标决策——理想区间模型等。对于多因素影响的水资源承载能力综合评价问题，这些方法都是有益的，但是可操作性和实用性不强。

第三节　河南省水资源承载能力分析

河南省水资源量偏少，人均占有量偏低，而且时空分布很不均衡，人口、土地与水资源的组合不相适应，生态环境脆弱。

分析河南省水资源承载能力，需了解全省的水资源和经济社会发展现状和经济社会发展水平，掌握水资源开发利用现状，预测不同水平年经济社会要素的用水指标，进而分析河南省本地水资源的最大承载能力。下面就河南省经济社会发展、水资源开发利用现状、不同水平年经济社会要素用水指标的预测及水资源承载能力等方面进行重点论述和分析。分析中河南省水资源需求总量及国民经济要素用水指标预测等部分相关内容借用国内外有关的研究成果。

一、河南省现状年经济社会发展情况

2000 年底全省总人口 9 489 万人，其中城镇人口 1 693 万人，占 17.8%，农村人口 7 796 万人，占 82.2%(为河南省统计年鉴统计成果，2000 年全国人口普查汇总的数据河南省城市化率为 23.2%)。城市化水平较低，低于全国平均水平。

2000 年河南省国内生产总值(GDP)5 094 亿元，位居全国第五位，人均 5 368 元，人均水平位居全国第 18 位，是全国平均水平的 77.3%。在国内生产总值中，第一产业占 22.6%，第二产业占 47.0%，第三产业占 30.4%(全国平均 GDP 构成第一产业占 16.4%，第二产业占 50.2%，第三产业占 33.4%)。全省其他主要社会经济指标见表 13-2。

城市化水平、国内生产总值(GDP)构成是反映区域社会经济发展水平的重要参数。城市化是社会经济发展的必然产物，城市化率与经济发展水平密切相关，从世界范围来看，高收入国家人口城市化率一般在 70%以上，中等收入国家一般在 60%左右，低收入国家一般在 40%以下。

在国内，经济发达地区城市化率也明显高于经济欠发达地区。根据有关研究，城市化进程一般要经历三个发展阶段：一是城市化初期阶段，城市化水平低于 30%，城市人口增长缓慢，城乡二元结构明显；二是城市化加速阶段，城市化水平 30%~60%，人口和经济活动迅速向城市集中，城市数量快速增加，城市地域大幅拓展，城市密集区和城市群开始出现；三是城市化后期阶段，城市化水平超过 60%，城市人口比重提高的速度缓慢，城乡收入水平和消费水平的差别很小，城市郊区化或逆城市化现象开始出现。现状水平年(2000 年)全国平均城市化水平 36.22%，正处于向第二阶段发展时期，城市化进程呈加速发展态势。而河南省城市化水平低于全国平均水平，仍处于第一阶段后期，城市化水平较低，发展空间更大，目前正呈加速发展之势。

图 13-1 为 2000 年河南省与全国(数据来源为《中国统计年鉴》)和世界其他国家(资料根据世界银行数据统计)产业结构比较，反映了河南省今后产业结构的调整空间。根据

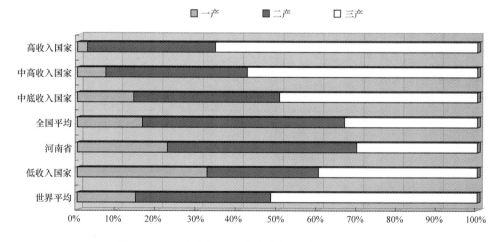

图 13-1 河南省与不同收入水平国家产业结构比较

表 13-2 河南省 2000 年主要社会经济指标

分区名称	人口(万人)			粮食产量(万t)	牲畜数量(万头)	耕地面积(万hm²)	有效灌溉面积(万hm²)	有效灌溉面积占耕地比(%)	工业产值(亿元)	工业增加值(亿元)	国内生产总值(亿元)	国内生产总值GDP构成(%)		
	城镇	农村	合计									第一产业	第二产业	第三产业
安阳市	84	434	518	221	269	36.4	28.5	78.2	344	110	256	20.8	47.8	31.4
鹤壁市	38	102	140	85	128	9.9	8.2	82.6	110	36	85	22.5	48.6	28.9
濮阳市	52	296	348	200	288	24.6	22.5	91.4	244	96	204	21.5	54.6	24.0
新乡市	120	418	538	295	335	37.5	33.0	87.9	345	99	281	23.9	41.6	34.6
焦作市	117	211	328	167	195	17.3	15.8	91.3	346	104	229	17.2	50.6	32.2
三门峡市	60	155	215	56	131	15.5	4.8	31.0	226	74	169	13.4	52.4	34.3
洛阳市	166	458	624	199	318	38.8	13.9	35.8	626	197	423	9.3	54.6	36.1
郑州市	271	354	625	159	264	29.2	18.5	63.2	1 005	310	738	5.7	49.2	45.1
开封市	95	369	464	203	525	36.4	32.3	88.7	245	67	226	32.0	35.4	32.5
商丘市	77	719	796	406	1 049	62.5	58.2	93.2	231	70	288	43.0	30.8	26.2
许昌市	69	371	440	249	403	30.5	22.5	73.8	474	140	291	21.1	52.8	26.1
平顶山市	111	369	480	140	396	30.3	18.1	59.7	380	129	272	15.1	52.4	32.5
漯河市	51	194	245	109	201	16.6	14.1	84.7	304	81	164	23.3	54.1	22.6
周口市	74	965	1 039	532	962	77.4	58.3	75.4	374	106	342	39.2	37.1	23.7
驻马店市	64	746	810	370	1 014	81.9	41.7	50.8	337	95	280	34.0	39.1	26.9
信阳市	95	671	766	366	499	52.0	36.8	70.7	232	66	261	35.3	34.3	30.5
南阳市	132	917	1 049	378	1 236	100.5	33.1	32.9	671	211	520	29.6	45.7	24.7
济源市	18	46	64	24	43	3.5	2.5	69.2	96	28	59	12.3	55.9	31.8
海河流域	356	814	1 170	509	678	69.2	58.9	85.2	1 079	331	783			
黄河流域	308	1 375	1 683	763	1 060	118.8	73.5	61.9	1 515	464	1 123			
淮河流域	898	4 668	5 566	2 502	5 243	409.3	296.3	72.4	3 312	1 014	2 664			
长江流域	131	939	1 070	384	1 276	103.5	33.7	32.6	684	210	524			
全省合计(平均)	1 693	7 796	9 489	4 157	8 257	700.8	462.5	66.0	6 590	2 019	5 094	22.6	47.0	30.4

世界各国发展经验,河南省产业结构调整的总体趋势为第一产业占 GDP 的比重将持续下降,以工业为主体的第二产业占 GDP 的比重将逐步提高,在区域经济完成工业化后会有所下降,第三产业将有较快发展,占 GDP 的比重增速最快。

产业结构调整和城市化发展都将对供需水格局产生重要影响。

二、河南省现状年水资源开发利用情况

(一)用水量

现状年 2000 年全省总用水量 204.86 亿 m³,其中农田灌溉用水 129.07 亿 m³,占 63.0%;工业用水 41.74 亿 m³,占 20.4%;其他用水 34.07 亿 m³(生活用水等),占 16.6%。2000年全省行政分区及流域分区用水量详见表 13-3,其用水结构见图 13-2。

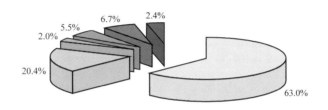

图 13-2　2000 年河南省用水构成

由于全省各行政区和流域分区自然条件、作物种植结构、生活水平和经济发展条件的差异,其用水量和组成各不相同。安阳、濮阳、鹤壁、新乡和开封等市农业用水占总用水量在 70%以上,平顶山市农业用水占总用水量只有 45.4%。按流域分区,黄河流域最高,为 70.7%,长江流域最低,为 50.2%。三门峡、洛阳、郑州、许昌、平顶山、漯河、南阳和济源市工业用水占总用水量在 25%以上,而驻马店和商丘两市分别为 9.1%和9.3%;按流域分区,长江流域最高,为 36.9%,淮河流域最低,为 17.0%。

(二)水资源利用程度

2000 年河南省水资源总量 608.9 亿 m³,其中,地表水资源量 474.5 亿 m³,地下水资源量 243.3 亿 m³。河南省多年平均(1956~2000 年)水资源总量 404.8 亿 m³,其中,地表水资源量 303.99 亿 m³,地下水资源量 196.0 亿 m³(1980~2000 年)。

2000 年河南省降水量 995.8 mm,为丰水年,当年全省用水总量 204.86 亿 m³,比现状条件下常年用水量偏少 10%以上。对表 13-4 的分析基本可以反映现状用水条件下(2000年)全省水资源利用情况。2000 年全省当地水资源的利用量占多年平均水资源总量的46.4%(按正常年份用水量可达到 50%~60%)。当地地表水利用量占河流多年平均径流量的 23.2%(按正常年份用水量可达到 30%以上),其中,海河、黄河流域正常年用水量超过多年平均径流量的 40%;偏旱年份,海河流域用水量超过当年径流量的 60%以上,多则达到 80%以上(远超过国际上通行采用 40%标准)。2000 年用水量占当年水资源总量的 30.8%,其中海河、黄河流域开发利用率分别为 96.2%、74.2%(海河、黄河流域 2000

表 13-3 河南省 2000 年开发利用水量及主要用水指标

分区名称	开发利用水量(亿m³)		不同部门用水(亿m³)			农田灌溉用水指标(m³/亩)	城镇生活人均用水指标(m³/人)	农村生活用水(含牲畜)(m³/人)	人均综合用水量(m³/人)	万元GDP用水量(m³/万元)	万元工业增加值用水量(m³/万元)	万元工业产值用水量(m³/万元)
	用水总量	地下水	农灌	工业	其他							
安阳市	13.09	10.13	9.39	2.23	1.46	236	73	20	253	511	203	65
鹤壁市	5.60	4.43	4.13	1.02	0.46	350	56	24	400	657	283	93
濮阳市	12.45	5.88	9.08	2.37	1.01	264	55	24	358	611	247	97
新乡市	20.38	10.62	16.53	2.37	1.47	370	57	19	379	726	240	69
焦作市	10.73	7.49	7.82	2.00	0.92	274	46	18	327	470	192	58
三门峡市	3.51	2.09	1.74	1.16	0.62	288	43	23	163	208	156	51
洛阳市	12.33	7.33	6.19	4.02	2.12	340	68	22	198	292	204	64
郑州市	14.49	8.91	7.98	3.78	2.73	294	71	23	232	196	122	38
开封市	13.51	8.59	10.76	1.35	1.40	231	47	26	291	597	202	55
商丘市	14.04	10.96	9.91	1.30	2.83	111	70	32	176	488	185	56
许昌市	7.70	5.68	4.12	2.31	1.27	119	48	25	175	264	165	49
平顶山市	8.19	4.21	3.72	2.84	1.63	154	58	27	171	302	220	75
漯河市	6.17	3.69	3.68	1.59	0.90	211	73	27	252	375	196	52
周口市	13.65	10.01	9.27	1.65	2.73	96	52	24	131	400	155	44
驻马店市	8.36	6.24	5.43	0.76	2.17	89	54	25	103	299	80	23
信阳市	16.05	1.31	11.76	1.96	2.33	198	63	26	210	615	297	84
南阳市	22.60	8.73	11.60	8.25	2.75	178	60	21	172	347	163	51
济源市	2.04	0.81	1.10	0.78	0.15	356	40	17	318	342	280	81
海河流域	37.68	24.69	25.86	8.07	3.75	298	59	20	321	481	244	75
黄河流域	44.11	25.80	31.17	8.36	4.59	298	56	21	261	393	180	55
淮河流域	100.84	57.95	60.87	17.1	22.87	147	62	26	181	379	169	52
长江流域	22.23	8.67	11.17	8.21	2.86	171	60	22	165	338	174	54
全省合计(平均)	204.86	117.11	129.07	41.74	34.07	191	60	24	210	393	184	59

注：左侧分栏标注 行政分区（安阳市至济源市）、流域分区（海河流域至长江流域）。

年降水量分别为偏丰年和平水年,但由于 1999 年为特枯年,当年汛前区域地下水大量超采),长江流域最低,为 16.7%。

表 13-4　河南省水资源开发利用程度分析

项 目		现状年(2000 年)				
流域分区		海河	黄河	淮河	长江	合计
面积(km²)		15 336	36 164	86 428	27 609	165 537
水资源量(亿 m³)	地表水径流量	14.86	39.78	295.43	124.47	474.54
	地下水资源量	22.65	38.31	147.11	35.19	243.26
	水资源总量	31.76	59.46	384.96	132.74	608.92
现状年(2000 年)用水量(亿 m³)	当地水资源利用总量	30.55	44.12	90.88	22.23	187.78
	当地地表水	5.86	18.32	32.93	13.56	70.67
	地下水	24.69	25.8	57.95	8.67	117.11
水资源开发利用率(%)	平均	96.2	74.2	23.6	16.7	30.8
	地表水	39.4	46.1	11.1	10.9	14.9
	地下水	109.0	67.3	39.4	24.6	48.1
项 目		多年平均				
流域分区		海河	黄河	淮河	长江	合计
面积(km²)		15 336	36 164	86 428	27 609	165 537
水资源量(亿 m³)	地表水径流量	16.35	44.97	178.29	64.38	303.99
	地下水资源量	17.81	35.41	116.11	26.67	196.00
	水资源总量	27.62	59.87	246.08	71.25	404.82
现状年(2000 年)用水量(亿 m³)	当地水资源利用总量	30.55	44.12	90.88	22.23	187.78
	当地地表水	5.86	18.32	32.93	13.56	70.67
	地下水	24.69	25.8	57.95	8.67	117.11
水资源开发利用率(%)	平均	110.6	73.7	36.9	31.2	46.4
	地表水	35.8	40.7	18.5	21.1	23.2
	地下水	138.6	72.9	49.9	32.5	59.8
水资源利用模数(万 m³/km²)		19.92	12.20	10.52	8.05	11.34

注：用水量采用《河南省水资源公报(2000 年)》资料,资源量资料采用本次评价结果。

2000 年全国平均水资源开发利用率为 19.6%(《中国水资源公报》),河南省平均水资源开发利用率为 30.8%,河南省平均水资源开发利用率远高于全国平均水平。现状年全省水资源利用模数 11.34 万 m³/km²,海河流域最高,为 19.92 万 m³/km²,长江流域最低,为 8.05 万 m³/km²,而全国现状年平均水资源利用模数为 5.7 万 m³/km²。

(三)用水指标

现状年(2000 年)全省人均综合用水量为 210.3 m³,万元 GDP(当年价)用水量为 393.3 m³,万元工业产值(当年价)用水量为 58.8 m³,万元工业增加值(当年价)用水量为 184.2 m³,农田灌溉用水量 2 866 m³/hm²,人均城镇生活用水量为 59.9 m³/a(164.1 L/d),人均农村生活用水量(含牲畜用水)为 24.0 m³/a(65.8 L/d)。

人均年用水量大于 300 m³ 有鹤壁、濮阳、新乡、焦作和济源等市,鹤壁市最高,为 400.2 m³;三门峡、洛阳、商丘、许昌、平顶山、周口、南阳、驻马店等市小于 200 m³,驻马店市最低,仅有 103.2 m³。万元 GDP 用水量大于 600 m³ 的有鹤壁、濮阳、新乡和信阳市,其中新乡市超过 700 m³;三门峡、洛阳、郑州、许昌和驻马店等市小于 300 m³,其中三门峡、郑州市小于 250 m³,郑州市最低,为 196.3 m³。

河南省流域分区用水指标与全国比较见表 13-5,我们可以看到统计的 7 项指标均低于全国平均水平,这主要受河南省的水资源条件制约,河南省人均水资源占有量约为 426.6 m³,为全国人均水资源占有量(2 221.8 m³)的 1/5。同时,河南省还存在区域用水量与其水资源条件不相适应的问题,比如海河流域的用水指标普遍居全省之首,而海河流域的人均水资源占有量为全省最低,仅相当于全省平均值的 1/2。图 13-3 为全省流域分区人均水资源占有量和人均综合用水量与全国平均值的对比,较直观地反映了河南省的水资源形势。

表 13-5 河南省流域分区用水指标与全国比较

统计项目		人均综合用水量 (m³/人)	万元 GDP 用水量 (m³/万元)	万元工业产值用水量 (m³/万元)	万元工业增加值用水量 (m³/万元)	农灌用水指标 (m³/hm²)	城镇生活 (m³/(a·人))	农村生活 (m³/(a·人))
全国平均		430	610	78	288	7 185	79.9	32.5
河南省	平均	210.3	393.3	58.8	184.2	2 866	59.9	24
	海河流域	320.7	481	74.8	243.7	4 464	59.1	20.1
	黄河流域	261	393	55.2	180.2	4 474	55.6	20.8
	淮河流域	180.5	378.6	51.6	168.6	2 204	61.7	26
	长江流域	164.7	337.7	53.5	174.4	2 564	60.2	21.9

注: 表中指标计算用水量数据使用现状年(2000 年)全国和河南省水资源公报资料,水资源量为本次评价相应区域的多年平均水资源量。

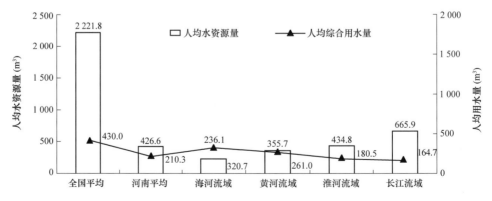

图 13-3 河南省人均水资源量、人均用水量与全国比较图

三、河南省不同水平年用水指标预测

首先需要对区域社会经济发展、需水指标和需水量进行远期预测，在此基础上，进行区域水资源承载能力的预测分析。

需水量的预测可归纳为以下几种主要方法：

(1)万元产值需水量定额法。这是工业需水量预测的常用方法，但万元产值需水量指标的确定非常困难。因为不同行业、不同企业、不同产品，及同类产品的不同生产工艺，其万元产值用水量可相差几倍、几十倍甚至更多。另外，产值的弹性和不确定性很大，区域间产业结构差别也较大，不便于横向、纵向比较，难以反映用水的效率和水平。

(2)单位产品需水量定额法。这是根据单位产品的需水量和该产品的生产量计算工业需水量的一种方法，这种方法较为科学和准确，但该方法需要依托健全的生产指标统计体系，这在我国和河南省暂时都难以使用。同时，作为远景预测该方法也有局限性。

(3)用水增长趋势分析法。这是根据历史资料变化趋势来推测未来需水量的一种较为简便、快捷的预测方法，该方法不能反映因经济的结构性调整而带来的变化，很难普遍采用。

(4)人均综合用水定额法。这是预测总需水量的一种重要而有效的综合方法，对一定区域来说，人均综合用水定额具有很好的稳定性，预测精度较高。

(5)人均生活用水定额法。这是预测生活需水量的常见方法，尽管人均生活用水与居民生活水平、卫生设施条件、生活条件、气候因素、环境条件、城乡差别、城市规模、城市性质等诸多因素有关，但根据历史资料分析并参照不同发达程度国家的用水水平，是能够合理确定的。

(6)关键因子相关分析法。该方法以实际统计数据为基础，通过分析有关因子与用水量的相关关系，确定回归方程，进行需水量预测。

(7)万元 GDP 需水量定额法。这也是预测大区域总需水量的一种重要而有效的综合方法，该方法根据历史资料分析，并参照不同发达程度国家和地区万元 GDP 的用水量指标，资料获取较为容易，预测精度较高。

(8)农灌用水定额法。该方法是分析预测农灌用水的基本方法。

根据资料情况分析，本次区域需水量预测采用人均综合用水定额法和万元 GDP 需水量定额法。预测不同区域远期人均综合用水定额和万元 GDP 需水量定额，不但需要大量全面的供用水和社会经济历史资料，而且还需要区域远景社会经济发展规划和预测资料。

河南省不同区域远期人均综合用水定额和万元 GDP 需水量定额直接借用《中国水资源现状评价和供需发展趋势分析》研究成果，该报告全面研究了我国各流域分区的水资源及演变趋势、水资源开发利用现状、社会经济发展态势和水资源供需发展趋势，针对不同区域存在的水资源问题提出了对策和建议。表 13-6 为该报告对不同水平年各流域人均综合需水定额和万元 GDP 需水量定额(转换为单方水 GDP 产出)预测成果。

表 13-6 是按汇率分析计算的，从表中可以看出，随着产业结构的不断调整和国民经

济持续发展，在人均用水量基本不变的状况下，到 2050 年淮河和海河流域单方水 GDP
产出与发达国家单方水 GDP 产出现状平均水平(1995 年为 26.7 美元)差距已经较小，如
果考虑购买力同价(PPP)等因素，有可能超过目前发达国家的平均水平。因此，本预测成
果基本符合工业化国家用水增长状况。

　　河南省南北跨海河、黄河、淮河、长江四大流域，各流域水资源条件和经济社会发
展基础各异。其中黄河流域与海河流域基本条件相近，现状经济水平在河南省处于较发
达地区，而长江流域与淮河流域基本条件相近，现状经济水平在河南省处于欠发达地区。

表 13-6　人均需水量、人均 GDP、单方水 GDP 产出比较

水平年	项　目	松辽	海河	淮河	黄河	长江	珠江	东南	西南	内陆	平均
2010 年	人均需水量(m³)	569	363	336	401	435	597	423	459	1 910	469
	人均 GDP(美元)	1 767	1 859	1 547	1 152	1 573	1 871	2 515	634	1 245	1 643
	单方水 GDP 产出(美元)	3.11	5.12	4.6	2.87	3.61	3.42	5.95	1.38	0.65	3.5
2030 年	人均需水量(m³)	528	357	333	392	440	504	406	469	1 755	459
	人均 GDP(美元)	4 398	4 750	3 913	2 985	4 067	4 682	6 118	1 713	3 380	4 174
	单方水 GDP 产出(美元)	8.33	13.3	11.8	7.61	9.24	8.94	15.1	3.65	1.93	9.09
2050 年	人均需水量(m³)	514	356	334	385	442	517	403	512	1 700	457
	人均 GDP(美元)	8 485	8 083	6 831	5 895	7 507	8 218	9 652	3 663	6 994	7 530
	单方水 GDP 产出(美元)	16.5	22.7	20.5	15.3	17	16	24	7.15	4.11	16.5

注：人民币与美元汇率按 8.3 折算。人均需水量为全社会人均的综合需水定额。

　　根据河南省和各流域的实际情况，本次水资源承载能力计算分析选用表 13-6 中海河
和淮河两流域的预测指标，其中海河流域指标代表河南省黄河和海河流域，淮河流域指
标代表河南省淮河和长江流域。

四、河南省不同水平年水资源承载能力

　　本节从两个层面分析河南省水资源承载能力，一是对河南省水资源承载能力的定性
分析，二是对河南省水资源承载能力的定量分析，下面分别论述。

(一)河南省水资源承载能力定性分析

　　定性分析区域水资源承载能力的方法很多，下面用用水紧张程度分类和 M·富肯玛
克水紧缺指标来定性分析河南省水资源承载能力。

　　(1)联合国"全面评价世界淡水资源"根据用水与可用淡水(此处可用淡水与水资源量
同含义)之比对用水紧张程度进行了分类(见表 13-7)，用水紧张程度分为四个等级，即低
度紧张、中度紧张、中高度紧张和高度紧张，每个类别给出了相应的定性描述。河南省
各流域分区与该分类的对比见表 13-8。

表 13-7　用水紧张程度分类情况

用水紧张程度	用水量与可用淡水之比	分　类　描　述
A 低度紧张	<10%	用水不是限制因素
B 中度紧张	10%～20%	可用水量开始成为限制因素，需要增加供给，减少需求
C 中高度紧张	20%～40%	需要加强供水和需水两方面的管理，确保水生生态系统有充足的水流量，增加水资源管理投资
D 高度紧张	>40%	供水日益依赖地下水超采和咸水淡化，急需加强供水管理。严重缺水已经成为经济增长的制约因素，现有的用水格局和用水量不能持续下去

表 13-8　河南省各流域分区用水紧张程度分类

分区名称	用水量与水资源量之比	用水紧张程度
海河流域	136.4%	高度紧张
黄河流域	73.7%	高度紧张
淮河流域	41.0%	高度紧张
长江流域	24.8%	中高度紧张
全　　省	49.5%	高度紧张

表 13-8 说明，现状年用水条件下河南省除长江流域外，其他流域用水均高度紧张，当地水资源对经济社会承载能力非常小，其中海河流域用水高度紧张，导致地下水已经出现严重超采。

(2)瑞典水文学家 M·富肯玛克(Malin Falkenmark)根据世界各国人均实际用水情况，特别是非洲干旱缺水国家的资料，分析比较后提出了"水紧缺指标(Water-Stress Index)"(见表 13-9)。这些指标不是精确的界限。由于水的紧缺程度和区域水资源承载能力受到气候、经济发展水平、产业结构、人口和其他因素的影响，在地区之间存在很大差异，并且与节水和用水效率有关。但是，这个"门阈值"可以进行国家间、流域间人均供水变化的比较分析，同时也可作为不同流域水资源承载能力定性分析的依据。世界银行和其他学者已接受将人均占有水资源 1 000 m³ 作为缺水指标。M·富肯玛克提出的 1 000～1 700 m³ 水的紧缺指标，是对那些人口仍在继续增长的国家的警告：如果人口不稳定下来，大多数用水紧张的国家将进入缺水国家的行列。

现状年(2000 年)河南省人均水资源占有量仅有 426.6 m³，已经是严重缺水的地区。大多学者认为，中国经济可持续发展的极限人口数为 15 亿～16 亿人。按现行的生育政策，在 21 世纪中叶中国人口总数将逼近经济可持续发展的极限人口数。因此，为保证中国经济的可持续发展，将 16 亿人口作为中国的"极限人口数"。如果按全国平均的人口增长率计算，河南省的人口峰值应为 1.199 4 亿人，届时人均水资源量为 337.5 m³，事实上河南省人口压力可能会更大。因此，河南省本地水资源承载全省经济社会可持续发展的困难较大，必须及早研究对策。

表 13-9　M·富肯玛克水紧缺指标

紧缺性	人均水资源占有量 (m^3/a)	主　要　问　题
富水	>1 700	局部地区、个别时段出现水问题
用水紧张	1 000 ~ 1 700	将出现周期性和规律性用水紧张
缺水	500 ~ 1 000	将经受持续性缺水，经济发展受到损失，人体健康受影响
严重缺水	<500	将经受极其严重的缺水

南水北调中线一期工程规划水平年(2010 年)向河南省调水量 35.78 亿 m^3(含引丹灌区供水 5.99 亿 m^3)，其中，长江流域 10.90 亿 m^3，淮河流域 11.87 亿 m^3，黄河流域 2.82 亿 m^3，海河流域 10.19 亿 m^3；多年平均跨区域调水约 5.31 亿 m^3(引梅山 1.30 亿 m^3，引漳 4.01 亿 m^3)；引黄、引沁水量采用 54 亿 m^3 的黄河引水分配指标(1956 ~ 2000 年多年平均利用量约 40 亿 m^3)，按多年平均引黄用水比例，黄河、海河、淮河分别为 26.49 亿 m^3、12.77 亿 m^3、14.751 亿 m^3。考虑调水情况下，全省当地水资源可利用量 195.24 亿 m^3，2010 年规划水平年可调水量 73.59 亿 m^3，总可利用水量为 268.83 亿 m^3，全省人均水资源量(以人口峰值计算)增加 61.4 m^3。因此，近期所确定的外调水量额度不可能根本改变河南省水资源长期紧缺局面，经济社会可持续发展必须坚持走与水资源承载能力相适应的发展道路。

(二)不同水平年水资源承载能力定量分析

水资源承载能力定量分析采用人口承载能力和经济承载能力两个综合性指标。下面用这两种方法分析计算河南省不同水平年水资源承载能力。

1. 水资源人口承载能力

人口承载能力即人口承载量，一般定义为"一定区域内可容纳的人口数量"，它表示某一地区在维持可持续发展的前提下所能承载的最大人口量。人口承载量的确定，对分析特定区域人口与资源、环境等方面的相互关系有重要价值。可以用粮食产量、水资源量、矿产资源等要素来推算人口承载量，特定区域的人口承载能力是由多种要素共同决定的。一般而言，区域的人口承载能力并非固定不变的，它一方面可随技术进步和生产水平的发展而提高，另一方面在同一时期也可随该区域的价值取向而变动，不同的发展取向或目标可以对应不同的人口承载量，比如，从生活标准尺度看，可以是维持最低生存标准的人口承载量，可以是保持现有生活标准的人口承载量，也可以是生活标准逐步提高的人口承载量。

从水资源的角度计算人口承载量也存在同样问题，就河南省而言，在一定预见期内(如 2050 年以前)，人口的增长可能是不可逆转的，我们必须面对这一现实，因此分析河南省水资源人口承载能力，应根据全省水资源可利用量，并结合不同水资源利用效率探求相应的水资源人口承载能力。

按照前述分析采用的不同水平年流域人均综合用水定额，分析计算了当地水资源可利用量及考虑调水情况下水资源可利用量的人口承载能力。表 13-10 反映了河南省不同流域分区不同水平年当地水资源可利用量的人口承载量，表 13-11 反映了河南省不同流域分区不同水平年在考虑调水情况下的水资源人口承载量。计算结果表明，河南省当地水资源可利用量的人口承载量最多为 6 000 万人，在考虑调水情况下的水资源人口承载量最多可增至 8 000 万人，说明无论是现状工程条件下，或者规划工程条件下的不同发展水平年全省水资源可利用量的可承载人口均达不到现状人口水平。由此可见，河南省水资源量比较匮乏，当地水资源条件难以适应社会经济和人口持续增长的发展需要。

表 13-10　不同水平年水资源人口承载量计算(不考虑调水、大流域平均用水定额)

流域	水资源可利用量(亿 m³)	2010 年		2030 年		2050 年	
		人均综合用水定额(m³)	水资源人口承载量(万人)	人均综合用水定额(m³)	水资源人口承载量(m³)	人均综合用水定额(m³)	水资源人口承载量(m³)
海河	18.19	363	501.10	357	509.52	356	510.95
黄河	32.06	363	883.32	357	898.16	356	900.69
淮河	121.24	336	3 608.47	333	3 640.98	334	3 630.08
长江	23.74	336	706.64	333	713.01	334	710.87
全省	195.24	343	5 699.53	339	5 761.67	339	5 752.59

表 13-11　不同水平年水资源人口承载量计算(考虑调水、大流域平均用水定额)

流域	水资源可利用量(亿 m³)	2010 年		2030 年		2050 年	
		人均综合用水定额(m³)	水资源人口承载量(万人)	人均综合用水定额(m³)	水资源人口承载量(m³)	人均综合用水定额(m³)	水资源人口承载量(m³)
海河	45.15	363	1 243.75	357	1 264.66	356	1 268.21
黄河	39.87	363	1 098.24	357	1 116.69	356	1 119.83
淮河	149.17	336	4 439.49	333	4 479.49	334	4 466.08
长江	34.65	336	1 031.17	333	1 040.46	334	1 037.34
全省	268.83	344	7 812.65	340	7 901.30	340	7 891.46

依据河南省水资源条件，在预见期内若必须承载区域内人口增长的规模(提高水资源人口承载能力)，则需要大幅度降低人均综合用水指标，提高区域水资源利用效率。表 13-12 计算了不同流域分区不同水平年考虑调水情况下，按预测人口规模的各分区人均综合用水控制指标。如果省辖各流域分区水资源可利用量不变，人口发展规模不变，则人均综合用水定额不宜超过该计算值，即全省人均年综合用水指标应控制在 224 m³ 之内。

表 13-12　不同水平年各分区人均用水定额(考虑调水、预测的人口规模)

流域分区	水资源可利用量(亿 m³)	2010 年		2030 年		2050 年	
		预测人口数量(万人)	人均可利用水资源量(m³)	预测人口数量(万人)	人均可利用水资源量(m³)	预测人口数量(万人)	人均可利用水资源量(m³)
海河	45.15	1 263.60	357	1 404.00	322	1 478.87	305
黄河	39.87	1 817.64	219	2 019.60	197	2 127.30	187
淮河	149.17	6 011.28	248	6 679.20	223	7 035.37	212
长江	34.65	1 155.60	300	1 284.00	270	1 352.47	256
全省	268.83	10 248.12	262	11 386.80	236	11 994.01	224

2. 水资源经济承载能力

区域水资源经济承载能力是指区域水资源可利用量所支撑经济可持续发展的总量 (最大容量),本次采用区域国内生产总值(GDP)来代表经济总量。和人口承载能力一样,水资源可利用量并不是特定区域经济承载能力的唯一决定因素,水资源的经济承载能力也是可变的,可以通过不断改进生产技术工艺,降低水耗率和提高水资源利用效率,进而提升区域水资源的经济承载能力。

按照前述分析采用的不同水平年平均单方水 GDP 产出定额,分析计算了当地水资源可利用量及考虑调水情况下水资源可利用量的社会经济发展承载能力。表 13-13 反映了河南省不同流域分区不同水平年当地水资源可利用量的平均单方水 GDP 产出定额的经济发展承载量;表 13-14 反映了河南省不同流域分区不同水平年在考虑调水情况下,平均单方水 GDP 产出定额的经济发展承载量。计算结果表明,河南省当地水资源可利用量的国内生产总值承载量最多为 4 100 亿美元,全省人均 GDP 为 3 400 美元;在考虑调水情况下的国内生产总值承载量最多可增至 5 700 亿美元,全省人均 GDP 为 4 700 美元。说明无论是现状工程条件下,或者规划工程条件下的不同发展水平年全省水资源可利用量的社会经济承载能力均不能满足预测水平年经济发展的要求,两种情况计算全省人均 GDP 均达不到流域平均水平,因此全省单方水 GDP 产出率必须提高。

表 13-13　不同水平年水资源经济承载量计算(不考虑调水、大流域平均用水效率)

流域分区	水资源可利用量(亿 m³)	2010 年			2030 年			2050 年		
		单方水产出 GDP(美元)	GDP总量(亿美元)	人均GDP(美元)	单方水产出 GDP(美元)	GDP总量(亿美元)	人均GDP(美元)	单方水产出 GDP(美元)	GDP总量(亿美元)	人均GDP(美元)
海河	18.19	5.12	93	737	13.30	242	1 723	22.7	413	2 792
黄河	32.06	5.12	164	903	13.30	426	2 112	22.7	728	3 422
淮河	121.24	4.60	558	928	11.80	1 431	2 142	20.5	2 486	3 533
长江	23.74	4.60	109	945	11.80	280	2 182	20.5	487	3 599
全省	195.24	4.73	924	902	12.19	2 379	2 089	21.07	4 113	3 429

表 13-14　不同水平年水资源经济承载量计算(考虑调水、大流域平均用水效率)

流域分区	水资源可利用量(亿 m³)	2010 年			2030 年			2050 年		
		单方水产出 GDP(美元)	GDP 总量(亿美元)	人均 GDP(美元)	单方水产出 GDP(美元)	GDP 总量(亿美元)	人均 GDP(美元)	单方水产出 GDP(美元)	GDP 总量(亿美元)	人均 GDP(美元)
海河	45.15	5.12	231	1 829	13.30	600	4 277	22.7	1 025	6 930
黄河	39.87	5.12	204	1 123	13.30	530	2 625	22.7	905	4 254
淮河	149.17	4.60	686	1 141	11.80	1 760	2 635	20.5	3 058	4 347
长江	34.65	4.60	159	1 379	11.80	409	3 184	20.5	710	5 252
全省	268.83	4.76	1 281	1 250	12.27	3 300	2 898	21.20	5 698	4 751

在预见期内河南省水资源可利用量要满足区域经济发展规模的要求，同样需要降低 GDP 综合需水定额。表 13-15 计算了不同流域分区不同水平年在考虑调水情况下，按预测经济规模的各分区单方水 GDP 产出定额。依照河南省水资源状况，若要承载预测的经济发展规模(2050 年中等发达国家经济水平)，各分区单方水 GDP 产出定额不能低于该计算值，即 2010 年、2030 年、2050 年全省平均单方水 GDP 产出定额分别不低于 6.25 美元/m³、17.64 美元/m³、32.16 美元/m³。

表 13-15　不同水平年各分区单方水 GDP 产出(考虑调水、流域平均预测经济规模)

流域分区	水资源可利用量(亿 m³)	2010 年			2030 年			2050 年		
		预测 GDP 总量(亿美元)	单方水产出 GDP(美元)	人均 GDP(美元)	预测 GDP 总量(亿美元)	单方水产出 GDP(美元)	人均 GDP(美元)	预测 GDP 总量(亿美元)	单方水产出 GDP(美元)	人均 GDP(美元)
海河	45.15	235	5.20	1 859	667	14.77	4 750	1 195	26.48	8 083
黄河	39.87	338	8.48	1 859	959	24.06	4 750	1 719	43.13	8 083
淮河	149.17	930	6.23	1 547	2 614	17.52	3 913	4 806	32.22	6 831
长江	34.65	179	5.16	1 547	502	14.50	3 913	924	26.67	6 831
全省	268.83	1 682	6.25	1 641	4 742	17.64	4 165	8 645	32.16	7 207

参 考 文 献

[1] 水利部水利水电规划设计总院. 全国水资源综合规划技术大纲. 2002. 8.

[2] 水利部水利水电规划设计总院. 全国水资源综合规划技术细则. 2002. 8.

[3] 中华人民共和国水利部. GB/T 50095—98 水文基本术语和符号标准. 北京：中国计划出版社, 1999.

[4] 河南省水文水资源总站. 河南省地表水资源. 1984.

[5] 河南省水文水资源总站. 河南省地下水资源. 1986.

[6] 河南省科学院, 河南省计经委地理研究所. 河南省农业资源与农业区划地图集. 北京：测绘出版社, 1990.

[7] 河南省经济地图集编纂委员会. 河南省经济地图集. 1994.

[8] 张光业. 河南省地貌区划. 郑州：河南科学技术出版社, 1985.

[9] 全石林. 河南省综合自然区划. 郑州：河南科学技术出版社，1985.

[10] 赵云章, 朱中道, 王继华, 等. 河南省地下水资源与环境. 北京: 中国大地出版社, 2004.

[11] 河南省水利厅. 河南省水资源公报：1980～2000.

[12] 河南省统计局. 河南统计年鉴：1980～2000.

[13] 河南省水利厅. 河南省水利年鉴：1985～2000.

[14] 河南省水功能区划研究项目组. 河南省水功能区划研究. 2001. 10.

[15] 河南省建设厅城市节水办. 河南省城市节水地下水管理统计年鉴(1982~2000).

[16] 河南省水文水资源总站. 河南省水旱灾害. 郑州：黄河水利出版社, 1999.

[17] 水利部淮河水利委员会. 淮河流域及山东半岛水资源评价(送审稿). 2004.

[18] 黄河水利委员会. 黄河流域水资源调查评价(初稿). 2001. 8.

[19] 谢新民, 张海庆, 等. 安阳市水资源综合评价. 北京：中国水利水电科学研究院, 2001. 9.

[20] 侯捷. 中国城市节水 2010 年技术进步发展规划. 北京：文汇出版社, 1998.

[21] 成建国. 水资源规划与水政水务管理—务实全书. 北京:中国环境科学出版社, 2001.

[22] 景跃军, 王晓峰. 21 世纪中国人口、自然资源约束与经济可持续发展探讨. 社会科学战线, 2003 (增).

[23] 陈志恺. 人口、经济和水资源的关系. 海河水利, 2002(2).

[24] 陈志恺. 中国水资源的可持续利用. 中国水利, 2000(8).

[25] 刘强, 陈进, 黄薇, 等. 水资源承载力研究. 中国水利, 2003(5).

[26] 刘强, 杨永德, 姜兆雄. 从可持续发展角度探讨水资源承载力. 中国水利, 2004(3).

[27] 张丽, 董增川. 流域水资源承载能力浅析. 中国水利, 2002(10).

[28] 王顺久, 侯玉, 张欣莉, 等. 流域水资源承载能力的综合评价方法. 水利学报, 2003(1).

[29] 夏军. 水资源安全的度量：水资源承载力的研究与挑战. 海河水利, 2002(2).

河南省水资源分区图

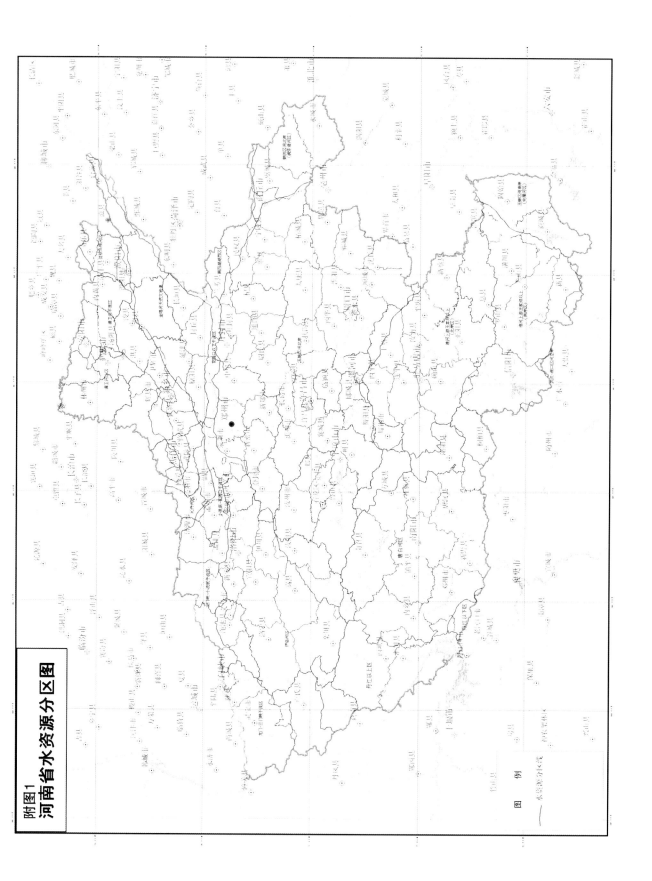

图 例

水资源分区界线

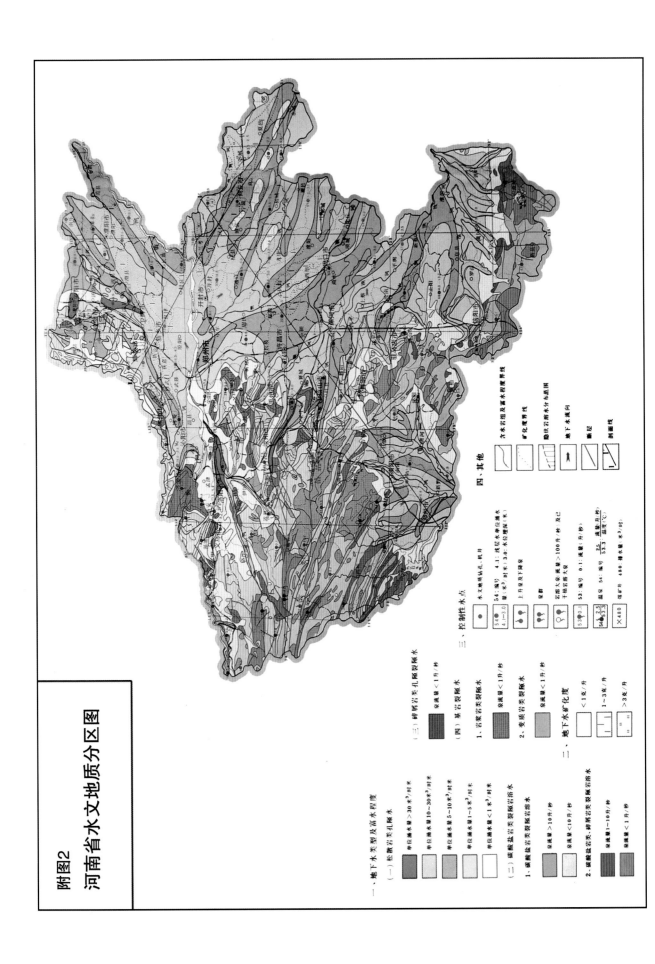

附图2

河南省水文地质分区图

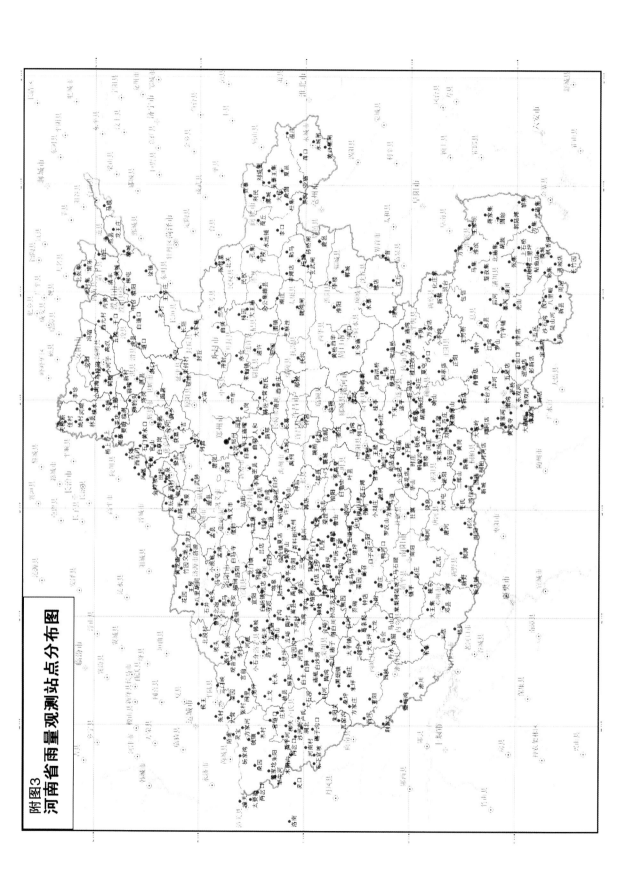

附图3
河南省雨量观测站点分布图

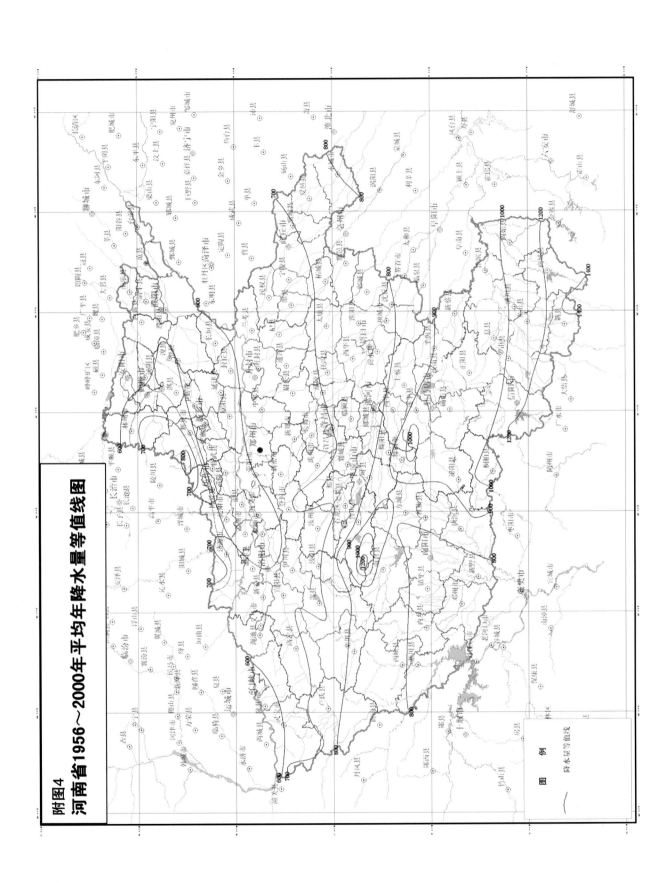

附图4
河南省1956～2000年平均年降水量等值线图

图　例

——　降水量等值线

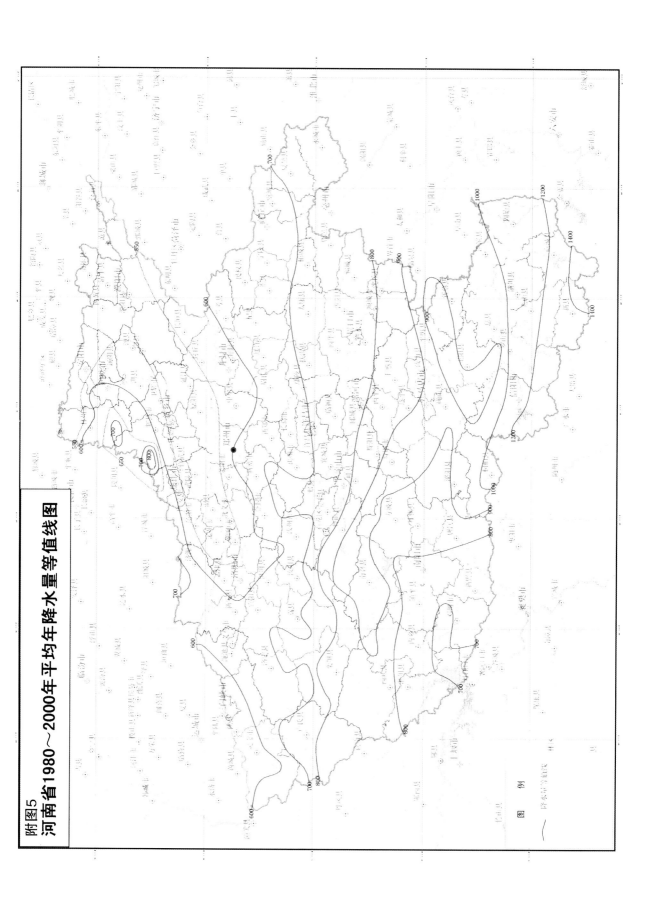

附图5
河南省1980～2000年平均年降水量等值线图

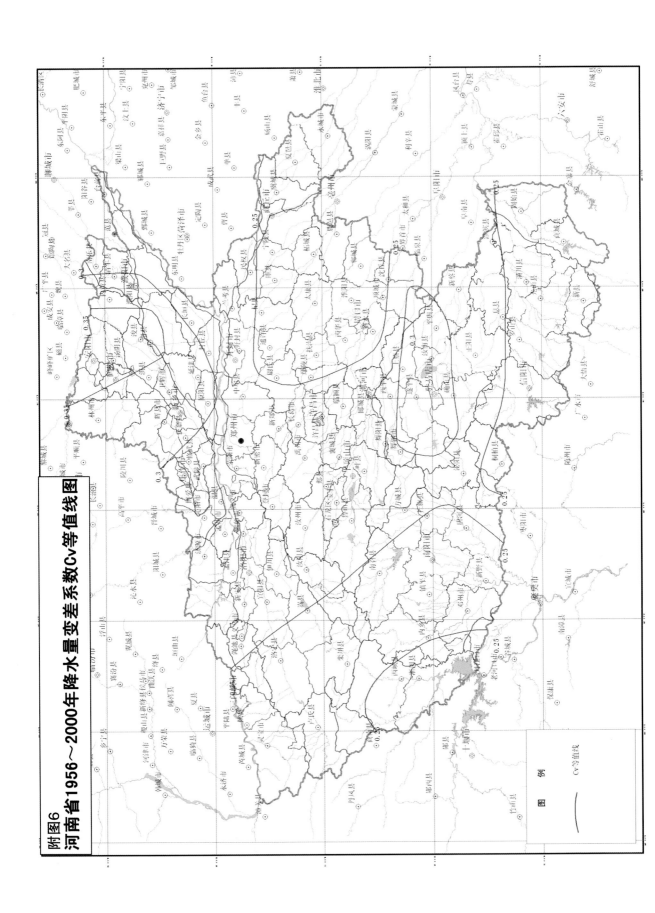

附图6
河南省1956～2000年降水量变差系数Cv等值线图

图 例

Cv等值线

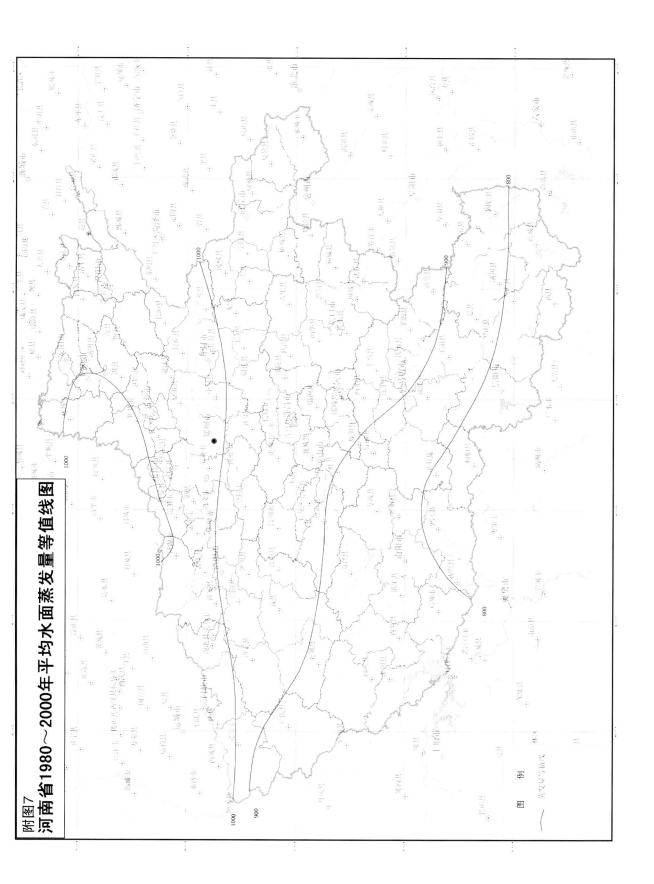

附图7
河南省1980～2000年平均水面蒸发量等值线图

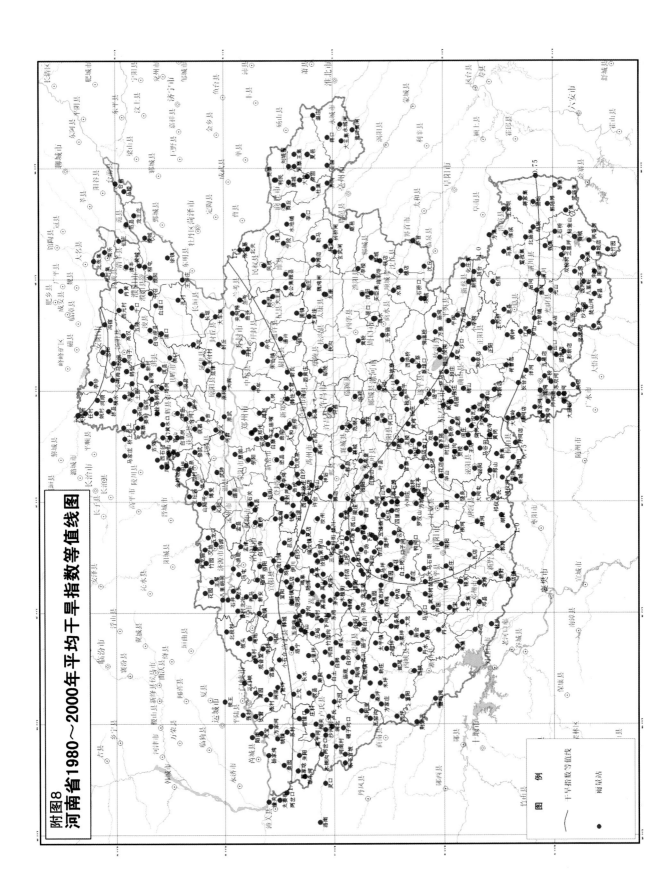

附图8
河南省1980～2000年平均干旱指数等值线图

图　例

干旱指数等值线

雨量站

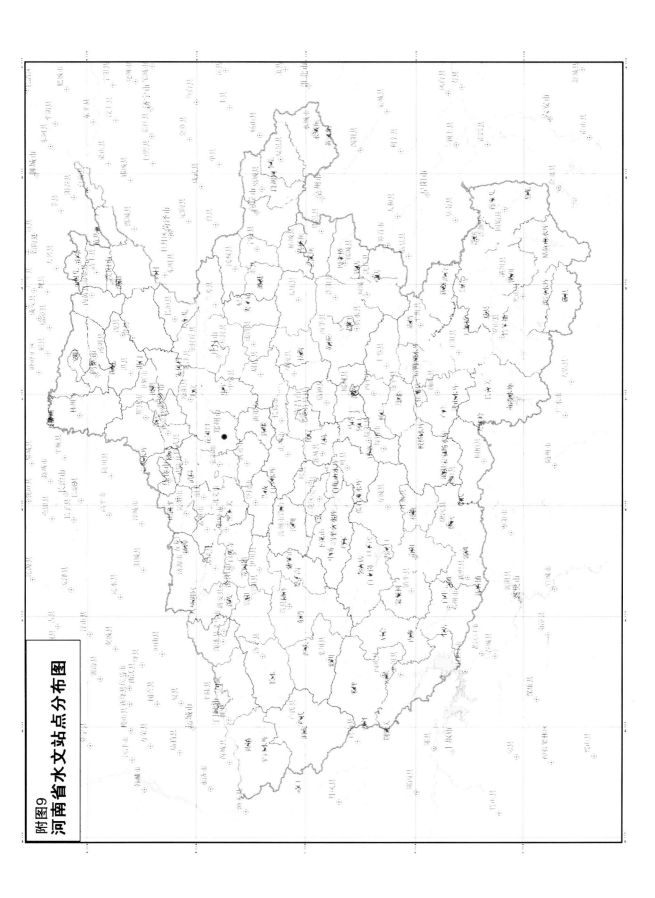

附图9
河南省水文站点分布图

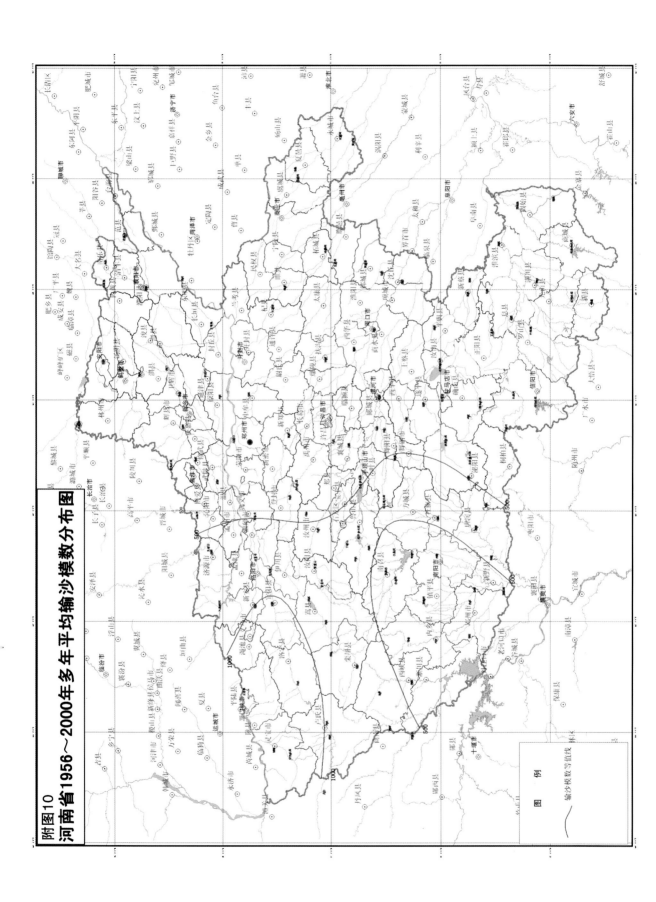

附图10
河南省1956~2000年多年平均输沙模数分布图

图例

—— 输沙模数等值线

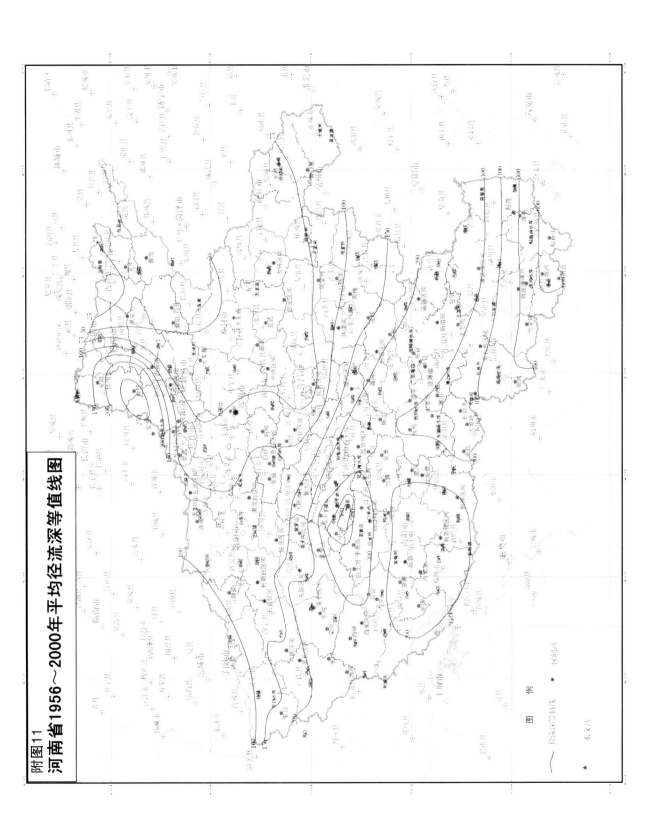

附图11
河南省1956～2000年平均径流深等值线图

图 例

—— 径流深等值线
● 水文站
▲

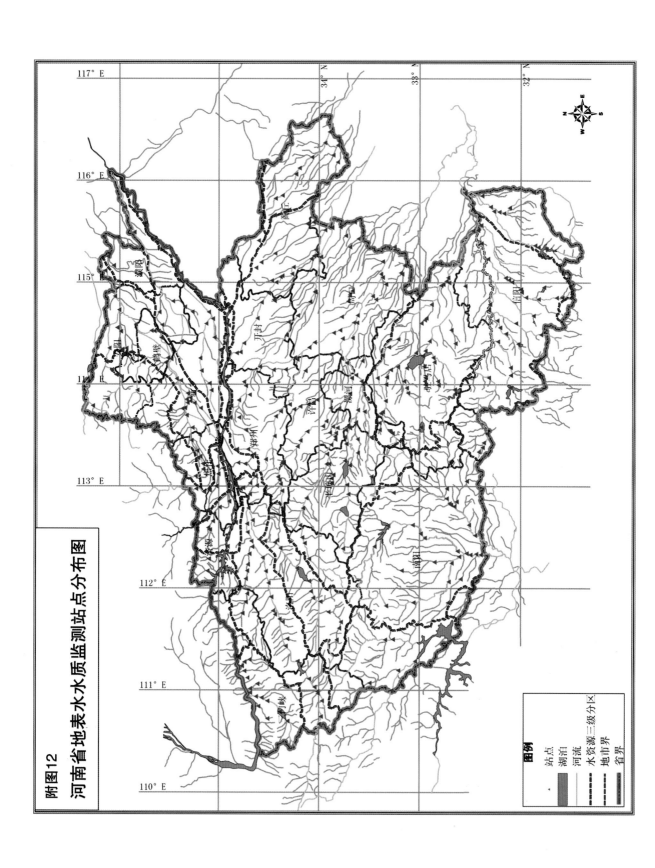

附图12

河南省地表水水质监测站点分布图

图例
站点
湖泊
河流
水资源三级分区
地市界
省界

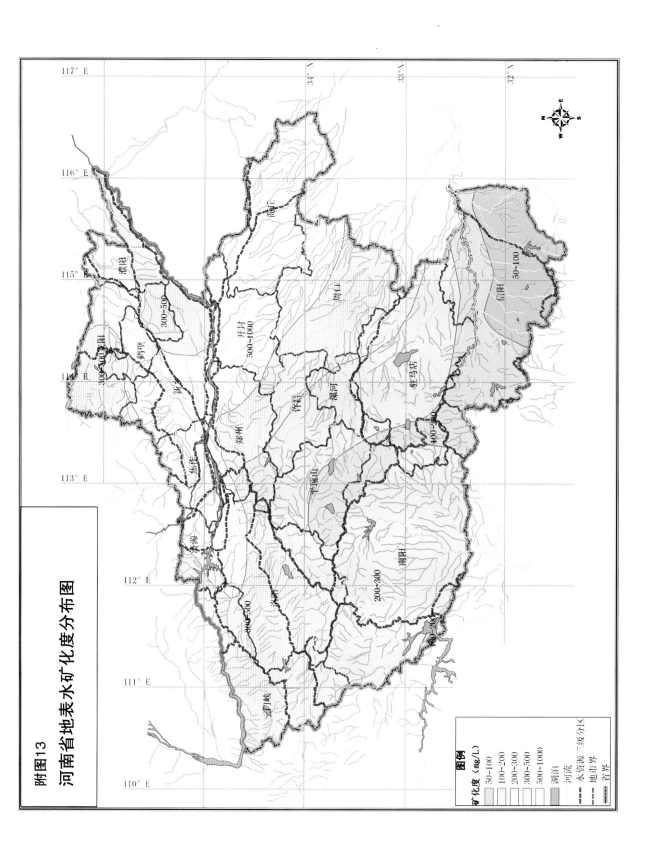

附图13

河南省地表水矿化度分布图

图例

矿化度（mg/L）
- 50~100
- 100~200
- 200~300
- 300~500
- 500~1000

河湖

河流

水资源二级分区

地市界

省界

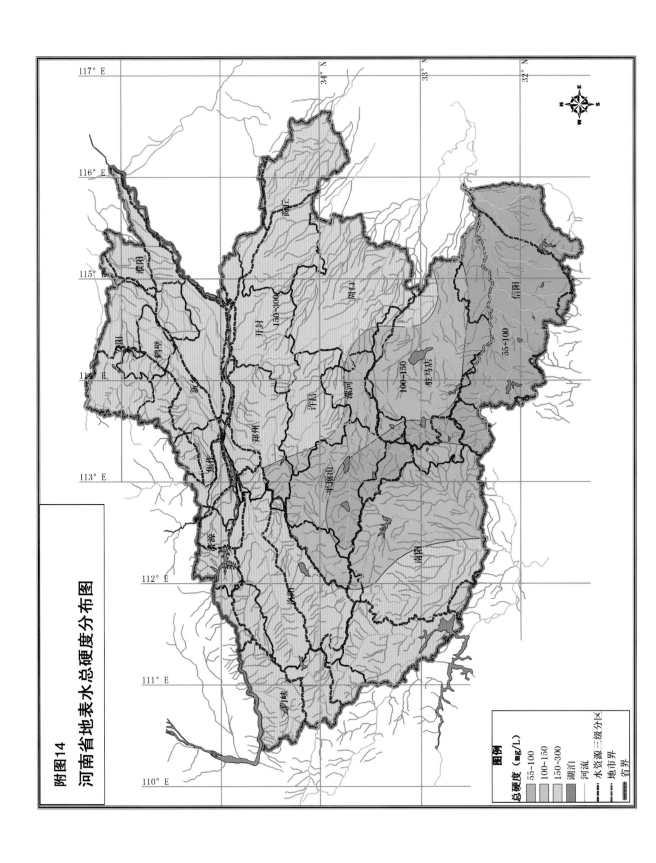

附图14
河南省地表水总硬度分布图

图例
总硬度（mg/L）
55-100
100-150
150-300
湖泊
河流
水资源三级分区
地市界
省界

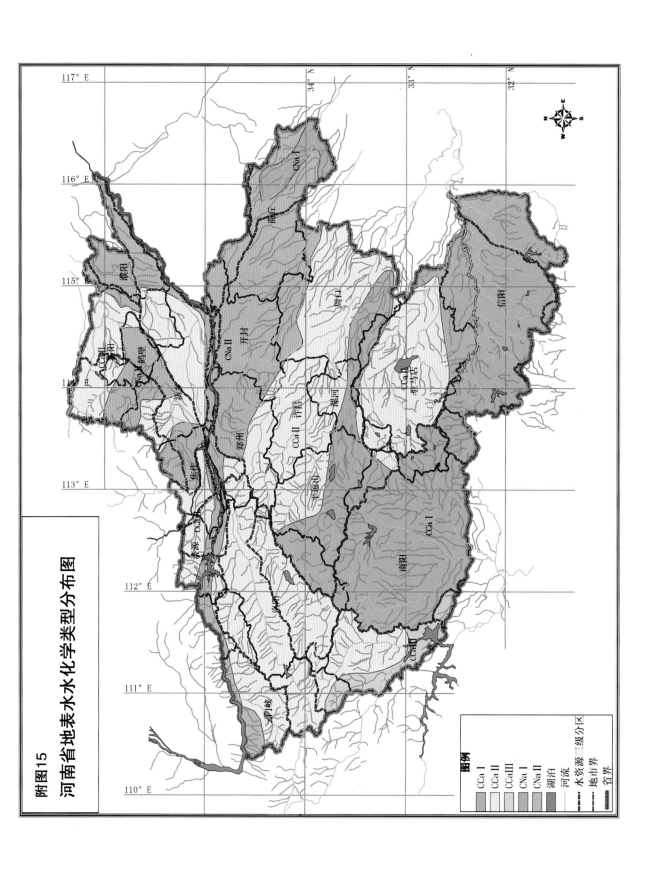

附图15

河南省地表水水化学类型分布图

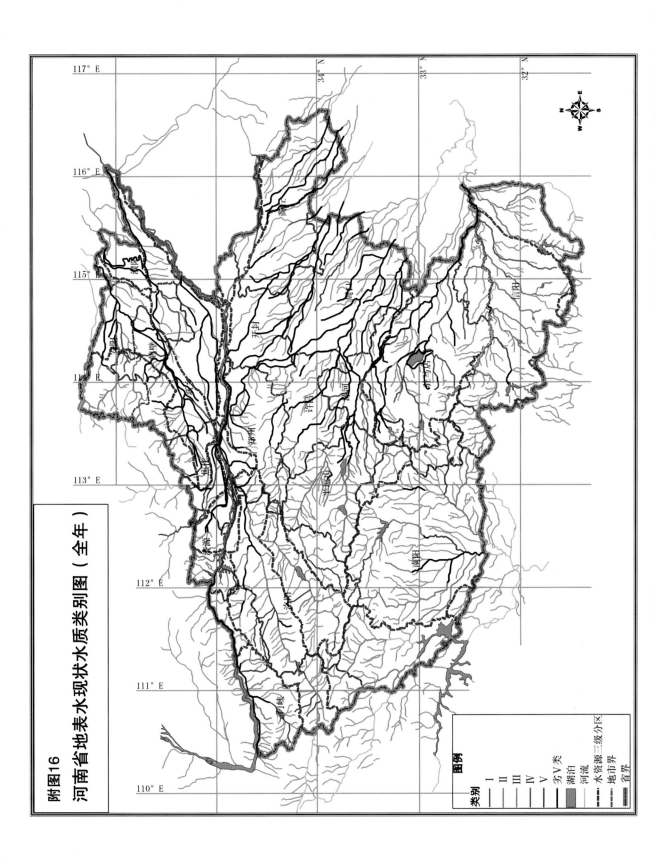

附图16
河南省地表水现状水质类别图（全年）

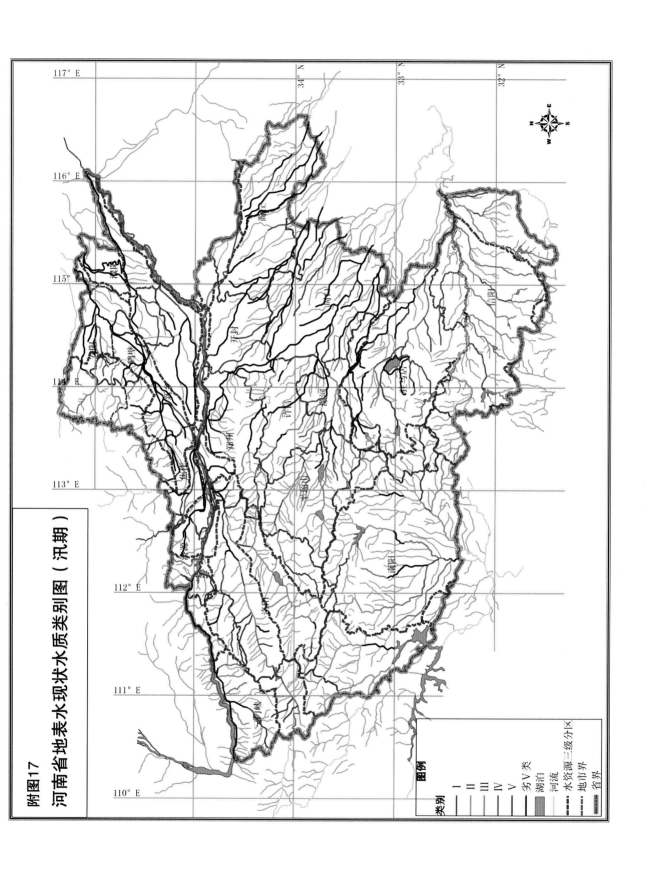

附图17

河南省地表水现状水质类别图（汛期）

图例

类别	
I	
II	
III	
IV	
V	
劣V类	
湖泊	
河流	
水资源三级分区	
地市界	
省界	

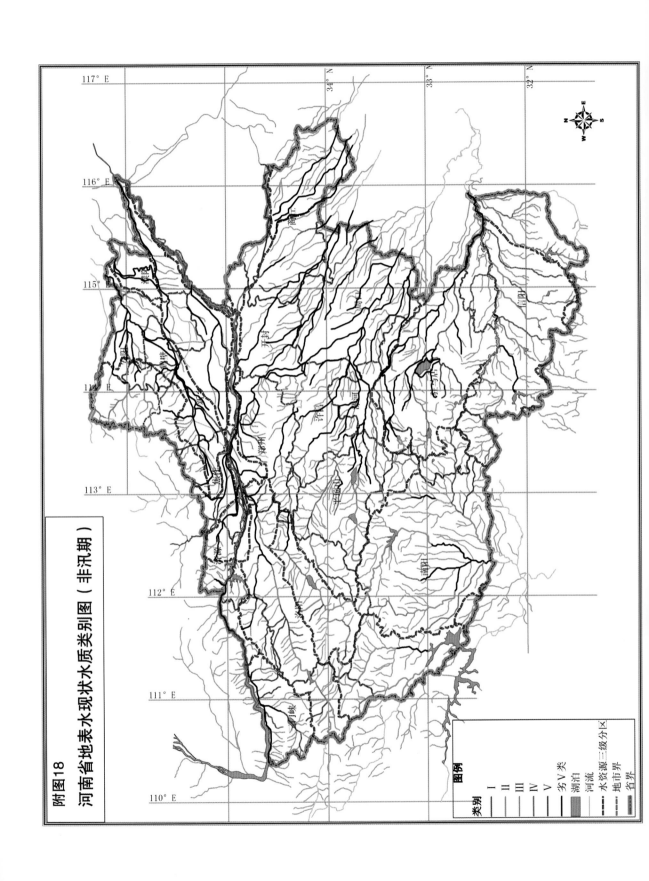

附图18
河南省地表水现状水质类别图（非汛期）

图例

类别
———— I
———— II
———— III
———— IV
———— V
———— 劣V类
　　　　湖泊
———— 河流
- - - - 水资源三级分区
- - - - 地市界
———— 省界

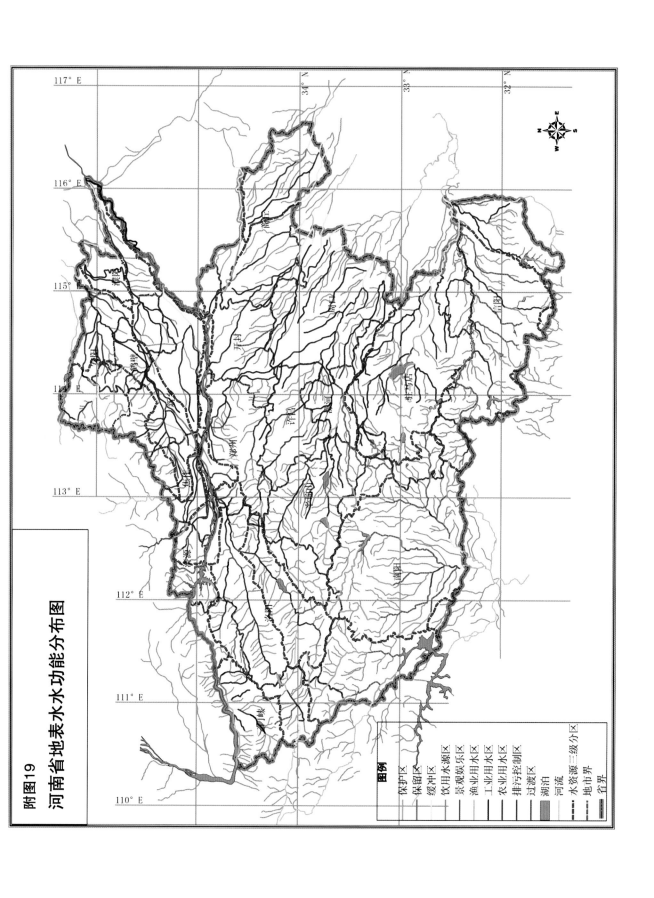

附图19

河南省地表水水功能分布图

图例
保护区
保留区
缓冲区
饮用水源区
景观娱乐区
渔业用水区
工业用水区
农业用水区
排污控制区
过渡区
湖泊
河流
水资源三级分区
地市界
省界

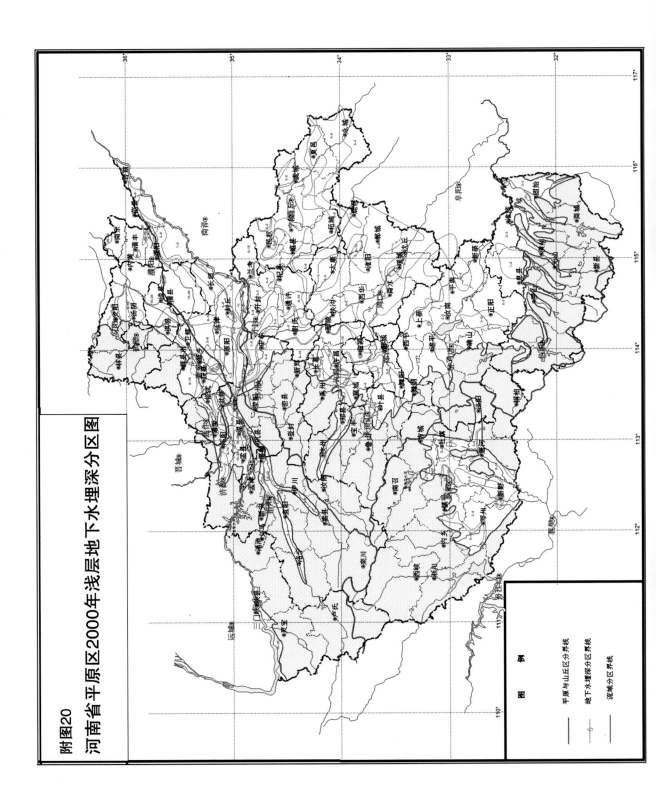

附图20

河南省平原区2000年浅层地下水埋深分区图

图　例

平原与山丘区分界线

地下水埋深分区界线

流域分区界线

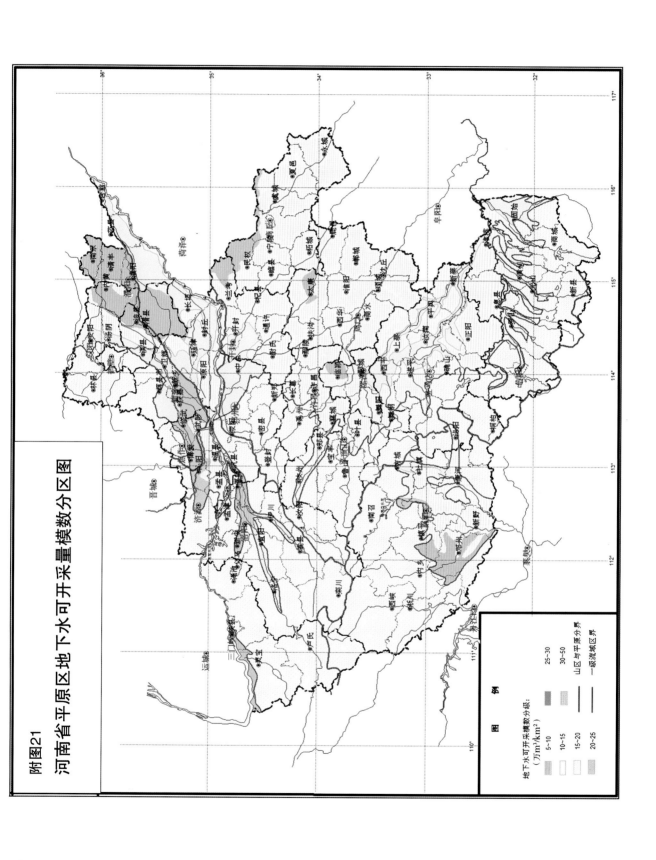

附图21

河南省平原区地下水可开采量模数分区图

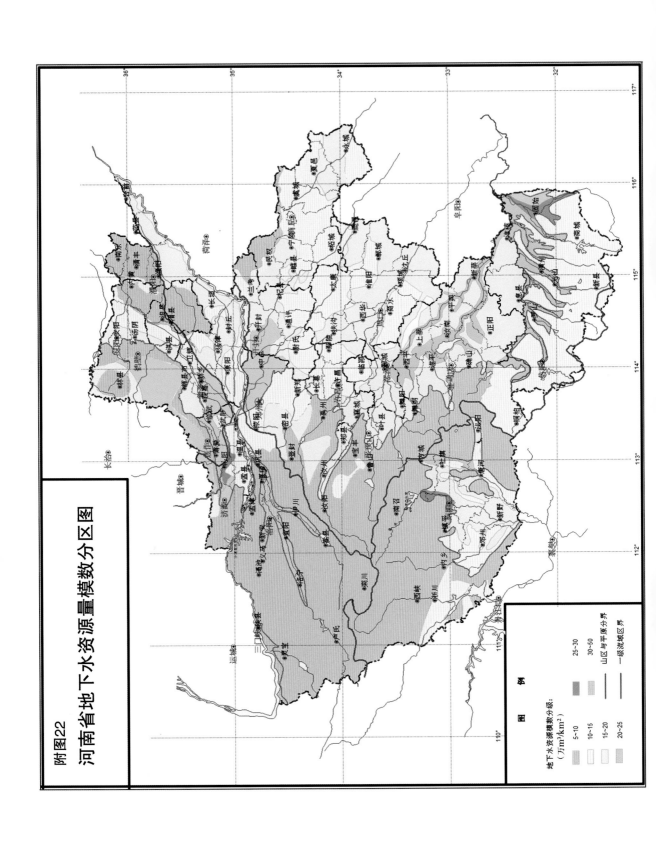

附图22
河南省地下水资源量模数分区图

图　例

地下水资源模数分级：
(万m³/km²)

5-10
10-15
15-20
20-25
25-30
30-50
山区与平原分界
一级流域区界

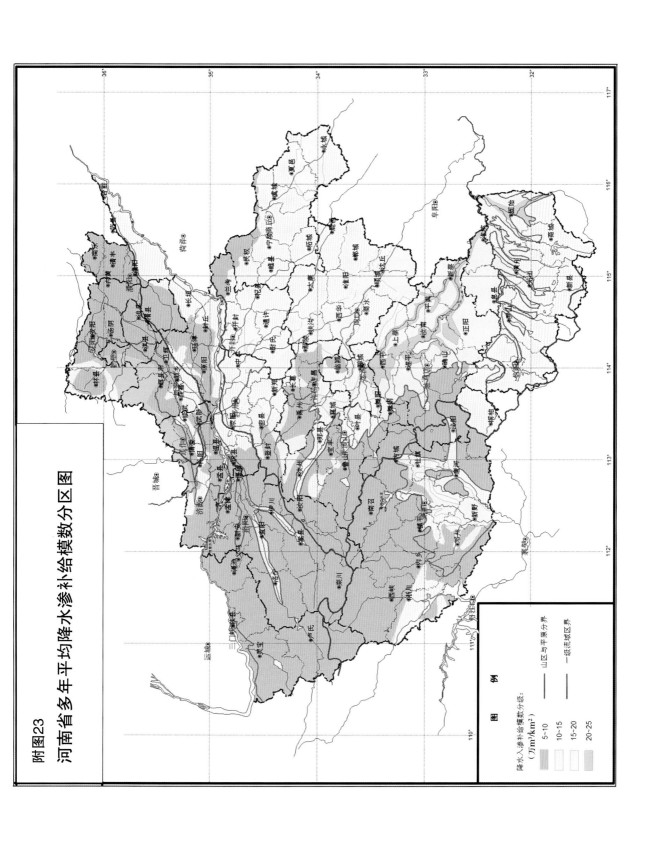

附图23

河南省多年平均降水渗补给模数分区图

图 例

降水入渗补给模数分级:
(万m³/km²)

	5-10	—— 山区与平原分界
	10-15	—— 一级流域区界
	15-20	
	20-25	

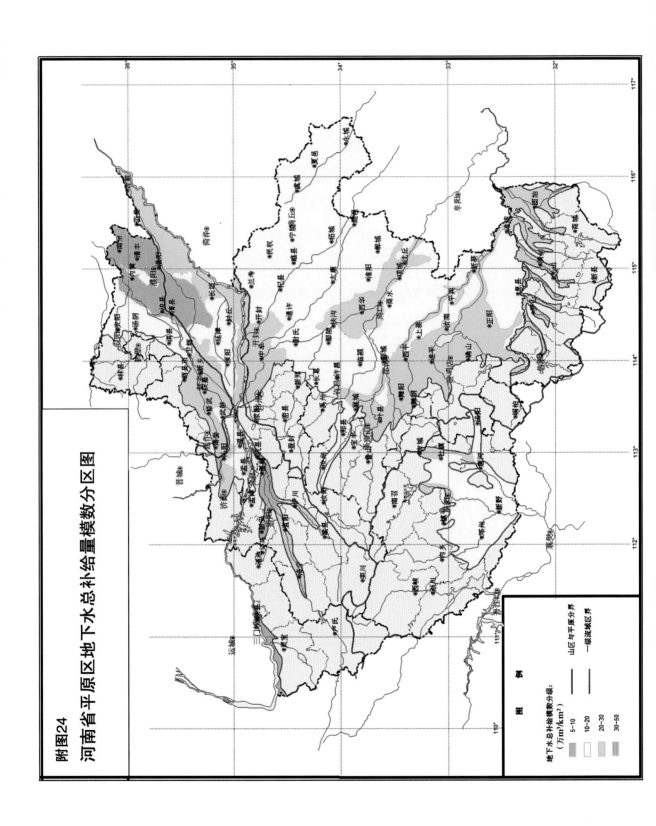

附图24

河南省平原区地下水总补给量模数分区图

图 例

地下水总补给模数分级:
（万m³/km²）

	5-10
	10-20
	20-30
	30-50

—— 山区与平原分界

—— 一级流域区界

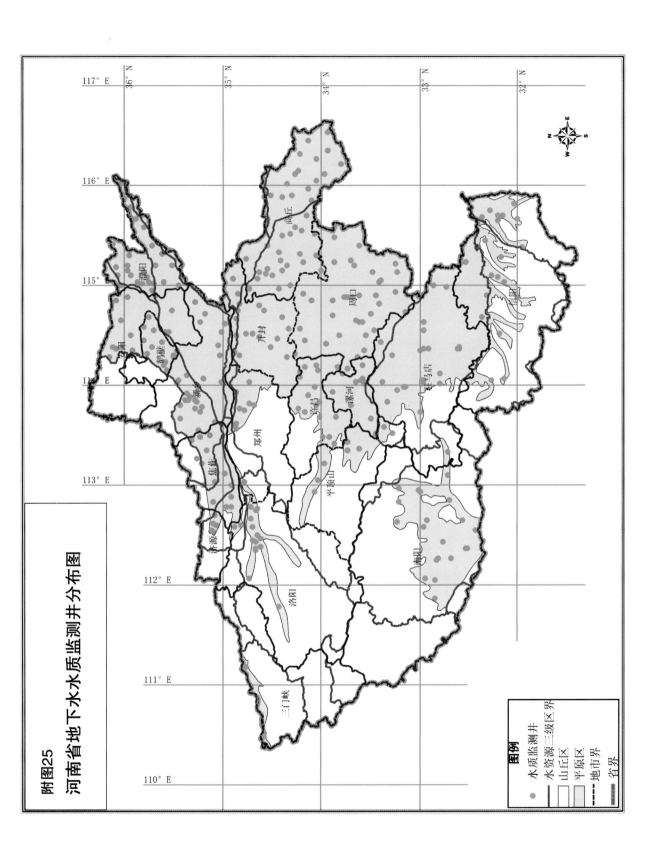

附图25

河南省地下水水质监测井分布图

图例

● 水质监测井

—— 水资源三级区界

□ 山丘区

▨ 平原区

┅ 地市界

— 省界

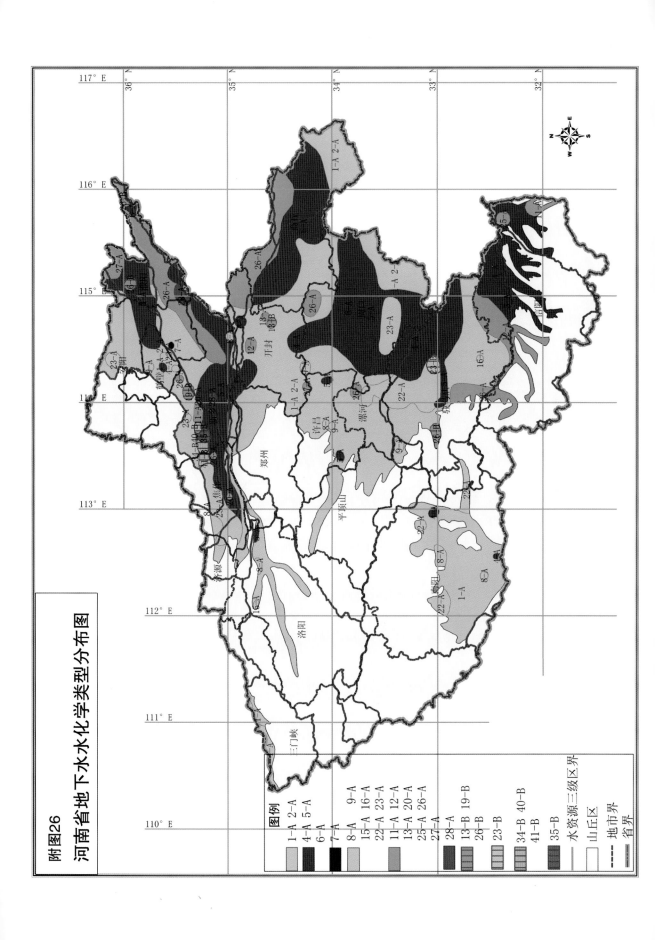

附图26

河南省地下水水化学类型分布图

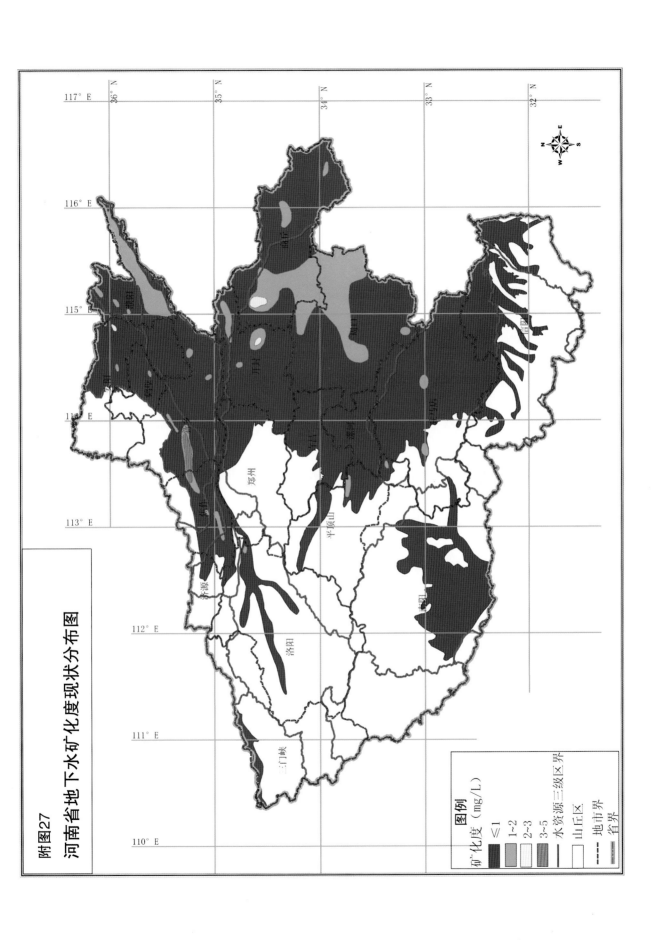

附图27

河南省地下水矿化度现状分布图

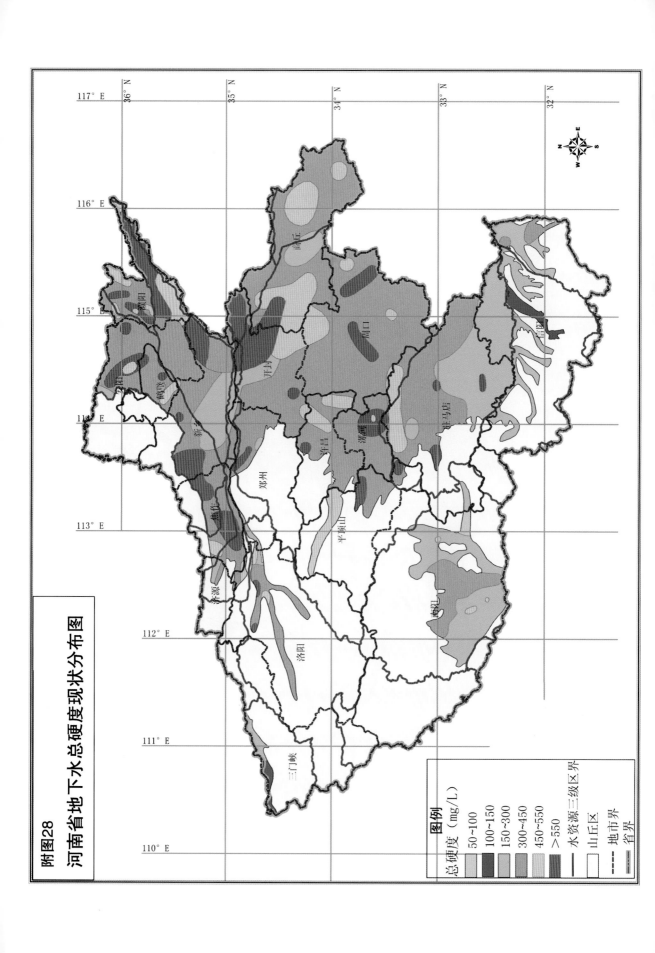

附图28

河南省地下水总硬度现状分布图

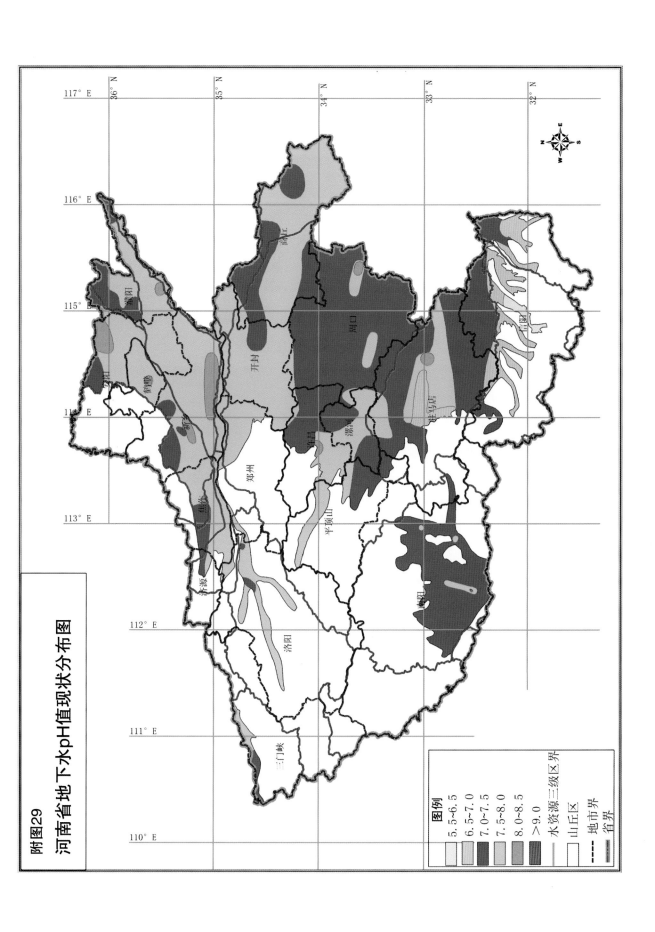

附图29
河南省地下水pH值现状分布图

图例
5.5~6.5
6.5~7.0
7.0~7.5
7.5~8.0
8.0~8.5
>9.0
水资源三级区界
山丘区
地市界
省界

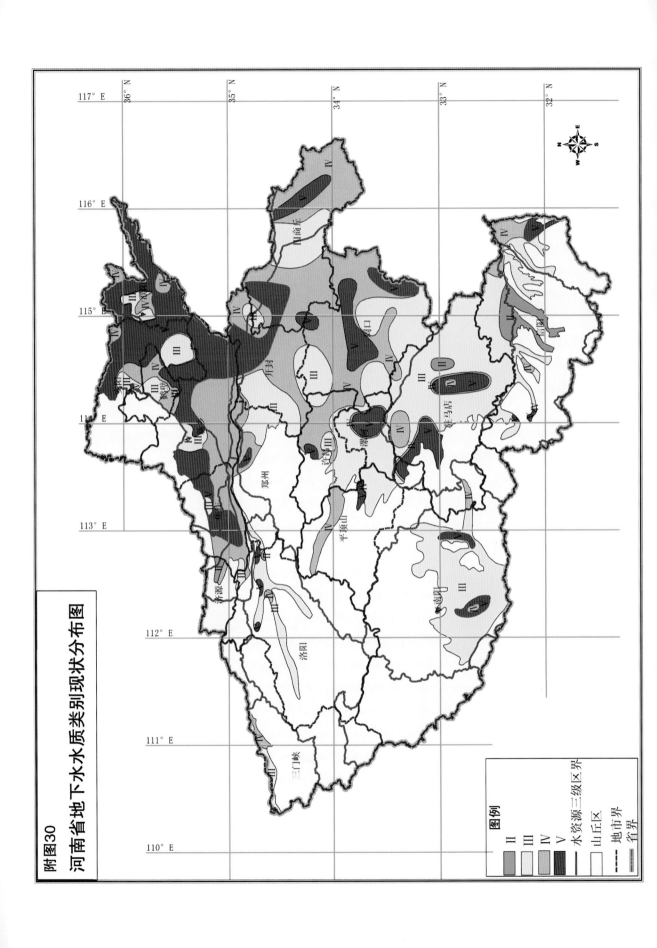

附图30

河南省地下水水质类别现状分布图

图例

	II
	III
	IV
	V
	山丘区
——	水资源三级区界
----	地市界
——	省界

附图31
河南省地下水污染区分布图

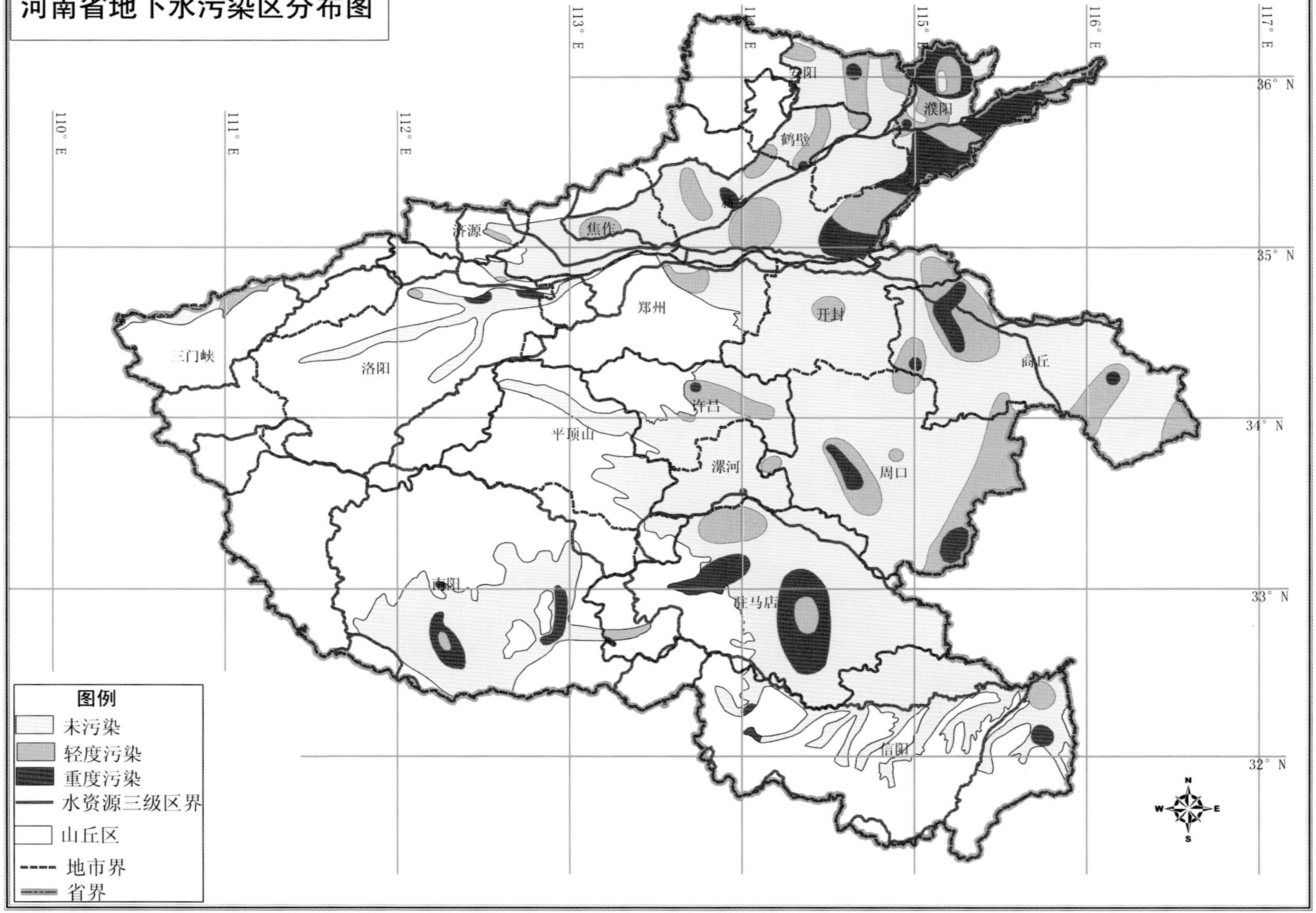

图例

未污染
轻度污染
重度污染
水资源三级区界
山丘区
地市界
省界

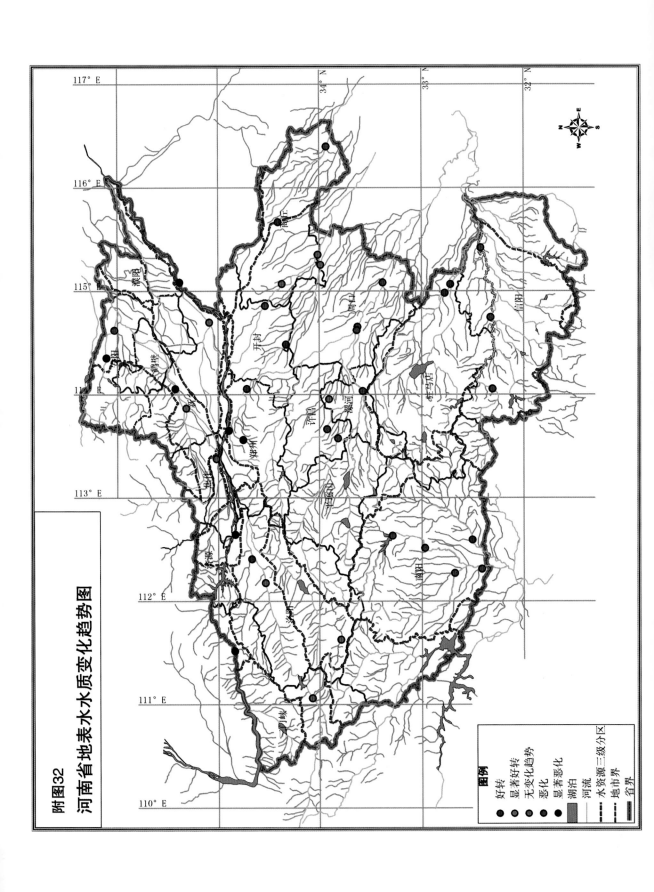

附图32

河南省地表水水质变化趋势图